Vito Posca
Tiziana Fiorani

Chimica più
Dalla materia all'atomo

PER IL COMPUTER E PER IL TABLET

L'eBook multimediale

1 REGÌSTRATI

Vai su **my.zanichelli.it** e regìstrati come studente

2 ATTIVA IL TUO LIBRO

Una volta entrato in **myZanichelli**, inserisci la **chiave di attivazione** che trovi sul bollino argentato in questa pagina

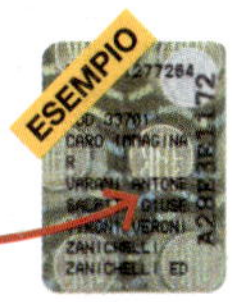

3 CLICCA SULLA COPERTINA

Puoi:
- **scaricare l'eBook offline** sul tuo computer o sul tuo tablet
- **sfogliare un'anteprima** dell'eBook online

LOSAI? Ripassa con lo smartphone prima della verifica

1 SCARICA LA APP DA:

Scarica su App Store
DISPONIBILE SU Google Play

2 AGGIUNGI IL LIBRO

con le tue credenziali **myZanichelli** e con la **chiave di attivazione**

3 CLICCA SUL CAPITOLO

che vuoi ripassare

4 SCEGLI LA TEORIA O IL TEST

Trovi:
- **sintesi di capitolo** per rivedere la teoria
- **esercizi** per metterti alla prova

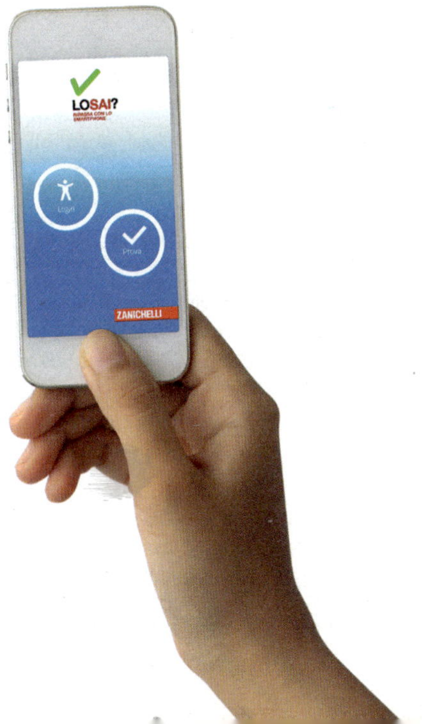

Realizzazione editoriale:
- Coordinamento redazionale: Martina Mugnai, Lara Rossi
- Redazione: Lara Rossi; Martina Mugnai; il Nove, Bologna
- Contributi redazionali: Sonia Serra
- Segreteria di redazione: Deborah Lorenzini, Rossella Frezzato
- Progetto grafico: Chialab srl, Bologna
- Composizione e impaginazione: Preparé Italia, Battipaglia (SA)
- Ricerca iconografica: Lara Rossi, Martina Mugnai
- Ufficio iconografico: Claudia Patella, Chiara Presepi
- Disegni: Grafie di Luca Tible
- Correzione bozze e rilettura testi: il Nove, Bologna
- Indice analitico: il Nove, Bologna

Contributi:
- Rilettura critica: Chiara Gedressi, Claudia Mirri
- Risoluzione esercizi: il Nove, Bologna
- Stesura schede *Per saperne di più* e *Chimica verde*: Giulia Pavarelli

Le fonti delle illustrazioni si trovano online nel sito online.zanichelli.it/poscafioranichimica

Copertina:
- Progetto grafico: Miguel Sal & C., Bologna
- Ideazione: Studio 8vo, Bologna
- Realizzazione: Roberto Marchetti e Francesca Ponti
- Immagine di copertina: Artwork Studio 8vo, Bologna

Prima edizione: febbraio 2017

Ristampa:
7 6 5 2019 2020 2021 2022

Zanichelli garantisce che le risorse digitali di questo volume sotto il suo controllo saranno accessibili, a partire dall'acquisto dell'esemplare nuovo, per tutta la durata della normale utilizzazione didattica dell'opera. Passato questo periodo, alcune o tutte le risorse potrebbero non essere più accessibili o disponibili: per maggiori informazioni, leggi my.zanichelli.it/fuoricatalogo

File per sintesi vocale
L'editore mette a disposizione degli studenti non vedenti, ipovedenti, disabili motori o con disturbi specifici di apprendimento i file pdf in cui sono memorizzate le pagine di questo libro. Il formato del file permette l'ingrandimento dei caratteri del testo e la lettura mediante software screen reader. Le informazioni su come ottenere i file sono sul sito http://www.zanichelli.it/scuola/bisogni-educativi-speciali

Grazie a chi ci segnala gli errori
Segnalate gli errori e le proposte di correzione su **www.zanichelli.it/correzioni**.
Controlleremo e inseriremo le eventuali correzioni nelle ristampe del libro.
Nello stesso sito troverete anche l'errata corrige, con l'elenco degli errori e delle correzioni.

Zanichelli editore S.p.A. opera con sistema qualità
certificato CertiCarGraf n. 477
secondo la norma UNI EN ISO 9001:2015

Questo libro è stampato su carta che rispetta le foreste.
www.zanichelli.it/chi-siamo/sostenibilita

Stampa: Grafica Ragno
Via Lombardia 25, 40064 Tolara di Sotto, Ozzano Emilia (Bologna)
per conto di Zanichelli editore S.p.A.
Via Irnerio 34, 40126 Bologna

Realizzazione eBook:

- Redazione: Simona Vannini
- Segreteria di redazione: Deborah Lorenzini, Rossella Frezzato
- Progettazione esecutiva e sviluppo software: duDAT srl, Bologna, Chialab srl, Bologna

Video ClipLab
- Coordinamento redazionale: Matteo Fornesi
- Produzione: Vertical Film/I4Gatti srl
- Progetto e sceneggiature: Mauro Mennuni
- Supervisione scientifica: Franco Bagatti, Elis Corradi, Alessandro Desco, Claudia Ropa (chimica), Giovanni Pezzi (fisica)
- Regia: Francesco Dafano
- Speaker: WPS MULTIMEDIA, Roma

Video OpenLab
- Coordinamento redazionale: Martina Mugnai
- Produzione: formicablu srl, Bologna
- Sceneggiatura: OpenLab, Università di Firenze
- Supervisione scientifica: Antonella Salvini, Annamaria Papini, Università di Firenze
- Regia: Francesca Conti, formicablu srl, Bologna

Animazioni
- Coordinamento redazionale: Matteo Fornesi
- Supervisione scientifica: Franco Bagatti, Elis Corradi, Alessandro Desco, Claudia Ropa
- Realizzazione multimediale: Infmedia srl
- Speaker: Bruno Schirripa

Videolezioni
- Sceneggiatura, regia e narrazione: Christian Biasco, http://biasco.ch
- Testi e supervisione scientifica: Ludovico De Padova, Giorgia Messori
- Coordinamento redazionale e redazione: Martina Mugnai
- Musica: Riccardo Turchini

Video *Come si fa?*
- Coordinamento redazionale: Martina Mugnai
- Produzione: formicablu srl, Bologna
- Sceneggiatura e supervisione scientifica: Tiziana Fiorani
- Riprese: Carlo Gardini, Parma

Video *LabOr*
- Coordinamento redazionale: Martina Mugnai
- Produzione: formicablu srl, Bologna
- Sceneggiatura e supervisione scientifica: Opificio Golinelli, Bologna
- Regia: Giulia Rocco, formicablu srl, Bologna
- Attore: Christian Biasco

Tavola periodica interattiva
- Ideazione e redazione: Martina Mugnai, Beppe Chia, Manuel Zanettin, Edoardo Cavazza
- Progetto generale, interfaccia grafica e sviluppo: Chialab srl, Bologna
- Stesura tesi: Massimo Dellavalle, Laura Moroni
- Consulenza e revisione: Massimo Dellavalle, Elisa Zini

Vito Posca
Tiziana Fiorani

Chimica più

Dalla materia all'atomo

SCIENZE ZANICHELLI

SOMMARIO

1 LA MATERIA, L'ENERGIA E LE MISURE

IN DIGITALE

VIDEO COME SI FA?
Usare una bilancia elettronica
Misurare il volume di un liquido
Scegliere la vetreria adatta
Misurare la densità di un solido

LO SAI? RIPASSA CON LO SMARTPHONE

ZTE 20 esercizi interattivi

2 UN MODELLO PER LA MATERIA

IN DIGITALE

ANIMAZIONE
I passaggi di stato

LO SAI? RIPASSA CON LO SMARTPHONE

ZTE 20 esercizi interattivi

3 SISTEMI, MISCELE, SOLUZIONI

IN DIGITALE

VIDEO IN LABORATORIO
La preparazione di una soluzione

LO SAI? RIPASSA CON LO SMARTPHONE

ZTE 20 esercizi interattivi

4 DALLE MISCELE ALLE SOSTANZE PURE

IN DIGITALE

VIDEO COME SI FA?
Filtrare un miscuglio solido-liquido
Ottenere l'acqua distillata

VIDEO
La distillazione di una soluzione
Temperatura e passaggi di stato

ANIMAZIONE
Modello molecolare dei passaggi di stato

LO SAI? RIPASSA CON LO SMARTPHONE

ZTE 20 esercizi interattivi

5 LE LEGGI DEI GAS

IN DIGITALE

VIDEO IN LABORATORIO
La misura del volume di un gas
Le leggi dei gas. Come varia il volume di un gas

ANIMAZIONI
Le leggi dei gas

APPROFONDIMENTO
Che tempo farà? I gas e la meteorologia

LO SAI? RIPASSA CON LO SMARTPHONE

ZTE 20 esercizi interattivi

6 DALLE SOSTANZE ALLA TEORIA ATOMICA

IN DIGITALE

La tavola periodica interattiva

VIDEO IN LABORATORIO
La conservazione della massa
La preparazione di un composto: la legge di Proust

LO SAI? RIPASSA CON LO SMARTPHONE

ZTE 20 esercizi interattivi

7 MOLECOLE, FORMULE ED EQUAZIONI CHIMICHE

IN DIGITALE

APPROFONDIMENTI
Storia della chimica: Amedeo Avogadro
Storia della chimica: Stanislao Cannizzaro

LO SAI? RIPASSA CON LO SMARTPHONE

ZTE 20 esercizi interattivi

8 LA MOLE E LA COMPOSIZIONE PERCENTUALE DEI COMPOSTI

IN DIGITALE

La tavola periodica interattiva

LEZIONE INTERATTIVA
La mole

LO SAI? RIPASSA CON LO SMARTPHONE

ZTE 20 esercizi interattivi

9 DAGLI ATOMI AI LEGAMI

IN DIGITALE

La tavola periodica interattiva

ANIMAZIONE
La legge di Coulomb

LO SAI? RIPASSA CON LO SMARTPHONE

ZTE 20 esercizi interattivi

COME ORIENTARSI NEL LIBRO

SU CARTA

PROBLEMI MODELLO

Problemi svolti suddivisi in tre fasi: *L'idea, La soluzione, La conclusione* per ragionare prima e dopo avere affrontato l'esercizio. I problemi modello sono seguiti da *Problemi simili*, per mettersi subito alla prova.
Per esempio, cap. 5 pag. 103

BOX

Ti ricordi?
Per richiamare alla memoria i concetti fondamentali della chimica.
Per esempio, cap. 5 pag. 111

A colpo d'occhio
Mappe sintetiche per visualizzare i contenuti del testo.
Per esempio, cap. 4 pag. 83

Le parole
Per riflettere sull'etimologia dei termini scientifici.
Per esempio, cap. 6 pag. 137

SCHEDE

Per saperne di più
Approfondimenti che stimolano ad andare oltre il testo.
Per esempio, cap. 8 pag. 170

La chimica verde
Focus sulla chimica sostenibile: un nuovo modo di fare scienza.
Per esempio, cap. 7 pag. 161

Laboratorio
Esperienze pratiche per mettersi alla prova in un laboratorio chimico.
Per esempio, cap. 4 pag. 88-89

FACCIAMO IL PUNTO

Sintesi di fine capitolo per fissare i concetti-chiave del capitolo.
Per esempio, cap. 2 pag. 44

ESERCIZI DI FINE CAPITOLO

Per esempio, cap. 1 pag. 23-28

- Verifica le tue conoscenze
- Verifica le tue abilità
- Test yourself
- Verso i Giochi della Chimica
- Verso l'università
- Verso l'esame: le tue competenze

SEI PRONTO PER LA VERIFICA? IN 1 ORA

Allenati con una prova generale della verifica da svolgere in un'ora, con il punteggio per autovalutarti.
Per esempio, pag. 98

Storia della scienza
I personaggi e le vicende simbolo della ricerca scientifica.
Per esempio: Amedeo Avogadro

IN DIGITALE

PDF

Approfondimento
Schede di approfondimento su argomenti di attualità, salute, storia, ambiente.
Per esempio: Che tempo farà? I gas e la meteorologia

VIDEO

Come si fa?
Video per imparare il metodo sperimentale.
Per esempio: Filtrare un miscuglio solido-liquido

Per capire meglio
Video per comprendere i processi chimici.
Per esempio: Temperatura e passaggi di stato

Animazioni
Per visualizzare i principi alla base dei fenomeni chimici.
Per esempio: Le leggi dei gas

LO SAI? — LO SAI? RIPASSA CON LO SMARTPHONE

Ripassa con lo smartphone prima di una verifica con sintesi di capitolo per rivedere la teoria e batterie di test per metterti alla prova.

ESERCIZI INTERATTIVI SU ZTE

TAVOLA PERIODICA INTERATTIVA

CAPITOLO

1

LA MATERIA, L'ENERGIA E LE MISURE

1 LA CHIMICA SPIEGA I FENOMENI DELLA REALTÀ CHE CI CIRCONDA

Che cosa hanno in comune un fiore che sboccia, la legna che brucia e una fetta di mela che imbrunisce all'aria? E un farmaco, un materiale plastico e un nanomateriale? C'è qualcosa che collega pianeti, stelle e galassie a un essere umano che cresce, si muove e pensa, o a un virus che si replica, si diffonde e minaccia la nostra salute? La risposta a tutte queste domande c'è: è la Chimica.

La Chimica è attorno a noi e spiega i «perché» e i «come» della vita di tutti i giorni, attraverso un suo linguaggio specifico, secondo il quale, per esempio, atomi, ioni e molecole sono le unità fondamentali delle sostanze presenti in natura.

Atomi, ioni e molecole sono entità piccolissime, tanto da non essere visibili neppure con il più potente microscopio ottico; per ovviare a questo inconveniente, la Chimica costruisce modelli con cui rappresentarli e utilizza simboli per sintetizzarne la descrizione.

Per esempio, se osserviamo un bicchiere d'acqua (figura 1), ciò che vediamo con gli occhi a livello macroscopico è l'acqua, ciò che immaginiamo a livello sub-microscopico sono le molecole di cui è costituita, ciò che utilizziamo per descriverle sono la formula (*linguaggio formale*) e il modello molecolare (*linguaggio visivo*).

La Chimica è una scienza sperimentale, cioè è basata sull'*osservazione* e sull'*esperimento*: osserva la *materia* studiandone la composizione, la struttura, le proprietà e le trasformazioni. Per prima cosa, quindi, la Chimica descrive la materia così come viene percepita dai nostri sensi, la interpreta poi utilizzando modelli e formulando ipotesi, e infine sottopone tali ipotesi a verifica sperimentale.

Ma che cos'è la materia? Una prima definizione accettabile a questo livello di studi è la seguente.

La **materia** è tutto ciò che possiede una massa e ha un volume.

LE PAROLE

Un **nanomateriale** è un materiale costituito da particelle piccolissime che hanno dimensioni comprese tra 1 e 100 nanometri.

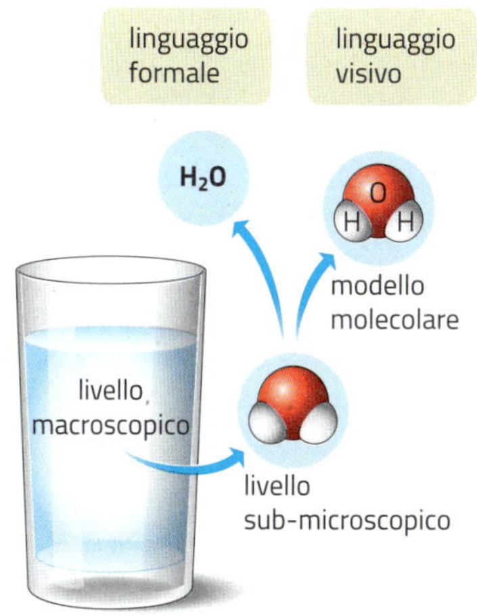

Figura 1 La realtà macroscopica e microscopica L'acqua in un bicchiere è costituita da molecole, che possono essere descritte da un linguaggio formale o visivo.

Figura 2 **Misure qualitative e quantitative** Il colore e la levigatezza della superficie di una mela sono dati qualitativi, mentre la lunghezza della circonferenza e la massa sono quantitativi.

A COLPO D'OCCHIO

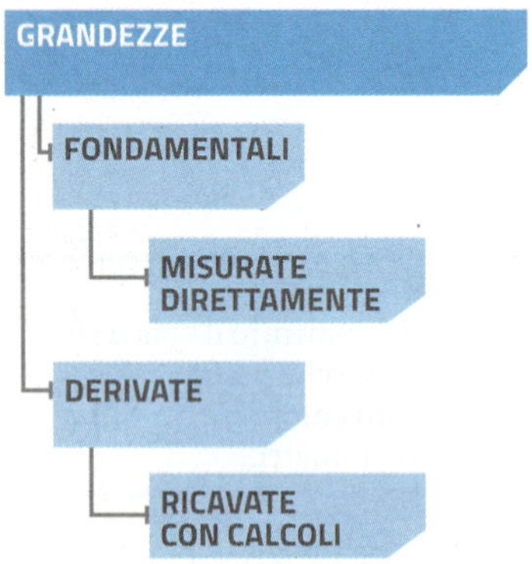

Tabella 1 **Le grandezze fondamentali, alcune grandezze derivate e le loro unità di misura** Nel SI esistono sette grandezze fondamentali.

2 LE GRANDEZZE E IL SISTEMA INTERNAZIONALE DELLE UNITÀ DI MISURA

Quando si effettua l'osservazione di una qualsiasi porzione di materia, per esempio di una mela, si possono raccogliere informazioni **qualitative**, quali il colore o la levigatezza della sua superficie, oppure **quantitative**, come la lunghezza della sua circonferenza o la sua massa (figura 2).

Un'osservazione quantitativa si chiama **misura**.

Per effettuarla, è necessario scegliere un'**unità di misura** e stabilire quante volte l'unità di misura è contenuta nella grandezza da misurare; per esprimerla, si scrive il valore ottenuto seguito dal simbolo dell'unità di misura. Se, per esempio, si sceglie il grammo, g, come unità di misura della massa della mela, e si determina che la massa è 150 volte più grande di tale unità, la misura è «150 g». Il risultato di una misura non è mai un numero puro, ma è sempre accompagnato dall'unità di misura scelta per effettuarla.

Le proprietà della materia che si possono misurare sono dette **grandezze**.

In ogni sistema di misura si scelgono alcune grandezze come **fondamentali** e se ne definisce l'unità di misura. Ogni altra grandezza di quel sistema di misura è **derivata** ed è legata a una o più grandezze fondamentali da una relazione, detta formula dimensionale.

La comunità scientifica internazionale ha adottato il **Sistema Internazionale delle unità di misura**, indicato brevemente con l'acronimo **SI**. Nel SI le grandezze fondamentali sono sette (tabella 1): ne è un esempio la **lunghezza**, la cui unità di misura è il metro (m).

	Grandezza fisica e simbolo		Unità di misura e simbolo	
FONDAMENTALI	lunghezza	l	metro	m
	massa	m	kilogrammo	kg
	tempo	t	secondo	s
	temperatura	T	kelvin	K
	corrente elettrica	I	ampere	A
	intensità luminosa	i_V	candela	cd
	quantità di sostanza	n	mole	mol
DERIVATE	area	A	metro quadrato	m^2
	volume	V	metro cubo	m^3
	densità	d	kilogrammo al metro cubo	kg/m^3
	forza	F	newton	N
	pressione	p	pascal	Pa
	energia, calore, lavoro	E, Q, L	joule	J
	velocità	v	metro al secondo	m/s

Il **volume**, invece, è un esempio di grandezza derivata e la sua formula dimensionale caratteristica è: volume = lunghezza × lunghezza × lunghezza. L'unità di misura del volume, conseguentemente, è il metro cubo: $m^3 = m \times m \times m$.

Quando l'unità di misura SI è troppo grande o troppo piccola per esprimere il valore di una grandezza in un certo ambito, si usano **multipli** o **sottomultipli** dell'unità di misura. Per esempio, la pressione atmosferica è generalmente espressa in *etto*pascal, il valore energetico degli alimenti in *kilo*joule e la dimensione di un batterio in *micro*metri (tabella 2).

3 LA NOTAZIONE SCIENTIFICA È UTILE PER ESPRIMERE NUMERI MOLTO GRANDI O MOLTO PICCOLI

Molte volte la misura di una grandezza fisica è espressa da un numero molto piccolo o molto grande.

La massa (m) di un atomo di carbonio, per esempio, è molto piccola:

$$m = 0{,}000\,000\,000\,000\,000\,000\,000\,019\,926 \text{ g}$$

Il numero (N) di atomi di carbonio in 12 g di carbonio, invece, è molto grande:

$$N = 602\,200\,000\,000\,000\,000\,000\,000 \text{ atomi}$$

Poiché non è facile operare con numeri di questo tipo, si preferisce ricorrere alla notazione scientifica.

Un numero espresso in **notazione scientifica** si presenta nella forma $A \cdot 10^n$, dove A è un numero uguale o maggiore di 1 ma inferiore a 10, e l'esponente n è un numero intero, positivo o negativo.

Per convertire un numero in notazione scientifica, è necessario determinare il fattore A e il valore dell'esponente n:

- per determinare il fattore A, si scorre il numero da sinistra a destra, si individua la prima cifra diversa da zero e subito dopo si pone la virgola;
- per determinare il valore di n, si conta il numero di cifre «scavalcate» dalla virgola nel suo spostamento: se la virgola è spostata verso sinistra, l'esponente è positivo; se la virgola è spostata verso destra, l'esponente è negativo.

Per esempio, per convertire in notazione scientifica il numero

$$0{,}000\,000\,000\,000\,000\,000\,000\,019\,926$$

la virgola va posta subito dopo la cifra 1, quindi il fattore A è 1,9926; la virgola va spostata verso destra e nello spostamento si «scavalcano» 23 cifre; l'esponente n è quindi -23. Il numero in notazione scientifica pertanto è:

$$1{,}9926 \cdot 10^{-23}$$

Per convertire in notazione scientifica il numero

$$602\,200\,000\,000\,000\,000\,000\,000$$

la virgola va posta subito dopo la prima cifra, cioè dopo la cifra 6; poiché la virgola (che non compare, ma se ci fosse sarebbe alla fine del numero) viene spostata verso sinistra «scavalcando» 23 cifre, l'esponente n è 23 e il numero in notazione scientifica diventa:

$$6{,}022 \cdot 10^{23}$$

Per effettuare calcoli con i numeri espressi in notazione scientifica, è necessario ricordare le proprietà delle potenze del 10 e le regole da applicare.

Anche i prefissi di multipli e sottomultipli di un'unità di misura, come *etto-*, *kilo-* e *micro-*, si esprimono con le potenze di 10 (tabella 2).

Tabella 2 Principali prefissi delle unità SI A ciascun prefisso corrisponde un preciso valore numerico, che può essere espresso anche in notazione scientifica con la corrispondente potenza di 10.

	Prefisso	Simbolo	Valore numerico	Potenza di 10 corrispondente
MULTIPLI	giga	G	1 000 000 000	10^9
	mega	M	1 000 000	10^6
	kilo	k	1 000	10^3
	etto	h	100	10^2
	deca	da	10	10^1
SOTTOMULTIPLI	deci	d	0,1	10^{-1}
	centi	c	0,01	10^{-2}
	milli	m	0,001	10^{-3}
	micro	μ	0,000 001	10^{-6}
	nano	n	0,000 000 001	10^{-9}

Un *etto*pascal, un *kilo*joule e un *micro*metro possono quindi essere scritti come:

$$1\ \textit{etto}\text{pascal} = 100\ \text{Pa} = 1 \cdot 10^2\ \text{Pa}$$

$$1\ \textit{kilo}\text{joule} = 1000\ \text{J} = 1 \cdot 10^3\ \text{J}$$

$$1\ \textit{micro}\text{metro} = 0{,}000\ 001\ \text{m} = 1 \cdot 10^{-6}\ \text{m}$$

4 L'INCERTEZZA DI UNA MISURA SI ESPRIME ATTRAVERSO LE CIFRE SIGNIFICATIVE

L'incertezza nelle misure

La misura di una qualsiasi grandezza è sempre caratterizzata da un margine di incertezza.

Qualsiasi strumento di misura, infatti, ha una sensibilità limitata, per cui non è in grado di distinguere grandezze che differiscono per meno di una certa quantità. Una bilancia digitale da cucina, per esempio, ha in genere sensibilità di 1 g (figura 3) ed è in grado di apprezzare variazioni di massa di 1 g, ma non più piccole. L'incertezza di una misura effettuata con una tale bilancia è quindi dell'ordine del grammo.

Figura 3 La sensibilità di uno strumento Una bilancia da cucina, in genere, apprezza variazioni di 1 g ma non più piccole.

PER SAPERNE DI PIÙ

Le operazioni con le potenze

In una potenza del 10, l'esponente positivo indica quante volte occorre moltiplicare il numero 10 per sé stesso.

$$10^6 = 10 \cdot 10 \cdot 10 \cdot 10 \cdot 10 \cdot 10 = 1\,000\,000$$

Se l'esponente è negativo, il valore della potenza è uguale all'inverso della stessa potenza ma con l'esponente positivo.

$$10^{-6} = 1/10^6 = 1/1\,000\,000 = 0{,}000\,001$$

Se l'esponente è zero, il risultato è 1. In generale, a ogni potenza del 10 corrisponde un risultato che ha un numero di zeri uguale all'esponente.

$10^0 = 1$ (l'esponente è 0 e nel risultato non ci sono zeri);

$10^2 = 100$ (l'esponente è 2 e il risultato ha due zeri)

Il risultato della moltiplicazione di due o più potenze del 10 è una potenza che ha come esponente la somma algebrica degli esponenti delle potenze iniziali.

$$10^2 \cdot 10^4 = 10^{2+4} = 10^6$$

Il risultato della divisione tra due potenze del 10 è una potenza che ha come esponente la differenza tra l'esponente del dividendo e quello del divisore.

$$10^4 : 10^7 = 10^{4-7} = 10^{-3}$$

Il risultato di una potenza del 10 elevata a potenza è una potenza che ha come esponente il prodotto degli esponenti.

$$(10^2)^3 = 10^{2 \cdot 3} = 10^6$$

Per effettuare operazioni con i numeri in notazione scientifica è necessario ricordare che:

- nelle moltiplicazioni si moltiplicano tra loro i fattori che precedono le potenze del 10 e si sommano gli esponenti delle potenze;

$$(3 \cdot 10^2) \cdot (1{,}2 \cdot 10^4) = (3 \cdot 1{,}2) \cdot (10^2 \cdot 10^4) = 3{,}6 \cdot 10^6$$

- nelle divisioni si dividono tra loro i fattori che precedono le potenze del 10 e si sottraggono gli esponenti delle potenze;

$$(6 \cdot 10^2) : (2 \cdot 10^4) = (6 : 2) \cdot (10^{2-4}) = 3 \cdot 10^{-2}$$

- nelle addizioni e sottrazioni i numeri devono prima essere espressi con la stessa potenza del 10, poi si esegue l'operazione di somma e/o di sottrazione delle parti numeriche che precedono la potenza.

$$4 \cdot 10^2 + 3 \cdot 10^3 = 0{,}4 \cdot 10^3 + 3 \cdot 10^3 = 3{,}4 \cdot 10^3$$

Nell'effettuare una misura, inoltre, si compiono inevitabilmente degli errori. Quando, per esempio, si misura la lunghezza di un oggetto con il righello, si possono compiere errori di allineamento tra il foglio e il righello, errori di parallasse se si osserva la scala graduata da una posizione non perfettamente verticale, oppure errori derivanti dal tipo di righello (**figura 4**). Se, per esempio, si usa un righello metallico a una temperatura più alta di quella a cui è stato calibrato, la misura ha un valore inferiore al reale, dato che, per effetto della dilatazione termica, anche la scala graduata del righello si espande.

LE PAROLE

Il termine **parallasse** deriva dal greco, significa «accavallamento», e indica il fenomeno per cui la posizione di un oggetto sembra cambiare quando lo si osserva da due punti di vista diversi.

L'entità dell'incertezza di una misura, pertanto, dipende sia dalle prestazioni dello strumento che si utilizza sia dall'abilità dell'operatore.

Un operatore esperto è in grado di evitare gli errori più grossolani, ma non è comunque in grado di eliminare tutte le possibili fonti di errore. Proprio per

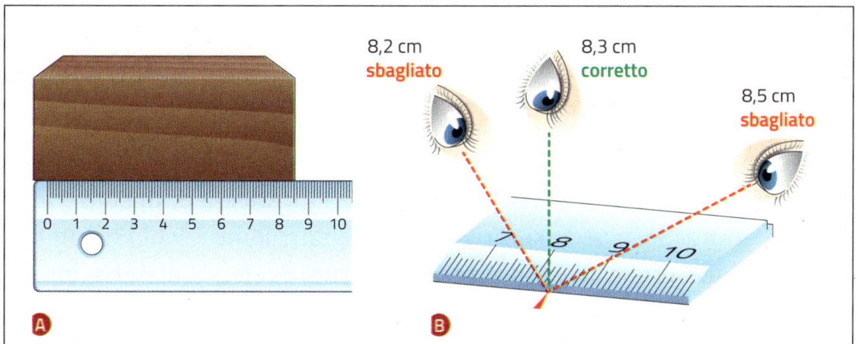

Figura 4 Errori accidentali
Un allineamento impreciso tra oggetto e strumento di misura (A) e una lettura della scala graduata da una posizione non corretta (B) provocano errori accidentali che rendono imprecisa la misura.

questo motivo è meglio effettuare, quando possibile, più misure della stessa grandezza e calcolare poi la media aritmetica dei loro valori. In questo modo, i fattori che, casualmente, alterano la lettura della misura incidono molto meno sul risultato.

Figura 5 **L'incertezza della misura** In questo caso, l'incertezza della misura è sul grammo: la bilancia segna 150 g e quindi la mela ha un peso compreso tra 149 g e 151 g.

COME SI FA?
Video
Usare una bilancia elettronica

La sensibilità degli strumenti

In molti casi comuni, tuttavia, l'incertezza di una misura è determinata dalla sensibilità dello strumento che si utilizza. Per esempio, se si pesa più volte una mela con una bilancia da cucina sensibile al grammo, è molto probabile che tutti i valori rilevati siano uguali; questo, però, non significa che la misura sia esatta (figura **5**).

Assumiamo, allora, che l'incertezza della misura sia uguale alla sensibilità dello strumento, cioè pari alla variazione di una unità, in più e in meno, dell'ultima cifra del valore numerico della misura. Questo significa che, se la massa della mela è 150 g e la sensibilità della bilancia è 1 g, il risultato della misura è compreso tra (150 − 1) g e (150 + 1) g, e possiamo riportarlo con la notazione

$$(150 \pm 1)\ \text{g}$$

dove il simbolo ± si legge «più o meno».

Le cifre significative

Un altro modo per esprimere l'incertezza di una misura consiste nel far uso delle cifre significative.

In caso di misure dirette o strumentali, si definiscono **cifre significative** tutte quelle sperimentalmente determinate. In generale, le cifre significative sono tutte le cifre certe più la prima cifra incerta.

Per esempio, la misura della massa della mela di cui abbiamo discusso prima è espressa con tre cifre significative: il valore numerico della misura, 150 g, presenta infatti due cifre certe, l'1 e il 5, e una cifra incerta, lo 0 finale.

In generale, il valore numerico di una misura sperimentale deve contenere tante cifre significative quante sono quelle determinabili con sicurezza mediante lo strumento di misura utilizzato, più un'altra cifra, anch'essa significativa, che lo strumento permette di valutare con approssimazione. Sono quindi significative *tutte* le cifre che si possono effettivamente leggere sullo strumento; solo queste *cifre*, infatti, danno un *significato* reale della misura effettuata (figura **6**).

Il numero di cifre significative con cui si esprime la misura di una grandezza deve restare lo stesso anche se si cambia l'unità di misura.

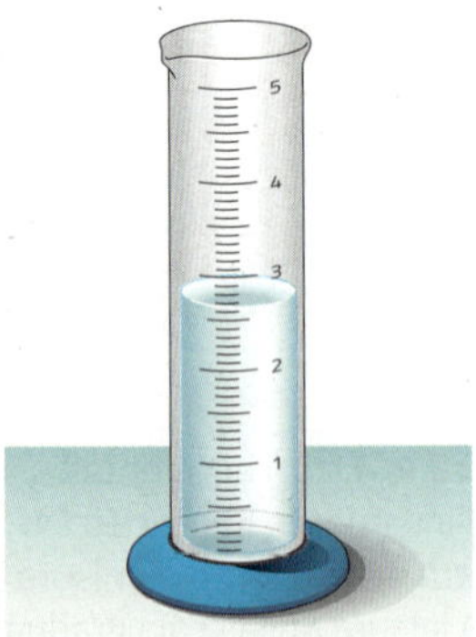

Figura 6 **L'incertezza della misura** La cifra certa di questa misura (2,6) è la prima (2); la seconda (6) è incerta perché dipende dalla precisione della scala graduata e dall'abilità dell'operatore che la legge.

Per esempio, la misura della massa della mela espressa in ettogrammi va riportata come 1,50 hg; chi legge sa, così, che l'incertezza di misura è relativa ai grammi. Se, invece, si scrivesse il risultato come 1,5 hg, si darebbe l'informazione, errata, che l'incertezza di misura è relativa ai decagrammi. In ambito scientifico, è quindi ben diverso riportare quella misura come 1,50 hg o 1,5 hg.

Le cifre significative e la notazione scientifica

Proprio perché le cifre significative danno indicazioni sull'incertezza di una misura, per riportarla senza ambiguità è necessario esprimerla in notazione scientifica. Se nell'esempio discusso in precedenza si volesse esprimere in centigrammi la massa della mela, sarebbe sbagliato scrivere 15 000 cg. La bilancia, infatti, ha fornito soltanto tre cifre significative, pertanto gli ultimi due zeri del numero 15 000 non sono significativi. L'espressione corretta della misura risulta, quindi

$$150 \text{ g} = 1{,}50 \cdot 10^4 \text{ cg}$$

COME SI FA? *Video* Misurare il volume di un liquido

Così come non sono significativi gli zeri aggiunti alla destra di un numero se servono soltanto a definire il suo ordine di grandezza, non sono significativi neppure gli zeri che si trovano alla sinistra di un numero se essi servono solo a localizzare la virgola (**figura 7**). Per esempio, il numero 0,0253 possiede tre cifre significative e può essere espresso in notazione scientifica come $2{,}53 \cdot 10^{-2}$.

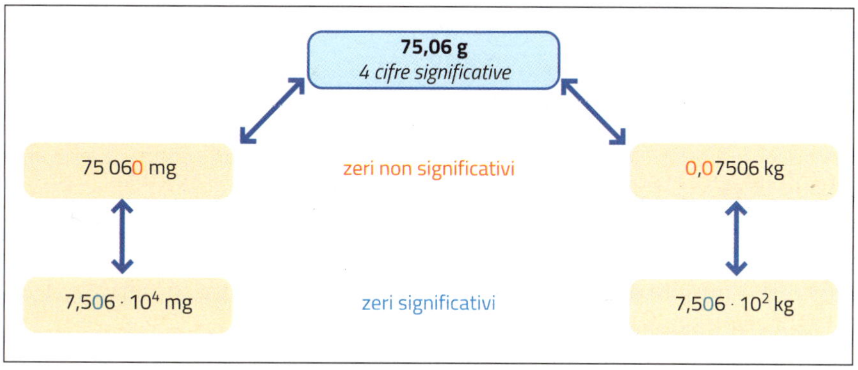

Figura 7 Le cifre significative La massa del campione misurata con una bilancia è di 75,06 g e ha quattro cifre significative. Gli zeri a sinistra o a destra del numero aggiunti per definire il suo ordine di grandezza non sono significativi. Gli zeri compresi tra due cifre significative, invece, sono sempre significativi.

In altre parole, esprimendo genericamente la notazione scientifica di un numero come $A \cdot 10^n$, il fattore A deve contenere tutte le cifre significative e nessuna cifra ulteriore.

La notazione scientifica permette di scrivere equivalenze senza alterare le cifre significative, lasciando invariato il fattore A e modificando solo la potenza di dieci, in conseguenza della variazione dell'unità di misura. In questo modo, si evita di perdere l'informazione relativa alla cifra incerta, come risulta chiaro dall'esempio:

$$1{,}50 \cdot 10^2 \text{ g} = 1{,}50 \cdot 10^4 \text{ cg} = 1{,}50 \cdot 10^0 \text{ hg}$$

5 LE CIFRE SIGNIFICATIVE NEI CALCOLI E L'ARROTONDAMENTO DEL RISULTATO

Quando eseguiamo un calcolo, può accadere che il risultato abbia un numero di cifre eccessivo: in questi casi è necessario procedere all'arrotondamento del risultato.

Arrotondare un numero significa sostituirlo con un altro che ha meno cifre significative.

Per effettuare un arrotondamento corretto bisogna applicare le seguenti regole.

- Se la prima cifra che deve essere eliminata è *cinque* o un numero *maggiore di cinque*, si aumenta di uno l'ultima cifra conservata (*arrotondamento per eccesso*). Per esempio, il numero 3,753 arrotondato a due cifre significative è 3,8, poiché la prima cifra da eliminare è 5.
- Se la prima cifra che deve essere eliminata è un numero *minore di cinque*, l'ultima cifra conservata non varia (*arrotondamento per difetto*). Per esempio, il numero 3,743 arrotondato a due cifre significative è 3,7, poiché la prima cifra da eliminare è 4.

Per stabilire quante cifre significative devono esserci nel risultato di un calcolo eseguito con i valori di misure sperimentali è necessario ricordare quanto segue.

Il **risultato di addizioni e sottrazioni** deve avere lo stesso numero di cifre decimali presenti nel termine che ne ha meno.

Per esempio, nell'addizione dei seguenti valori sperimentali:

$$\begin{array}{r} 3{,}25 \;+ \\ 4{,}2367 \;+ \\ 2{,}638 \;= \\ \hline 10{,}1247 \end{array}$$

3,25: limitante (ha *due* cifre *decimali*)

10,1247: si arrotonda per difetto a 10,12

il risultato deve essere riportato come 10,12, cioè con *due cifre decimali*; il primo termine (3,25) ha, infatti, il minor numero di cifre decimali. L'arrotondamento comporta l'eliminazione di due cifre, il 4 e il 7; poiché la prima cifra da eliminare, il 4, è minore di 5, non varia il valore dell'ultima cifra conservata, il 2.

Nella sottrazione dei seguenti valori sperimentali:

$$\begin{array}{r} 4{,}376 \;- \\ 2{,}5 \;= \\ \hline 1{,}876 \end{array}$$

2,5: limitante (ha *una* cifra *decimale*)

1,876: si arrotonda per eccesso a 1,9

il risultato deve essere riportato con *una* cifra decimale in quanto il secondo termine ha una sola cifra decimale; il numero va quindi arrotondato. Poiché la prima cifra da eliminare, il 7, è maggiore di 5, si aumenta di uno l'ultima cifra conservata (l'8) e si esprime il risultato come 1,9.

Il **risultato di moltiplicazioni e divisioni** deve avere lo stesso numero di cifre significative presenti nel termine che ne ha meno.

Per esempio, nella moltiplicazione dei seguenti valori sperimentali:

$$2{,}3 \times 3{,}42 = 7{,}866$$

7,866: si arrotonda per eccesso a 7,9

2,3: limitante (ha *due* cifre *significative*)

il risultato deve essere riportato come 7,9, cioè con *due* cifre significative in quanto il primo termine (2,3) ha solo due cifre significative. Poiché la prima cifra da eliminare è 6 (maggiore di 5) si aumenta di uno l'ultima cifra conservata (l'8) e si esprime il risultato come 7,9.

Nella divisione dei seguenti valori sperimentali:

$$18{,}5 : 47{,}15 = 0{,}392\,364\,7$$

si arrotonda per eccesso a 0,392

limitante (ha *tre* cifre *significative*)

il risultato 0,392 364 7 deve essere riportato come 0,392, cioè con *tre* cifre significative, in quanto il primo termine (18,5) ha tre cifre significative. Poiché la prima cifra da eliminare, il 3, è minore di 5, non varia il valore dell'ultima cifra conservata, il 2.

6 DISTINGUERE TRA MASSA E PESO E TRA VOLUME E CAPACITÀ

La massa

Che cos'è la massa? Come si misura? C'è differenza tra massa e peso? A livello intuitivo, pensiamo alla massa di un corpo come alla quantità di materia che esso contiene. Ma se pensiamo allo sforzo in più che dobbiamo fare per spingere il carrello della spesa quando è pieno, allora possiamo darne una definizione ancora più rigorosa.

La **massa** (m) è la resistenza che un corpo oppone a qualsiasi variazione del suo stato di quiete o di moto.

Figura 8 Le bilance. A Bilancia a due piatti. B Bilancia tecnica monopiatto.

La massa di un corpo è una proprietà intrinseca del corpo, ovvero è una quantità *invariante*, che resta sempre la stessa indipendentemente dallo stato di quiete o di moto del corpo.

L'unità di misura della massa nel Sistema Internazionale è il **kilogrammo** (**kg**); nell'attività di laboratorio sono molto usati i suoi sottomultipli, il **grammo** (**g**) e il **milligrammo** (**mg**):

$$1\ \text{kg} = 1000\ \text{g} = 10^3\ \text{g} \qquad 1\ \text{g} = 1000\ \text{mg} = 10^3\ \text{mg}$$

La misura della massa si effettua con la bilancia a due piatti (figura **8**).

Contrariamente a quanto si dice, quando poniamo un oggetto sul piatto della bilancia non determiniamo il suo peso, ma misuriamo la sua massa. L'espressione «pesare un oggetto» trae quindi in inganno; ma perché la usiamo comunemente?

Il peso

Il peso di un corpo sulla Terra è una misura dell'effetto della gravità terrestre sul corpo stesso.

Il **peso** (P) è la forza con cui la Terra attira la massa di un corpo.

Poiché $F = m \cdot a$, il peso e la massa di un corpo sono legati dalla relazione

$$P = m \cdot g$$

dove g è il simbolo dell'accelerazione di gravità, che sulla Terra ha un valore medio di 9,8 m/s^2. Mentre la misura della massa si effettua con la bilancia, la

LE PAROLE

Una **forza** è la causa che fa variare lo stato di quiete o di moto di un corpo. La forza con cui la Terra attira un oggetto fermo e posto a una certa altezza dal pavimento fa muovere l'oggetto e lo fa cadere a terra.

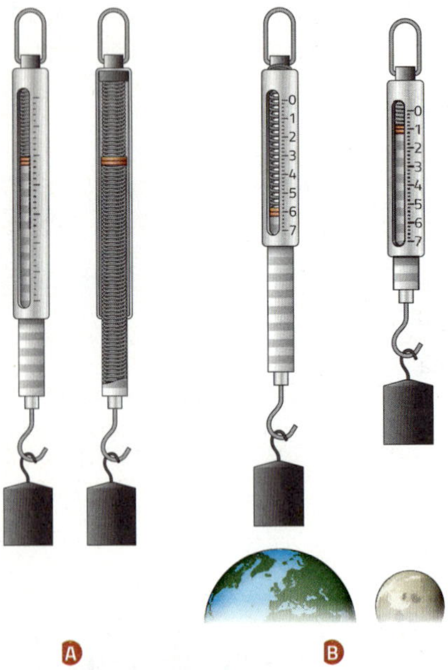

Figura 9 Pesare un oggetto con il dinamometro A Il dinamometro è formato da una molla inserita in un cilindro graduato e dotata di un gancio cui appendere gli oggetti: l'allungamento della molla indica il peso del corpo. B Sulla Luna il peso di un oggetto è inferiore a quello misurato sulla Terra.

Figura 10 Misurare il proprio peso La bilancia pesa-persone indica il valore in kilogrammi peso, non in kilogrammi massa.

misura del peso si effettua con il *dinamometro* (figura **9A**). Il valore di g diminuisce al crescere della distanza dal centro della Terra e varia da un pianeta all'altro. Sulla Luna, per esempio, il valore dell'accelerazione di gravità è sei volte minore di quello della Terra, per cui anche il peso di un corpo è circa un sesto del valore che misuriamo sulla Terra (figura **9B**).

Due corpi di uguale massa m sono attratti dalla Terra con la stessa forza e hanno quindi lo stesso peso; ponendoli separatamente sui due piatti di una bilancia a bracci uguali, la bilancia rimane in equilibrio, cioè i due piatti si dispongono allo stesso livello. Se si vuole determinare la massa di un oggetto, basta porlo sul piatto di una bilancia a bracci uguali e «bilanciarlo» ponendo masse note sull'altro piatto. Una bilancia a bracci è quindi uno strumento con cui si confrontano le masse. Il suo funzionamento è lo stesso sulla Terra, sulla Luna o su Giove: se la bilancia è in equilibrio, lo sarà ovunque.

Come si è detto, il peso è una forza; nel SI la sua unità di misura è il **newton** (**N**). Un corpo con massa uguale a 60 kg sulla Terra ha un peso

$$P = m \cdot g = 60\ \text{kg} \cdot 9{,}8\ \text{m/s}^2 = 588\ \text{N}$$

mentre sulla Luna ha un peso

$$P = 60\ \text{kg} \cdot 1{,}6\ \text{m/s}^2 = 96\ \text{N}$$

Le bilance elettroniche si basano sulla compensazione elettromagnetica della forza peso: misurano, quindi, il peso e non la massa. Le bilance elettroniche pesa-persone non riportano il kilogrammo massa, unità di misura del SI, ma il *kilogrammo forza* (o peso), che non fa parte del SI.

Un **kilogrammo peso** è la forza peso di una massa di 1 kg posta sulla Terra, in stato di quiete, al livello del mare e a 45° di latitudine.

In tali condizioni, la massa del corpo è numericamente uguale al peso espresso dalla bilancia (figura **10**).

Il volume e la capacità

L'altra grandezza fisica che, insieme alla massa, ci consente di definire la materia è il volume.

Il **volume** (V) è la porzione di spazio occupato da un corpo; la sua unità di misura SI è il metro cubo (m^3).

Il metro cubo è un'unità di misura abbastanza grande; spesso si utilizzano i suoi sottomultipli, come il **decimetro cubo** (**dm^3**) e il **centimetro cubo** (**cm^3**). Spesso, soprattutto per i liquidi, si utilizza anche il **litro** (**L**), che è l'unità di misura della capacità.

La **capacità** corrisponde al volume di fluido che un recipiente può contenere.

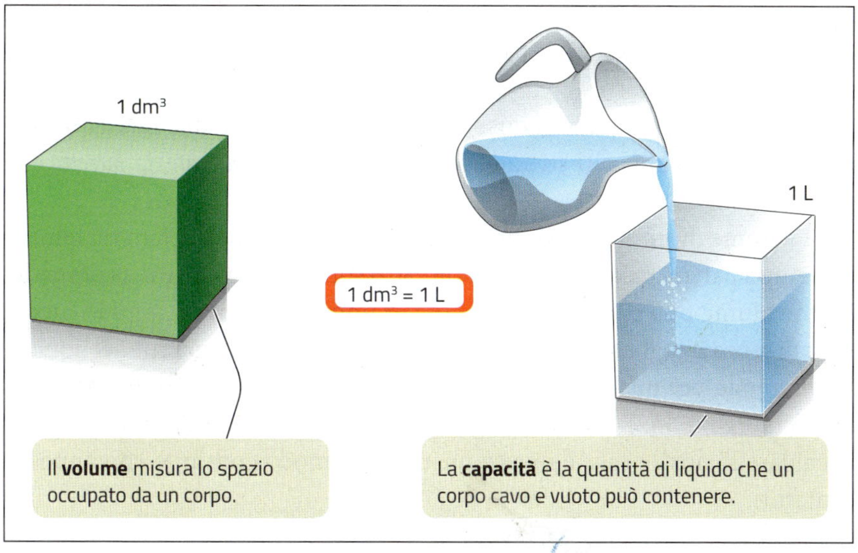

Figura 11 Il volume e la capacità Un volume di 1 dm^3 corrisponde a un recipiente cubico con la capacità di 1 L.

Mentre il volume è una grandezza propria di qualunque corpo, la capacità è una grandezza propria di un recipiente (figura **11**). Un litro corrisponde, infatti, alla quantità di liquido che riempie completamente un cubo cavo e vuoto che ha il volume di un decimetro cubo.

Il litro non è una unità SI, ma il suo utilizzo è talmente diffuso che è comunque accettato a livello internazionale. Per definizione, un litro è esattamente uguale a un decimetro cubo, cioè a mille centimetri cubi; poiché un litro equivale a mille millilitri, si ha che un centimetro cubo e un millilitro (mL) sono unità di misura equivalenti (figura **12**).

$$1000 \text{ mL} = 1 \text{ L} = 1 \text{ dm}^3 = 1000 \text{ cm}^3$$

$$1 \text{ cm}^3 = 1 \text{ mL}$$

È importante tenere a mente queste equivalenze: le unità di misura più utilizzate per esprimere le misure di volume effettuate in laboratorio sono proprio il millilitro e il centimetro cubo.

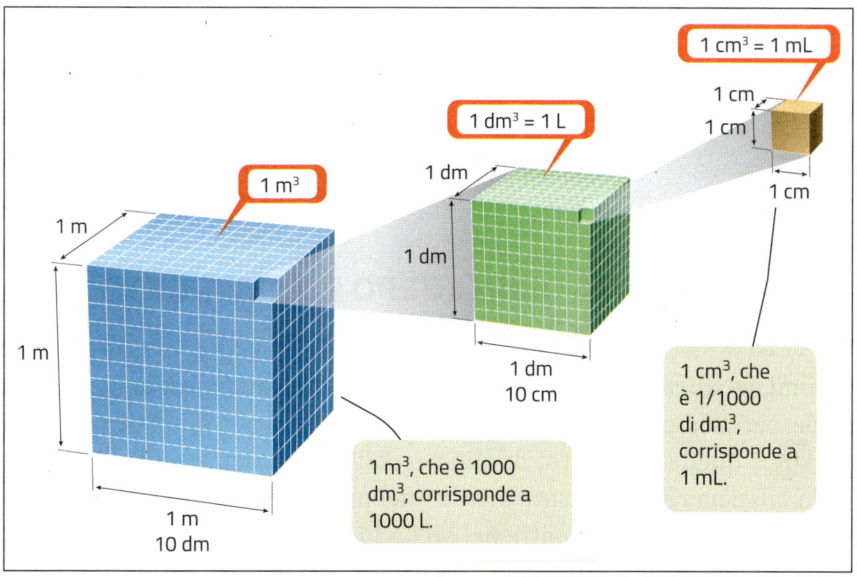

Figura 12 Le equivalenze dei volumi L'unità SI del volume è il metro cubo, ma spesso è impiegato il litro, soprattutto nel caso dei liquidi.

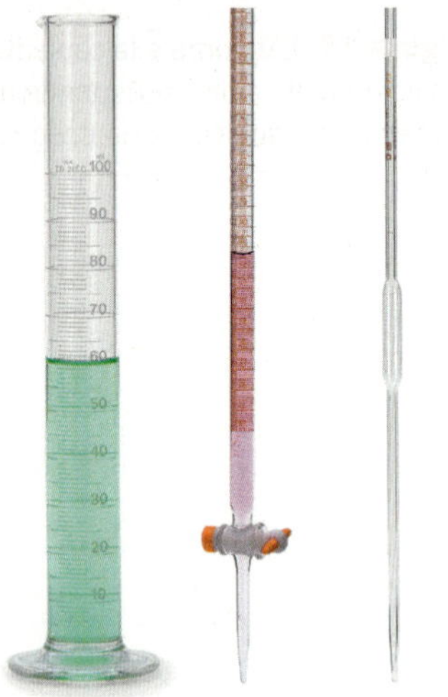

Figura 13 **Misurare i liquidi** Gli strumenti di laboratorio per misurare i volumi dei liquidi.

Le misure di volume

Le misure di volume si effettuano in modi diversi a seconda delle caratteristiche del corpo.

Il volume di un liquido si misura con recipienti graduati o tarati; in laboratorio si usano appositi strumenti, quali il *cilindro graduato*, la *buretta* e la *pipetta* (figura **13**).

Il volume di un solido di forma regolare può essere calcolato matematicamente a partire dalle sue dimensioni; se il solido è irregolare ma compatto, il suo volume può essere determinato per immersione in un liquido (in cui affondi senza sciogliersi), misurando di quanto aumenta il volume del liquido.

Un modo per misurare approssimativamente il volume di un gas è illustrato in figura **14**; il volume di gas metano che preleviamo dalla rete per riscaldare le nostre case è invece misurato in modo continuo con appositi contatori.

A differenza della massa, il volume di un corpo varia con la temperatura: tutti i corpi, se riscaldati, tendono infatti a dilatarsi, cioè aumentano di volume.

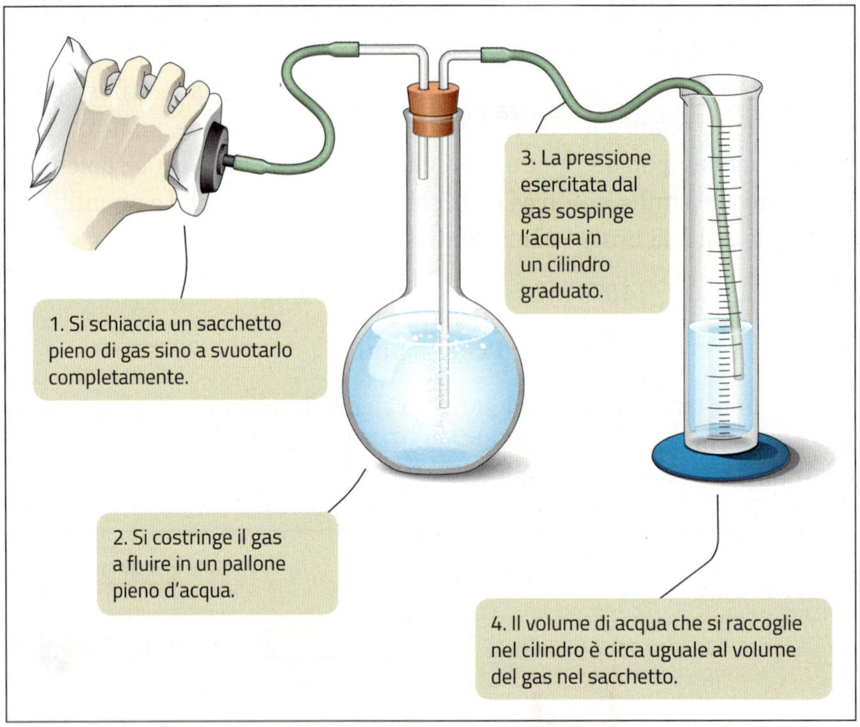

Figura 14 **La misura dei volumi dei gas** La misura del volume di un gas in laboratorio.

COME SI FA? *Video* Scegliere la vetreria adatta

7 LA DENSITÀ DI UN CORPO È IL RAPPORTO TRA MASSA E VOLUME

Volumi uguali di materiali diversi non possiedono quasi mai la stessa massa. Se, per esempio, misuriamo con la bilancia la massa di un litro (1 dm^3) di latte e quella di un litro di olio vegetale ci accorgiamo che il display della bilancia riporta misure diverse: nel primo caso la massa è più di un kilogrammo (1030 g), mentre nel secondo caso la massa è inferiore a un kilogrammo, ovvero 910 g (figura **15**).

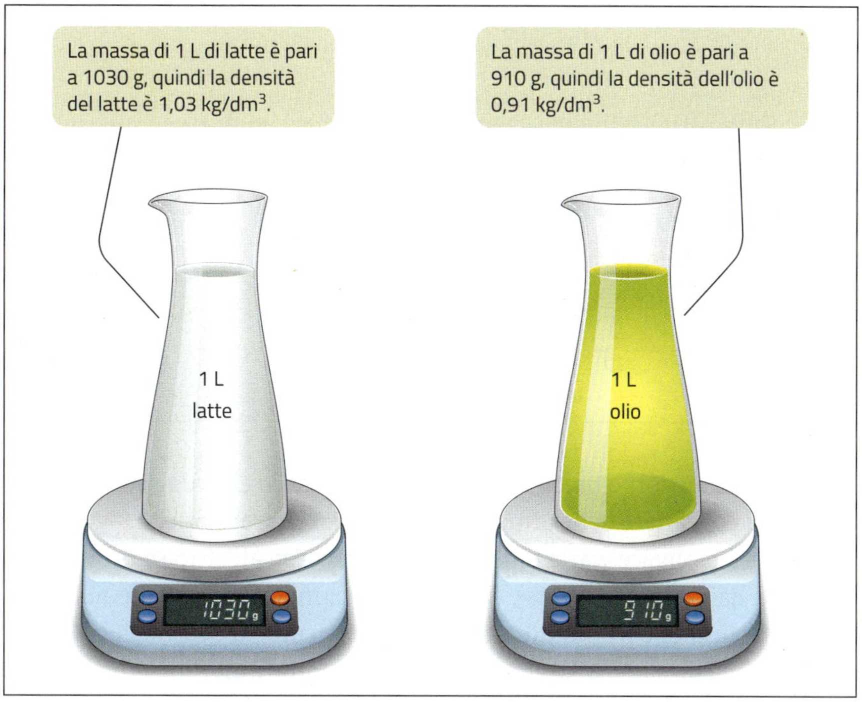

Figura 15 La densità dei liquidi Volumi uguali di olio e di latte non hanno la stessa massa perché olio e latte hanno densità diverse.

Per specificare la differenza tra un caso e l'altro diciamo che l'olio è meno denso del latte.

La **densità** (d) di un corpo è una grandezza fisica derivata che si ottiene dividendo la sua massa per il suo volume:

$$d = \frac{m}{V}$$

Per misurare la densità di un corpo è quindi necessario misurare la sua massa e il suo volume. Tornando all'esempio precedente, dalle masse indicate sul display della bilancia si può stabilire che la densità dell'olio è $d_{\text{olio}} = 0{,}91\ \text{kg}/1\ \text{dm}^3 = 0{,}91\ \text{kg/dm}^3$ e quella del latte è $d_{\text{latte}} = 1{,}03\ \text{kg}/1\ \text{dm}^3 = 1{,}03\ \text{kg/dm}^3$.

L'unità di misura della densità nel SI è il **kilogrammo al metro cubo (kg/m³)**. Nell'attività di laboratorio si usano normalmente campioni di piccole dimensioni, per cui l'unità di misura della densità più utilizzata è un suo sottomultiplo, il **grammo al centimetro cubo (g/cm³)** o, per i liquidi, il **grammo al millilitro (g/mL)**.

La densità di un corpo ci dice, quindi, a quanto corrisponde la massa di un'unità di volume di quel corpo. Per esempio, la densità dell'oro è 19,3 g/cm³: questo significa che la massa di 1 cm³ di oro, cioè di un cubetto di 1 cm di lato, è 19,3 g.

Prendiamo in esame un corpo fisicamente omogeneo e immaginiamo di prelevarne tre diverse porzioni i cui volumi siano 13 cm³, 26 cm³ e 39 cm³. Poiché i volumi della seconda e della terza porzione sono, rispettivamente, il doppio e il triplo del volume della prima, le masse della seconda e della terza porzione devono essere, rispettivamente, il doppio e il triplo della massa della prima porzione. In altri termini, la massa di quel corpo fisicamente omogeneo è *direttamente proporzionale* al suo volume. Il valore della densità, invece, che è data dal rapporto tra la massa e il volume, rimane *costante*.

LE PAROLE

Un **corpo** è una porzione limitata e definita di materia; è **omogeneo** se i parametri che lo caratterizzano sono uguali in tutti i suoi punti. L'acqua del rubinetto è un esempio di corpo omogeneo.

TI RICORDI?

Due grandezze sono **direttamente proporzionali** quando il rapporto tra i loro valori resta costante. Riportando in grafico i loro valori si ottiene sempre una retta passante per l'origine.

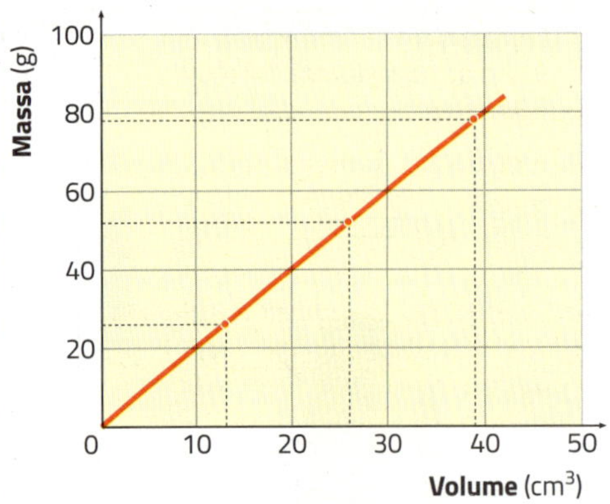

Massa (g)	26	52	78
Volume (cm^3)	13	26	39
Densità (g/cm^3)	2,0	2,0	2,0

Figura 16 Variazione della massa in funzione del volume Rappresentazione grafica della variazione della massa in funzione del volume di tre campioni di uno stesso corpo omogeneo.

La densità di un corpo omogeneo è quindi la stessa in ciascuna sua porzione e non varia al variare delle dimensioni della porzione esaminata (figura **16**).

La densità, invece, varia moltissimo da un corpo all'altro se i corpi sono costituiti da materiali diversi, ed è, in genere, molto più grande nei solidi rispetto ai liquidi e nei liquidi rispetto ai gas. Mentre la densità del corpo di cui si è prima discusso è 2,0 g/cm^3, quella di un corpo omogeneo costituito di zinco, per esempio, è uguale a 7,0 g/cm^3. Anche in questo caso, se si riportano in grafico i valori di massa e volume di ciascuna sua porzione, i punti risultanti sono allineati lungo una retta che passa per l'origine. L'inclinazione di questa retta è tuttavia molto diversa dall'inclinazione della prima.

La variazione di densità in funzione della temperatura

La densità di un corpo varia anche al variare della temperatura e, se il corpo è aeriforme, varia considerevolmente al variare della pressione. Se si aumenta la temperatura, infatti, il volume del corpo generalmente aumenta e la densità, di conseguenza, *diminuisce*. Per esempio, a pressione atmosferica la densità dell'acqua distillata a 4 °C è 1,000 g/cm^3, mentre a 80 °C è 0,972 g/cm^3. È quindi sempre necessario specificare a quale *temperatura* e a quale *pressione* si riferiscono i valori della densità. Generalmente la densità dei solidi e dei liquidi si esprime in g/cm^3 alla temperatura di 20 °C e alla pressione di 1 atm, quella dei gas in g/L alla temperatura di 0 °C e alla pressione di 1 atm (tabella **3**).

Tabella 3 La densità di solidi, liquidi e gas Valori della densità di alcuni solidi (*s*) e liquidi (*l*) alla temperatura di 20 °C e di alcuni gas (*g*) alla temperatura di 0 °C e alla pressione di 1 atm. Tutti i materiali allo stato gassoso hanno densità molto piccole.

Solidi e liquidi	Densità (g/cm^3)	Gas	Densità (g/L)
alluminio$_{(s)}$	2,70	azoto$_{(g)}$	1,25
oro$_{(s)}$	19,30	idrogeno$_{(g)}$	0,09
rame$_{(s)}$	8,92	ossigeno$_{(g)}$	1,43
acqua$_{(l)}$	1,0018	diossido di carbonio$_{(g)}$	1,96
alcol etilico$_{(l)}$	0,79	cloro$_{(g)}$	3,17
mercurio$_{(l)}$	13,55	argon$_{(g)}$	1,78

COME SI FA?
Video
Misurare la densità di un solido

In genere, la densità di un liquido aumenta quando solidifica. Esistono però alcune eccezioni, di cui la più importante è quella dell'acqua: quando congela il suo volume aumenta, così che la densità del ghiaccio risulta inferiore a 1 g/cm^3. È proprio per questo motivo che il ghiaccio galleggia sull'acqua.

PROBLEMA MODELLO

Calcolare la densità

Calcola la densità di un cilindro di rame che ha un diametro di 3,0 cm, un'altezza di 20 cm e una massa di 1,255 kg.

L'IDEA

Dato che la densità di un corpo è data dal rapporto tra la sua massa (m) e il suo volume (V), si determina il volume del cilindro di rame, tenendo a mente che:

- il volume è dato dal prodotto tra l'area di base (A) e l'altezza (h):

$$V = A \cdot h$$

- l'area del cerchio è data dal prodotto tra π e il quadrato del raggio (r):

$$A = \pi \cdot r^2$$

- il raggio è la metà del diametro:

$$r = \frac{d}{2}$$

Se si esprime la densità in g/cm^3, è poi necessario convertire in grammi il valore della massa.
Infine, si scrive il risultato ottenuto tenendo conto del numero di cifre significative.
Dato che si eseguono moltiplicazioni e divisioni, il risultato finale deve avere lo stesso numero di cifre significative presenti nel termine che ne ha meno, cioè due.
Per evitare le approssimazioni introdotte con l'arrotondamento dei risultati parziali di ciascuno dei calcoli intermedi, è preferibile eseguire un unico calcolo numerico finale.

LA SOLUZIONE

$$r = \frac{3{,}0\ \text{cm}}{2} = 1{,}5\ \text{cm}$$

$$A = \pi \cdot r^2 = 3{,}14 \cdot (1{,}5\ \text{cm})^2$$

$$V = A \cdot h = 3{,}14 \cdot (1{,}5\ \text{cm})^2 \cdot 20\ \text{cm}$$

Poiché 1 kg = 1000 g = 10^3 g

$$m = 1{,}255\ \text{kg} = 1{,}255 \cdot 10^3\ \text{g}$$

Una volta ricavati i valori della massa e del volume, si può determinare la densità del rame:

$$d = \frac{m}{V} = \frac{1{,}255 \cdot 10^3\ \text{g}}{3{,}14 \cdot (1{,}5\ \text{cm})^2 \cdot 20\ \text{cm}} = 8{,}88\ \text{g/cm}^3 \simeq 8{,}9\ \text{g/cm}^3$$

LA CONCLUSIONE

La densità del cilindro di rame, espressa con il corretto numero di cifre significative, è quindi pari a 8,9 g/cm^3.

PROBLEMA SIMILE

Calcola la densità di un cilindro di ghisa che possiede un diametro di 2,0 cm, un'altezza di 10 cm e una massa di 0,452 kg. Esprimi il risultato in g/cm^3.

8 L'ENERGIA PUÒ ESSERE UTILIZZATA PER COMPIERE LAVORO

Il lavoro e l'energia

Si sente spesso parlare di energia: nucleare, elettrica, eolica o fotovoltaica. Sono tutte forme diverse attraverso cui l'energia si manifesta. Che cosa hanno in comune? Tutte possono essere utilizzate per compiere lavoro, come spostare o sollevare oggetti, e per trasferire calore a un corpo.

Per **lavoro** si intende lo spostamento compiuto contro una forza che si oppone allo spostamento stesso.

Figura 17 Vincere la forza di gravità Per raccogliere il pallone, il portiere deve esercitare una forza superiore a quella con cui la forza di gravità trattiene il pallone a terra.

Per esempio, effettuiamo un lavoro quando solleviamo un pallone da terra (figura **17**). Per alzarlo, infatti, dobbiamo applicare una forza capace di vincere la forza di gravità con cui la Terra attira il pallone; il lavoro che si compie è tanto più grande quanto più in alto si solleva il pallone, cioè quanto più grande è l'altezza da terra a cui lo portiamo. In generale, il lavoro è definito dal prodotto della forza per lo spostamento da essa causato:

$$lavoro = forza \cdot spostamento$$

Una definizione pratica di energia è legata al concetto di lavoro:

L'**energia** è la capacità che un corpo ha di compiere un lavoro o di trasferire calore.

L'unità di misura del lavoro, del calore e dell'energia (E) è dunque la medesima: nel SI è il joule (J). Poiché l'unità di misura della forza è il newton (N) e quella dello spostamento, che è una lunghezza, è il metro (m) avremo:

$$1 \text{ J} = 1 \text{ N} \cdot 1 \text{ m}$$

Un **joule** è il lavoro compiuto dalla forza di un newton quando il suo punto di applicazione è spostato di un metro nella direzione e nel verso della forza stessa.

A partire dalla definizione di newton, si ha che 1 J equivale a $1 \text{ kg} \cdot \text{m}^2/\text{s}^2$:

$$1 \text{ J} = 1 \text{ N} \cdot 1 \text{ m} = 1 \text{ kg} \cdot \text{m}^2/\text{s}^2$$

Dato che il joule è una unità di misura molto piccola, per misurare l'energia spesso si utilizza il kilojoule (kJ):

$$1 \text{ kJ} = 1000 \text{ J} = 10^3 \text{ J}$$

Qualunque sia la forma in cui l'energia si manifesta, essa può essere ricondotta a due forme fondamentali: l'energia cinetica e l'energia potenziale.

L'energia cinetica

L'**energia cinetica** (E_c) è l'energia associata al movimento di un corpo.

Un corpo in movimento, infatti, è in grado di compiere lavoro: l'acqua di un fiume che esonda, per esempio, può trascinare con sé gli oggetti che incontra, così come il vento può aprire una finestra socchiusa o spostare una barca a vela nel mare.

L'energia cinetica di un corpo è tanto più grande quanto più grandi sono la massa e la velocità del corpo. Quando si blocca un pallone da calcio o una pallina da ping-pong lanciata alla stessa velocità, l'impatto sulle mani non è certo lo stesso; l'impatto, poi, è tanto più forte quanto più elevata è la velocità a cui gli oggetti sono lanciati.

Più precisamente, l'energia cinetica di un corpo è proporzionale alla massa m del corpo e al quadrato della sua velocità v; la relazione che lega le tre grandezze è

$$E_c = \frac{1}{2} m \cdot v^2$$

L'energia potenziale

L'energia potenziale (E_p) è l'energia associata alla posizione di un corpo in un campo di forza.

Un campo di forza è, per esempio, il campo di gravità terrestre; se un corpo risente della forza di attrazione gravitazionale si dice che possiede *energia potenziale gravitazionale*. Un libro appoggiato sul piano di un tavolo, per esempio, possiede proprio questo tipo di energia ed è potenzialmente in grado di compiere un lavoro. Infatti, la forza con cui esso è attirato dalla Terra potrebbe farlo cadere, se fosse posto in bilico sul tavolo. Quando ciò accade, l'energia che il libro possiede a causa della sua distanza dal pavimento si trasforma in energia cinetica durante la caduta, che a sua volta può effettuare un lavoro (figura **18**).

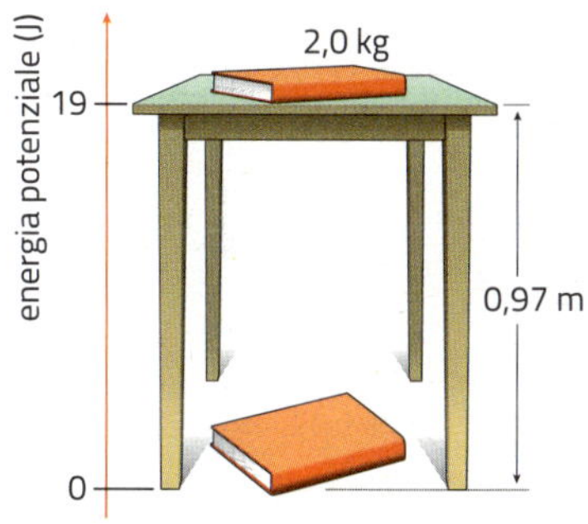

Figura 18 L'energia potenziale L'energia necessaria per sollevare un libro di 2 kg dal pavimento al piano del tavolo è circa 19 J. La stessa energia si libera quando il libro cade sul pavimento da quell'altezza.

L'energia potenziale gravitazionale dipende dall'accelerazione di gravità, g, e aumenta all'aumentare della massa, m, del corpo e dell'altezza dal suolo, h, a cui è posto. Più precisamente

$$E_p = m \cdot g \cdot h$$

In tutti i processi fisici, ma anche in quelli chimici o biologici, l'energia può essere convertita da una forma all'altra; tuttavia la somma totale dell'energia, prima e dopo una qualunque trasformazione, è la stessa; in altri termini, l'energia totale rimane costante (figura **19**).

Il **principio di conservazione dell'energia** stabilisce che l'energia può essere convertita da una forma all'altra ma non può essere né creata né distrutta.

Figura 19 Le trasformazioni dell'energia sull'ottovolante L'ottovolante sale grazie al lavoro che una macchina effettua contro la forza gravitazionale. I carrelli in discesa acquistano energia cinetica.

PROBLEMA MODELLO

Calcolare l'energia

Un oggetto, la cui massa è pari a 3,5 kg, viene sollevato da terra e posto su un ripiano a 1,4 m di altezza. Così facendo, l'oggetto ha immagazzinato energia.

a. Si tratta di energia cinetica o di energia potenziale? Calcola il suo valore ed esprimi il risultato in J.

b. In quale tipo di energia si trasformerebbe, se l'oggetto dovesse cadere a terra? Quale sarebbe il suo valore alla fine della caduta?

L'IDEA

a. Quando si solleva un oggetto da terra, si effettua un lavoro che viene immagazzinato sotto forma di energia potenziale nell'oggetto che è stato sollevato. Per determinarne il valore, basta ricordare che l'energia potenziale è data dal prodotto tra la massa (m) del corpo, l'accelerazione di gravità (g), che vale 9,8 m/s^2, e l'altezza (h) a cui il corpo viene sollevato. Per esprimere il risultato in J, è necessario ricordare che 1 J equivale a 1 $kg \cdot m^2/s^2$.

b. L'energia potenziale di un oggetto, che cade a terra da una certa altezza, si trasforma in energia cinetica. Poiché l'energia si conserva, il valore dell'energia cinetica al momento dell'impatto a terra, se si trascura l'azione frenante dell'aria, è uguale al valore dell'energia potenziale immagazzinata nell'oggetto durante il sollevamento.

LA SOLUZIONE

$$E_p = m \cdot g \cdot h = 3{,}5\ \text{kg} \cdot 9{,}8\ \text{m/s}^2 \cdot 1{,}4\ \text{m} =$$

$$= 48{,}02\ \text{kg} \cdot \text{m}^2/\text{s}^2 = 48{,}02\ \text{J}$$

Al momento dell'impatto a terra, l'energia cinetica dell'oggetto risulta essere uguale all'energia potenziale che aveva immagazzinato in precedenza, quindi:

$$E_c = E_p = 48{,}02\ \text{J}$$

LA CONCLUSIONE

L'energia immagazzinata nell'oggetto a seguito del sollevamento da terra è di tipo potenziale; il suo valore, se espresso con il corretto numero di cifre significative, cioè con due cifre, è pari a 48 J.

Se l'oggetto dovesse cadere a terra, l'energia potenziale accumulata verrebbe rilasciata sotto forma di energia cinetica. L'energia cinetica che possiede l'oggetto al momento dell'impatto a terra ha lo stesso valore dell'energia potenziale, ovvero 48 J.

PROBLEMA SIMILE

Un libro, la cui massa è 1,3 kg, viene spostato da un ripiano al successivo che si trova 50 cm più in alto.

a. La sua energia aumenta o diminuisce? Perché?

b. Calcola il valore dell'energia in gioco nello spostamento del libro da un ripiano all'altro.

9 IL CALORE E LA TEMPERATURA NON SONO EQUIVALENTI

Il calore

Il lavoro è energia in transito: quando una biglia ne colpisce un'altra, inizialmente ferma, le trasmette attraverso l'urto parte della sua energia cinetica e compie un lavoro. Anche il calore è energia in transito; per scaldare un corpo, infatti, lo si mette a contatto con un altro più caldo, per raffreddarlo con uno più freddo. Se immergiamo un cucchiaino di metallo nel tè bollente, il cucchiaino si scalda progressivamente, mentre il tè va raffreddandosi (figura **20**). Il processo continua sino a quando tè e cucchiaino raggiungono una situazione di *equilibrio termico*. Diciamo allora che il tè bollente ha trasferito calore al cucchiaino freddo.

Il **calore** (*Q*) è l'energia trasferita da un corpo più caldo a uno più freddo.

Proprio perché lavoro e calore sono entrambi manifestazioni dell'energia, hanno, nel SI, la stessa unità di misura: il *joule* (J). Spesso si usa anche la caloria (cal) o la kilocaloria (kcal); sulle etichette degli alimenti, per esempio, le informazioni sul valore energetico sono riportate in entrambi i modi (figura **21**). Il joule è un'unità di misura più piccola della caloria.

$$1 \text{ cal} = 4{,}184 \text{ J}$$

La **caloria** è l'energia termica necessaria per innalzare la temperatura di 1 g di acqua distillata da 14,5 °C a 15,5 °C, alla pressione di un'atmosfera.

Figura 20 **Trasferimento di calore** Un cucchiaino di metallo immerso in una tazza di tè bollente assorbe calore e accelera il raffreddamento del tè.

LE PAROLE

Il termine **caloria** e la sua definizione sono stati proposti dallo scienziato inglese James Prescott Joule nel 1850, quando misurò il lavoro che, trasformato in calore, serviva a scaldare una certa massa di acqua. Poiché è difficile misurarla con precisione, la caloria non è un'unità SI.

INFORMAZIONI NUTRIZIONALI DI UNA MERENDINA TIPO		
	per porzione (28 g)	per 100 g
Valore energetico	117 kcal / 489 kJ	418 kcal/ 1750 kJ
Proteine	2,9 g	10,5 g
Carboidrati	12,0 g	45,2 g
Grassi	6.1 g	21,7 g
Vitamina B12	0,21 mg (21% RDA*)	0,78 mg (78% RDA*)
Calcio	33,6 mg (4,2% RDA*)	120 mg (15% RDA*)
Fosforo	38,6 mg (4,8% RDA*)	138 mg (17,2 % RDA*)

*RDA: razione giornaliera raccomandata.

Figura 21 **Il contenuto energetico degli alimenti** Nell'etichetta di questo alimento il valore energetico è espresso sia in kJ sia in kcal. Moltiplicando il valore in kcal (117) per 4,18 si ottiene il valore in kJ (489).

La temperatura

Come possiamo stabilire quale, fra due oggetti, è il più caldo? Potremmo affidarci alle sensazioni che proviamo toccandoli, ma il modo migliore di procedere è misurarne la temperatura.

La **temperatura** è una misura di quanto un corpo è caldo o freddo; il suo valore definisce lo stato termico del corpo.

La temperatura di un corpo si misura con un termometro; i termometri non digitali più comuni contengono un liquido termometrico che si dilata all'aumentare della temperatura e sono provvisti di una scala termometrica: la più

LE PAROLE

Un **liquido termometrico** ha la proprietà di dilatarsi molto all'aumentare della temperatura; il più comune è il mercurio. Poiché è un elemento tossico per l'uomo e l'ambiente, nel 2009 i termometri a mercurio sono stati banditi dal mercato. Il liquido termometrico oggi più utilizzato è il *galinstano*, che è una miscela di gallio, indio e stagno.

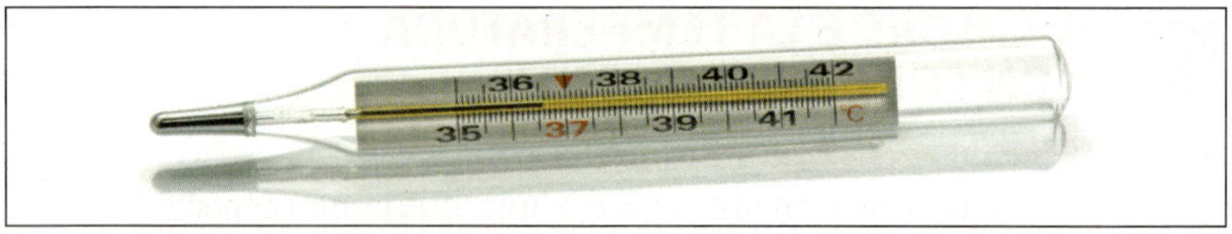

Figura 22 **Termometro a liquido** Il termometro è costituito da un tubo di vetro con un sottile capillare collegato a un'ampolla contenente un liquido. Quando il bulbo è a contatto con un oggetto più caldo, il liquido, riscaldandosi, si dilata e sale nel capillare; quando, invece, è a contatto con un oggetto più freddo, il volume del liquido diminuisce e il livello nel capillare scende.

utilizzata è la **scala Celsius**, detta più comunemente *centigrada*. Essa sfrutta due punti fissi: la temperatura a cui il ghiaccio fonde e quella a cui l'acqua distillata bolle alla pressione di un'atmosfera. Il livello raggiunto dal liquido è contrassegnato con il valore zero quando il termometro è immerso nel ghiaccio fondente, e con il valore cento quando è immerso in acqua bollente (figura **22**). La distanza tra i due segni viene poi suddivisa in cento parti uguali; ogni parte corrisponde a un **grado Celsius (°C)**.

Nel SI, l'unità di misura della temperatura è il **kelvin (K)**; il simbolo K non si legge «grado kelvin», ma semplicemente «kelvin». La **scala Kelvin** è stata proposta dal fisico inglese William Thomson, noto come Lord Kelvin.

Che differenza c'è tra la scala Celsius e la scala Kelvin? L'unica differenza consiste nei valori numerici assegnati ai due punti fissi: a 0 °C corrispondono 273 K e a 100 °C corrispondono 373 K; le due scale sono quindi spostate l'una rispetto all'altra di 273 unità. Poiché la differenza tra 373 e 273 è ancora 100, la variazione di una unità sulla scala Kelvin (1 K) corrisponde a una unità anche sulla scala centigrada (1 °C). Per esprimere una temperatura Celsius (simbolo ***t***) in temperatura Kelvin (simbolo ***T***), basta aggiungere 273 ai gradi Celsius; si sottrae, invece, 273 alla temperatura Kelvin per convertirla in Celsius.

$$T\,(\mathrm{K}) = t\,(^\circ\mathrm{C}) + 273 \qquad t\,(^\circ\mathrm{C}) = T\,(\mathrm{K}) - 273$$

Per esempio, 20 °C corrispondono a 293 K e 100 K a −173 °C.

La particolarità della scala Kelvin è che non presenta valori negativi; lo zero della sua scala è detto per questo *zero assoluto* (figura **23**).

Figura 23 **Confronto fra la scala Celsius e la scala Kelvin** Lo zero assoluto (0 K) corrisponde a −273 °C (t_s = temperatura di solidificazione; t_e = temperatura di ebollizione).

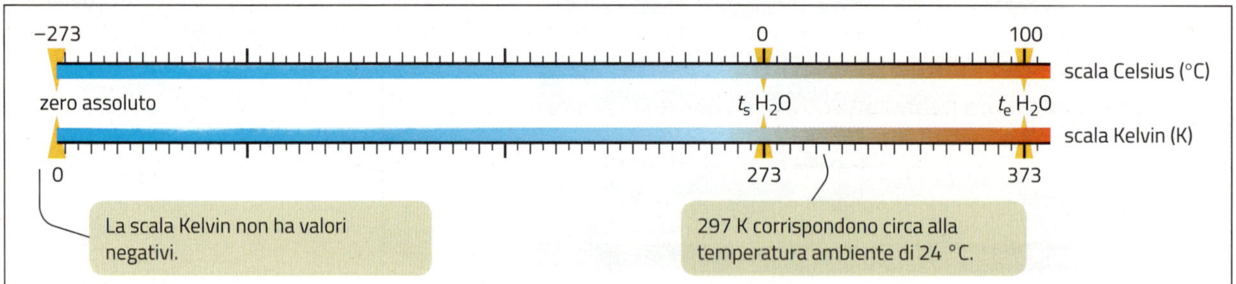

I termini *temperatura* e *calore* non sono equivalenti. La temperatura di un corpo non è il «calore che esso possiede». La temperatura è l'indice del livello termico a cui si trova il corpo; il calore è invece quella parte di energia in esso immagazzinata che il corpo trasferisce a un altro più freddo; quando la temperatura dei due corpi coincide, il trasferimento energetico termina, ma l'energia immagazzinata nel corpo caldo non si è azzerata.

Quando due corpi diversi sono riscaldati con una stessa quantità di energia, possono raggiungere temperature molto diverse; la fiamma di un accendino, per esempio, può rendere incandescente un ago, ma provoca un aumento di temperatura modestissimo se riscalda un tegame pieno d'acqua.

10 LE GRANDEZZE POSSONO ESSERE INTENSIVE O ESTENSIVE

Quando beviamo un bicchiere d'acqua, non ci aspettiamo certo che sia più fredda di quella contenuta nella bottiglia da cui l'abbiamo appena versata, e diamo quindi per scontato di bere acqua alla stessa temperatura. La suddivisione dell'acqua in due parti non altera quindi la sua temperatura.

La suddivisione dell'acqua in due contenitori, invece, ne fa variare il volume; la somma dei volumi in cui viene suddivisa, inoltre, corrisponde al suo volume iniziale. Il volume, a differenza della temperatura, è quindi una grandezza fisica che dipende dalle dimensioni del campione.

A partire da questa diversa caratteristica, è possibile distinguere le grandezze che descrivono le proprietà della materia in **grandezze estensive** e **grandezze intensive**.

> Le **grandezze estensive** sono proprietà fisiche che dipendono dalle dimensioni (estensione) del campione.

> Le **grandezze intensive** sono proprietà fisiche che non dipendono dalle dimensioni del campione e sono utilizzate per identificare un materiale o una sostanza.

La *massa* e il *volume*, per esempio, sono proprietà estensive perché più grande è la dimensione del campione, più grandi sono la sua massa e il suo volume.

La *densità*, invece, è una proprietà intensiva in quanto, sebbene la massa e il volume del campione aumentino all'aumentare delle sue dimensioni, il loro rapporto rimane costante (figura **24**).

Come vedremo nei capitoli successivi, il valore della densità, insieme a quello di altre grandezze intensive, serve per identificare i materiali o le sostanze che costituiscono un certo corpo; i valori della sua massa e del suo volume, invece, non ci aiutano affatto. La densità, infatti, è una proprietà che dipende solo dalla natura del materiale di cui è formato il corpo ed è la stessa per tutti i corpi costituiti dallo stesso materiale. Per esempio, un cristallo di pirite e una pepita d'oro hanno un colore simile e potrebbero avere anche la stessa massa. La loro densità è però molto diversa: mentre la densità della pirite è 5,1 g/cm^3, quella della pepita è 19,3 g/cm^3, e una tale differenza consente di distinguere facilmente l'oro dalla pirite.

Anche la *temperatura* è una proprietà intensiva; il valore della temperatura di un corpo omogeneo, così come la sua densità, non cambia se si considerano porzioni più piccole del corpo.

A COLPO D'OCCHIO

GRANDEZZE ESTENSIVE
- **MASSA**
- **VOLUME**

LE PAROLE

Il significato dei termini **materiale** e **sostanza** verrà discusso nel prossimo capitolo.

A COLPO D'OCCHIO

GRANDEZZE INTENSIVE
- **TEMPERATURA**
- **DENSITÀ**

Figura 24 Grandezze intensive ed estensive La materia può essere descritta in termini di grandezze intensive o estensive.

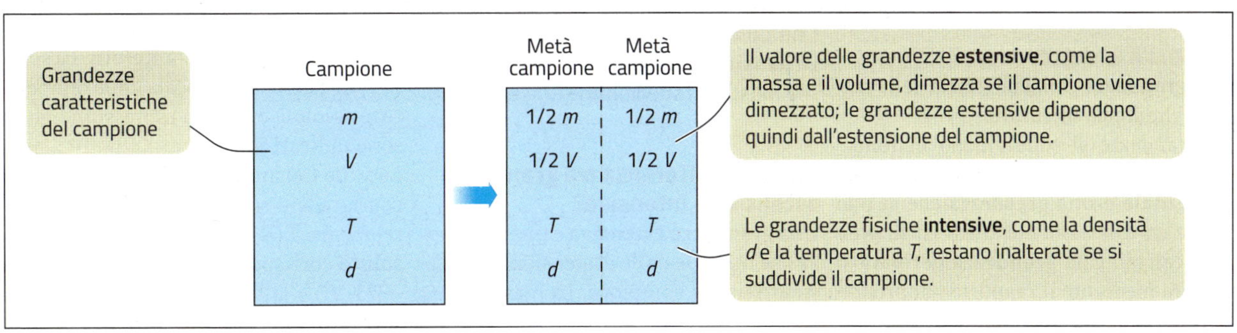

PER SAPERNE DI PIÙ

Errare humanum est: gli errori nella pratica di laboratorio

«Errare è umano» ci insegnano gli antichi. Cicerone, Seneca e tante altre figure illustri del mondo romano hanno riportato nei loro scritti che è impossibile per l'uomo non commettere errori. Questa verità accomuna ancora l'uomo antico e quello moderno e deve essere concepita, da un punto di vista scientifico, come una conseguenza immediata delle leggi della statistica.

Tutte le misure contengono un errore

Non esiste una misura che non sia soggetta a errore: se da una parte dobbiamo rassegnarci a fare i conti con questa inevitabile «imperfezione», è altrettanto vero che dobbiamo cercare di minimizzarla il più possibile.

Dal monitoraggio ambientale alla diagnosi di una malattia, i dati analitici possono avere un peso molto rilevante e per questo devono essere raccolti con la massima accuratezza. Ogni giorno viene eseguita sperimentalmente una quantità enorme di analisi chimiche che investono direttamente la nostra vita quotidiana: valutare la potabilità dell'acqua, stabilire se un terreno è contaminato, monitorare i gas di scarico dei mezzi di trasporto, determinare i valori nutrizionali degli alimenti, controllare la qualità di un acciaio, di un materiale plastico o di un prodotto ceramico sono solo alcune delle più comuni analisi condotte nei laboratori.

Come si possono ridurre gli errori nella pratica di laboratorio?

L'utilizzo di macchine, di strumenti e di procedure automatizzate sono solo alcune delle vie che permettono di lavorare con una maggiore precisione. Per migliorare la riproducibilità di una procedura, occorre non solo scegliere accuratamente il materiale e le attrezzature adeguate, ma anche seguire delle buone prassi di laboratorio (**GLP: Good Laboratory Practice**). Per questo, sono state definite delle vere e proprie procedure operative standard dette **SOP** (**Standard Operating Procedure**), protocolli che descrivono passo dopo passo le operazioni da compiere in laboratorio per eseguire una particolare metodica, consentendo di migliorare l'efficienza e la qualità di un'analisi.

Per garantire l'affidabilità dei risultati, l'Organizzazione Internazionale per la Normazione, comunemente chiamata *ISO* (*International Organization for Standardization*), ha inoltre definito una serie di norme tecniche e di linee guida che identificano i requisiti necessari per raggiungere specifici livelli di qualità riconosciuti a livello internazionale. Per fare un esempio, la sigla *UNI EN ISO 9001* è uno degli standard di riferimento più utilizzati per la gestione della qualità, diffuso non solo nei laboratori di analisi ma in tutti i settori produttivi.

FACCIAMO IL PUNTO

LO SAI? RIPASSA CON LO SMARTPHONE

Che cosa si intende per «materia»?

Si definisce **materia** tutto ciò che possiede massa e volume.

Che cos'è l'energia?

L'**energia** è la capacità di un corpo di compiere un lavoro o trasferire calore ed è misurata in joule (J).

Che cos'è una grandezza?

Una **grandezza** è una proprietà della materia che si può misurare.

Le grandezze si suddividono in fondamentali e derivate. Una **grandezza fondamentale** è una grandezza che si può misurare direttamente, ossia senza svolgere calcoli. Una **grandezza derivata** si misura mediante il rapporto o il prodotto tra grandezze fondamentali.

Quali sono le grandezze fondamentali del Sistema Internazionale (SI)?

Le **grandezze fondamentali nel Sistema Internazionale (SI)** sono sette: massa, lunghezza, tempo, temperatura, quantità di sostanza, intensità luminosa, intensità di corrente. Il peso non è una grandezza fondamentale.

Che cos'è la densità?

La **densità** di un corpo è il rapporto tra la sua massa e il suo volume ($d = m/V$).

Qual è la differenza tra grandezze estensive e intensive?

Una **grandezza estensiva** è una grandezza che dipende dalle dimensioni o dall'estensione del campione. La massa è una grandezza estensiva.

Una **grandezza intensiva** è invece una grandezza che non dipende dalle dimensioni del campione. La densità e la temperatura sono esempi di grandezze intensive.

Quali sono le scale termometriche?

Le **scale termometriche** più usate sono la **scala Celsius** (le cui temperature sono indicate con t) e la **scala Kelvin**. La scala Kelvin è detta anche scala delle temperature assolute e i valori espressi in kelvin sono indicati con T.

Le scale Celsius e Kelvin sono entrambe centigrade e sono legate dalla seguente relazione: $T(\text{K}) = t(°\text{C}) + 273$. Lo **zero assoluto** corrisponde quindi a 0 K (ovvero −273 °C) e la temperatura di 0 °C corrisponde a 273 K.

ESERCIZI

ZTE ONLINE
Mettiti alla prova con 20 esercizi interattivi

VERIFICA LE TUE CONOSCENZE

LE GRANDEZZE E LA NOTAZIONE SCIENTIFICA

1 **Che cosa si intende per grandezza fondamentale?**

2 **L'unità di misura della massa nel Sistema Internazionale (SI) è**
Ⓐ il kilogrammo
Ⓑ il milligrammo
Ⓒ il grammo
Ⓓ il newton

3 **Qual è il prefisso SI corrispondente a 1/1000?**

4 **A quanti grammi equivale un centigrammo?**

5 **In notazione scientifica, il numero 0,00364 diventa**
Ⓐ $3{,}64 \cdot 10^3$
Ⓑ $3{,}64 \cdot 10^2$
Ⓒ $3{,}64 \cdot 10^{-2}$
Ⓓ $3{,}64 \cdot 10^{-3}$

6 **In notazione scientifica, il numero 9643 diventa**
Ⓐ $9{,}643 \cdot 10^3$
Ⓑ $9{,}643 \cdot 10^2$
Ⓒ $9{,}643 \cdot 10^{-2}$
Ⓓ $9{,}643 \cdot 10^{-3}$

7 **Il numero $4{,}317 \cdot 10^{-4}$ in notazione ordinaria diventa**
Ⓐ 0,04317
Ⓑ 0,004317
Ⓒ 0,0004317
Ⓓ 43 170

8 **Il numero $7{,}314 \cdot 10^2$ in notazione ordinaria diventa**
Ⓐ 731,4 Ⓑ 73,14 Ⓒ 7314 Ⓓ 0,07314

9 **Quale unità SI è più appropriata per misurare lo spessore di un foglio di carta?**
Ⓐ Metro
Ⓑ Millimetro
Ⓒ Decimetro
Ⓓ Kilometro

10 **Una misura è**
Ⓐ un'osservazione qualitativa.
Ⓑ una descrizione di come la si effettua.
Ⓒ un'osservazione quantitativa.
Ⓓ espressa da un numero puro.

11 **A quanto equivale un nanometro?**

12 **Di quale grandezza è unità di misura il joule?**

13 **Quale dei seguenti valori è più alto?**
Ⓐ 6,10 g
Ⓑ 6,10 mg
Ⓒ $6{,}10 \cdot 10^{-1}$ g
Ⓓ $6{,}10 \cdot 10^4$ mg

14 **Dalla moltiplicazione $(4{,}36 \cdot 10^{-2}) \cdot (3{,}17 \cdot 10^4)$ si ottiene il prodotto**
Ⓐ $1{,}38 \cdot 10^3$
Ⓑ $1{,}38 \cdot 10^2$
Ⓒ $1{,}38 \cdot 10^{-2}$
Ⓓ $1{,}38 \cdot 10^5$

15 **Dalla divisione $3{,}724 \cdot 10^{-3} / 2{,}46 \cdot 10^4$ si ottiene il quoziente**
Ⓐ $1{,}51 \cdot 10^1$
Ⓑ $1{,}51 \cdot 10^{-7}$
Ⓒ $1{,}51 \cdot 10^1$
Ⓓ $1{,}51 \cdot 10^2$

16 **Sono grandezze fondamentali nel Sistema Internazionale**
Ⓐ volume, densità e peso specifico.
Ⓑ temperatura e massa.
Ⓒ massa e densità.
Ⓓ volume ed energia.

17 **Converti 30,0 millilitri in litri.**

INCERTEZZA DI MISURA, CIFRE SIGNIFICATIVE E ARROTONDAMENTO

18 **Che cosa si intende per cifre significative di una misura sperimentale?**

19 **L'incertezza di una misura**
Ⓐ non esiste se la misura è precisa.
Ⓑ si può esprimere con il metodo delle cifre significative.
Ⓒ dipende soltanto dalle prestazioni dello strumento che si utilizza.
Ⓓ è tanto più grande quanto più abile è colui che effettua la misura.

20 **Quale tra i seguenti completamenti è *errato*?**
Se 6,99 è il numero che compare sul display di una bilancia digitale la cui sensibilità è pari a 0,01 g, la massa dell'oggetto
Ⓐ è compresa tra 6,98 e 7,00 g.
Ⓑ va espressa con tre cifre significative.
Ⓒ è esattamente 6,99 g.
Ⓓ può essere registrata come 6,99 ± 0,01 g.

21 **Una misura della lunghezza *l* di un oggetto è espressa come *l* = (20,2 ± 0,3) mm. Il valore della grandezza *l non* può certamente essere**
Ⓐ 19,9 mm
Ⓑ 20,6 mm
Ⓒ 20,4 mm
Ⓓ 20,3 mm

22 **Data l'operazione (51,5 · 4,783), individua il risultato con il corretto numero di cifre significative.**

23 **Data l'operazione (7,5 : 4,24), individua il risultato con il corretto numero di cifre significative.**

24 **Data l'operazione (0,745 + 0,22 + 7,5), individua il risultato con il corretto numero di cifre significative.**

Ⓐ 8,5 Ⓒ 8,46
Ⓑ 8,4 Ⓓ 8,465

25 **Quante sono le cifre significative della misura 1300 m, se la misura è stata espressa in modo corretto?**

26 **Quante sono le cifre significative nel numero 0,005?**

27 **Quante sono le cifre significative nel numero $2{,}50 \cdot 10^4$?**

28 **Quanti zeri sono significativi nel numero 40 400 302?**

MISURE DI MASSA, VOLUME E DENSITÀ

29 **Il peso di un corpo sul nostro pianeta è**

Ⓐ la forza con cui esso è attratto dalla Terra.
Ⓑ la forza necessaria per spostarlo di 1 cm.
Ⓒ la quantità di materia che lo costituisce.
Ⓓ la quantità di materia espressa in grammi.

30 **La massa di un corpo**

Ⓐ è un valore costante del corpo.
Ⓑ varia al variare della posizione del corpo.
Ⓒ varia al variare della temperatura del corpo.
Ⓓ varia al variare della distanza del corpo dalla Terra.

31 **La densità di un corpo è data dal rapporto tra**

Ⓐ la sua massa e il suo volume.
Ⓑ il suo peso e il suo volume.
Ⓒ la sua massa e la massa di un ugual volume di acqua distillata.
Ⓓ la sua massa e il suo peso.

32 **Qual è l'unità di misura del peso nel Sistema Internazionale (SI)?**

33 **Il volume di un oggetto è**

Ⓐ la quantità di materia che lo costituisce.
Ⓑ lo spazio da esso occupato.
Ⓒ il prodotto della massa per la densità.
Ⓓ il rapporto tra la sua massa e la massa di un ugual volume di acqua distillata alla temperatura di 4 °C.

34 **Qual è l'unità di misura della densità nel SI?**

35 **Qual è l'unità di misura del volume nel SI?**

36 **1 cm^3 corrisponde a**

Ⓐ 1 mm Ⓑ 1 mL Ⓒ 1 mg Ⓓ 1 g

37 **Un bicchiere vuoto ha una massa di 50 g e, pieno d'acqua, di 180 g. Se la densità dell'acqua è di 1000 kg/m^3, qual è il volume dell'acqua?**

38 **Un blocco di metallo ha la forma di un parallelepipedo di dimensioni 4,0 cm × 2,40 m × 15,0 mm. Qual è il suo volume, arrotondato al numero corretto di cifre significative?**

39 **Il lato di un cubo misura 13,00 cm. Qual è il volume del cubo?**

40 **Lo spazio occupato da un campione è la sua/il suo**

Ⓐ massa Ⓒ lunghezza
Ⓑ volume Ⓓ capacità

41 **La densità di un corpo**

Ⓐ è una delle sette grandezze fondamentali nel SI.
Ⓑ si ottiene dividendo il volume di un corpo per la sua massa.
Ⓒ è la massa di una unità del suo volume.
Ⓓ aumenta all'aumentare della temperatura.

42 **Quale affermazione, relativa al grafico seguente, è *errata*?**

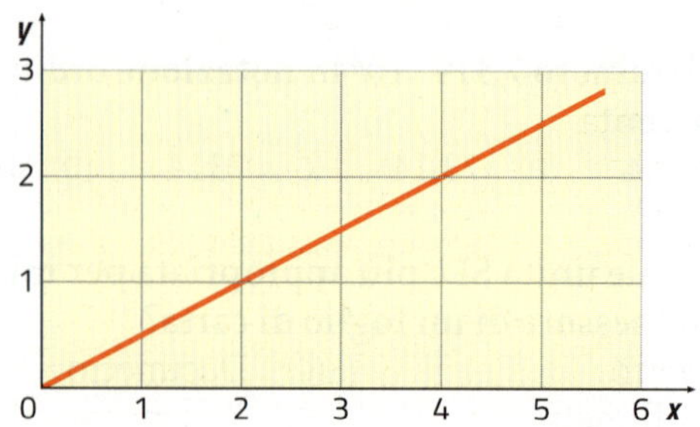

Ⓐ Esprime una relazione di proporzionalità diretta.
Ⓑ Rappresenta la densità di un materiale, se y è la massa di un suo campione e x è il volume corrispondente.
Ⓒ Indica che il rapporto tra il valore di y e il corrispondente valore di x è una costante.
Ⓓ Resta sempre inalterato se y e x sono le masse e i volumi di campioni di un altro materiale.

43 **Quale affermazione è *errata* relativamente alla massa di un corpo?**
(A) È una grandezza scalare.
(B) È una misura della quantità di materia.
(C) Cambia se cambia il suo volume.
(D) Si misura con la bilancia.

44 **Il peso di un uomo che vive sul pianeta Alfa è il quadruplo del peso dello stesso uomo sul pianeta Terra. Quanto vale l'accelerazione di gravità sul pianeta Alfa?**

45 **Se un uomo viene allontanato dalla Terra, la sua massa**
(A) diminuisce.
(B) aumenta.
(C) non varia.
(D) non si può rispondere perché non sappiamo quanto si è allontanato dalla Terra.

46 **Se un corpo viene allontanato rispetto al centro della Terra, il suo peso**
(A) diminuisce.
(B) aumenta.
(C) non varia.
(D) non si può rispondere perché non sappiamo quanto si è allontanato dalla Terra.

47 **Dato che sulla Luna il peso dei corpi è inferiore a quello che hanno sulla Terra, allora la densità dei corpi misurata sulla Luna è più bassa. Questa affermazione**
(A) è falsa.
(B) dipende dal materiale di cui sono fatti i corpi.
(C) non si può valutare, occorrono altri dati.
(D) è vera, solo se i corpi sono solidi.

48 **Quale dei seguenti campioni presenta il più basso valore di densità?**
(A) $m = 100$ g; $V = 200$ cm^3 0,5 g/cm^3
(B) $m = 800$ g; $V = 1000$ cm^3
(C) $m = 120$ g; $V = 100$ cm^3
(D) $m = 90$ g; $V = 100$ cm^3

49 **Qual è l'accelerazione di gravità su un pianeta dove un corpo ha massa 4 kg e peso 96 N?**

ENERGIA, LAVORO E CALORE

50 **L'energia di un corpo**
(A) aumenta se viene riscaldato.
(B) diminuisce se viene innalzato da terra e posto su uno scaffale.
(C) aumenta a contatto di un corpo più freddo.
(D) diminuisce se viene spinto e messo in movimento.

51 **Qual è l'unità di misura dell'energia nel SI?**

52 **Un joule corrisponde a**
(A) 1 kg · 1 m^2
(B) 1 N/1 m
(C) 1 N · 1 m
(D) 1 N · 1 m^2

53 **Se la temperatura di un campione varia di 20 °C, di quanto varierà la sua temperatura assoluta?**

54 **A quanti gradi Celsius equivalgono 100 K?**

55 **La temperatura**
(A) corrisponde al calore di un corpo.
(B) si trasferisce da un corpo caldo a uno freddo.
(C) si misura con termometri che possono avere diverse scale termometriche.
(D) nel SI si esprime in gradi centigradi.

56 **Quale tra i seguenti completamenti è *errato*? Scaldando due corpi diversi con una stessa quantità di calore**
(A) la loro temperatura finale è la stessa.
(B) i due corpi raggiungono livelli termici diversi.
(C) la loro densità diminuisce.
(D) il loro volume aumenta.

57 **L'energia di un corpo può essere**
(A) trasformata soltanto in energia potenziale.
(B) trasformata soltanto in energia cinetica.
(C) convertita da una forma all'altra.
(D) trasferita soltanto come lavoro.

58 **A quale dei seguenti processi corrisponde un aumento di energia potenziale?**
(A) Un aereo scende di quota.
(B) Una persona sale una rampa di scale.
(C) L'acqua di un fiume scorre verso il mare.
(D) Una mela cade da un albero.

59 **A quanti joule equivale una caloria?**

60 **L'energia cinetica di un corpo dipende**
(A) soltanto dalla sua massa.
(B) soltanto dall'accelerazione di gravità.
(C) dall'altezza dal suolo a cui si trova il corpo.
(D) dalla sua massa e dalla sua velocità.

61 **L'energia potenziale gravitazionale di un corpo dipende**
(A) soltanto dalla velocità del corpo.
(B) dalla massa del corpo e dall'accelerazione di gravità.
(C) dall'altezza dal suolo a cui si trova il corpo.
(D) soltanto dall'accelerazione di gravità.

GRANDEZZE ESTENSIVE E INTENSIVE

62 **Che cosa si intende per grandezza intensiva?**

63 **Una grandezza si dice estensiva se**
Ⓐ aumenta di intensità con la temperatura.
Ⓑ dipende dalla quantità di materia.
Ⓒ non dipende dalla quantità di materia.
Ⓓ aumenta di intensità con l'aumentare della pressione.

64 **È una grandezza intensiva:**
Ⓐ la massa
Ⓑ il calore
Ⓒ la temperatura
Ⓓ il volume

65 **Sono grandezze estensive**
Ⓐ la temperatura e la densità.
Ⓑ il volume e la temperatura.
Ⓒ il volume e il calore.
Ⓓ soltanto il calore.

66 **La temperatura di fusione del ghiaccio è una proprietà**
Ⓐ estensiva come la densità.
Ⓑ intensiva come la massa.
Ⓒ estensiva perché dipende da quanto ghiaccio deve fondere.
Ⓓ intensiva.

VERIFICA LE TUE ABILITÀ

67 **Esprimi in kilogrammi i seguenti valori di massa.**
a. 120 g
b. 3150 mg
c. 1760 g
d. 11 350 mg

68 **Esprimi i seguenti numeri in notazione scientifica.**
a. 0,000275
b. 320 000
c. 546
d. 0,00000078
e. 3250
f. 0,0035
g. 0,0375
h. 21 560

69 **Converti in notazione decimale i seguenti numeri espressi in notazione scientifica.**
a. $6{,}27 \cdot 10^2$
b. $5{,}4 \cdot 10^{-1}$
c. $8{,}354 \cdot 10^3$
d. $7{,}26 \cdot 10^{-2}$
e. $3{,}52 \cdot 10^4$
f. $9{,}0832 \cdot 10^{-4}$
g. $6{,}20 \cdot 10^6$
h. $8{,}523 \cdot 10^{-2}$

70 **Esprimi in grammi i seguenti valori di massa.**
a. $2{,}36 \cdot 10^{-3}$ kg
b. 6320 mg
c. $1{,}26 \cdot 10^{-2}$ kg
d. 15 700 mg

71 **Indica il numero di cifre significative per ciascuna delle seguenti misure sperimentali.**
a. 0,0300 m
b. $3{,}04 \cdot 10^2$ L
c. 72 g
d. $2{,}30 \cdot 10^3$ J
e. 0,034 g
f. 2,00 m
g. $1{,}20 \cdot 10^{-3}$ L
h. 0,030 kg

72 **Esegui l'arrotondamento dell'ultima cifra significativa dei seguenti numeri.**
a. 44,735
b. 0,1674
c. 71,8
d. 0,353
e. 0,029
f. 0,00352
g. 51,3
h. 2,599

73 **Esegui le seguenti operazioni e riporta il risultato con il corretto numero di cifre significative.**
a. $2{,}15 \cdot 0{,}0104$
b. $1{,}5 \cdot 2{,}74$
c. $27 + 12{,}6 + 124{,}86$
d. $89{,}5 : 2{,}41$
e. $1{,}1935 - 0{,}022$
f. $3{,}51 : 1{,}2$
g. $10{,}35 - 7{,}4$
h. $20{,}0 : 1{,}457$

74 **Esegui le seguenti operazioni e riporta il risultato in notazione scientifica.**
a. $(2{,}25 \cdot 10^3) \cdot (5{,}2 \cdot 10^2)$
b. $(7{,}1023 \cdot 10^3) : (1{,}25 \cdot 10^5)$
c. $(4{,}27 \cdot 10^7) : (5{,}16 \cdot 10^2)$
d. $(1{,}43 \cdot 10^4) \cdot (1{,}56 \cdot 10^3)$

75 **Calcola la massa (in g) di un oggetto d'oro che ha un volume di 1,15 cm^3 e la densità di 19,3 g/cm^3.**

76 **Calcola la massa (in g) di un oggetto di rame con volume 22,5 cm^3 e densità 8,96 g/cm^3.**

77 **Calcola la massa (in kg) di un parallelepipedo di granito ($d = 2{,}75$ g/cm^3) che ha le seguenti dimensioni: 40 cm; 20 cm; 9 cm.**

78 **Un campione d'acqua ($d = 1$ g/cm^3) si trova in un cilindro di raggio 0,1 m e altezza 0,2 m. Qual è la sua massa (in kg)?**

79 **Un oggetto ha una massa di 40 kg e un peso di 195 N. Calcola l'accelerazione di gravità cui è sottoposto.**

80 **Sapendo che sulla Luna l'accelerazione di gravità è un sesto di quella terrestre, calcola il peso di una sfera che sulla Terra ha una massa di 70 kg.**

81 **Calcola il peso di un oggetto, avente massa di 40 g, sapendo che l'accelerazione di gravità è uguale a 9,8 m/s^2.**

82 **Esprimi in litri i seguenti valori di volume.**

a. $3{,}2\ m^3$ b. 350 mL c. $150\ cm^3$

83 **Esprimi in mL i seguenti valori di volume.**

a. $1{,}25\ dm^3$ b. 0,55 L c. $7{,}5\ cm^3$

84 **Sapendo che sulla superficie di Marte l'accelerazione di gravità è $3{,}626\ m/s^2$, determina:**

a. la massa e il peso che assumerebbe un ipotetico astronauta la cui massa sulla Terra è 70 kg;
b. il peso dell'astronauta sulla Terra.

85 **Calcola il volume occupato da 100 g di mercurio, sapendo che la sua densità è $13{,}6\ g/cm^3$.**

86 **Calcola la densità di un campione di ferro che ha una massa di 75,30 g e un volume di $9{,}6\ cm^3$.**

87 **Calcola la densità di un campione di zinco che ha una massa di 21,31 g e che occupa un volume di $2{,}98\ cm^3$.**

88 **Una beuta ha una massa di 49,21 g. Aggiungendo con una pipetta $10\ cm^3$ di un liquido la massa diventa 57,043 g. Calcola la densità del liquido.**

89 **Calcola la densità di un parallelepipedo di cemento che ha una massa di 235,2 g e le seguenti dimensioni: lunghezza 7 cm; larghezza 14 cm; altezza 2 cm.**

90 **Calcola la densità di un cubetto di piombo che ha lo spigolo di 2,5 cm e una massa di 176 g.**

91 **Calcola l'energia cinetica di un corpo con massa 25 kg, che si muove alla velocità di 5 m/s.**

92 **Calcola la massa in kg di un corpo che possiede un'energia cinetica uguale a 12,25 J e che si muove alla velocità di 25,2 km/h.**

93 **Un corpo di massa 10 kg ha un'energia potenziale di 4000 J. Calcola a quale altezza il corpo si trova dal livello di base.**

94 **Un libro di massa uguale a 800 g si trova su un ripiano a 2,2 m dal livello di base. Calcola con quale energia cinetica arriva sul pavimento cadendo dal ripiano.**

95 **Una sfera di massa 250 g è lasciata cadere da un'altezza di 12 m. Calcola:**

a. l'energia potenziale che la sfera possiede a 12 m, a 6 m e al livello di base;
b. l'energia cinetica alle stesse altezze.

96 **Un oggetto di ottone ($d = 8{,}4\ g/cm^3$) con la massa di 1 kg viene scaldato da 20 °C a 100 °C. Se la variazione di volume dell'oggetto è $0{,}54\ cm^3$, qual è la densità alla temperatura di 100 °C?**

Ⓐ $8{,}4\ g/cm^3$ Ⓒ $7{,}28\ g/cm^3$
Ⓑ $9{,}18\ g/cm^3$ Ⓓ $8{,}36\ g/cm^3$

97 **Un bicchiere pieno d'acqua ha una massa di 400 g, mentre se è riempito con un liquido non noto ha una massa di 550 g. Sapendo che la massa del bicchiere è 200 g, la densità del liquido non noto è:**

Ⓐ $0{,}01\ g/cm^3$ Ⓒ $2{,}25\ g/cm^3$
Ⓑ $1{,}75\ g/cm^3$ Ⓓ $5{,}17\ g/cm^3$

TEST YOURSELF

98 **Calculate the volume of a 2 kg iron sample whose density is $7.8\ g/cm^3$.**

99 **A graduated cylinder has got a mass of 45.37 g. Adding $9.25\ cm^3$ of a liquid with a pipette, the mass becomes 52.2 g. Calculate the liquid density.**

100 **Calculate the weight of an object whose mass is 40 g, knowing that the gravity acceleration is $9.8\ m/s^2$.**

VERSO I GIOCHI DELLA CHIMICA

101 **Una lamina di alluminio ha lo spessore di $8{,}0 \cdot 10^{-5}$ cm. Quindi lo spessore in micrometri è pari a**

Ⓐ $8{,}0 \cdot 10^{-7}\ \mu m$ Ⓒ $8{,}0 \cdot 10^{-2}\ \mu m$
Ⓑ $8{,}0 \cdot 10^{-3}\ \mu m$ Ⓓ $8{,}0 \cdot 10^{-1}\ \mu m$

[Fase Regionale Classe A 2008]

102 **La dose massima assimilabile di metilmercurio per l'uomo è 0,1 ng per kg di peso al giorno. Quanti kg di pesce può mangiare ogni settimana un individuo di 80 kg se il contenuto di metilmercurio nel pesce è 0,3 mg/kg?**

Ⓐ 1,2 kg Ⓒ 0,48 kg
Ⓑ 0,19 kg Ⓓ 1,3 kg

[Fase Nazionale Classe A 2014]

VERSO L'UNIVERSITÀ

103 **Atleti terrestri che gareggiassero alle olimpiadi su un pianeta alieno avente una forza di gravità pari a metà di quella terrestre avrebbero, in alcune discipline, prestazioni significativamente diverse da quelle sulla Terra. Quale delle seguenti affermazioni, relativa alle prestazioni sul pianeta alieno, *non* è corretta?**

Ⓐ Nel salto con l'asta l'altezza raggiunta sarebbe significativamente maggiore.
Ⓑ Nel lancio del martello la distanza raggiunta sarebbe significativamente maggiore.
Ⓒ Nel sollevamento pesi si potrebbero alzare bilancieri di massa significativamente maggiore.
Ⓓ In una cronoscalata ciclistica il tempo segnato sarebbe significativamente minore.
Ⓔ Nei 200 metri dorso il tempo segnato sarebbe significativamente maggiore.

[dalla prova di ammissione a Medicina e Chirurgia, 2012]

VERSO L'ESAME: LE TUE COMPETENZE

RAPPRESENTA

104 **Schematizza in una tabella le differenze tra massa e peso.**

CALCOLA E CONFRONTA

105 **Hai a disposizione 180 g di ciascuno dei due liquidi, A e B, che hanno diversa densità: $d_A = 2{,}0$ g/cm^3, $d_B = 1{,}5$ g/cm^3. In quali dei seguenti recipienti li verseresti affinché risultino pieni sino all'orlo? Motiva la risposta.**

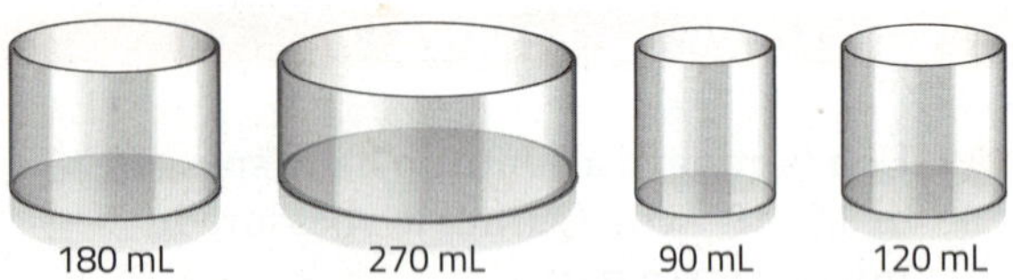

OSSERVA E COMPLETA

106 **Completa la figura inserendo le temperature che si leggerebbero sui due termometri.**

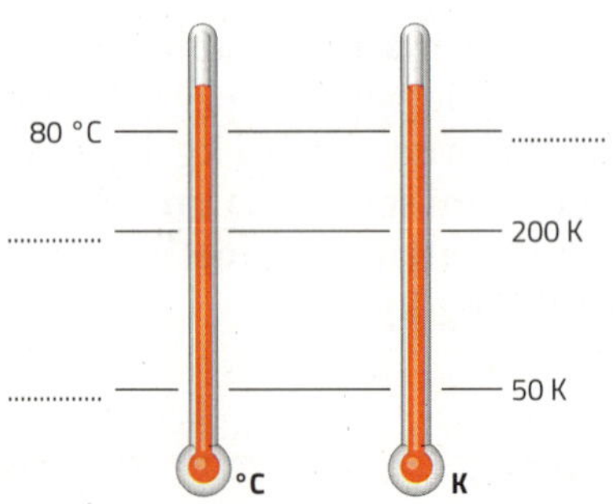

CONFRONTA

107 **Nella figura sono riportate due bilance: la prima è analogica, la seconda digitale.**

a. Quale delle due è più sensibile? Perché?
b. Scrivi la misura rilevata da ciascuna bilancia.

OSSERVA E IPOTIZZA

108 **Il termometro galileiano è un dispositivo adatto a misurare la temperatura ambiente. È costituito da un cilindro sigillato di vetro riempito di un liquido la cui densità aumenta sensibilmente al decrescere della temperatura. Nel liquido sono immerse delle ampolline di vetro contenenti un liquido colorato; a ciascuna di esse è appesa una targhetta su cui è inciso un valore di temperatura. Quando il dispositivo ha raggiunto l'equilibrio termico con l'ambiente, la temperatura a cui si trova è indicata dall'ampollina più in basso fra quelle rimaste a galla.**

a. Come mai le ampolline sono disposte a diverse altezze nella colonna di liquido? Per che cosa si diversificano l'una dall'altra? Ricorda che, per il principio di Archimede, ogni ampollina riceve una spinta verticale dal basso verso l'alto uguale, per intensità, al peso del liquido spostato.
b. Perché d'estate tutte le ampolline sono disposte più in basso?

ESEMPLIFICA

109 **Effettuando lavoro su un corpo è possibile aumentarne l'energia potenziale e convertire poi questa in energia cinetica. Riporta alcuni esempi al riguardo.**

CAPITOLO

2 UN MODELLO PER LA MATERIA

1 LO STATO FISICO DI UN CORPO PUÒ CAMBIARE TRAMITE I PASSAGGI DI STATO

La più immediata classificazione dei corpi che ci circondano si basa sul diverso **stato fisico** che essi presentano: *stato solido*, *stato liquido* e *stato aeriforme*. Lo stato aeriforme si distingue poi in stato di **gas** e stato di **vapore**; siamo, infatti, abituati a dare il nome di *vapore acqueo* all'acqua gassosa e di *gas* all'ossigeno e all'azoto che costituiscono l'atmosfera.

Quali sono i caratteri distintivi di ciascuno stato?

- I **solidi** hanno una massa, un volume e una forma definiti.
- I **liquidi** hanno una massa e un volume definiti, ma assumono la forma del recipiente che li contiene.
- Gli **aeriformi** hanno una massa definita, assumono la forma del recipiente che li contiene ma tendono a occupare tutto lo spazio disponibile; in altre parole, non hanno un volume definito e, a differenza dei solidi e dei liquidi, sono facilmente comprimibili (tabella 1).

Gli stati solido e liquido sono detti anche *stati condensati* della materia, perché presentano valori di densità decisamente più elevati rispetto allo stato aeriforme. I gas e i liquidi, invece, sono detti *fluidi* perché possono scorrere: questo permette di trasportarli facilmente all'interno di tubature come avviene per le condutture idriche o per il trasporto di gas medicali, come per esempio l'ossigeno negli ospedali.

Oltre a questi tre stati fisici esistono anche lo stato dei **cristalli liquidi**, intermedio tra lo stato solido e quello liquido, e lo stato di **plasma**, costituito da ioni positivi e da elettroni.

LE PAROLE

I **vapori** si distinguono dai **gas** per il fatto che a *temperatura ambiente* possono essere resi liquidi per compressione; i gas diventano liquidi per compressione soltanto se sono raffreddati a temperature inferiori, e talvolta molto inferiori, a quella ambiente.

A COLPO D'OCCHIO

STATO FISICO
- SOLIDO
- LIQUIDO
- GASSOSO

	Stato condensato		Stato fluido
	solido	**liquido**	**aeriforme**
massa	definita	definita	definita
volume	definito	definito	non definito
forma	definita	non definita	non definita

Tabella 1 **Gli stati della materia** Un confronto tra le caratteristiche degli stati solido, liquido e aeriforme.

Lo stato fisico di un corpo può cambiare: i ghiacciai fondono creando laghi e fiumi, il vapore acqueo dell'atmosfera condensa formando nuvole e pioggia.

I fenomeni in cui la materia cambia il suo stato fisico si chiamano **passaggi di stato o di fase**.

Un cubetto di ghiaccio fonde se lo teniamo tra le dita calde della nostra mano, mentre l'acqua evapora tanto più facilmente se la si riscalda. Al contrario, il vapore acqueo condensa a contatto del parabrezza freddo dell'automobile e forma minutissime goccioline di acqua che appannano il vetro. Il diossido di carbonio (anidride carbonica), invece, è un gas a temperatura ambiente ed è presente in piccola quantità nell'aria, mescolato all'ossigeno e all'azoto; sempre come gas viene immesso nell'aria a seguito di combustioni (come quella di carburante all'interno dell'auto, figura **1A**). A bassa temperatura (−78 °C), però, il diossido di carbonio è solido; è noto con il nome di *ghiaccio secco* e viene usato, per esempio, come effetto speciale per creare la nebbia (figura **1B**). Alcuni tipi di estintore contengono diossido di carbonio, mantenuto allo stato liquido da un'elevata pressione; quando si apre la valvola, la pressione interna si riduce e il diossido di carbonio passa allo stato gassoso (figura **1C**).

Figura 1 **Diossido di carbonio gassoso, solido e liquido** A Il diossido di carbonio gassoso è prodotto nelle combustioni. B Il diossido di carbonio a bassissime temperature è solido e, se portato a temperatura ambiente, forma una «nebbia» bianca. C All'interno degli estintori il diossido di carbonio è liquido e quando fuoriesce passa allo stato gassoso.

In generale, per modificare lo stato fisico di un corpo è necessario scaldarlo o raffreddarlo, facendo aumentare o diminuire la sua temperatura, oppure aumentare o diminuire la pressione che agisce su di esso (figura **2**).

Ogni passaggio di stato avviene con assorbimento o liberazione di energia.

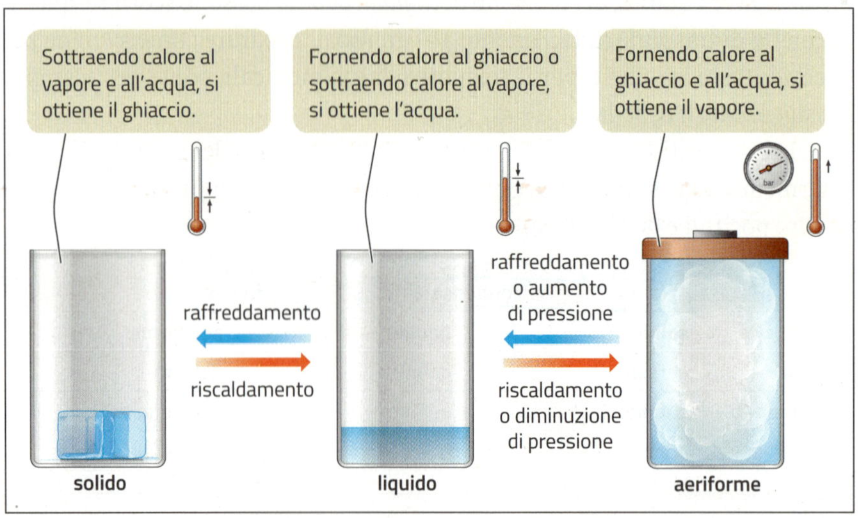

Figura 2 **I passaggi di stato** Fornendo energia, è possibile trasformare il ghiaccio in acqua e l'acqua in vapore. Sottraendo energia, il vapore si trasforma in acqua e l'acqua in ghiaccio.

Generalmente i corpi, ricevendo calore, passano dallo stato solido a quello liquido e poi a quello gassoso. In alcuni casi, tuttavia, il riscaldamento trasforma un solido direttamente in gas o vapore senza passare attraverso lo stato liquido; ne è un esempio il ghiaccio secco che, portato a temperatura ambiente, passa immediatamente allo stato gassoso. Questo processo è denominato **sublimazione**.

Anche lo iodio sublima: esso è solido a temperatura ambiente ma per riscaldamento si trasforma in un vapore dal caratteristico colore violetto. Quando i vapori di iodio vengono a contatto con una superficie più fredda, si verifica il passaggio inverso e si riforma il solido: questo fenomeno, che avviene senza prima passare per lo stato liquido, prende il nome di **brinamento** (figura **3**).

Figura 3 **Sublimazione e brinamento nello iodio** A Una piccola quantità di iodio solido viene posta su un vetrino, precedentemente riscaldato con una piastra. B Lo iodio solido sublima e si formano vapori violetti intorno al solido. Lungo le pareti della beuta si sono formati dei piccoli cristalli per brinamento.

I cambiamenti di fase che avvengono con **assorbimento di energia** sono i passaggi:

- solido-liquido (*fusione*);
- liquido-vapore (*vaporizzazione*, che si distingue in *evaporazione* ed *ebollizione*);
- solido-vapore (*sublimazione*).

I cambiamenti di fase che avvengono con **liberazione di energia** sono i passaggi inversi (figura **4**), cioè:

- liquido-solido (*solidificazione*);
- vapore-liquido (*condensazione*);
- vapore-solido (*brinamento*).

LE PAROLE

Il nome **brinamento** richiama il fenomeno naturale della brina che si forma quando, a determinate condizioni di temperatura e pressione, il vapore acqueo dell'atmosfera si trasforma direttamente in ghiaccio.

PER CAPIRE MEGLIO
Animazione
I passaggi di stato

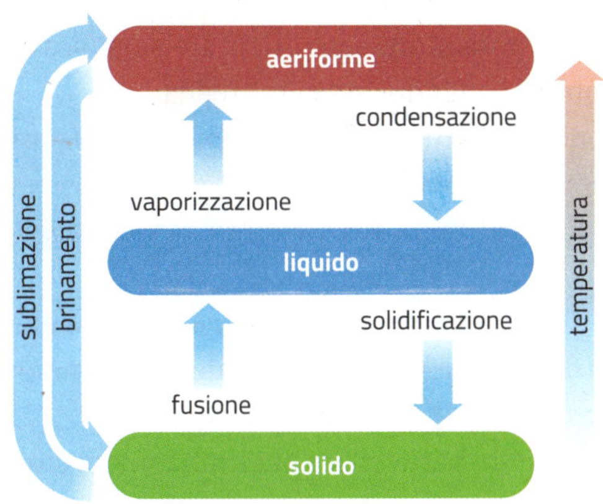

Figura 4 **Relazioni tra i passaggi di stato** I passaggi di stato avvengono con assorbimento e con liberazione di energia.

2 LA TEORIA CORPUSCOLARE DELLA MATERIA SPIEGA I PASSAGGI DI STATO

Perché, quando cambia lo stato fisico di un corpo, il suo aspetto si modifica e c'è trasferimento di energia? Come possiamo spiegare il fatto che la sua densità diminuisce notevolmente quando da solido o liquido si trasforma in gas?

Per rispondere a queste domande abbiamo bisogno di immaginare come sia fatta la materia che costituisce tutti i corpi; in altre parole, abbiamo bisogno di un **modello strutturale della materia** che ci consenta di spiegare i fenomeni che osserviamo. Per esempio, immaginare che esistano piccolissime porzioni di materia, tanto piccole da risultare invisibili ai nostri occhi, e che siano capaci di muoversi, ci aiuterebbe a comprendere perché l'acqua sembra sparire nel nulla quando evapora. Infatti, se dall'acqua liquida si staccassero tante piccolissime e invisibili porzioni capaci di muoversi in tutto lo spazio circostante, non saremmo più in grado di vederla.

Immaginare, poi, che esista una forza di attrazione che tende a riunire queste piccolissime e invisibili porzioni ci aiuterebbe a spiegare perché il vetro freddo di una finestra si appanna ricoprendosi di minuscole gocce di acqua quando viene a contatto con aria ricca di vapore (figura 5).

Figura 5 La condensazione dei vapori A Il vapore acqueo dell'aria a contatto con un vetro freddo condensa. B I vapori di cottura ricondensano sul coperchio della padella (più freddo).

A COLPO D'OCCHIO

PARTICELLE DELLA MATERIA
- **FORZE ATTRATTIVE**
  - **DIMINUISCONO SE *T* AUMENTA**
- **ENERGIA CINETICA** (movimento delle particelle)
  - **AUMENTA SE *T* AUMENTA**
- **SEPARATE DA SPAZIO VUOTO**

T = temperatura

Un modello di questo tipo è alla base della **teoria corpuscolare e cinetica della materia** (o *modello particellare*). Se alle piccolissime porzioni di materia che abbiamo citato diamo il nome di **particelle**, possiamo descrivere la materia come segue:

- tutta la materia è costituita da particelle piccolissime;
- le particelle esercitano tra loro forze di reciproca attrazione; tali forze aumentano o diminuiscono di intensità quando le particelle si avvicinano o si allontanano l'una dall'altra;
- le forze attrattive possono essere allentate se si scalda la materia ma tendono a ristabilirsi quando essa si raffredda;
- le particelle sono in continuo movimento, tanto più intenso quanto più alta è la temperatura;
- tra una particella e l'altra c'è spazio vuoto, tanto maggiore quanto meno condensato è lo stato della materia;
- temperatura e calore sono manifestazioni del moto delle particelle;
- la temperatura di un gas è la misura del valore dell'energia cinetica media delle particelle che lo costituiscono.

Utilizziamo ora il modello particellare per immaginare ciò che non vediamo di un solido, di un liquido o di un gas e per spiegare le loro proprietà.

3 UN MODELLO PER I GAS: PARTICELLE DISTANTI LEGATE DA FORZE DEBOLISSIME

Lo stato di gas è lo stato della materia costituito da particelle molto distanti le une dalle altre.

Una sostanza è allo **stato gassoso** se le sue particelle sono legate da debolissime forze attrattive.

Poiché le particelle esercitano tra loro forze attrattive debolissime, esse possono muoversi liberamente le une rispetto alle altre e in tutte le direzioni. I gas, pertanto:

a. possono *diffondere* con facilità, ovvero tendono a espandersi occupando tutto lo spazio disponibile (figura **6**): i profumatori d'ambiente, per esempio, emanano il proprio odore diffondendo nell'aria le particelle di cui sono costituiti;

b. sono *comprimibili*, perché tra le particelle esistono ampi spazi vuoti che diminuiscono se si esercita una **pressione** (figura **7**).

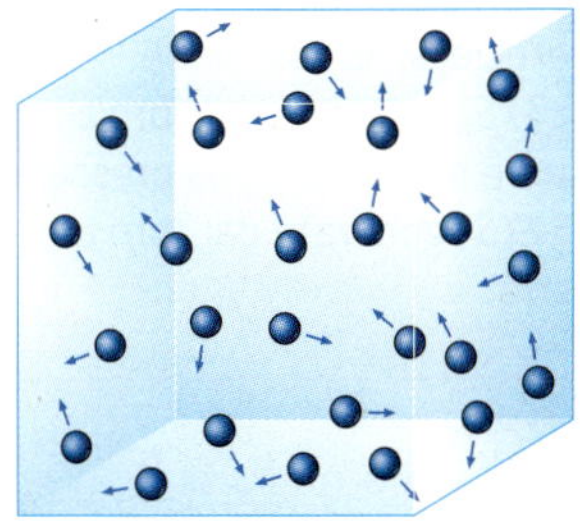

Figura 6 Il modello particellare dei gas Le particelle di un gas si muovono liberamente e in tutte le direzioni, occupando tutto lo spazio disponibile.

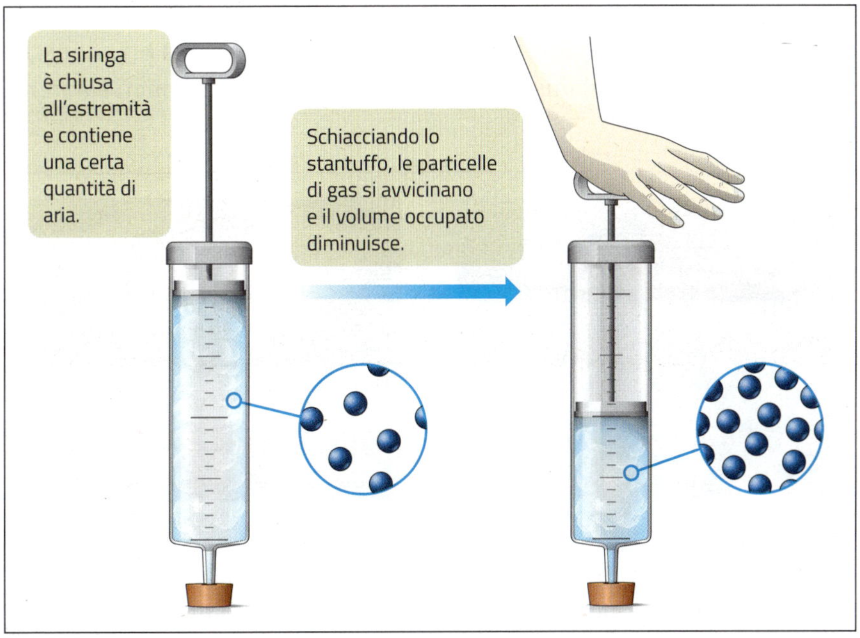

Figura 7 La compressione di un gas Le particelle di un gas sono separate da ampi spazi vuoti, che si riducono quando viene applicata una pressione.

A COLPO D'OCCHIO

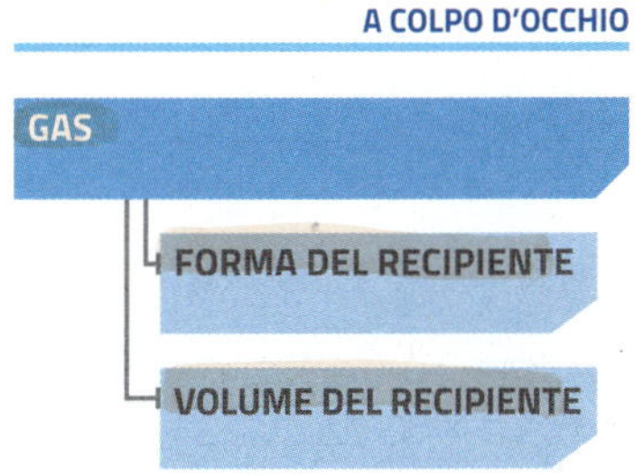

Ecco perché i gas assumono la *forma* e occupano il *volume* del recipiente che li contiene; essi hanno valori di *densità* bassi, di molto inferiori a quelli dei solidi e dei liquidi.

Che cos'è la pressione?

La pressione è una grandezza fisica derivata, in quanto dipende dalla forza e dalla superficie su cui tale forza agisce.

La **pressione** (p) è la forza che agisce sull'unità di superficie e si calcola facendo il rapporto tra la forza F che agisce perpendicolarmente a una superficie e l'area S della superficie stessa:

$$p = \frac{F}{S}$$

(peso) -> forza -> F = m·g
-> superficie

se il denominatore diminuisce, il resto aumenta

m = massa
g = gravità

se il denominatore aumenta, il resto diminuisce

atm = atmosfera (-) era anche un'unità di misurazione

TI RICORDI?

La forza F può essere anche la **forza peso**, $F = m \cdot g$. Un corpo sottoposto alla forza di gravità esercita quindi una pressione.

Figura 8 La pressione in relazione alla superficie Dato che la superficie S_2 è più piccola della superficie S_1, la pressione $p_2 = F/S_2$ generata dal libro a destra è maggiore della pressione $p_1 = F/S_1$ generata dal libro a sinistra.

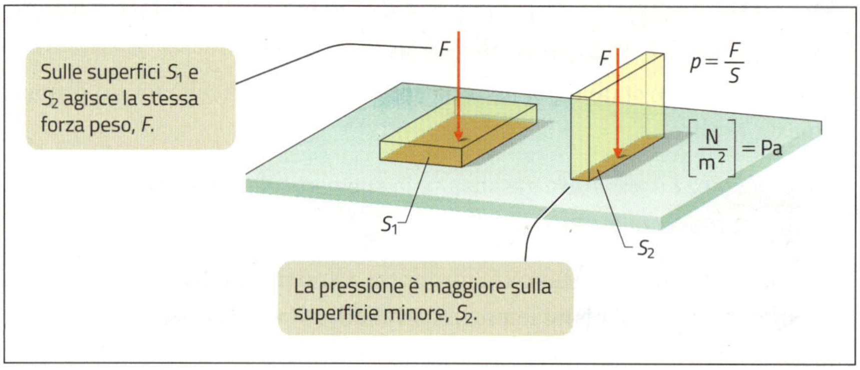

Dalla definizione di pressione si ha quindi che, a parità di forza F, il valore della pressione p risulta essere tanto più grande quanto più piccola è la superficie S su cui agisce la forza stessa (figura **8**).

La pressione di un gas si misura con i *manometri* (figura **9A**). La *pressione atmosferica* è la pressione che i gas che formano l'aria esercitano sulla superficie della Terra. I gas atmosferici, così come tutti gli altri corpi, subiscono infatti l'attrazione gravitazionale della Terra; di conseguenza, la loro forza peso, agendo sulla superficie terrestre, genera una pressione. La pressione atmosferica si misura con strumenti specifici chiamati *barometri* (figura **9B**).

Figura 9 Il manometro e il barometro A Il manometro serve per misurare la pressione dei gas. B Per misurare la pressione atmosferica si utilizza il barometro.

Anche la pressione esercitata da un gas trova una spiegazione in base al modello particellare proposto. Nel loro incessante movimento, le particelle di gas urtano le pareti del recipiente che le contiene e rimbalzano poi in ogni direzione; ciascuna particella esercita sulla parete una spinta in modo simile a quanto fa una pallina da tennis quando, lanciata con forza, colpisce la racchetta.

Gli effetti delle spinte di tutte le particelle di gas sulle pareti del recipiente si sommano e il risultato che si apprezza a livello macroscopico è la *pressione* del gas.

La pressione di un gas contenuto in un recipiente è il risultato delle **collisioni** che le particelle esercitano contro le pareti del recipiente.

Se si aumenta il numero di particelle di gas contenute in un recipiente di volume *costante*, aumenta in proporzione anche il numero degli urti contro le sue pareti: in altre parole, aumenta la pressione esercitata dal gas (figura **10**).

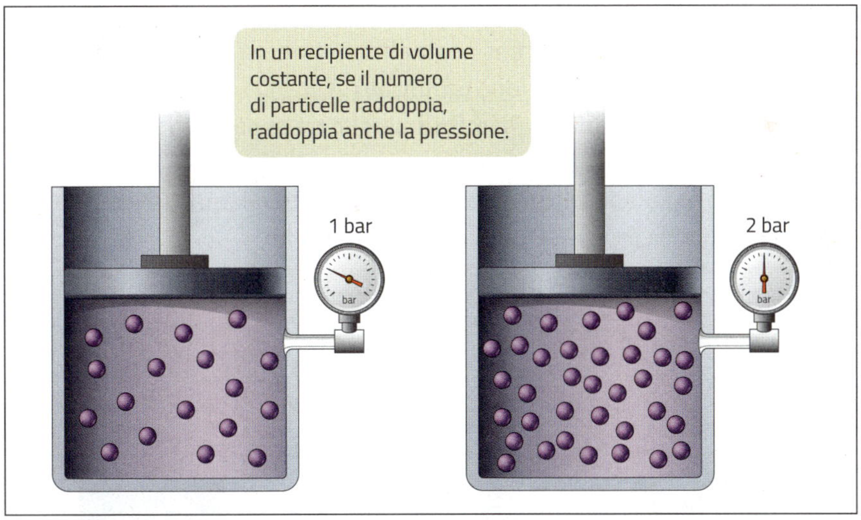

Figura 10 Numero di particelle e pressione In un determinato volume, la pressione è direttamente proporzionale al numero di particelle presenti nel recipiente.

Per esempio, immaginiamo di pompare aria all'interno di uno pneumatico già gonfio di una bicicletta. Il volume dello pneumatico non cambia, ma il numero di particelle d'aria al suo interno aumenta e così il numero dei loro urti contro le pareti. Di conseguenza, cresce la pressione interna dello pneumatico, che gradualmente si indurisce (figura **11**). In generale si può affermare che:

La pressione esercitata da un gas in un dato volume è direttamente proporzionale al **numero di particelle** presenti nell'unità di volume.

L'unità di misura della pressione nel SI è il **pascal**.

Il **pascal** (Pa) equivale alla pressione esercitata dalla forza di un newton (N) sulla superficie di un metro quadrato (m^2).

$$1 \text{ Pa} = 1 \text{ N/m}^2$$

Poiché il pascal è un'unità di misura molto piccola si usa abitualmente un suo multiplo, il **kilopascal (kPa)**. Spesso, come unità di misura della pressione, si utilizza il **bar**, anche se non appartiene al SI, o un suo sottomultiplo, il **millibar (mbar)**. Nel capitolo dedicato alle leggi dei gas, riporteremo altre unità di misura frequentemente utilizzate per esprimere la pressione.

Figura 11 La pressione degli pneumatici Con la pompa si insuffla aria nello pneumatico della bicicletta: le particelle d'aria al suo interno aumentano e con esse la pressione interna.

LE PAROLE

Il nome **bar** deriva dal greco e significa «pesante». La pressione di un bar è, approssimativamente, la pressione atmosferica terrestre al livello del mare. Un *bar* corrisponde esattamente a 10^5 Pa.

4 UN MODELLO PER I LIQUIDI: DEBOLI FORZE ATTRATTIVE TRA PARTICELLE

Tra lo stato aeriforme, caratterizzato da particelle libere di muoversi, e lo stato solido, costituito da particelle fortemente legate tra di loro, esiste una condizione intermedia rappresentata dallo stato liquido.

Una sostanza è allo **stato liquido** se le sue particelle sono legate da deboli forze attrattive.

La presenza di forze attrattive tiene le particelle del liquido vicine; tali forze sono però *deboli* e non impediscono alle particelle di liquido di muoversi in modo continuo e disordinato.

A COLPO D'OCCHIO

LIQUIDI
- FORMA DEL RECIPIENTE
- VOLUME PROPRIO

I liquidi, pertanto:

a. tendono a **diffondere** gli uni negli altri (purché siano miscibili) fino a raggiungere una distribuzione uniforme (figura **12**);

b. sono praticamente **incomprimibili** perché tra le particelle non esistono spazi vuoti.

Ecco perché i liquidi hanno un *volume proprio*, ma non hanno una forma propria e assumono la *forma del recipiente* che li contiene.

Figura 12 **La diffusione** Una soluzione colorata diffonde nell'acqua sino a distribuirsi uniformemente in tutto il volume.

Ma come si spiega che i liquidi, lasciati in un recipiente aperto, evaporano sino a volatilizzare completamente e, mentre evaporano, si raffreddano?

In un liquido tutte le particelle si muovono e sono pertanto dotate di energia cinetica, ma *non tutte hanno la stessa energia cinetica*. Alcune particelle hanno energia cinetica inferiore a quella media, altre superiore e altre ancora così elevata che sono in grado di vincere le forze attrattive che le trattengono nel liquido (figura **13**). Se queste ultime particelle si trovano in *superficie*, possono sfuggire dal liquido e passare allo stato di vapore.

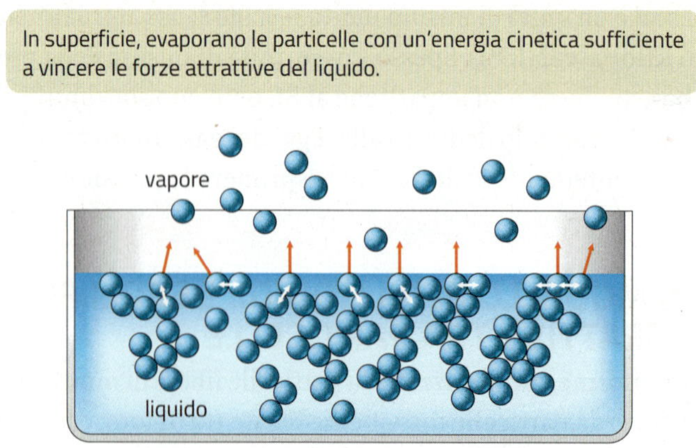

Figura 13 **L'evaporazione e la superficie dei liquidi** L'evaporazione di un liquido è un fenomeno che interessa soltanto le particelle superficiali.

In un liquido che evapora sono quindi le particelle più ricche di energia ad allontanarsi; l'energia cinetica media delle particelle restanti, di conseguenza, si abbassa. Poiché la *temperatura* di un corpo dipende dall'energia cinetica media di tutte le sue particelle, ne consegue che un *liquido evaporando si raffredda*. La sensazione di freddo che percepiamo quando siamo bagnati e ci asciughiamo all'aria è causata dall'evaporazione e dal conseguente raffreddamento dell'acqua liquida rimasta, che sottrae calore alla nostra pelle.

La tendenza di un liquido a passare allo stato di vapore esprime la sua volatilità. Tutti i liquidi, sia quelli più volatili sia quelli meno volatili, tendono a evaporare. La **velocità** con cui avviene il **processo di evaporazione** dipende dalla temperatura, dalla ventilazione e dalla superficie esposta:

a. aumentando la *temperatura*, aumentano l'energia cinetica media e il numero di particelle con energia cinetica tanto elevata da passare allo stato di vapore;
b. se la superficie del liquido è *ventilata*, le particelle che evaporano sono continuamente e rapidamente allontanate, per cui non possono ritornare allo stato liquido;
c. poiché evaporano solo le particelle superficiali del liquido, tanto più *estesa* è la superficie del liquido, tanto maggiore è il numero di particelle che può evaporare e, quindi, tanto più veloce è il processo di evaporazione (figura **14A**).

I tessuti lavati si asciugano quindi più velocemente se esposti al sole e al vento; allo stesso modo, l'acqua caduta a terra asciuga più velocemente se la spargiamo con un panno. Anche allo stato di vapore le particelle non hanno tutte la stessa energia cinetica; quelle con minore velocità rimangono più tempo vicine alla superficie e, nel loro moto disordinato, possono toccarla ed essere inglobate nella massa del liquido (figura **14B**).

A COLPO D'OCCHIO

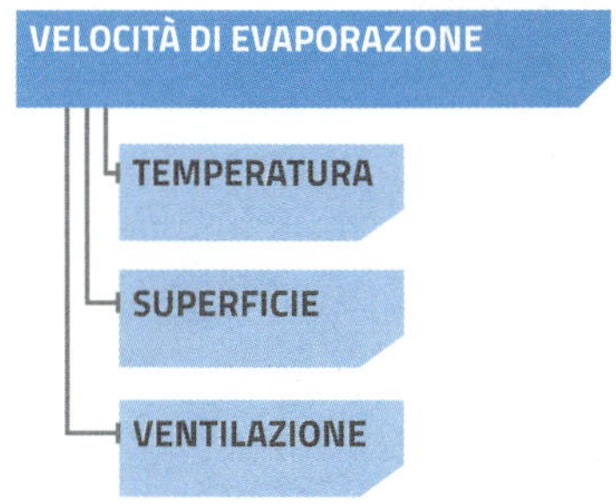

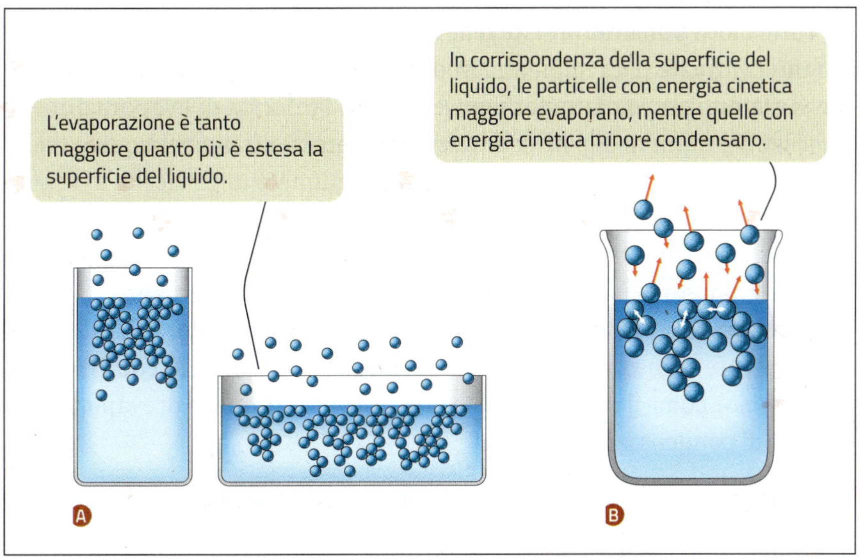

Figura 14 Evaporazione e condensazione A La velocità con cui avviene l'evaporazione è proporzionale alla superficie del liquido. B Evaporazione e condensazione sono fenomeni opposti.

Evaporazione e condensazione sono quindi fenomeni che hanno effetti opposti. Che cosa accade se i due processi avvengono, invece che all'aperto, in un recipiente chiuso?

La tensione di vapore

Consideriamo una beuta chiusa ermeticamente, collegata a un manometro e a una pompa a vuoto. Dopo aver estratto l'aria con la pompa, introduciamo nella beuta alcuni millilitri di un liquido. Quasi subito il manometro segnala un aumento della pressione: il liquido dentro alla beuta sta quindi evaporando.

Figura 15 L'equilibrio liquido-vapore Lo stato di equilibrio viene raggiunto quando il numero di particelle che evapora è uguale al numero di particelle che condensa.

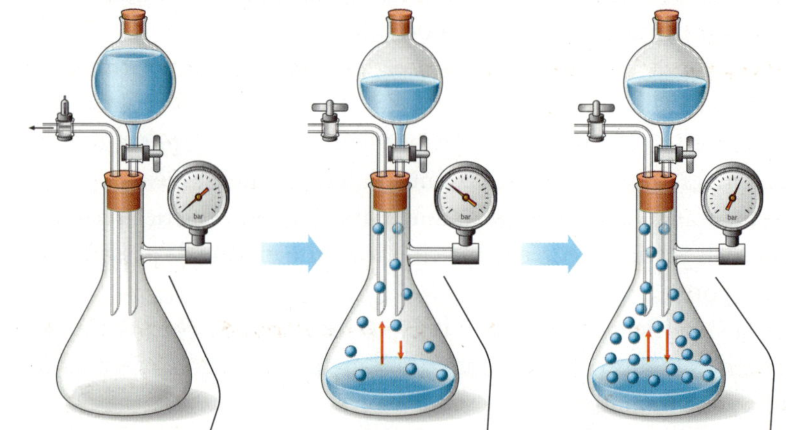

Dopo un dato tempo, però, la pressione rimane costante, anche se vi è ancora del liquido (figura **15**). Diciamo, allora, che il processo ha raggiunto uno **stato di equilibrio**.

Tutto ciò si può interpretare tenendo presente che le particelle di vapore restano confinate nel recipiente. Nella fase iniziale, il numero di particelle che si allontanano dalla superficie del liquido (**velocità di evaporazione**) è *maggiore* del numero di particelle che dal vapore rientrano nel liquido (**velocità di condensazione**). Con l'aumentare del numero di particelle di vapore aumenta però il numero di particelle che rientrano nel liquido, tanto che, a un certo punto, il numero di particelle che evaporano nell'unità di tempo è *uguale* al numero di particelle che nello stesso tempo condensano.

Lo stato di equilibrio che si instaura tra il liquido e il vapore all'interno di un recipiente chiuso può quindi essere spiegato in termini di **equilibrio dinamico**, cioè come il risultato di due processi opposti, quello di evaporazione e quello di condensazione.

Un vapore in equilibrio con il suo liquido si chiama **vapore saturo**.

Il termine *saturo* indica che il numero di particelle presenti nella fase di vapore, a quella data temperatura, è il più grande possibile. In altri termini, per ogni particella che passa allo stato di vapore ci deve essere una particella che ritorna allo stato liquido.

Si chiama **tensione di vapore** la pressione che, a una data temperatura, il vapore saturo esercita sulla superficie del liquido sottostante.

I valori della tensione di vapore sono diversi da liquido a liquido: per esempio, alla temperatura di 25 °C, l'acqua ha una tensione di vapore di 31,7 mbar, mentre quella dell'etanolo è pari a 78 mbar (tabella **2**).

Tabella 2 Valori della tensione di vapore (in mbar) di alcuni liquidi I valori si riferiscono alla temperatura di 25 °C.

Liquido	Tensione di vapore (mbar)
acqua	31,7
etanolo	78
benzene	125
metanolo	169
etere dietilico	614

Un liquido con alta tensione di vapore, come per esempio l'etere dietilico, evapora molto facilmente e si dice **volatile**.

La tensione di vapore, pertanto, è una misura della tendenza di un liquido a evaporare.

La tensione di vapore di un liquido dipende dalla **temperatura**: più precisamente, i suoi valori tendono ad aumentare con l'aumentare della temperatura (tabella **3**).

Temperatura approssimata (°C)	Tensione di vapore (mbar)		
	Etere dietilico	Alcol etilico	Acqua
20	587	58,4	23,3
40	1013	180	73,3
60	—	475,6	199
80	—	1013	473
100	—	—	1013

Tabella 3 **Valori della tensione di vapore (in mbar) di alcuni liquidi a diverse temperature** Al crescere della temperatura, aumenta il valore della tensione di vapore.

Aumentando la temperatura, infatti, aumentano l'energia cinetica media e quindi il numero di particelle in grado di vincere le forze attrattive che le trattengono nel liquido e di passare allo stato di vapore (figura **16**). Tra temperatura e tensione di vapore *non* esiste una relazione di proporzionalità diretta in quanto l'aumento della tensione di vapore è molto più grande rispetto all'aumento della temperatura.

La tensione di vapore aumenta in modo esponenziale con l'aumentare della temperatura.

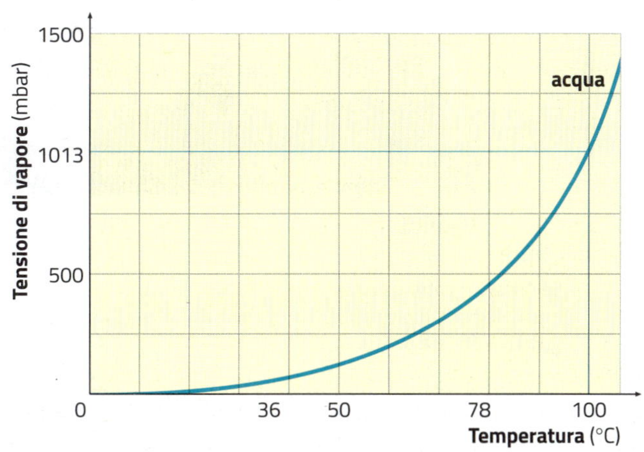

Figura 16 **La tensione di vapore dell'acqua in funzione della temperatura** La tensione di vapore di un liquido aumenta in modo esponenziale con l'aumentare della temperatura.

A partire dal modello che abbiamo utilizzato per spiegare i fenomeni osservati, possiamo anche prevedere che la tensione di vapore di un liquido sia tanto più grande quanto più leggere sono le sue particelle e quanto più deboli sono le forze attrattive che le aggregano. Torneremo su questo punto quando sapremo come sono fatte le particelle di materia e conosceremo quali tipi di forze agiscono tra di esse.

LABORATORIO

L'evaporazione dei liquidi

L'obiettivo

Confrontare la volatilità (tendenza di un liquido a evaporare) dell'etere dietilico e dell'alcol etilico e verificare quali fattori influenzano la velocità del processo di evaporazione.

I concetti

In un liquido le particelle sono legate tra loro da legami di uguale energia. Le particelle superficiali che hanno un'energia cinetica superiore all'energia di legame riescono a rompere i legami che le uniscono alle altre particelle e passano allo stato di vapore. Il passaggio dallo stato liquido allo stato di vapore si chiama evaporazione.

I materiali

Vetrini da orologio, cronometro, pipetta di vetro, contagocce, etere dietilico e alcol etilico (figura **A**).

L'esperimento

1. Versa sul vetrino una goccia di etere facendo scattare contemporaneamente il cronometro (figura **B**). Prendi nota del tempo (t) necessario perché la goccia evapori completamente. Ripeti le stesse operazioni con una goccia di alcol, prendendo nota del tempo di evaporazione (t_1).
2. Versa sul vetrino una goccia di etere e con una pipetta di vetro soffia sulla goccia prendendo nota del tempo di evaporazione (t_2).
3. Versa una goccia di etere sul vetrino, da riscaldare ponendolo sul palmo della mano. Prendi nota del tempo di evaporazione (t_3) (figura **C**).
4. Versa dieci gocce di etere sul vetrino e prendi nota del tempo di evaporazione (t_4). Ripeti la precedente operazione con lo stesso numero di gocce muovendo il vetrino. Prendi nota del tempo di evaporazione (t_5).

Le competenze

Dopo aver compiuto le operazioni descritte nell'esperimento e dopo aver confrontato i tempi di evaporazione delle diverse sostanze, rispondi alle seguenti domande.

- Perché l'etere dietilico è più volatile dell'alcol etilico?
- Quali fattori aumentano la velocità di evaporazione?

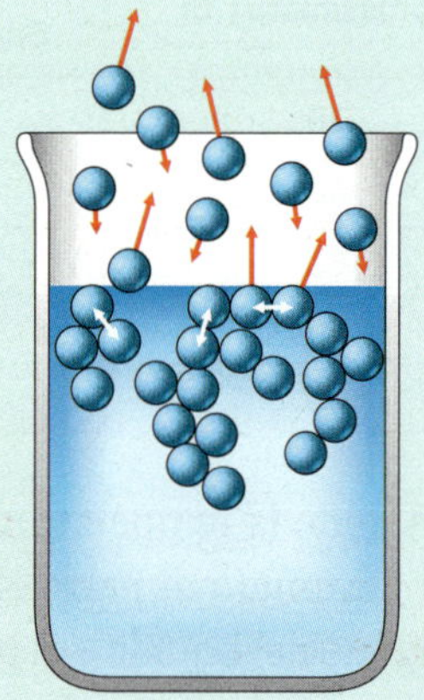

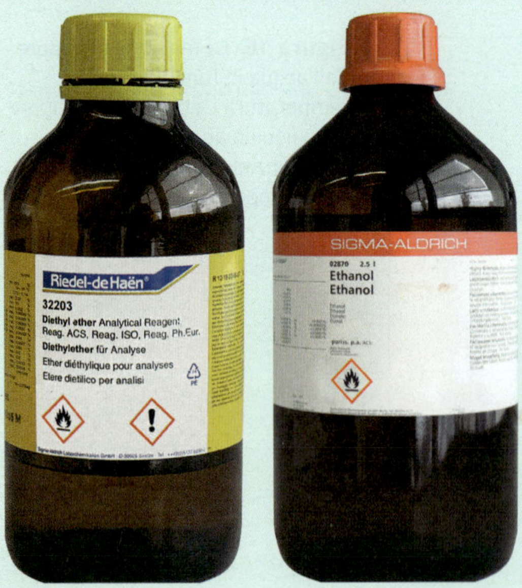

Figura A

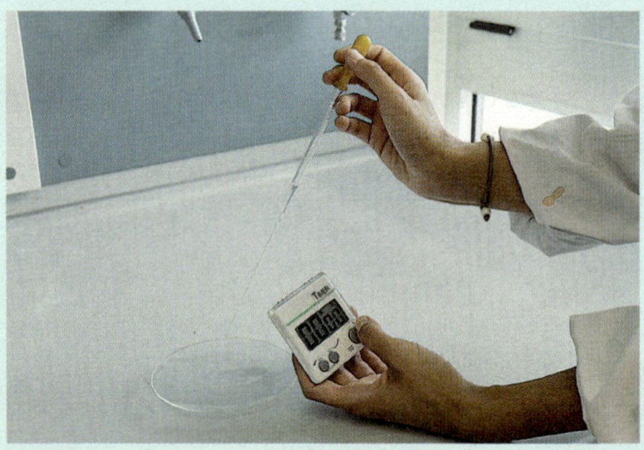

Figura B

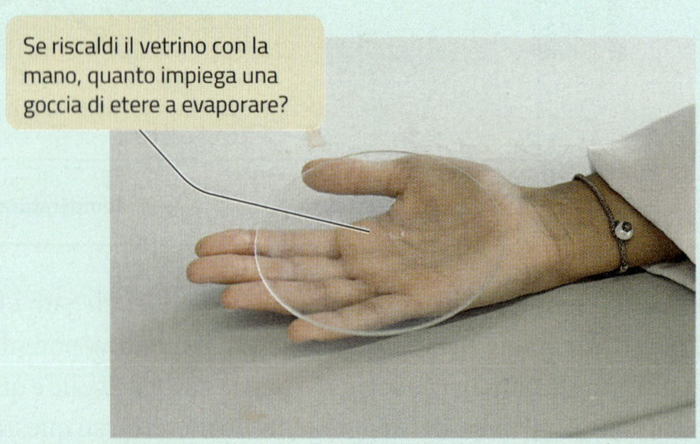

Figura C

5 UN MODELLO PER I SOLIDI: PARTICELLE FORTEMENTE LEGATE

Nello stato aeriforme e nello stato liquido le particelle sono soggette a forze attrattive *deboli* o *debolissime* e non occupano posizioni fisse nello spazio. Lo stato solido, invece, è costituito da particelle legate *fortemente* tra loro, per cui nello spazio occupano posizioni fisse.

Una sostanza è allo **stato solido** quando le sue particelle sono legate con forze attrattive molto intense.

A causa dell'intensità di tali forze, le particelle di un solido non sono libere di muoversi le une rispetto alle altre, ma possono al massimo compiere delle piccole oscillazioni (*moti vibrazionali*) avvicinandosi o allontanandosi rispetto a un punto fisso (figura **17**).

A COLPO D'OCCHIO

- SOLIDI
  - FORMA PROPRIA
  - VOLUME PROPRIO

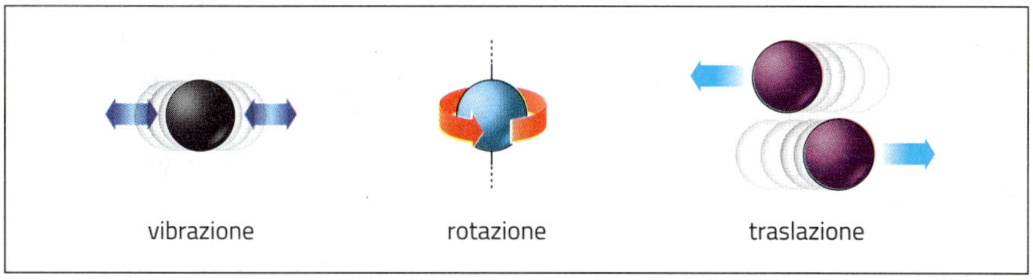

Figura 17 I moti nei solidi, nei liquidi e nei gas Le particelle dei solidi possono compiere soltanto moti vibrazionali, quelle dei liquidi e dei gas anche moti rotazionali e traslazionali.

I solidi hanno di conseguenza una *forma propria* e un *volume definito*, e risultano praticamente *incomprimibili*, dato che le loro particelle sono a stretto contatto le une con le altre.

I solidi si distinguono in *cristallini* e *amorfi*.

A COLPO D'OCCHIO

- SOLIDI
  - CRISTALLINI
  - AMORFI

Solidi cristallini

Oggi sappiamo per certo che i solidi cristallini sono costituiti da particelle disposte in modo ordinato in una struttura geometrica tridimensionale, il **reticolo cristallino** (figura **18A**). Questo è formato dalla sovrapposizione di *piani reticolari* paralleli; ciascun piano reticolare è a sua volta costituito da *filari*, ovvero da allineamenti di particelle lungo rette. Le posizioni occupate dal baricentro di ciascuna particella nei filari sono dette *nodi* (figura **18B**). L'unità elementare del reticolo cristallino (caratteristica per ogni solido cristallino) che si ripete nelle tre dimensioni dello spazio è la **cella elementare** (*vedi* figura 18A).

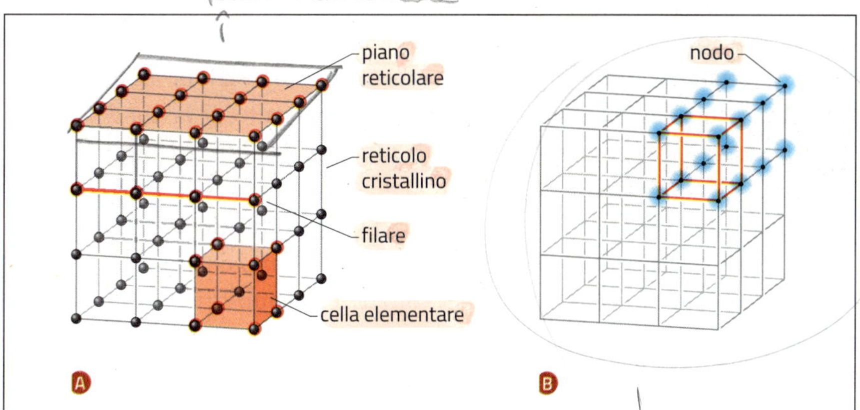

Figura 18 Le unità costituenti il reticolo cristallino A Il reticolo cristallino si ottiene unendo i *nodi* con una serie di linee immaginarie; in esso si individuano *piani reticolari* paralleli e *filari*. L'unità che si ripete nelle tre dimensioni dello spazio è la *cella* elementare. B Le particelle di un solido cristallino sono disposte nello spazio in modo regolare e molto vicine tra loro. Il baricentro di ciascuna particella occupa una posizione detta *nodo*.

La proprietà caratteristica dei solidi cristallini, la *durezza*, dipende proprio dall'*intensità* delle forze attrattive che legano le sue particelle.

La **durezza** è la resistenza che oppone un solido cristallino a lasciarsi scalfire da un altro solido.

Il valore della durezza di un solido cristallino può essere determinato qualitativamente facendo riferimento a una scala, la **scala di Mohs**. Questa scala prende il nome dal mineralogista tedesco Friedrich Mohs (1773-1839) ed è costituita da dieci solidi cristallini disposti secondo un ordine di durezza crescente: ogni materiale riportato nella scala è in grado di scalfire quello che lo precede e viene scalfito da quello che lo segue (tabella **4**). Il solido più tenero è il talco, quello più duro è il diamante.

I diversi materiali presentano in genere valori compresi tra due valori della scala. Per esempio, la grafite ha un valore di durezza compreso tra 1 e 2, perché è in grado di scalfire il talco ma è a sua volta scalfita dal gesso.

Tabella 4 **Scala della durezza di Mohs** La scala va dal talco al diamante ed è ordinata secondo un grado di durezza crescente.

Minerale	Indice di durezza	Minerale	Indice di durezza
talco	1	ortoclasio	6
gesso	2	quarzo	7
calcite	3	topazio	8
fluorite	4	corindone	9
apatite	5	diamante	10

I solidi molto duri in genere sono molto fragili. Il diamante, il solido più duro in natura, è fragile; il piombo, invece, ha un basso indice di durezza, ma non è fragile.

La **fragilità** è la tendenza di un materiale, come il cristallo, a fratturarsi se lo si sollecita con una forza (per esempio comprimendolo o stirandolo). I materiali fragili non mostrano segni premonitori dell'imminente frattura, ma vanno in frantumi non appena la forza applicata supera una certa intensità.

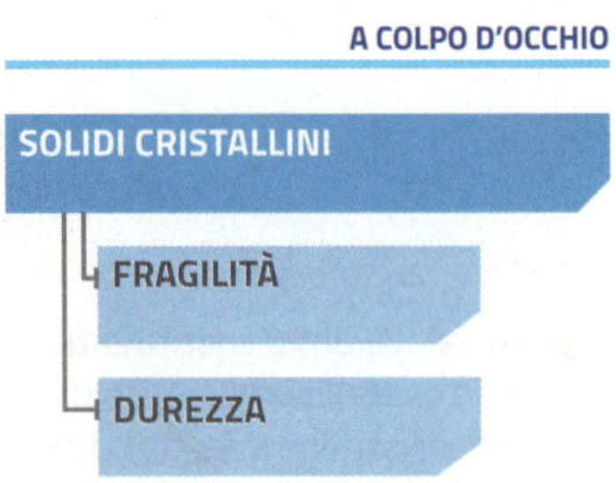

Proprio perché la forza attrattiva tra le particelle di diamante è molto intensa, esse non possono scivolare le une sulle altre e non sono quindi in grado di attutire la sollecitazione esterna. Quando l'intensità della forza applicata supera quella delle forze che legano le particelle di diamante nel cristallo, si assiste alla sua «catastrofica» rottura.

La forza attrattiva tra le particelle di piombo è, invece, meno intensa, per cui esse possono, seppur di poco, modificare la loro posizione all'interno del reticolo cristallino; un campione di piombo, pertanto, si lascia deformare dalla forza applicata e non si frattura facilmente. I solidi che hanno questa capacità si dicono *duttili*.

Per capire meglio la differenza tra solidi fragili e duttili, immaginiamo di essere in piedi con i piedi bloccati. Se qualcuno ci urta con una spinta, dobbiamo compiere un grande sforzo per rimanere in equilibrio. Al contrario, se i nostri piedi sono liberi di muoversi, possiamo reagire all'urto indietreggiando di un passo: così facendo, attutiamo l'effetto della spinta e rimaniamo in equilibrio senza un grande sforzo.

Solidi amorfi (vetrosi)

Alcuni solidi, come il vetro, la gomma o la plastica, presentano una disposizione non ordinata delle particelle: per questo motivo, la loro struttura è simile a quella dei liquidi, ma hanno forma e volume ben definiti come i solidi cristallini.

Per questo motivo possono essere considerati dei solidi privi di struttura cristallina, ovvero privi della forma tipica dei cristalli (figura **19**).

LE PAROLE

Il termine **amorfo** significa «privo di forma». In riferimento ai solidi, che hanno una forma propria, assume il significato di «privo di struttura cristallina» e indica che la struttura microscopica del solido è disordinata.

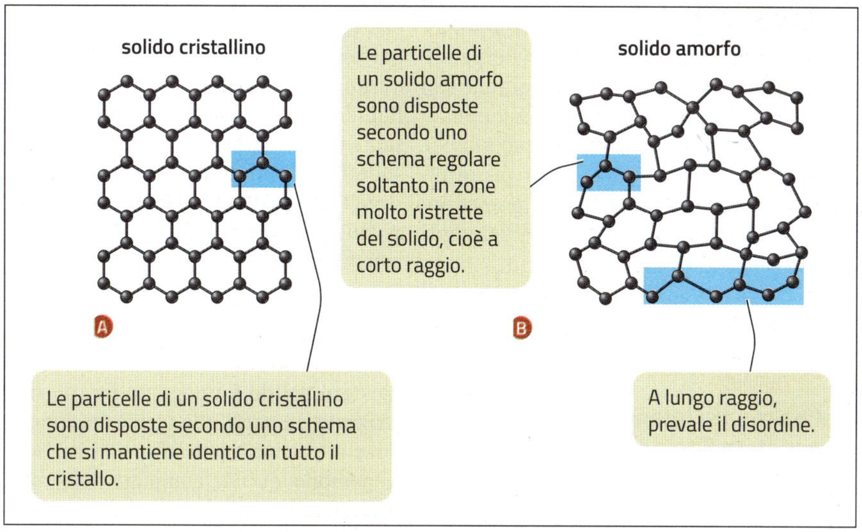

Figura 19 I solidi cristallini e amorfi A La struttura di un solido cristallino è ordinata. B La struttura di un solido amorfo è disordinata.

A differenza di quanto accade nei liquidi, in un solido amorfo le particelle non sono in grado di muoversi perché, a causa della loro particolare conformazione, esse si frenano a vicenda.

Come sappiamo, il raffreddamento di un liquido porta alla formazione di un solido. In certi tipi di liquido però, come per esempio quello derivato dalla fusione della silice, se il raffreddamento è molto veloce, l'attrito tra le particelle aumenta così tanto che esse non sono più in grado di disporsi in una configurazione ordinata (reticolo cristallino). In tal caso si dice che il liquido non solidifica, ma si sottoraffredda. Quando la silice fusa viene raffreddata velocemente si forma il vetro; esso, pertanto, può essere considerato sia un solido amorfo sia un *liquido sottoraffreddato.*

La silice, che in natura costituisce i cristalli di quarzo, può quindi presentare sia la struttura tipica dei solidi cristallini sia la struttura amorfa tipica del vetro (figura **20**).

Figura 20 La silice cristallina e amorfa Quarzo (A) e vetro (B) sono rispettivamente la forma cristallina e la forma amorfa della silice.

FACCIAMO IL PUNTO

LO SAI? RIPASSA CON LO SMARTPHONE

Che cos'è un passaggio di stato o di fase?

Il **passaggio di stato o di fase** è un fenomeno fisico in cui la materia cambia il suo stato fisico. Ogni passaggio di stato è accompagnato da uno **scambio di energia**. È possibile modificare lo stato di un sistema fisico modificando la temperatura o la pressione che agisce su di esso.

Quali sono i passaggi di stato che avvengono con assorbimento di energia?

I passaggi di stato che avvengono con assorbimento di energia sono la **fusione** (solido-liquido), la **vaporizzazione** (liquido-vapore) e la **sublimazione** (solido-vapore). La vaporizzazione include evaporazione ed ebollizione.

Quali sono i passaggi di stato che avvengono con liberazione di energia?

I passaggi di stato che avvengono con liberazione di energia sono la **solidificazione** (liquido-solido), la **condensazione** (vapore-liquido) e il **brinamento** (vapore-solido).

Che cosa si intende per stato gassoso?

Lo **stato gassoso** è uno stato fisico caratterizzato da particelle legate tra loro da *debolissime* forze attrattive, grazie alle quali i gas sono comprimibili e possono diffondere con facilità. I gas non hanno né forma né volume propri e occupano sempre tutto lo spazio disponibile.

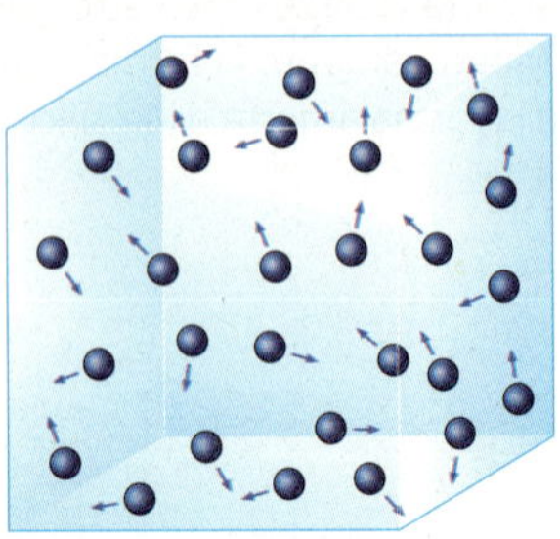

Che cos'è la pressione?

La **pressione** è il rapporto tra una forza che agisce perpendicolarmente a una superficie e la superficie stessa: $p = F/S$. Se si applica una stessa forza F perpendicolarmente a una superficie grande (S_1) e a una più piccola (S_2), la pressione sarà maggiore sulla superficie più piccola (S_2).
La pressione esercitata da un gas in un dato volume è direttamente proporzionale al numero di particelle presenti nell'unità di volume.
L'unità di misura SI della pressione è il **pascal** (Pa).

Che cosa si intende per stato liquido?

Lo **stato liquido** è uno stato fisico caratterizzato da particelle legate da *deboli* forze attrattive.
I liquidi hanno volume proprio ma la forma è quella del recipiente che li contiene.
I liquidi, come i gas, diffondono gli uni negli altri fino a raggiungere una distribuzione uniforme.

Che cos'è l'evaporazione?

L'**evaporazione** è un passaggio di stato da liquido ad aeriforme che avviene a ogni temperatura in corrispondenza della superficie dei liquidi.
La velocità con cui avviene dipende dalla temperatura, dalla ventilazione e dalla superficie. Per diminuire l'evaporazione di un liquido si può diminuirne la superficie esposta.

Che cosa si intende per ebollizione?

L'**ebollizione** è un passaggio di stato da liquido ad aeriforme che coinvolge tutto il volume di un liquido; si distingue quindi dall'evaporazione, che riguarda solo la superficie del liquido.
Ogni liquido presenta una caratteristica **temperatura di ebollizione** alla quale si trasforma interamente in vapore.

Che cosa sono il vapore saturo e la tensione di vapore?

Il **vapore saturo** è un vapore in equilibrio dinamico con il suo liquido: per ogni particella che passa allo stato di vapore c'è una particella che ritorna allo stato liquido. La **tensione di vapore** è la pressione che il vapore saturo esercita sulla superficie del liquido, a una data temperatura. La tensione di vapore aumenta in modo esponenziale con l'aumentare della temperatura.

Che cosa si intende per stato solido?

Lo **stato solido** è uno stato fisico caratterizzato da particelle legate tra loro da forze attrattive *molto intense*; le particelle possono quindi compiere solo moti vibrazionali. I solidi hanno forma e volume propri; si distinguono in solidi cristallini e amorfi (o vetrosi).

Che cos'è il reticolo cristallino?

Il **reticolo cristallino** è una struttura geometrica tridimensionale in cui sono disposte ordinatamente le particelle di un solido cristallino. Le posizioni occupate dal baricentro delle particelle nel reticolo cristallino sono dette **nodi**. L'unità di base dalla cui ripetizione nello spazio si ottiene il reticolo cristallino è detta cella elementare.

Che cosa si intende per durezza in un solido?

La **durezza** è la resistenza che un solido oppone a lasciarsi scalfire o abradere da un altro solido. La **scala di Mohs** è costituita da dieci solidi cristallini disposti secondo la loro durezza crescente. Il diamante ha durezza 10 e il corindone ha durezza 9. Questo significa che il corindone non può scalfire il diamante.

Che cos'è un solido amorfo?

Il **solido amorfo**, o vetroso, è un solido che non ha struttura cristallina al suo interno, né forma cristalli.

ESERCIZI

ZTE ONLINE Mettiti alla prova con 20 esercizi interattivi

VERIFICA LE TUE CONOSCENZE

I PASSAGGI DI STATO E IL MODELLO PARTICELLARE

1 Quale, tra i seguenti passaggi di fase, avviene con assorbimento di energia?
Ⓐ Vapore-liquido
Ⓑ Liquido-solido
Ⓒ Vapore-solido
Ⓓ Solido-vapore

2 Tra i seguenti, il passaggio di fase che libera energia è la
Ⓐ condensazione.
Ⓑ fusione.
Ⓒ sublimazione.
Ⓓ vaporizzazione.

3 Il passaggio di fase di una sostanza dallo stato solido a quello liquido si chiama
Ⓐ liquefazione.
Ⓑ condensazione.
Ⓒ vaporizzazione.
Ⓓ fusione.

4 Il brinamento è il passaggio di stato
Ⓐ solido-vapore.
Ⓑ liquido-solido.
Ⓒ solido-liquido.
Ⓓ vapore-solido.

5 Quale tra i seguenti processi *non* è un passaggio di stato?
Ⓐ Sublimazione
Ⓑ Combustione
Ⓒ Fusione
Ⓓ Condensazione

6 Quali sono i punti significativi della teoria corpuscolare e cinetica della materia?

7 Quale delle seguenti affermazioni riferite alle particelle di materia è *errata*?
Ⓐ Sono sempre in movimento.
Ⓑ Possono muoversi a diversa velocità.
Ⓒ La velocità a cui si muovono non dipende dalla temperatura.
Ⓓ Tra una particella e l'altra c'è spazio vuoto.

UN MODELLO PER I GAS

8 Un gas è caratterizzato da
Ⓐ forma e volume del recipiente che lo contiene.
Ⓑ forma e volume propri.
Ⓒ forma propria e volume del recipiente che lo contiene.
Ⓓ forma del recipiente che lo contiene e volume proprio.

9 Un aeriforme
Ⓐ ha forma e volume definiti.
Ⓑ è formato da particelle che occupano posizioni fisse all'interno del materiale.
Ⓒ è un fluido.
Ⓓ condensa se viene riscaldato.

10 Perché gli aeriformi sono comprimibili?

11 La pressione è
Ⓐ il rapporto fra la forza esercitata perpendicolarmente a una superficie e l'area della superficie stessa.
Ⓑ la forza esercitata su una determinata superficie.
Ⓒ la forza di 1 N esercitata sulla superficie di 1 m^2.
Ⓓ il rapporto tra la superficie e la forza.

12 L'unità di misura SI della pressione è
Ⓐ il newton.
Ⓑ il pascal.
Ⓒ il bar.
Ⓓ il millibar.

13 Quale affermazione relativa alle particelle di un gas è *errata*?
Ⓐ Sono molto distanti tra loro.
Ⓑ Possono muoversi in tutte le direzioni.
Ⓒ Sono sottoposte a forze di attrazione molto intense.
Ⓓ Tendono a occupare tutto lo spazio disponibile.

14 Come si spiega a livello microscopico la pressione esercitata da un gas?

15 A livello microscopico, la pressione gassosa è la risultante
Ⓐ della velocità delle particelle.
Ⓑ degli urti delle particelle sulle pareti del recipiente.
Ⓒ del moto disordinato delle particelle.
Ⓓ del rapporto tra forza peso e superficie.

16 Il pascal (Pa) equivale
Ⓐ a 1 bar.
Ⓑ a un newton al metro quadrato.
Ⓒ a 10^5 bar.
Ⓓ alla pressione esercitata dall'atmosfera terrestre al livello del mare.

17 In un recipiente che non può dilatarsi è contenuto un gas. Se aumentiamo il numero di particelle di gas, che cosa accade alla pressione esercitata sulle pareti?

UN MODELLO PER I LIQUIDI

18 Rispetto alle particelle di un gas, quelle di un liquido
- Ⓐ sono più grandi.
- Ⓑ sono più pesanti.
- Ⓒ si attraggono con più forza.
- Ⓓ sono immobili.

19 Un liquido è caratterizzato da
- Ⓐ forma e volume del recipiente che lo contiene.
- Ⓑ forma propria e volume del recipiente che lo contiene.
- Ⓒ forma e volume propri.
- Ⓓ forma del recipiente che lo contiene e volume proprio.

20 L'evaporazione è un processo che avviene
- Ⓐ a una qualunque temperatura e interessa solo le particelle superficiali di un liquido.
- Ⓑ a una ben definita temperatura e interessa solo le particelle superficiali di un liquido.
- Ⓒ a una ben definita temperatura e interessa tutte le particelle di un liquido.
- Ⓓ a una qualunque temperatura e interessa tutte le particelle di un liquido.

21 La velocità con la quale avviene il processo di evaporazione *non* dipende dalla
- Ⓐ temperatura del liquido.
- Ⓑ ventilazione sulla superficie del liquido.
- Ⓒ incomprimibilità del liquido.
- Ⓓ estensione della superficie del liquido.

22 In un recipiente chiuso è contenuto un liquido in equilibrio con il suo vapore. Aumentando la temperatura, che cosa accade al valore della tensione di vapore del liquido?

23 Il vapore è detto saturo quando
- Ⓐ non può passare allo stato liquido.
- Ⓑ è in equilibrio dinamico con il suo liquido.
- Ⓒ occupa tutto lo spazio a disposizione.
- Ⓓ non può passare allo stato di gas.

24 Perché i liquidi sono incomprimibili?

25 Le particelle di un liquido
- Ⓐ hanno tutte la stessa energia cinetica.
- Ⓑ in grado di passare allo stato di vapore sono quelle più leggere.
- Ⓒ che restano nel liquido durante la sua evaporazione sono quelle più lente.
- Ⓓ possono muoversi soltanto se sono in superficie.

26 Quando in un recipiente aperto un liquido evapora si osserva, in generale, che
- Ⓐ il volume del liquido aumenta.
- Ⓑ la pressione nel liquido diminuisce.
- Ⓒ la temperatura del liquido diminuisce.
- Ⓓ il volume e la temperatura del liquido diminuiscono.

UN MODELLO PER I SOLIDI

27 Un solido è caratterizzato da
- Ⓐ forma e volume del recipiente che lo contiene.
- Ⓑ forma e volume propri.
- Ⓒ forma del recipiente che lo contiene e volume proprio.
- Ⓓ forma propria e volume del recipiente che lo contiene.

28 Le particelle che costituiscono un solido cristallino possono compiere
- Ⓐ moti vibrazionali e rotazionali.
- Ⓑ moti vibrazionali.
- Ⓒ moti rotazionali.
- Ⓓ moti rotazionali e traslazionali.

29 Un vetro è
- Ⓐ un solido cristallino.
- Ⓑ un liquido sottoraffreddato.
- Ⓒ un solido molecolare.
- Ⓓ un solido amorfo con un ben definito punto di fusione.

30 Quali sono le differenze tra i modelli particellari di un solido e di un gas?

31 La scala di Mohs
- Ⓐ permette di misurare la durezza di una sostanza.
- Ⓑ è una scala empirica che permette di valutare la durezza delle sostanze.
- Ⓒ va da 0 a 10.
- Ⓓ è una scala assoluta di durezza.

32 Di quali sostanze è tipica la cella elementare?

solidi cristallini

33 Il reticolo cristallino è
- Ⓐ una distribuzione casuale di particelle.
- Ⓑ una distribuzione ravvicinata di particelle.
- Ⓒ una struttura ordinata tridimensionale di particelle.
- Ⓓ un piano reticolare.

34 Che cos'è un nodo reticolare?

VERIFICA LE TUE ABILITÀ

35 **Quale affermazione relativa a un corpo che fonde è *errata*?**

Ⓐ Le sue particelle si muovono in modo più disordinato.
Ⓑ Le sue particelle si allontanano ma restano nel reticolo cristallino.
Ⓒ Assorbe energia per completare la fusione.
Ⓓ La sua densità in genere diminuisce.

36 **Quando l'acqua cambia di fase**

Ⓐ ha sempre bisogno di energia.
Ⓑ le sue particelle si allontanano.
Ⓒ la sua massa non varia.
Ⓓ le sue particelle si rompono.

37 **A 4 °C, la densità dell'acqua è massima e le sue particelle sono**

Ⓐ più vicine tra loro che nell'acqua a 1 °C.
Ⓑ più lontane tra loro di quelle del ghiaccio.
Ⓒ più ordinate che nel ghiaccio.
Ⓓ più pesanti che a qualsiasi altra temperatura.

38 **Descrivi che cosa accade a livello microscopico quando lo iodio sublima.**

39 **Per camminare sulla neve fresca senza sprofondare si usano le ciaspole (racchette da neve). Quale funzione hanno?**

Ⓐ Aumentare la superficie di appoggio e la pressione esercitata sulla neve.
Ⓑ Diminuire il proprio peso.
Ⓒ Aumentare la superficie di appoggio.
Ⓓ Diminuire la superficie di appoggio e la pressione esercitata sulla neve.

40 **La pressione che esercita un peso di 50 N quando agisce su una superficie di 2 m^2 è:**

Ⓐ 100 N · m^2
Ⓑ 100 N / m^2
Ⓒ 25 N / m^2
Ⓓ 0,04 m^2 / N

41 **Una forza *F* agisce perpendicolarmente su una superficie *S* e genera una pressione *p*. Se si conoscono i valori di *p* e *S*, con quale formula si calcola il valore di *F*?**

Ⓐ $F = p + S$
Ⓑ $F = p / S$
Ⓒ $F = S / p$
Ⓓ $F = p \cdot S$

42 **I recipienti 1 e 2 sono alla stessa temperatura e contengono entrambi aria.**

a. In quale recipiente è più grande la pressione dell'aria? Perché?
b. Come modificheresti il disegno per evidenziare la diversa pressione?

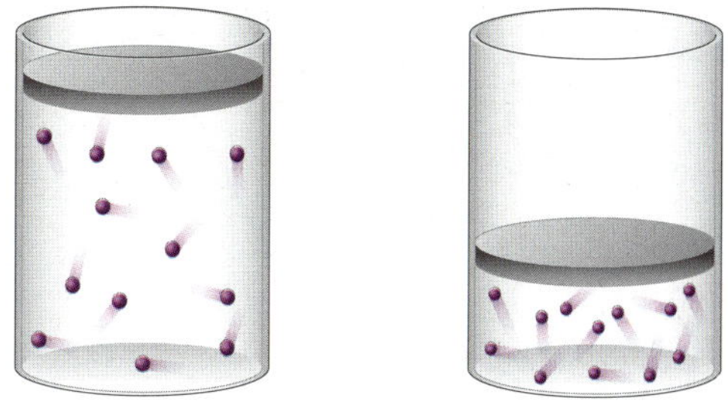

1 2

43 **Utilizzando il modello particellare, rappresenta due cilindri contenenti masse diverse di aria sottoposte alla stessa pressione.**

44 **Sullo stantuffo di una siringa si esercita una forza *F* di 25 N. Se la superficie del pistone ha area $S = 1\ cm^2$, di quanto aumenta la pressione sul contenuto della siringa? Esprimi la pressione in pascal.**

45 **Spiega a livello microscopico il fatto che due liquidi miscibili diffondono l'uno nell'altro.**

46 **A 50 °C la tensione di vapore dell'etanolo è 304 mbar, quella dell'acido acetico è 81 mbar, quella dell'acqua è 122 mbar e quella dell'acetone è 851 mbar. Disponi queste sostanze in ordine di velocità di evaporazione crescente.**

47 **Come spieghi il fatto che liquidi diversi abbiano, alla stessa temperatura, velocità di evaporazione diversa?**

48 **Nei disposivi 1 e 2 c'è lo stesso liquido; quale sceglieresti per misurare la tensione di vapore del liquido? Perché?**

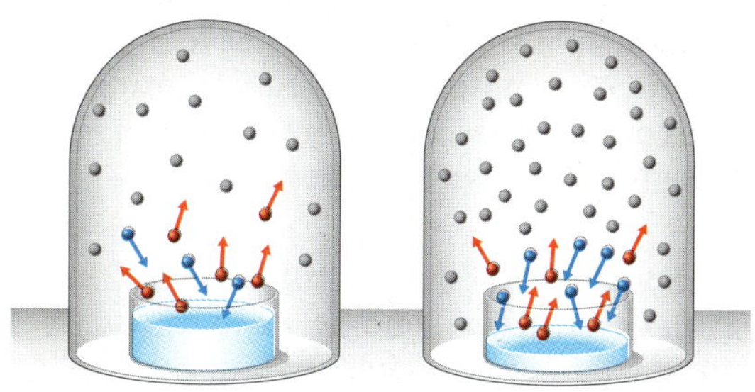

1 2

49 **Le curve del grafico sottostante descrivono come varia la tensione di vapore di tre liquidi diversi, 1, 2 e 3, al variare della temperatura.**

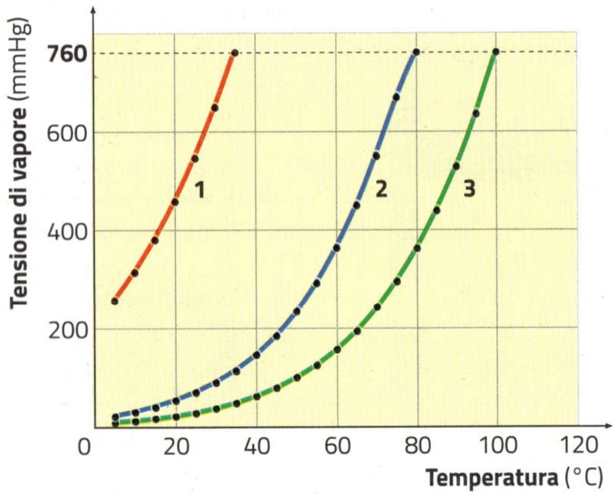

a. Quale dei tre liquidi è più volatile? Perché?
b. Come si spiega a livello microscopico l'andamento delle tre curve?
c. Ammettendo che le particelle dei tre liquidi abbiano la stessa massa, come si spiega la loro diversa volatilità?

50 **Dovendo decidere quale fra due cristalli è il più duro, come faresti?**

51 **Traccia un possibile reticolo cristallino per questo cristallo di salgemma. Sul disegno evidenzia un nodo, un filare e un piano reticolare.**

52 **Un grande cristallo di gesso e un oggetto in plexiglass che ne imita la forma hanno un aspetto molto simile, ma una struttura microscopica molto diversa; il plexiglass, infatti, è un materiale plastico amorfo. Per che cosa differiscono le due strutture? Fai uno disegno che mostri le differenze.**

53 **Perché le trivelle che si utilizzano per scavare i pozzi petroliferi sono dotate di uno scalpello a testa diamantata, cioè con la superficie d'attrito rivestita da diamanti?**

TEST YOURSELF

54 **Which state of matter has a definite shape, a definite volume and cannot flow?**

55 **How do you know if a liquid is volatile? How does a gas differ from solids and liquids?**

56 **What is dry ice? Why do «clouds» form above dry ice?**

57 **What are amorphous solids? Provide an example to support your answer.**

VERSO I GIOCHI DELLA CHIMICA

58 **Il passaggio di una sostanza dallo stato liquido allo stato solido**

Ⓐ avviene con cessione o assorbimento di energia termica a seconda della sostanza.
Ⓑ si dice condensazione.
Ⓒ avviene con cessione di energia termica.
Ⓓ si dice trasmutazione.

[Fase regionale 2012]

59 **Completare in modo corretto. La tensione di vapore di un liquido**

Ⓐ aumenta con la T.
Ⓑ diminuisce con la T.
Ⓒ aumenta o diminuisce con la T a seconda della sua natura.
Ⓓ aumenta con l'aumentare della pressione a cui il liquido è sottoposto.

[Fase nazionale 2011]

VERSO L'UNIVERSITÀ

60 **Una bollicina di gas si sposta verso l'alto dal fondo di un bicchiere di bibita frizzante termicamente in equilibrio. Cosa succede al gas della bollicina quando questa si sposta verso l'alto?**

Ⓐ La pressione aumenta e il volume diminuisce.
Ⓑ La pressione diminuisce e il volume aumenta.
Ⓒ La temperatura e la pressione aumentano.
Ⓓ La temperatura e il volume aumentano.
Ⓔ Il volume e la temperatura diminuiscono.

[dalla prova di ammissione a Medicina veterinaria, 2013]

VERSO L'ESAME: LE TUE COMPETENZE

OSSERVA E IPOTIZZA

61 **L'ossidiana è una pietra vulcanica con struttura amorfa che si forma dal rapidissimo raffreddamento della lava; la galena è invece un minerale cristallino. Quale, secondo te, potrebbe essere il campione di galena e quale il campione di ossidiana? Perché?**

a.

b.

RIFLETTI

62 **Per affilare una lama si raschia la sua superficie con un materiale abrasivo che elimina le asperità. Qual è la proprietà essenziale di un materiale abrasivo? Quale deve essere il suo stato fisico? Se tu avessi a disposizione un cristallo di gesso, riusciresti ad affilare la lama? Perché?**

IPOTIZZA E RAPPRESENTA

63 **Perché, soffiando, il palloncino diventa più grande? Mostra con un disegno ciò che avviene a livello microscopico dentro al palloncino.**

ANALIZZA E ARGOMENTA

64 **I gas di scarico dei motori degli aerei contengono essenzialmente diossido di carbonio e vapore acqueo. Quando gli aerei volano in alta quota, dove la temperatura è di −40 °C circa, lasciano spesso vistose scie bianche. Come spieghi la loro formazione?**

ANALIZZA E RIFLETTI

65 **Il guscio esterno di un chicco di mais è molto duro ed è composto in gran parte da cellulosa. All'interno del chicco, oltre al germe, sono presenti granuli di amido e acqua. Quando si riscalda il mais, la cellulosa del guscio tende a formare una struttura cristallina molto resistente, permeabile al calore ma impermeabile all'umidità.**

a. Che cosa accade all'acqua contenuta nel chicco quando lo si riscalda?
b. Essendo il guscio esterno impermeabile, che cosa accade continuando il riscaldamento?
c. Perché a un certo punto il chicco scoppia liberando all'esterno l'amido bianco?

CALCOLA E ARGOMENTA

66 **Perché un alpinista con le racchette da neve non affonda nella neve? Argomenta sapendo che il peso dell'alpinista è 700 N, la superficie delle suole dei suoi scarponi è 400 cm^2 e la superficie delle racchette è pari a 2000 cm^2.**

ANALIZZA E ARGOMENTA

67 **Sulle bombolette spray si legge *Recipiente sotto pressione*. La pressione, che può essere anche 9 volte più grande della pressione atmosferica, serve a mantenere allo stato liquido una sostanza altrimenti gassosa che funge da propellente. Premendo sulla valvola della bomboletta, il propellente esce con violenza dal piccolo foro e trascina con sé il contenuto della bomboletta.**

a. Perché è necessario comprimere il gas per mantenerlo allo stato liquido?
b. Cosa accade al propellente quando torna alla pressione atmosferica?
c. Qual è il nome del passaggio di stato? Avviene con assorbimento o con liberazione di energia?

CONFRONTA

68 **Il GPL (*Gas Petroliferi Liquefatti*) e il metano sono carburanti molto diffusi. Il GPL è venduto in fase liquida e conservato nei serbatoi degli autoveicoli a circa 12 bar; il metano, invece, è venduto in fase gassosa e conservato nei serbatoi degli autoveicoli a circa 220 bar. In quale dei due gas sono più deboli le forze attrattive tra le particelle? Motiva la risposta.**

CONFRONTA E DEDUCI

69 **Vicino alle pompe di distribuzione dei carburanti si sente spesso odore di benzina, mentre non si sente odore di gasolio. La percezione di un odore avviene quando le particelle di sostanze odoranti arrivano al naso e stimolano i recettori olfattivi presenti al suo interno.**

a. Perché le particelle di un liquido posto a distanza possono arrivare al naso?
b. Che cosa puoi concludere riguardo alla volatilità di benzina e gasolio?
c. Con quale grandezza si può confrontare la volatilità di due liquidi? Dai una definizione della grandezza.

SEI PRONTO PER LA VERIFICA?

IN 1 ORA

Dopo aver studiato i contenuti dei **capitoli 1 e 2**, svolgi la prova nel **tempo massimo di un'ora**.

VERIFICA LE TUE CONOSCENZE

1 **Definisci i seguenti termini: materia, misura, grandezza fisica, cifre significative, densità, passaggio di stato.**

(18 punti se hai risposto correttamente) ...../18

2 **Definisci calore e temperatura; spiega la differenza tra i due termini.**

(7 punti se hai risposto correttamente) ...../7

3 **Quali sono i cambiamenti di fase che avvengono con assorbimento di energia? Come vengono denominati?**

(8 punti se hai risposto correttamente) ...../8

4 **Illustra le caratteristiche che contraddistinguono i tre stati di aggregazione della materia secondo il modello particellare.**

(12 punti se hai risposto correttamente) ...../12

5 **Elenca e spiega le differenze tra i solidi cristallini e i solidi amorfi.**

(5 punti se hai risposto correttamente) ...../5

6 **Descrivi l'equilibrio dinamico che si instaura tra un liquido e il suo vapore, quindi definisci i termini «vapore saturo» e «tensione di vapore» in relazione all'equilibrio che hai descritto.**

(10 punti se hai risposto correttamente) ...../10

I primi 60 punti valgono per il raggiungimento degli obiettivi minimi. Per fare di più, rispondi alle seguenti domande.

VERIFICA LE TUE COMPETENZE

7 **Elenca tre grandezze fondamentali e tre derivate, accompagnate dalle relative unità di misura attribuite dal Sistema Internazionale.**

(4 punti se hai risposto correttamente) ...../4

8 **Scrivi i seguenti numeri in notazione scientifica, quindi approssima alla terza cifra significativa e indica l'ordine di grandezza di ognuno.**

a. 13,546
b. 148392
c. 0,0003678
d. 0,002395

(8 punti se hai risposto correttamente) ...../8

9 **Determina il numero di secondi trascorsi fino ad oggi dall'istante del Big-Bang, supponendo che esso sia avvenuto $13{,}7 \times 10^9$ anni fa. Esprimi il risultato con il corretto numero di cifre significative e indica l'ordine di grandezza.**

(5 punti se hai risposto correttamente) ...../5

10 **Un cilindro di un materiale ignoto ha il raggio della base che misura 15,5 mm e l'altezza che misura 2,1 cm.**

a. Calcola il volume ed esprimilo con il corretto numero di cifre significative.
b. Se la massa del cilindro è 142,7 g, quale sarà la densità del materiale?
c. Consulta la tabella 3 del capitolo 1 e indica di quale materiale è costituito il cilindro.

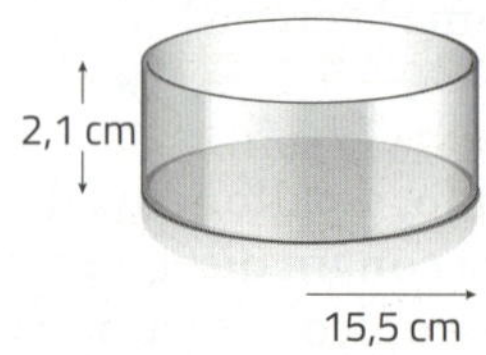

(10 punti se hai risposto correttamente) ...../10

11 **La temperatura di fusione del benzene è 5 °C: a quanti kelvin corrispondono?**

(3 punti se hai risposto correttamente) ...../3

12 **Immagina di mettere in congelatore (temperatura interna −18 °C) un bicchiere contenente dell'acqua alla temperatura di 25 °C.
Inserisci nel bicchiere un termometro collegato a un sensore che, dall'esterno del congelatore, ti permette a ogni minuto di controllare come varia la temperatura dell'acqua.
Secondo te, quale aspetto avrebbe il grafico tempo-temperatura dell'acqua nel congelatore? Prova a farne un disegno approssimativo motivando la tua scelta.**

(10 punti se hai risposto correttamente) ...../10

PUNTEGGIO TOTALE ...../100

CAPITOLO

3 SISTEMI, MISCELE, SOLUZIONI

1 I SISTEMI POSSONO ESSERE APERTI, CHIUSI O ISOLATI

Prima di approfondire lo studio della composizione dei corpi è necessario fare chiarezza su alcuni termini che d'ora in poi verranno spesso utilizzati.

I corpi di cui la chimica studia la composizione possono essere oggetti qualsiasi costituiti da porzioni limitate e definite di materia; sono corpi, per esempio, un frammento di granito, l'acqua zuccherata oppure l'acqua contenente una compressa di aspirina effervescente.

Quando studiamo un corpo tendiamo a isolarlo dal contesto generale che, nel linguaggio scientifico, è chiamato **ambiente**. L'oggetto della nostra indagine è invece il **sistema**. Se, per esempio, vogliamo osservare che cosa accade all'acqua quando si riscalda, l'acqua costituisce il sistema, mentre il recipiente che la contiene, e tutto ciò che lo circonda, è l'ambiente (figura **1**).

Figura 1 **Sistema e ambiente**
L'acqua è il sistema che vogliamo osservare, mentre l'ambiente è tutto ciò che la circonda.

Possiamo pertanto definire così la relazione tra sistema e ambiente:

> Un **sistema** è un campione limitato di materia distinto dall'**ambiente** circostante.

Quando si studia un sistema, può capitare di sottoporlo ad alcune sollecitazioni al fine di osservare come esso reagisce. Possiamo, per esempio, scaldarlo o raffreddarlo, oppure aggiungere o allontanare da esso un certo componente.

Per questo motivo si usa classificare i sistemi in tre categorie:

- sistemi aperti;
- sistemi chiusi;
- sistemi isolati.

I sistemi aperti possono scambiare con l'ambiente esterno sia materia sia energia.

I sistemi chiusi possono scambiare con l'ambiente soltanto energia.

I sistemi isolati non scambiano con l'ambiente né materia né energia.

L'acqua che si scalda in una pentola è un esempio di sistema aperto: dall'ambiente l'acqua riceve energia sotto forma di calore (fornito per esempio da una piastra riscaldante) ma, allo stesso tempo, rilascia nell'ambiente vapore acqueo, cioè materia.

L'acqua contenuta in una bottiglia ancora sigillata, invece, è un esempio di sistema chiuso: può essere scaldata o raffreddata se scambia energia con l'ambiente, ma non può scambiare con esso materia.

Una bevanda calda contenuta in un thermos può dare un'idea di che cosa si intenda per sistema isolato. Esso, infatti, non scambia materia con l'ambiente e, in teoria, nemmeno energia; dopo un tempo più o meno lungo, però, la bevanda tende a raffreddarsi e ciò indica che in pratica il thermos, seppur lentamente, cede calore all'ambiente. In generale, non è possibile ottenere sistemi sperimentali perfettamente isolati (tabella 1).

A COLPO D'OCCHIO

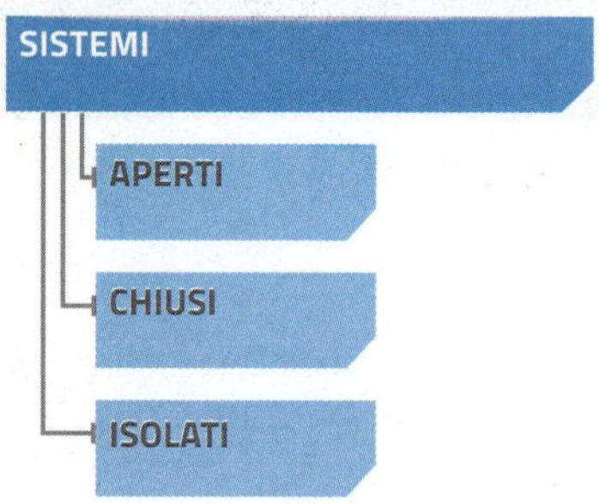

Tabella 1 Sistemi aperti, chiusi e isolati a confronto Un sistema aperto scambia energia e materia con l'ambiente, un sistema chiuso solo energia e un sistema isolato né energia né materia.

Tipo di sistema	Esempio

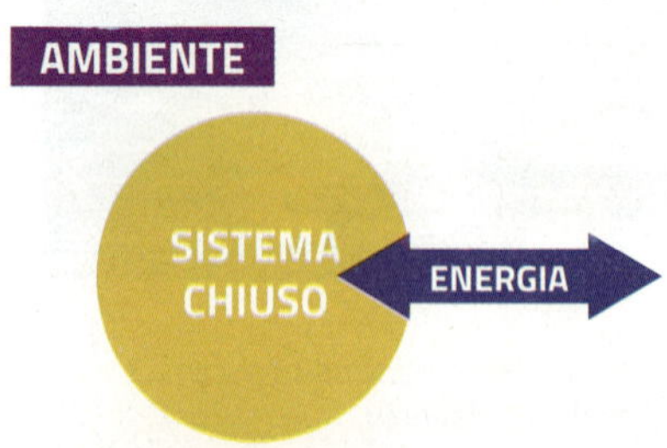	

2 I SISTEMI POSSONO ESSERE OMOGENEI O ETEROGENEI

Se ora osserviamo con attenzione uno dei sistemi presi come esempio all'inizio del capitolo, cioè il frammento di granito, possiamo individuare un ulteriore criterio di classificazione. Nel frammento possiamo notare quattro componenti distinti che differiscono per colore e anche per struttura cristallina e durezza; si tratta, infatti, di minerali diversi, nello specifico quarzo, ortoclasio, plagioclasio e miche (figura **2A**).

Tra i vari componenti, che pure sono saldati gli uni agli altri, esiste una superficie di delimitazione oltre la quale cambiano determinate caratteristiche, come il colore o la struttura cristallina. Diciamo, allora, che nel granito coesistono più *fasi* solide (quattro).

Una **fase** è un sistema o la parte di un sistema delimitata da superfici nette e che presenta le stesse caratteristiche fisiche (stato fisico, colore, lucentezza, densità, durezza).

Mentre il granito è un esempio di sistema *polifasico*, l'acqua zuccherata è un esempio di sistema *monofasico*; essa, infatti, ci appare costituita da una sola fase perché non è possibile individuare al suo interno alcuna superficie di delimitazione (figura **2B**).

Nell'acqua contenente una compressa di aspirina, che si sta sciogliendo (figura **2C**), coesistono invece tre fasi che si distinguono per lo stato fisico: la fase liquida (l'acqua), la fase solida (la compressa d'aspirina) e la fase gassosa (le bollicine di diossido di carbonio).

Il concetto di fase permette, quindi, di introdurre un criterio *qualitativo* di distinzione della materia in termini di omogeneità e di eterogeneità.

Un **sistema omogeneo** è un campione di materia costituito da una sola fase (acqua zuccherata).

Un **sistema eterogeneo** è un campione di materia costituito da due o più fasi (frammento di granito, acqua contenente una compressa di aspirina).

A COLPO D'OCCHIO

- **SISTEMI**
  - **OMOGENEI**
  - **ETEROGENEI**

Figura 2 Le fasi di un sistema
Esempi di un sistema polifasico (A), omogeneo (B) ed eterogeneo (C).

Frammento di granito costituito da quattro fasi, ovvero da quattro minerali distinguibili per il colore.

1 sola fase

L'acqua zuccherata è un sistema omogeneo monofasico; l'acqua e lo zucchero non sono più distinguibili

L'acqua con la compressa di aspirina è un sistema eterogeneo trifasico. 3 fasi acqua compressa

soluzione satura = quando lo zucchero inizia a depositarsi sul fondo perché l'acqua non è più in grado di

rendere solubile lo zucchero

nell'aria è l'azoto
↓
SOLVENTE = elemento presente con una maggiore quantità + e che "scioglie"

SOLUTO = che si è sciolto

3 LE MISCELE SONO FORMATE DA DUE O PIÙ COMPONENTI

La distinzione tra sistemi omogenei ed eterogenei si basa soltanto su caratteristiche fisiche. Riconsideriamo il sistema monofasico dell'acqua zuccherata: esso è fisicamente omogeneo dato che in ogni suo punto presenta le stesse caratteristiche fisiche, quali lo stato fisico, il colore, la densità. Per ottenerlo, però, sono stati miscelati due componenti diversi, l'acqua e lo zucchero, ciascuno dei quali, come vedremo più avanti, ha caratteristiche chimiche diverse.

Un sistema *fisicamente omogeneo* (perché costituito da *una sola fase*) può quindi essere *chimicamente eterogeneo*. In modo analogo, un sistema *chimicamente omogeneo* può essere *fisicamente eterogeneo*; ne è un esempio l'acqua in cui galleggia un cubetto di ghiaccio. Un tale sistema, infatti, è costituito da un unico componente, l'acqua, che però è presente in due stati fisici diversi, solido e liquido.

LE PAROLE

L'infiammabilità di un materiale è un esempio di **caratteristica chimica**: l'alcol etilico è infiammabile mentre l'acqua non lo è.

Classifichiamo il sistema monofasico con il termine di *miscela omogenea* (come, per esempio, l'acqua zuccherata) e il sistema costituito da due o più fasi con il termine di *miscela eterogenea* (come il frammento di granito o l'acqua contenente una compressa di aspirina). Alle miscele omogenee si dà anche il nome di *soluzioni*.

Le **miscele omogenee** o **soluzioni** sono formate da due o più componenti che non sono più distinguibili e presentano le stesse proprietà in ogni punto del sistema.

L'acqua e lo zucchero non possono essere visti separatamente e il sapore dell'acqua zuccherata è identico in ogni suo punto.

Nelle soluzioni si distinguono:

- il **solvente** (il componente più abbondante);
- il **soluto** (il componente o i componenti meno abbondanti).

I componenti di una soluzione sono costituiti da particelle il cui diametro è inferiore a 1 nanometro (1 nm = 10^{-9} m) e ciò le rende indistinguibili anche al microscopio elettronico. Una soluzione è trasparente alla luce e non filtrabile.

La miscela appare invece disomogenea quando almeno uno dei suoi componenti è formato da particelle di diametro superiore a 1 nm; se il diametro:

- è compreso tra 1 nm e 1000 nm la miscela si definisce *microeterogenea*;
- è superiore a 1000 nm la miscela si definisce *eterogenea*.

Le **miscele eterogenee** sono formate da due o più componenti che sono distinguibili; ciascun componente mantiene le sue proprietà caratteristiche.

Le miscele eterogenee possono essere costituite:

- da *un solido in un solido*: ne sono un esempio le rocce, che sono spesso aggregati di più minerali;
- da due liquidi non miscibili, e sono dette *emulsioni*: si ottiene per esempio un'emulsione quando si agitano energicamente insieme acqua e olio;
- da un solido in un liquido, e sono dette *sospensioni*: i granelli di sabbia più fini, per esempio, restano spesso in sospensione nell'acqua. Una sospensione è opaca alla luce e filtrabile (figura 3).

Figura 3 Le sospensioni sono opache e filtrabili A La sospensione di sabbia in acqua è opaca. B Con il tempo, la sabbia tende a depositarsi sul fondo. C Quando la sabbia è completamente depositata, il solido e il liquido si separano facilmente tramite filtrazione.

Le miscele microeterogenee in cui almeno un componente ha particelle con diametro compreso tra 1 nm e 1000 nm sono chiamate **sistemi colloidali** o **dispersioni colloidali** o semplicemente **colloidi**. I componenti dei colloidi sono la fase disperdente (corrispondente al solvente) e la fase dispersa (corrispondente al soluto). I colloidi, in base allo stato fisico della fase dispersa e della fase disperdente, sono classificati in: sol, gel, emulsione, aerosol liquido e aerosol solido (tabella **2**).

Tipo di colloide	Fase dispersa	Fase disperdente	Colloide
sol	solido	liquido	albume d'uovo, dentifricio
gel	liquido	solido	silicone, burro
emulsione	liquido	liquido	latte, maionese
aerosol liquido	liquido	gas	nubi, nebbia
aerosol solido	solido	gas	pulviscolo atmosferico, fumo
schiuma liquida	gas	liquido	schiuma del mare
schiuma solida	gas	solido	*memory foam*

Tabella 2 Tipi di colloidi I diversi tipi di colloidi si distinguono per lo stato fisico delle fasi disperdente e dispersa.

I sistemi colloidali sono opachi alla luce (figura **4**) e non filtrabili con la normale carta da filtro.

Figura 4 I sistemi colloidali Il latte (emulsione), le nuvole (aerosol liquido) e il fumo (aerosol solido) sono alcuni tipi di sistemi colloidali.

4 LE SOLUZIONI POSSONO ESSERE GASSOSE, LIQUIDE O SOLIDE

Anche le soluzioni possono essere distinte in base allo *stato fisico* del soluto e del solvente e pertanto possono essere gassose, solide o liquide.

Le soluzioni gassose

Le **soluzioni gassose** sono costituite da un gas miscelato con un altro gas.

L'aria priva di particelle solide o liquide in sospensione è l'esempio più comune di soluzione gassosa. Essa è costituita essenzialmente da azoto e ossigeno gassosi; il gas azoto è il componente più abbondante e funge da solvente sia per l'ossigeno sia per altri gas presenti in piccole o piccolissime quantità, come l'argon e il diossido di carbonio.

Le soluzioni gassose si formano spontaneamente; i gas di scarico degli autoveicoli, per esempio, si disperdono nell'aria e nel tempo la rendono sempre più inquinata (figura **5**).

I gas si possono mescolare completamente e in tutte le proporzioni.

Figura 5 Dispersione dei gas di scarico nell'aria Le auto contribuiscono all'inquinamento atmosferico.

Le soluzioni liquide

Le **soluzioni liquide** sono costituite da un gas disciolto in un liquido, da un liquido in un liquido, o da un solido in un liquido.

Le miscele omogenee in cui l'acqua è il solvente sono le soluzioni più diffuse e per questo motivo le studieremo più in dettaglio. L'acqua gassata è un esempio di soluzione gas-liquido che si ottiene facendo sciogliere in acqua il gas diossido di carbonio. Il vino, invece, è una soluzione liquido-liquido in cui l'acqua è il solvente e il soluto principale è l'alcol etilico, mentre l'acqua di mare è una soluzione liquido-solido in cui il soluto principale è il sale da cucina, cioè il cloruro di sodio (**figura 6**).

Figura 6 Vari tipi di soluzioni liquide A L'acqua gassata è una soluzione gas-liquido. B Il vino è una soluzione liquido-liquido. C L'acqua di mare è una soluzione liquido-solido: per essiccamento, nelle saline il cloruro di sodio viene estratto dall'acqua di mare.

Le soluzioni solide

Le **soluzioni solide** sono costituite da un solido disciolto in un altro solido.

Fondendo insieme due solidi si può ottenere per raffreddamento una soluzione solida, detta **lega**, che ha proprietà fisiche (temperatura di fusione, durezza, sfaldabilità, fragilità) diverse da quelle che caratterizzano i solidi di partenza (**figura 7**). Leghe molto note sono il **bronzo** (lega rame-stagno), l'**ottone** (lega rame-zinco), la **ghisa** e l'**acciaio** (leghe ferro-carbonio). Anche l'oro da oreficeria è una lega: in genere esso contiene rame e argento, che vengono aggiunti per migliorare la lavorabilità del materiale e modificarne il colore, come nel caso dell'oro bianco o dell'oro rosso.

Figura 7 Le leghe Alcuni oggetti prendono il nome dalle leghe di cui sono costituiti: A i «bronzi» di Riace; B gli «ottoni» (strumenti a fiato come tromba e trombone).

Una **lega** è una soluzione omogenea costituita da un componente metallico, detto di base, e da uno o più componenti secondari, detti alliganti.

La lega che il mercurio forma con altri metalli si chiama *amalgama*.

5 LA SOLUBILITÀ INDICA QUANTO SOLUTO PUÒ SCIOGLIERSI IN UN SOLVENTE

La formazione di una soluzione avviene per *solubilizzazione* o *dissoluzione* di un soluto in un solvente. A parte i gas e alcuni liquidi, che si sciolgono tra loro in tutte le proporzioni, in genere esiste un limite alla quantità di soluto che si scioglie in un solvente a una certa temperatura. Tale quantità ha un valore preciso che è caratteristico per ciascuna coppia soluto-solvente.

Per esempio, a temperatura ambiente, in 100 g di acqua si sciolgono al massimo 36 g di sale da cucina. Se si aggiunge anche un solo grammo in più, questo non si scioglie e si deposita sul fondo del recipiente; al deposito si dà il nome di **corpo di fondo**. La quantità di sale da cucina che si scioglie in 100 g di alcol etilico è invece oltre 480 volte più piccola.

La quantità massima di soluto che a una data temperatura si può sciogliere in una determinata quantità di solvente si definisce **solubilità**.

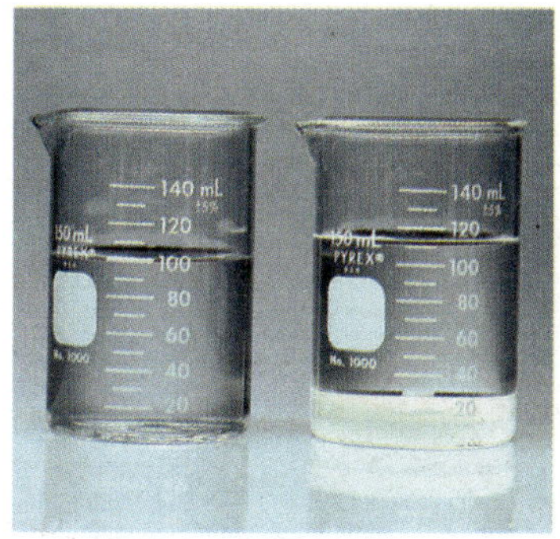

Figura 8 Soluzioni sature e insature La soluzione a sinistra è insatura, quella a destra è satura con corpo di fondo.

A una data temperatura, una soluzione che contiene una quantità di soluto:

- *inferiore* al valore di solubilità si dice **insatura**;
- *uguale* al valore di solubilità si dice **satura** (figura **8**).

A volte può capitare che una soluzione solido-liquido, pur non avendo il corpo di fondo, contenga una quantità di soluto superiore al valore di solubilità; si dice, allora che la soluzione è **sovrasatura**.

Aumentando la temperatura, la solubilità in acqua della maggior parte dei solidi aumenta.

Per alcuni solidi, come il sale da cucina, la solubilità aumenta pochissimo, mentre per altri, come il solfato di cerio, addirittura diminuisce. I valori di solubilità di un solido alle diverse temperature sono rappresentati dalle **curve di solubilità** (figura **9**).

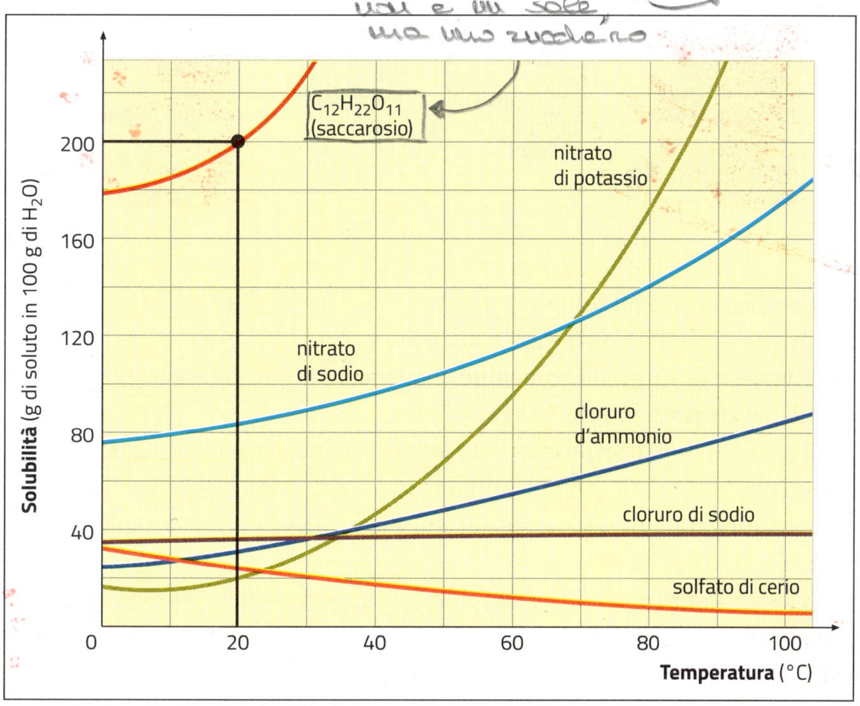

Figura 9 Le curve di solubilità I punti di ciascuna curva indicano la quantità massima di soluto che alla corrispondente temperatura si scioglie in 100 g di acqua: a 20 °C si sciolgono 200 g di saccarosio (zucchero). Generalmente la solubilità dei solidi aumenta con la temperatura.

La **solubilità di un gas** in un liquido diminuisce all'aumentare della temperatura ma aumenta all'aumentare della pressione.

Se si apre una lattina di bibita gassata dopo che è stata esposta al sole, si libera una grande quantità di gas per l'alta temperatura che la soluzione ha raggiunto; il gas fuoriesce in modo così violento da trascinare con sé gran parte della bibita al di fuori del contenitore.

Per preparare l'acqua frizzante, invece, si fa sciogliere in acqua il diossido di carbonio gassoso mantenuto sotto pressione.

6 PERCHÉ LA SOLUBILITÀ VARIA AL VARIARE DELLA PRESSIONE E DELLA TEMPERATURA

Il modello particellare è in grado di spiegare come mai la solubilità varia al variare di pressione e temperatura.

Consideriamo una soluzione satura con corpo di fondo come quella di acqua e zucchero rappresentata nella figura 10. Se forniamo calore, non aumentiamo soltanto l'energia cinetica delle particelle in soluzione, ma anche quella delle particelle di soluto indisciolto; con più energia a disposizione, queste ultime possono vincere più facilmente le forze che le trattengono nel cristallo e andare in soluzione, così che la solubilità del soluto solido aumenta. Lasciando raffreddare la soluzione, la solubilità diminuisce e il soluto in eccesso si deposita come corpo di fondo.

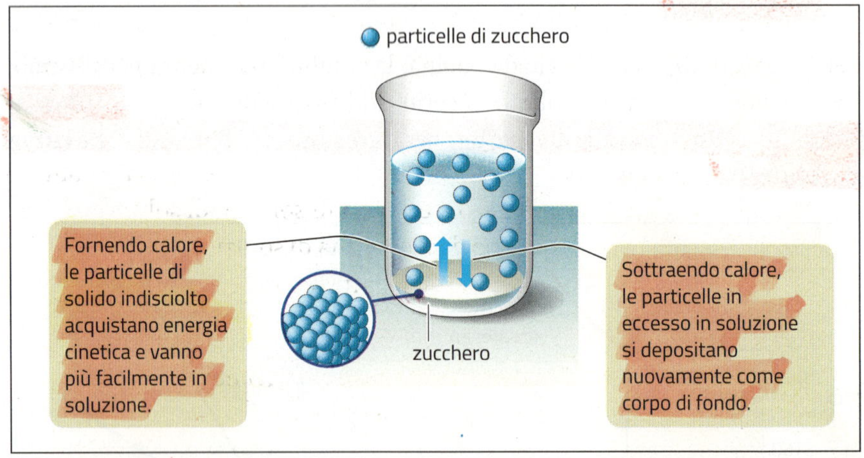

Figura 10 Effetto della temperatura sulla solubilità Processo di solubilizzazione e di cristallizzazione in una soluzione satura di zucchero con corpo di fondo.

Per i pochi solidi la cui solubilità diminuisce all'aumentare della temperatura, l'aumento dell'energia cinetica riduce più le forze attrattive tra le particelle di solvente e di soluto in soluzione che le forze attrattive tra le particelle di soluto nel corpo di fondo.

Il numero di particelle che dalla soluzione tornano a depositarsi nel recipiente come corpo di fondo è allora maggiore di quello delle particelle che dai cristalli vanno in soluzione: nel complesso, la solubilità del solido tende quindi a diminuire.

Nel caso delle soluzioni gas-liquido, all'aumentare della temperatura della soluzione aumenta l'energia cinetica delle particelle di gas e di liquido; le forze attrattive che ne favoriscono il mescolamento si indeboliscono, così che le particelle di gas si liberano dalla soluzione e la solubilità diminuisce (figura **11**).

All'aumentare della pressione del gas al di sopra del liquido, invece, aumenta il numero di particelle di gas presenti nell'unità di volume e aumenta quindi il numero di particelle di gas che possono diffondere nel liquido.

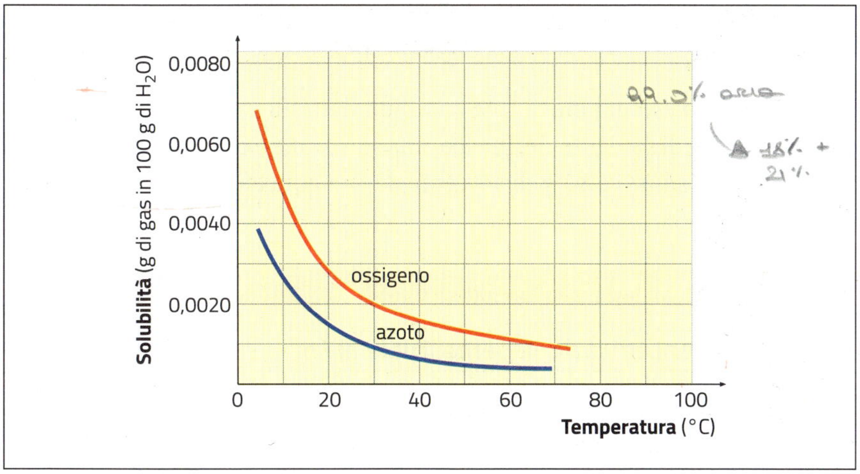

Figura 11 La solubilità dei gas In acqua, la solubilità dei gas diminuisce all'aumentare della temperatura.

7 LA CONCENTRAZIONE INDICA QUANTO SOLUTO È PRESENTE IN SOLUZIONE

Le soluzioni sono costituite da quantità molto variabili dei loro componenti. La quantità di alcol disciolto in un bicchiere di vino, per esempio, è mediamente 12 g, mentre è quasi 5 g in un bicchiere uguale di birra e addirittura 40 g in uno di superalcolico. In questi casi diciamo che varia la **concentrazione** della soluzione.

Per fornire un'indicazione significativa sulla composizione di una soluzione è quindi importante precisare, oltre al tipo di soluto e di solvente, anche la *quantità di soluto* presente in una data quantità di soluzione (o di solvente). Se non è diversamente specificato, la concentrazione è generalmente riferita alla quantità di soluzione.

La **concentrazione** (***C***) di una soluzione esprime la quantità di soluto contenuta in una determinata quantità di soluzione (o di solvente).

Per determinarla, si deve calcolare il rapporto tra la quantità di soluto e la quantità di soluzione in cui esso è disciolto. Per esempio, se si preparano 3,0 L di soluzione sciogliendo in acqua 150 g di zucchero, la concentrazione *C* della soluzione è

$$C = \frac{\textit{quantità} \text{ di soluto}}{\textit{quantità} \text{ di soluzione}} = \frac{150 \text{ g}}{3{,}0 \text{ L}} = 50 \text{ g/L}$$

Il valore ottenuto indica che in ciascun litro di quella soluzione sono contenuti 50 g di zucchero.

A seconda di come si sceglie di esprimere la quantità di soluto e la quantità di soluzione o di solvente, la concentrazione di una soluzione può essere precisata come percentuale in massa, in massa su volume e in volume.

A COLPO D'OCCHIO

COONCENTRAZIONE PERCENTUALE
- IN MASSA
- IN MASSA SU VOLUME
- IN VOLUME
- IN PARTI PER MILIONE

Concentrazione percentuale massa/massa

La **concentrazione percentuale massa/massa** ($C\%_{m/m}$) indica la quantità, espressa in grammi, di soluto presente in 100 g di soluzione (soluto più solvente):

$$C\%_{m/m} = \left[\frac{m_{\text{soluto}}(\text{g})}{m_{\text{soluzione}}(\text{g})}\right] \cdot 100$$

Per esempio una soluzione al $10\%_{m/m}$ di un dato soluto è formata da 10 g di soluto e da 90 g di solvente. Se, invece, una soluzione è ottenuta aggiungendo 3 g di un dato soluto a 97 g di solvente, la sua concentrazione percentuale massa/massa è $3\%_{m/m}$.

PROBLEMA MODELLO

Calcolare la concentrazione percentuale *m*/*m*

Calcola la concentrazione percentuale *m*/*m* di una soluzione ottenuta sciogliendo 40 g di zucchero in 360 g di acqua.

L'IDEA

A partire dalla massa del soluto e del solvente calcoliamo la massa della soluzione.
Sostituendo poi i valori noti nella relazione che definisce la concentrazione percentuale massa/massa, possiamo calcolarne il valore.

LA SOLUZIONE

$$m_{\text{soluto}} = 40 \text{ g}$$

$$m_{\text{soluzione}} = (40 + 360) \text{ g} = 400 \text{ g}$$

$$C\%_{m/m} = (m_{\text{soluto}}/m_{\text{soluzione}}) \cdot 100 = (40 \text{ g}/400 \text{ g}) \cdot 100 = 10\%$$

LA CONCLUSIONE

La concentrazione percentuale *m*/*m* è pari al 10%.

PROBLEMA SIMILE

Calcola la massa di soluzione al $3\%_{m/m}$ che si può preparare a partire da 15 g di soluto.

Concentrazione percentuale massa/volume

La **concentrazione percentuale massa/volume** ($C\%_{m/V}$) indica la quantità, espressa in grammi, di soluto presente in 100 mL di soluzione (soluto più solvente):

$$C\%_{m/V} = \left[\frac{m_{\text{soluto}}(\text{g})}{V_{\text{soluzione}}(\text{mL})}\right] \cdot 100$$

PER CAPIRE MEGLIO
Video *In laboratorio*
La preparazione di una soluzione

Una soluzione al $7\%_{m/V}$ contiene quindi 7 g di soluto in 100 mL di soluzione mentre ne contiene soltanto 5 g se la concentrazione è del $5\%_{m/V}$.

Se di una soluzione si conosce la densità *d*, è possibile convertire la percentuale massa/massa in percentuale massa/volume, e viceversa. Per farlo, basta partire dall'espressione della concentrazione percentuale massa/volume e sostituire al volume di soluzione V la relazione m/d:

$$C\%_{m/V} = \left(\frac{m_{\text{soluto}}}{V_{\text{soluzione}}}\right) \cdot 100 = \left[\frac{m_{\text{soluto}}}{\left(\frac{m_{\text{soluzione}}}{d_{\text{soluzione}}}\right)}\right] \cdot 100$$

$$= \left(\frac{m_{\text{soluto}}}{m_{\text{soluzione}}}\right) \cdot 100 \cdot d_{\text{soluzione}} = C\%_{m/m} \cdot d_{\text{soluzione}}$$

La concentrazione percentuale massa/massa e quella massa/volume sono pertanto legate dalla relazione:

$$C\%_{m/V} = C\%_{m/m} \cdot d$$

Se si conoscono i valori di $C\%_{m/m}$ e d si può determinare il valore di $C\%_{m/V}$, se si conoscono i valori di $C\%_{m/V}$ e d si può determinare il valore di $C\%_{m/m}$.

TI RICORDI?

La **densità** è il rapporto tra la massa di un corpo e il volume che esso occupa, $d = m/V$; il volume V, espresso in funzione della massa e della densità, pertanto è $V = m/d$.

PROBLEMA MODELLO

Calcolare la concentrazione percentuale *m* / *V*

Una soluzione, con densità 1,12 g/mL, contiene 6,0 g di un soluto in 320,0 g di un solvente. Calcola la percentuale massa/volume della soluzione.

L'IDEA

Poiché sono note le masse di soluto e di solvente, si determina prima la massa complessiva della soluzione, poi la sua concentrazione percentuale massa/massa, definita come $C\%_{m/m} = [\text{massa}_{\text{soluto}}\ (\text{g})/\text{massa}_{\text{soluzione}}\ (\text{g})] \cdot 100$. A partire dalla relazione che lega la concentrazione percentuale massa/massa a quella massa/volume, che è $C\%_{m/V} = C\%_{m/m} \cdot d$, e utilizzando il valore della densità della soluzione, si può infine calcolare la concentrazione percentuale massa/volume.

LA SOLUZIONE

$$m_{\text{soluzione}} = m_{\text{soluto}} + m_{\text{solvente}} = 6{,}0\ \text{g} + 320{,}0\ \text{g} = 326{,}0\ \text{g}$$

$$C\%_{m/m} = \left[\frac{massa_{\text{soluto (g)}}}{massa_{\text{soluzione (g)}}}\right] \cdot 100 = \left(\frac{6{,}0\ \text{g}}{326{,}0\ \text{g}}\right) \cdot 100 = 1{,}8\%$$

$$C\%_{m/V} = C\%_{m/m} \cdot d = 1{,}8\% \cdot 1{,}12\ \text{g/mL} = 2{,}0\%$$

Se si effettua un unico calcolo numerico finale si ottiene:

$$C\%_{m/V} = (6{,}0\ \text{g}/326{,}0\ \text{g}) \cdot 100 \cdot 1{,}12\ \text{g/mL} = 2{,}06\%$$

Tenendo conto del numero di cifre significative (2), il risultato deve essere arrotondato a 2,1%.

LA CONCLUSIONE

La concentrazione percentuale massa/volume della soluzione è quindi pari al 2,1%; un tale valore indica che la soluzione risulta formata da 2,1 g di soluto in 100 mL di soluzione.

PROBLEMA SIMILE

Una soluzione contiene 60 g di soluto in 350 g di acqua. Sapendo che la densità della soluzione è 1,25 g/mL, calcola la concentrazione percentuale massa/volume.

Concentrazione percentuale volume/volume

La **concentrazione percentuale volume/volume** ($C\%_{V/V}$) indica la quantità, espressa in mL, di soluto presente in 100 mL di soluzione (soluto più solvente):

$$C\%_{V/V} = \left[\frac{V_{soluto}(mL)}{V_{soluzione}(mL)}\right] \cdot 100$$

Ammettendo che il volume di soluzione corrisponda alla somma dei volumi di soluto e di solvente, una soluzione al $4\%_{V/V}$ contiene quindi 4 mL di soluto e 96 mL di solvente, mentre una soluzione ottenuta aggiungendo 12 mL di soluto a 88 mL di solvente ha una concentrazione del $12\%_{V/V}$.

Alcune sostanze, quando miscelate in soluzione, determinano una contrazione di volume. Per esempio, mescolando 50 mL di acqua e 50 mL di etanolo si ottiene una soluzione di volume inferiore ai 100 mL. Il fenomeno si spiega considerando l'intensità delle forze attrattive tra particelle di acqua ed etanolo (la soluzione, infatti, sviluppa calore) e la conseguente formazione di una struttura più compatta di quella dei due liquidi puri.

Per soluzioni molto diluite, il valore della concentrazione espressa in percentuale, cioè in parti per cento, potrebbe essere molto piccolo; per esempio, una soluzione che contiene 0,001 g di soluto in 1000 g di soluzione ha una $C\%_{m/m}$ pari a 0,0001%. In questi casi conviene esprimere la concentrazione in **parti per milione** (C_{ppm}).

Concentrazione in parti per milione

La **concentrazione in parti per milione** (C_{ppm}) indica le parti (in massa o in volume) di soluto disciolto in un milione di parti di soluzione:

$$C_{ppm} = \left[\frac{m_{soluto}(g)}{m_{soluzione}(g)}\right] \cdot 10^6$$

$$C_{ppm} = \left[\frac{V_{soluto}(mL)}{V_{soluzione}(mL)}\right] \cdot 10^6$$

La concentrazione nell'atmosfera di diossido di carbonio, il principale gas serra, pur essendo molto aumentata in questi ultimi decenni, è tuttavia molto inferiore a quella dell'azoto e dell'ossigeno e si preferisce quindi esprimerla in ppm. Attualmente la sua concentrazione è prossima a 400 ppm in volume; pertanto, un milione di millilitri di aria, cioè 1000 L, contengono 400 mL di diossido di carbonio.

PROBLEMA MODELLO

Calcolare la concentrazione in parti per milione

Sull'etichetta delle bottiglie di acqua minerale è sempre riportata la concentrazione dei soluti che in essa sono disciolti, quali per esempio i solfati, i cloruri e i nitrati. Se si legge in etichetta che la concentrazione di nitrati è pari a 15 ppm (riferita alla massa), quanti milligrammi di questo soluto sono contenuti in 1,0 L di acqua minerale?

Tieni presente che se una soluzione acquosa è molto diluita, come in questo caso, la sua densità può essere considerata uguale a quella dell'acqua, cioè 1,0 kg/L.

L'IDEA

La concentrazione del soluto, 15 ppm, è riferita alla massa e indica che in un milione di grammi di soluzione sono contenuti 15 grammi di soluto. Dato che si vuole determinare la quantità di soluto presente in un litro di soluzione, è necessario, tramite la densità, stabilire quale sia la massa in grammi di un litro di acqua minerale.

A partire dalla relazione che definisce la concentrazione in ppm (riferita alla massa), $C_{ppm} = [m_{\text{soluto}}\ (\text{g})/m_{\text{soluzione}}\ (\text{g})] \cdot 10^6$, essendo noto il valore di C_{ppm} (15), si può risalire alla massa in grammi di soluto disciolti in quella data massa di soluzione.

Alla fine, non resta che convertire la massa di soluto in milligrammi.

LA SOLUZIONE

$$m_{\text{acqua minerale}} = d \cdot V = 1{,}0\ \text{kg/L} \cdot 1{,}0\ \text{L} = 1{,}0\ \text{kg} = 1{,}0 \cdot 10^3\ \text{g}$$

$$m_{\text{soluto}}\ (\text{g}) = [C_{ppm} \cdot m_{\text{soluzione}}\ (\text{g})]/10^6 = 15 \cdot 1{,}0 \cdot 10^3\ \text{g}/10^6 = 15 \cdot 10^{-3}\ \text{g}$$

$$m_{\text{soluto}} = 15 \cdot 10^{-3}\ \text{g} \cdot 10^3\ \text{mg/g} = 15\ \text{mg}$$

LA CONCLUSIONE

In un litro di quell'acqua minerale sono contenuti 15 mg di nitrati. Il risultato può essere espresso anche in questo modo: la concentrazione di nitrati di quell'acqua minerale è pari a 15 mg/L.

È da notare che per soluzioni acquose diluite la concentrazione in ppm è uguale alla concentrazione in mg/L.

PROBLEMA SIMILE

Sull'etichetta di una bottiglia di acqua minerale si legge che la concentrazione di ioni sodio è pari a 3,5 ppm. Quanti mg di sodio si ingeriscono bevendo un bicchiere (200 mL) di questa acqua? Considera la densità dell'acqua minerale uguale a 1,0 g/mL

8 UNA SOLUZIONE CHE SI FORMA PUÒ ASSORBIRE O PRODURRE CALORE

Molto spesso, quando si prepara una soluzione si registra un aumento o una diminuzione della temperatura della soluzione rispetto a quella del soluto e del solvente prima di essere miscelati. Dobbiamo quindi concludere che il processo di solubilizzazione di un soluto in un solvente avviene con liberazione o assorbimento di calore (tabella **3**).

Si definisce **calore di soluzione** (*Q*) la quantità di calore che si sviluppa o viene assorbita quando un soluto si scioglie in un certo solvente.

Una soluzione che si forma liberando calore è un esempio di processo **esotermico**; per sottolineare che è il sistema a cedere energia all'ambiente, si assume per convenzione che il suo calore di soluzione sia *negativo*. Al contrario, una soluzione che si forma assorbendo calore dall'ambiente è un esempio di pro-

Tabella 3 **Calore di soluzione di alcuni solidi** I valori si riferiscono alla temperatura di 25 °C.

Solido	*Q* (J/g)
cloruro di litio	−873
cloruro di sodio	+67
cloruro di potassio	+231
idrossido di sodio	−1113
idrossido di potassio	−1018
solfato di potassio	+200
solfato d'argento	+72

cesso **endotermico**; poiché il sistema riceve energia dall'ambiente, si assume che il suo calore di soluzione sia *positivo* (figura **12**).

Il calore di soluzione (Q) può essere positivo o negativo a seconda che il soluto vada in soluzione assorbendo o liberando calore.

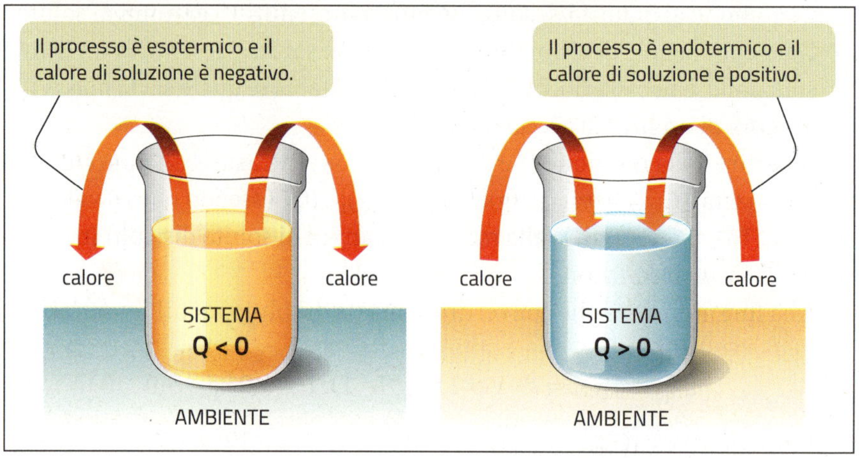

Figura 12 Processi esotermici ed endotermici Se unendo il soluto e il solvente la soluzione si riscalda, essa cede nel tempo calore all'ambiente: il processo è *esotermico* e il calore di soluzione *Q* è *negativo*. Se unendo il soluto e il solvente la soluzione si raffredda, essa riceve nel tempo calore dall'ambiente: il processo è *endotermico* e il calore di soluzione *Q* è *positivo*.

9 IL MODELLO PARTICELLARE SPIEGA ANCHE L'ORIGINE DEL CALORE DI SOLUZIONE

Per spiegare l'origine del calore di soluzione possiamo ricorrere al modello particellare. Consideriamo di nuovo l'acqua zuccherata: sia l'acqua sia lo zucchero sono costituiti di particelle molto vicine le une alle altre che si attraggono con una certa forza. Aggiunti all'acqua, i cristalli di zucchero in breve tempo si dissolvono e scompaiono alla vista: possiamo immaginare che le particelle di soluto si allontanino, così come quelle di solvente, e che si mischino poi le une alle altre.

Per distanziare l'una dall'altra le particelle di soluto, così come quelle di solvente, è necessario vincere le forze attrattive che le aggregano; in questa fase serve energia che viene assorbita dall'ambiente.

Quando le particelle separate si mescolano in soluzione, si creano nuove forze di attrazione tra le particelle di soluto e quelle di solvente: in questa fase si libera energia che viene ceduta all'ambiente (figura **13**). Il calore di soluzione è il risultato di questi due contributi energetici opposti.

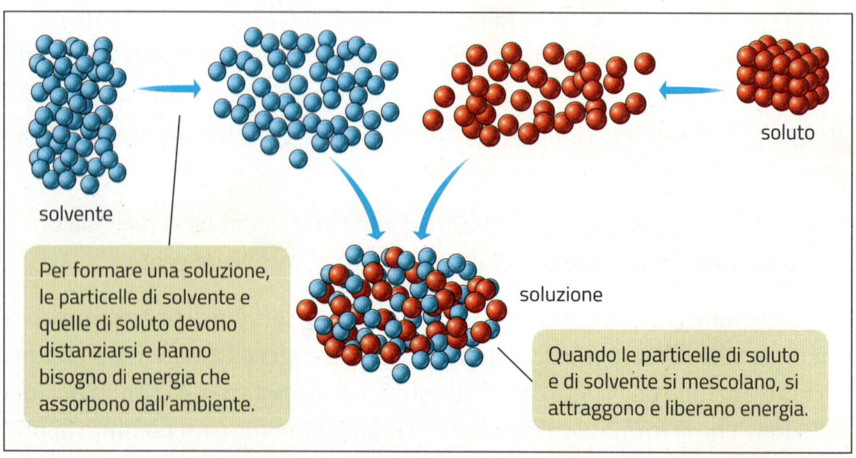

Figura 13 Il calore di soluzione e il modello particellare Per mescolare soluto e solvente, alcune interazioni devono rompersi e altre formarsi.

Nel caso dell'acqua zuccherata, l'energia liberata nella seconda fase (mescolamento delle particelle di acqua e zucchero) è maggiore dell'energia assorbita nella prima (separazione delle particelle di soluto e delle particelle di solvente). Nel complesso, la solubilizzazione dello zucchero in acqua libera energia che si trasferisce sotto forma di calore dalla soluzione all'ambiente; il *processo è quindi esotermico* e il calore di soluzione dello zucchero, che è 9,8 J/g, deve essere riportato con il *segno negativo*: $Q = -9,8$ J/g (**figura 14A**). Questo valore è molto piccolo, per cui la soluzione zuccherata si forma senza riscaldarsi apprezzabilmente.

Il calore di soluzione di un certo solido, chiamato cloruro d'ammonio, è invece positivo e numericamente molto più grande: $Q = 277$ J/g. Quando si solubilizza in acqua, l'energia necessaria nella prima fase è più grande dell'energia liberata quando le sue particelle si mescolano a quelle di acqua; nel complesso, la solubilizzazione del cloruro d'ammonio assorbe parecchia energia dall'ambiente, per cui tale processo risulta endotermico (**figura 14B**).

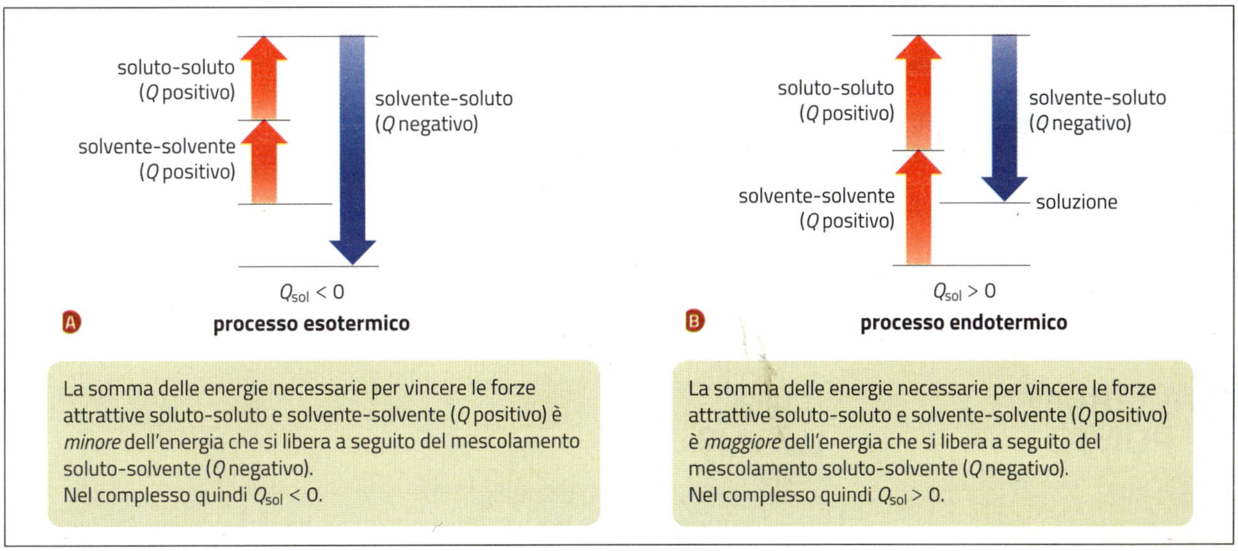

Figura 14 Processi esotermici ed endotermici A solubilizzazione dello zucchero nell'acqua. B Solubilizzazione del cloruro di ammonio in acqua.

Se teniamo in mano un recipiente nel quale si fa sciogliere il cloruro o il nitrato di ammonio, sentiamo che la mano si raffredda proprio perché l'energia necessaria alla dissoluzione si trasferisce in forma di calore dalla nostra mano (ambiente) alla soluzione (sistema) (**figura 15**).

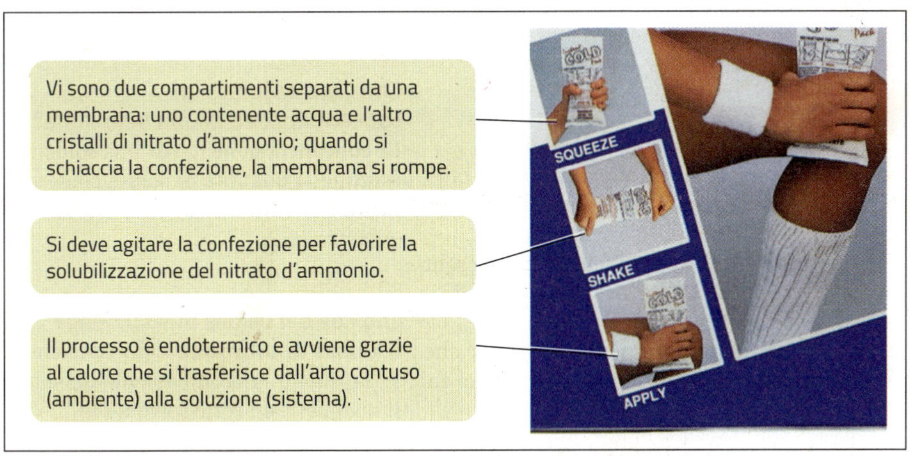

Figura 15 La reazione endotermica del ghiaccio istantaneo La reazione di solubilizzazione del nitrato di ammonio in acqua è endotermica ed è alla base del funzionamento delle confezioni di ghiaccio istantaneo.

LABORATORIO

Effetto termico della dissoluzione di un solido in acqua

L'obiettivo

Verificare sperimentalmente se la dissoluzione di solidi in acqua è un processo esotermico, atermico o endotermico.

I concetti

La dissoluzione di solidi in acqua procede con sviluppo di calore (processo esotermico) o con assorbimento di calore (processo endotermico) a seconda che l'energia assorbita per la rottura delle interazioni liquido-liquido e solido-solido sia rispettivamente minore o maggiore dell'energia liberata in seguito alla formazione delle interazioni soluto-solvente.

I materiali

Becher da 200 mL, vetrini da orologio, agitatore, spatolina, bilancia tecnica, termometro, cilindro graduato da 100 mL; idrossido di sodio NaOH in pastiglie, cloruro di sodio NaCl, cloruro di ammonio NH_4Cl, cloruro di litio LiCl, nitrato di potassio KNO_3, spruzzetta con acqua distillata.

L'esperimento

1. Versa 100 mL di acqua distillata nel becher e annota la temperatura (t_1).
2. Con la bilancia pesa 4,0 g di NaOH.
3. Introduci il solido nel becher agitando fino a completa dissoluzione e prendi nota del valore massimo raggiunto dalla temperatura della soluzione (t_2).
4. Ripeti le operazioni precedenti con 5,8 g di NaCl, 5,3 g di Na_4Cl, 4,2 g di LiCl e 10,1 g di KNO_3
5. Annota i dati rilevati e l'effetto termico della soluzione del solido in acqua nella seguente tabella:

Composto	t_1	t_2	Processo
NaOH			
NaCl			
NH_4Cl			
LiCl			
KNO_3			

Le competenze

Come giustifichi l'esotermicità, l'atermicità o l'endotermicità che si verifica per la dissoluzione in acqua dei diversi solidi?

FACCIAMO IL PUNTO

LO SAI? RIPASSA CON LO SMARTPHONE

Che cos'è un sistema?

Un **sistema** è un campione limitato di materia distinto dall'ambiente circostante e può essere:

- **aperto** se scambia materia ed energia con l'ambiente;
- **chiuso** se scambia energia ma non materia con l'ambiente;
- **isolato** se non scambia né materia né energia con l'ambiente.

Che cosa si intende con il termine «fase»?

Una **fase** è un sistema o la parte di un sistema delimitata da superfici nette e che presenta caratteristiche fisiche omogenee. Esistono sistemi *monofasici* o *polifasici*.

Qual è la differenza tra un sistema omogeneo e un sistema eterogeneo?

Un **sistema omogeneo** è un sistema costituito da un'unica fase, mentre un **sistema eterogeneo** è costituito da due o più fasi.

Che cosa è una soluzione?

Si definisce **soluzione** una miscela omogenea formata da due o più componenti non distinguibili (solvente e soluti).

Il **solvente** è il componente di una soluzione presente in maggiore quantità e che scioglie i soluti.

Si definisce **soluto** una sostanza che, in una soluzione, viene disciolta dal solvente.

Che cosa si intende per «solubilità»?

La **solubilità** è la quantità massima di soluto che, a una data temperatura, si può sciogliere in una certa quantità di solvente.

Che cosa esprime la concentrazione di una soluzione?

La **concentrazione** (*C*) di una soluzione esprime la quantità di soluto contenuta in una determinata quantità di soluzione (o di solvente).

Che cos'è il calore di soluzione?

Il **calore di soluzione** è il calore che si sviluppa o è assorbito quando un soluto si scioglie in un certo solvente.

ESERCIZI

ZTE ONLINE Mettiti alla prova con 20 esercizi interattivi

VERIFICA LE TUE CONOSCENZE

SISTEMI APERTI, CHIUSI O ISOLATI

1 **Che cosa si intende per sistema?**

2 **Qual è la differenza tra un sistema chiuso e uno aperto?**

3 **Un sistema che scambia energia e materia con l'ambiente è**
Ⓐ aperto e isolato.
Ⓑ chiuso.
Ⓒ aperto.
Ⓓ isolato.

4 **Un sistema è isolato se**
Ⓐ non ha nulla intorno a sé.
Ⓑ scambia energia ma non materia con l'ambiente esterno.
Ⓒ scambia materia ma non energia con l'ambiente esterno.
Ⓓ non scambia né materia né energia con l'ambiente esterno.

5 **I sistemi che possono scambiare energia con l'ambiente sono sistemi**
Ⓐ aperti e chiusi.
Ⓑ isolati.
Ⓒ chiusi.
Ⓓ chiusi e isolati.

6 **Un sistema che scambia solo energia con l'ambiente si dice**
Ⓐ aperto.
Ⓑ chiuso.
Ⓒ isolato.
Ⓓ caldo.

7 **Un sistema è un campione di materia che**
Ⓐ occupa un volume e possiede una massa.
Ⓑ è costituito da una sola sostanza.
Ⓒ ha confini ben definiti.
Ⓓ è costituito da diverse sostanze.

SISTEMI OMOGENEI ED ETEROGENEI

8 **Un sistema è omogeneo se**
Ⓐ ha un aspetto uniforme.
Ⓑ è costituito da una sola fase.
Ⓒ è costituito da un unico componente.
Ⓓ presenta più fasi compenetrate tra loro.

9 **Che cosa si intende per fase di un sistema?**

10 **Se un sistema è costituito da due o più componenti**
Ⓐ è certamente eterogeneo.
Ⓑ presenta almeno due fasi.
Ⓒ potrebbe essere anche omogeneo.
Ⓓ è omogeneo ma si distinguono i componenti.

11 **Quale tra le seguenti affermazioni è *errata*? Un sistema costituito da più fasi**
Ⓐ potrebbe essere anche omogeneo.
Ⓑ è sicuramente eterogeneo.
Ⓒ non presenta le stesse caratteristiche in ogni sua parte.
Ⓓ è polifasico.

12 **L'acqua zuccherata è un sistema**
Ⓐ eterogeneo e polifasico.
Ⓑ omogeneo e polifasico.
Ⓒ eterogeneo e monofasico.
Ⓓ omogeneo e monofasico.

13 **Un sistema presenta al suo interno una superficie di delimitazione oltre la quale cambiano alcune sue caratteristiche. Come lo definiresti?**

LE MISCELE

14 **Una miscela omogenea**
Ⓐ è costituita da un solo componente.
Ⓑ è detta soluzione.
Ⓒ contiene particelle con diametro superiore a 1000 nm.
Ⓓ è un sistema polifasico.

15 **In una miscela eterogenea**
Ⓐ si distinguono almeno due fasi.
Ⓑ tutte le particelle hanno diametro inferiore a 1 nm.
Ⓒ c'è un solo componente in due stati fisici diversi.
Ⓓ le caratteristiche sono uguali in ogni suo punto.

16 **Che cos'è una dispersione colloidale?**

17 **Il gel è un colloide costituito da**
Ⓐ un solido in un liquido.
Ⓑ un liquido in un solido.
Ⓒ un liquido in un gas.
Ⓓ un liquido in un liquido.

18 **Due liquidi immiscibili possono dare**
Ⓐ una sospensione.
Ⓑ un'emulsione.
Ⓒ un aerosol.
Ⓓ una nebbia.

SOLUZIONI GASSOSE, LIQUIDE O SOLIDE

19 **Che cos'è una soluzione solida? E una gassosa? Riporta almeno un esempio per ciascuna.**

20 **Una lega è**
Ⓐ una miscela eterogenea di due o più metalli diversi.
Ⓑ una soluzione di due solidi.
Ⓒ un amalgama.
Ⓓ una dispersione colloidale di un metallo nell'altro.

21 **Una soluzione liquida**
Ⓐ ha sempre l'acqua come solvente.
Ⓑ è una miscela omogenea di due liquidi.
Ⓒ può contenere soluti solidi, liquidi o gassosi.
Ⓓ può essere fisicamente eterogenea.

22 **In quale stato fisico della materia una sostanza può fungere da soluto?**
Ⓐ Solido
Ⓑ Liquido
Ⓒ Gassoso
Ⓓ Tutti i precedenti

23 **L'ottone è**
Ⓐ un metallo.
Ⓑ una soluzione solida di rame e stagno.
Ⓒ una lega rame e ferro.
Ⓓ una miscela omogenea di rame e zinco.

LA SOLUBILITÀ

24 **Come varia la solubilità in acqua di molti solidi al variare della temperatura? E quella dei gas?**

25 **Quale tra le seguenti affermazioni è *errata*? La solubilità in acqua**
Ⓐ di un soluto solido dipende dalla natura del soluto.
Ⓑ dei gas diminuisce molto all'aumentare della temperatura.
Ⓒ dell'ossigeno dell'aria diminuisce all'aumentare della pressione.
Ⓓ della maggior parte dei solidi aumenta all'aumentare della temperatura.

26 **Quale tra i seguenti fattori *non* influisce sulla solubilità di un gas in un liquido?**
Ⓐ La pressione del gas
Ⓑ Il volume della soluzione
Ⓒ La temperatura della soluzione
Ⓓ La natura chimica del soluto e del solvente

27 **Che cos'è il corpo di fondo?**

28 **Il sistema che si ottiene unendo un solvente e una quantità di soluto superiore alla sua solubilità**
Ⓐ è certamente una soluzione sovrasatura.
Ⓑ è sempre eterogeneo.
Ⓒ è una soluzione satura.
Ⓓ può presentare un corpo di fondo.

29 **È corretto affermare che la solubilità è la quantità massima di soluto che si scioglie in un solvente a una data temperatura? Giustifica la risposta.**

LA FORMAZIONE DI UNA SOLUZIONE

30 **Il calore di soluzione è**
Ⓐ la temperatura della soluzione dopo che si è formata.
Ⓑ l'energia che serve per far sciogliere il soluto.
Ⓒ la differenza di temperatura tra solvente e soluto.
Ⓓ il calore che si sviluppa o viene assorbito al disciogliersi del soluto.

31 **Se una soluzione si forma assorbendo calore dall'ambiente, il processo di dissoluzione**
Ⓐ è esotermico.
Ⓑ ha $Q < 0$.
Ⓒ è endotermico e ha $Q > 0$.
Ⓓ è esotermico e ha $Q > 0$.

32 **Il calore di soluzione del solfato di rame è −417 J/g. Che cosa significa? Com'è il processo di dissoluzione del solfato di rame?**

significa che Q < 0, il processo è esotermico

IL CALORE DI SOLUZIONE

33 **Se un soluto ha $Q = 277$ J/g, durante il processo di solubilizzazione la temperatura della soluzione**
Ⓐ aumenta.
Ⓑ diminuisce.
Ⓒ non varia.
Ⓓ prima aumenta e poi diminuisce.

34 **Il calore di soluzione è il risultato di due contributi energetici diversi. Quali?**

calore soluto + calore solvente

35 **Se il recipiente in cui si scioglie un soluto si raffredda, la dissoluzione**
Ⓐ ha *Q* negativo.
Ⓑ è un processo esotermico.
Ⓒ avviene con assorbimento di calore dall'ambiente.
Ⓓ non avviene.

36 **Quale tra le seguenti affermazioni è *errata*?**
Una soluzione si forma solo se
Ⓐ le particelle di soluto si separano.
Ⓑ le particelle di solvente si allontanano.
Ⓒ le particelle di soluto si mischiano a quelle di solvente.
Ⓓ l'energia assorbita nelle fasi indicate in Ⓐ e Ⓑ è minore dell'energia liberata in Ⓒ.

COME VARIA LA SOLUBILITÀ

37 **All'aumentare della temperatura la solubilità di molti solidi aumenta perché**
Ⓐ le particelle di soluto si separano più facilmente.
Ⓑ evapora un maggior numero di particelle di solvente.
Ⓒ più particelle di soluto si trasferiscono dalla soluzione al corpo di fondo.
Ⓓ aumenta solo l'energia cinetica delle particelle di soluto.

38 **All'aumentare della temperatura, la solubilità di un gas in un liquido diminuisce perché**
Ⓐ le particelle di gas si muovono più lentamente.
Ⓑ aumenta l'energia cinetica di tutte le particelle.
Ⓒ si indeboliscono le forze attrattive soluto-solvente.
Ⓓ tante particelle di solvente evaporano.

39 **Quale tra le seguenti affermazioni è *errata*?**
Se si aumenta la pressione di un gas sopra a un liquido, aumenta il numero di particelle di gas:
Ⓐ vicine alla superficie del liquido.
Ⓑ che escono dalla soluzione.
Ⓒ che diffondono nel liquido.
Ⓓ presenti in 1 L di soluzione.

LA CONCENTRAZIONE DELLE SOLUZIONI

40 **Che cosa esprime la concentrazione? Che cosa è necessario conoscere se la si vuole determinare?**

41 **Un campione di 10 L di acqua marina è più concentrato di un campione da 1 L della stessa acqua? Perché?**

42 **In quali modi si può esprimere la concentrazione?**

43 **Tra le seguenti soluzioni ha maggiore concentrazione quella contenente**
Ⓐ 2,0 g di soluto in 100 g di soluzione.
Ⓑ 3,0 g di soluto in 150 g di soluzione.
Ⓒ 4,0 g di soluto in 150 g di soluzione.
Ⓓ 5,0 g di soluto in 250 g di soluzione.

44 **Tra le seguenti soluzioni acquose di cloruro di sodio, NaCl, ha maggiore concentrazione quella contenente:**
Ⓐ 5,0 g di NaCl in 0,10 L di soluzione.
Ⓑ 8,0 g di NaCl in 0,20 L di soluzione.
Ⓒ 20 g di NaCl in 0,50 L di soluzione.
Ⓓ 45 g di NaCl in 1 L di soluzione.

45 **Quanti grammi di acido solforico H_2SO_4 sono necessari per preparare 150 g di una soluzione al 15% *m/m*?**
Ⓐ 12,5 Ⓑ 15 Ⓒ 22,5 Ⓓ 10,5

46 **La concentrazione, in percentuale in volume, di una soluzione acquosa di etanolo che contiene 35 mL di alcol etilico in 85 mL di soluzione è**
Ⓐ 35 Ⓑ 50 Ⓒ 41,2 Ⓓ 85

47 **Per preparare 57 mL di una soluzione acquosa al 6% *m/V* di solfato di sodio occorrono**
Ⓐ 57 mL di solvente.
Ⓑ 51 mL di solvente.
Ⓒ 34,2 g di soluto.
Ⓓ 3,42 g di soluto.

48 **La concentrazione percentuale di una soluzione contenente 20 g di soluto e 200 g di solvente è**
Ⓐ 9% Ⓑ 10% Ⓒ 90% Ⓓ 0,1%.

49 **In 10^6 mg di acqua contenente 4 ppm di ioni ferro ci sono**
Ⓐ 4 mg di soluto.
Ⓑ 40 mg di ioni ferro.
Ⓒ 400 mg di ioni ferro.
Ⓓ $4 \cdot 10^6$ mg di soluzione.

VERIFICA LE TUE ABILITÀ

50 **Un ricercatore deve rendere isolato il sistema che sta studiando; in che modo può farlo?**

51 **Che tipo di sistema è una lattina ancora sigillata di tè? Giustifica la risposta.**

52 **È corretto affermare che l'acqua del rubinetto è un sistema omogeneo formato da due fasi? Perché?**

53 **Quale di questi sistemi è omogeneo? Motiva la scelta.**

- (A) Una crema idratante.
- (B) Una lega di carbonio e ferro.
- (C) Un fumo.
- (D) Una gelatina.

54 **Nell'acqua che bolle in una pentola si getta una manciata di sale. Quante fasi sono presenti prima che il sale si sciolga? Spiega la risposta.**

55 **Scegli l'affermazione corretta e motiva la scelta.**

Un sistema costituito da sabbia e acqua è una

- (A) soluzione.
- (B) sospensione.
- (C) emulsione.
- (D) dispersione colloidale.

56 **Quale dei seguenti sistemi è una soluzione gassosa? Perché gli altri non lo sono?**

- (A) Acqua frizzante.
- (B) Nebbia.
- (C) Ossigeno e vapore acqueo.
- (D) Aria non filtrata.

57 **Quale tra i gas presenti nell'atmosfera funge da solvente? Perché?**

58 **Una soluzione liquido-liquido e una solido-liquido sono all'apparenza identiche. Che cosa potresti fare per distinguerle?**

59 **Un grammo di zucchero viene aggiunto a una soluzione satura di acqua e zucchero contenente 2 g di corpo di fondo (*f*). Cosa accade?**

- (A) La massa di *f* resta 2 g.
- (B) La massa di *f* diventa 3 g.
- (C) La massa di *f* diventa 2,5 g.
- (D) La soluzione diventa più dolce.

60 **La solubilità del cloruro di ammonio a 50 °C è uguale a 50 g di soluto per 100 g di acqua. Quale delle seguenti soluzioni è insatura a 50 °C? Perché?**

- (A) 90 g di soluto in 200 g di acqua.
- (B) 120 g di soluto in 200 g di acqua.
- (C) 30 g di soluto in 50 g di acqua.
- (D) 35 g di soluto in 50 g di acqua.

61 **A quale temperatura è più solubile in acqua il diossido di carbonio gassoso? Perché?**

- (A) 15 °C
- (B) 25 °C
- (C) 35 °C
- (D) 45 °C

62 **Utilizzando il modello particellare, spiega perché una bibita gassata diventa effervescente quando si apre la lattina in cui è contenuta.**

63 **Immagina di miscelare in un recipiente acqua e alcol etilico, e di sentire il recipiente riscaldarsi.**

a. Qual è il sistema e qual è l'ambiente?
b. Da che parte si trasferisce il calore, dal sistema all'ambiente o viceversa?
c. Il processo è esotermico o endotermico?
d. L'energia del sistema è più grande prima o dopo il miscelamento? (*Ricorda che il calore è una forma di energia e l'energia si conserva.*)
e. Cosa deve accadere alle particelle affinché alcol e acqua possano miscelarsi?
f. Evidenzia con uno schema i contributi energetici delle fasi attraverso cui procede la solubilizzazione.

64 **Immagina di dover raffreddare una parte contusa del tuo corpo. Hai a disposizione acqua e i solidi della tabella 3; cosa faresti?**

a. Quale solido sceglieresti e perché?
b. Lo scioglieresti in tanta acqua o nella minor quantità possibile? Perché?

65 **Calcola la massa in grammi di cloruro di sodio contenuta in 37 g di una soluzione al 4,0% *m/m*.**

66 **Calcola le masse in grammi di cloruro di sodio e di acqua presenti in 250 g di una soluzione al 9,0% *m/m*.**

67 **Calcola la $C\%_{m/m}$ di una soluzione contenente 15 g di acido cloridrico in 150 g di acqua.**

68 Calcola la massa in grammi di solfato di sodio contenuta in 60 mL di una soluzione al 3,0% *m/V*.

69 Calcola la % *m/V* di una soluzione che contiene 20 g di fluoruro di calcio in 1,2 L di soluzione.

70 Calcola il volume in mL di etanolo presente in 1,0 L di soluzione al 10% *V/V*.

71 Calcola la % *V/V* di una soluzione contenente 7,0 mL di acido acetico in 135 mL di soluzione.

72 Considerando che i volumi siano additivi, calcola la % *V/V* di una soluzione contenente 10 mL di alcol metilico in 150 mL di acqua.

73 Calcola la % *m/V* di una soluzione (d = 1,08 g / mL) che contiene 9,00 g di soluto in 250 g di solvente.

74 Calcola la % *m/m* di una soluzione ottenuta sciogliendo 2,0 g di cloruro di potassio in 140 mL di soluzione (d = 0,69 g/mL).

75 Calcola la massa di acido cloridrico contenuta in 40 mL di una soluzione (d = 1,1 g/mL) al 30% *m/m*.

76 Calcola il volume in mL di una soluzione di acido solforico (d = 1,83 g/mL) al 20% *m/m* che occorre per preparare 60 mL di soluzione al 25% *m/V* di tale acido.

77 Quale massa in grammi di idrossido di potassio è contenuta in 1,00 L di soluzione (d = 1,15 g/mL) al 17,3% *m/m*?

78 Calcola la concentrazione in ppm di una soluzione contenente 0,005 mL di acido acetico in 1 L di acqua.

79 0,510 g di una soluzione contengono 25,4 μg di principio attivo. Qual è la concentrazione di principio attivo in ppm?

80 Secondo la normativa europea, i residui di Acetamiprid, un antiparassitario utilizzato in agricoltura, non possono essere superiori a 0,2 ppm. Se mangi 100 g di ciliegie, qual è la massa (in mg) di antiparassitario che potresti ingerire?

TEST YOURSELF

81 A chemistry lab experiment requires 25,2 g of silver nitrate. How many grams of a 15,5% by mass solution of silver nitrate should be used?

82 On a bottle of spring water, the calcium ion concentration is listed as 66 ppm. How many milligrams of calcium are present in 200 mL glass of it?

83 Which of the following will increase the solubility of sodium chloride in water?
Ⓐ Increase in the volume of solvent.
Ⓑ Increase in temperature.
Ⓒ Decrease in the volume.
Ⓓ Increased pressure.

VERSO I GIOCHI DELLA CHIMICA

84 Quale sarà la percentuale di fruttosio (p/p) in una soluzione ottenuta mescolando due soluzioni di fruttosio: 50,0 g di una al 3,0% (p/p) e 121,0 g di un'altra al 19,0% (p/p)?
Ⓐ 14,3%
Ⓑ 12,4%
Ⓒ 15,0%
Ⓓ 13,7%

[Fase regionale 2016]

85 Una norma prevede che la concentrazione massima di metanolo nell'aria in un luogo di lavoro non possa superare 250 ppm. Quali tra i seguenti valori, espressi in % (*V*/ *V*), supera il limite normativo?
Ⓐ 0,0027%
Ⓑ 0,0260%
Ⓒ 0,0099%
Ⓓ 0,0122%

[Fase nazionale 2016]

VERSO L'UNIVERSITÀ

86 Calcolare qual è la concentrazione percentuale in massa (m/m) di una soluzione ottenuta sciogliendo 5,4 g di NaCl in 535,6 g di acqua.
Ⓐ 1,0%
Ⓑ 10%
Ⓒ 20%
Ⓓ 40%
Ⓔ 0,10%

[dalla prova di ammissione a Medicina e Chirurgia, 2012]

VERSO L'ESAME: LE TUE COMPETENZE

CLASSIFICA E ARGOMENTA

87 Classifica i seguenti sistemi come aperti, chiusi o isolati e argomenta la tua scelta:

a. caffè in un thermos;
b. vasetto sigillato di confettura;
c. liquido termometrico in un termometro;
d. albero nel giardino;
e. apparato circolatorio umano;
f. pianeta Terra.

RICERCA E CLASSIFICA

88 Classifica le seguenti miscele in omogenee ed eterogenee e giustifica la tua scelta. Cerca le informazioni che ritieni necessarie e, quando possibile, classifica le miscele eterogenee in base alla loro costituzione:

a. acciaio;
b. acqua minerale;
c. benzina;
d. sangue;
e. panna montata;
f. albume d'uovo;
g. dentifricio;
h. schiuma per capelli.

DEDUCI

89 Il liquido contenuto in uno scaldamani è costituito da una soluzione sovrasatura di un sale, l'acetato di sodio triidrato. Poiché è sovrasatura, la soluzione non è stabile e basta premere una piastrina metallica all'interno dello scaldamani per innescare la cristallizzazione dell'acetato di sodio: per ogni grammo di sale che cristallizza si liberano 145 J di calore.

a. La cristallizzazione dell'acetato di sodio è un processo esotermico o endotermico?
b. E il processo di dissoluzione? Tieni presente che cristallizzazione e dissoluzione sono due processi opposti, così come lo sono fusione e solidificazione.
c. Quale sarà il valore del calore di soluzione di 1 g di acetato di sodio? Qual è il suo segno?
d. Come si può solubilizzare di nuovo l'acetato di sodio triidrato, così da poter riutilizzare lo scaldamani?

RIFLETTI

90 Gli automobilisti e i motociclisti festeggiano le vittorie spruzzando champagne sul podio. Per rendere più evidente l'effetto, il vincitore agita la bottiglia prima di stapparla. Che cosa succede dentro alla bottiglia? Spiega utilizzando il modello particellare.

CALCOLA E RIFLETTI

91 Le acque minerali con una concentrazione di sodio inferiore a 20 mg/L si dicono povere di sodio e sono oggi molto reclamizzate. Rispondi alle seguenti domande, immaginando di bere 2,0 L di acqua al giorno.

a. Quanto sodio ingerisci se l'acqua ne contiene 3 mg/L?
b. Quanto sodio ingerisci in più se ne contiene 45 mg/L?
c. Sapendo che in 1 g di sale da cucina (cloruro di sodio) ci sono 0,39 g di sodio, a quanti grammi corrisponde la massa di sodio ingerita in più?
d. Una bustina monodose di sale contiene solitamente 1 g di sale e serve, per esempio, per condire una porzione di insalata. Ritieni che la scelta di un'acqua povera di sodio possa incidere in modo significativo sulla quantità di sodio che ingerisci giornalmente?

RIFLETTI

92 Le proprietà battericide, antifungine e antivirali dell'argento colloidale sono note da moltissimo tempo. L'efficacia della sua azione dipende dalle dimensioni delle sue particelle (più sono fini, maggiore è l'efficacia antibatterica) e dalla loro concentrazione in acqua, che è ottimale tra 10 e 20 ppm.

a. Come devono essere le dimensioni delle particelle di argento?
b. Quale massa di argento, espressa in mg, è contenuta in un flacone da 500 mL se la concentrazione è 20 ppm? Considera la densità pari a 1 kg/L.
c. Qual è il termine corretto per denominare il contenuto del flacone?
d. Quale aspetto pensi che abbia il contenuto del flacone? Come potresti distinguerlo da una normale soluzione acquosa?

OSSERVA E RIFLETTI

93 In un bicchiere di acqua fresca lasciata a riposo in una stanza a temperatura ambiente, si nota la comparsa di piccole bolle di gas.

a. Perché le bolle di gas non ci sono nell'acqua fresca e compaiono a mano a mano che si riscalda?
b. Di che tipo di gas potrebbe trattarsi? Perché?

CAPITOLO

4 DALLE MISCELE ALLE SOSTANZE PURE

1 MOLTE MISCELE ETEROGENEE SI SEPARANO CON METODI MECCANICI

La maggior parte della materia è costituita da miscele, ma sin dall'antichità l'uomo ha cercato di separarne i componenti nel tentativo di migliorare le caratteristiche dei materiali di cui si serviva. Ha imparato, per esempio, a isolare dalla roccia i minerali metalliferi, a ricavare dal petrolio la benzina e a separare dall'aria l'ossigeno e l'azoto. Tutte le tecniche di separazione si basano sullo stesso principio: *sfruttare le differenze fra le proprietà dei singoli costituenti*.

I componenti delle miscele eterogenee sono diversi tra loro già a livello macroscopico e possono essere separati con metodi meccanici, quali la setacciatura, la filtrazione, la centrifugazione, la decantazione (tabella 1).

Tecnica	Principio di separazione	Esempio
setacciatura	diversa dimensione	sabbia e ghiaia
decantazione	diversa densità	terra e acqua
filtrazione	diversa dimensione	polvere e aria
centrifugazione	diversa densità	panna e latte

Tabella 1 Tecniche di separazione meccanica I componenti delle miscele eterogenee possono essere separati sfruttandone le differenze di dimensione o densità.

La decantazione

La **decantazione** permette di separare in modo approssimativo un componente, solido o liquido, disperso in un liquido di diversa densità. Sotto l'azione della gravità, tale componente si accumula in alto o in basso, lasciando uno strato di liquido assai povero o del tutto privo della fase stessa.

Nella maggior parte dei casi, la sostanza dispersa è costituita da granelli. Lasciando decantare il liquido in un becher, possiamo osservare che i sedimenti si depositano progressivamente sul fondo. Si ottiene così un liquido chiarificato, che può essere trasferito in un altro becher facendolo scorrere lentamente lungo una bacchetta di vetro e avendo cura di non trasferire anche il liquido torbido, ovvero quello che si trova immediatamente sopra i sedimenti depositati (figura 1). La decantazione serve quindi a chiarificare un liquido e spesso rappresenta l'operazione che precede direttamente una filtrazione.

Figura 1 La decantazione di una miscela eterogenea Lasciando depositare i granelli sul fondo, si può separare il liquido chiarificato dai sedimenti.

La filtrazione

La **filtrazione** di una miscela liquida è una tecnica che permette di separare i componenti di una *sospensione* utilizzando un disco di carta da filtro, opportunamente piegato (per aumentare la superficie filtrante) e disposto su un imbuto (**figura 2A**). Se si versa la sospensione nell'imbuto (facendola scorrere lungo una bacchetta di vetro), il componente solido (*residuo*) rimane sul filtro, mentre il liquido (*filtrato*) passa attraverso il filtro (**figura 2B**).

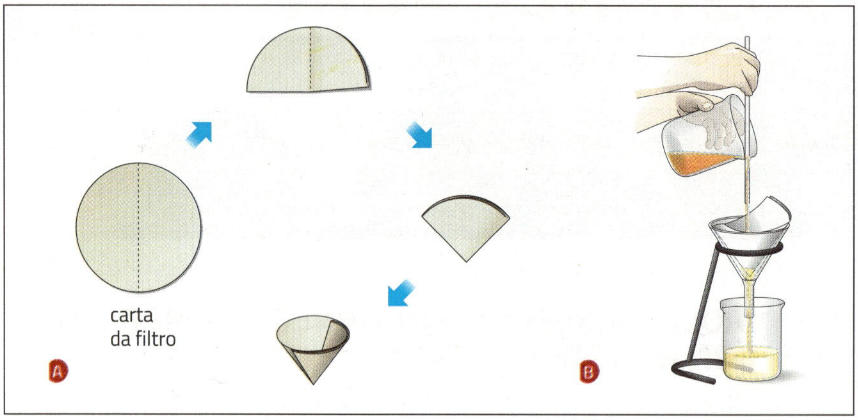

Figura 2 **Separazione di una sospensione per filtrazione**
A La carta da filtro va piegata più volte per aumentare la superficie filtrante. **B** La miscela viene versata sulla carta da filtro all'interno di un imbuto: il componente solido è trattenuto dalla carta da filtro, mentre il liquido vi passa attraverso.

COME SI FA?
Video
Filtrare un miscuglio solido-liquido

La filtrazione serve anche per trattenere i componenti solidi dispersi in una miscela gassosa e oggi la si usa spesso per purificare l'aria. È necessario, per esempio, filtrare l'aria in alcuni ambienti di lavoro (industria elettronica, alimentare ecc.), per impedire che le microscopiche particelle in essa disperse, quali le *PM 10* e le *PM 2,5*, vadano a contaminare i prodotti. Filtrando l'aria con filtri ad altissima efficienza, è inoltre possibile bloccare i microrganismi responsabili dell'alterazione di prodotti alimentari o farmaceutici e della diffusione di infezioni negli ospedali e nelle sale operatorie.

LE PAROLE

Le sigle **PM 10** e **PM 2,5** indicano due tipi delle numerose particelle del particolato atmosferico; *P* e *M* sono le iniziali di *Particulate Matter* («materiale particolato»); i numeri 10 e 2,5 indicano il diametro delle particelle in micrometri.

TI RICORDI?

Per la seconda legge della dinamica, la forza (F) equivale al prodotto tra massa (m) e accelerazione (a), cioè $F = m \cdot a$. Poiché $d = m/V$, si ha $m = d \cdot V$. Sostituendo nella prima equazione, otteniamo la **relazione tra forza e densità**:

$$F = d \cdot V \cdot a$$

La centrifugazione

La **centrifugazione** è una tecnica utilizzata per separare i componenti di una miscela eterogenea (*emulsione* o *sospensione*) che hanno *diversa densità*. Si opera versando la miscela in una provetta che viene posta in una centrifuga. Quest'ultima, ruotando a velocità elevata, sviluppa una forza centrifuga maggiore sul componente più denso (liquido o solido), che si deposita sul fondo della provetta (**figura 3**). Il liquido a minor densità rimane in superficie e può essere eliminato per decantazione o con una pipetta.

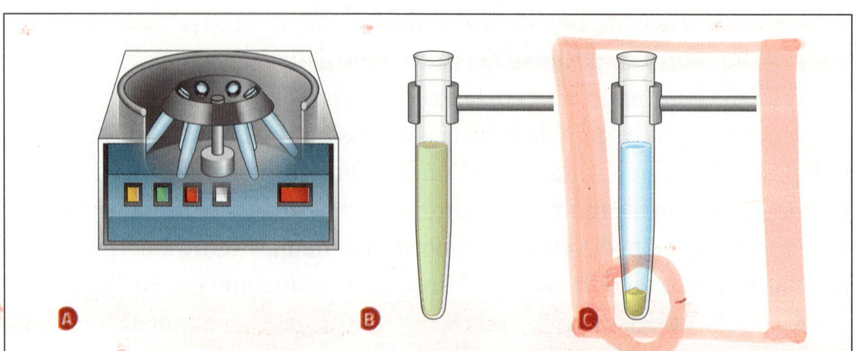

Figura 3 **Separazione di una miscela eterogenea per centrifugazione** **A** Schema di una centrifuga di laboratorio. **B** Provetta prima della centrifugazione: la sostanza solida è in sospensione. **C** Provetta dopo la centrifugazione: la sostanza solida si è raccolta sul fondo.

2 LE MISCELE OMOGENEE SI SEPARANO CON METODI PIÙ IMPEGNATIVI

Nessuno dei metodi appena descritti consente di separare il sale disciolto nell'acqua. Per isolare i componenti presenti in una soluzione (liquida o gassosa) è necessario sfruttare le differenze tra altre proprietà (**tabella 2**), come per esempio:

- la *velocità di scorrimento* su un certo tipo di supporto (impiegata nella cromatografia);
- la *solubilità* in un certo solvente (usata per l'estrazione e la cristallizzazione);
- il *punto di ebollizione* (come nella distillazione).

Tecnica	Principio di separazione	Esempi di applicazioni industriali
estrazione con solvente	diversa solubilità	purificazione di farmaci
cromatografia	diversa velocità di migrazione su un supporto (carta porosa, gel di silice ecc.)	isolamento di vitamine, ormoni, enzimi, antibiotici ecc.
distillazione	diverso punto di ebollizione	raffinazione del petrolio
cristallizzazione	diversa solubilità	raffinazione dello zucchero

Tabella 2 Tecniche di separazione delle miscele omogenee Per isolare i componenti di una soluzione si possono sfruttare diverse caratteristiche chimiche e fisiche.

La cristallizzazione

La **cristallizzazione** è il processo che si utilizza per allontanare da un componente solido piccole quantità di altri componenti che lo rendono impuro; si basa sulla *diversa solubilità* in un certo solvente del componente da purificare rispetto alle impurità che lo accompagnano.

Per effettuare una cristallizzazione, si usa un liquido in grado di sciogliere, a caldo, il componente da purificare, ma non i contaminanti: la soluzione così ottenuta viene filtrata in modo da separare le impurità, che rimangono sul filtro, dal filtrato in cui è disciolto il componente desiderato. Con la successiva evaporazione del solvente si ottiene il solido puro sotto forma di cristalli (**figura 4**).

Figura 4 La cristallizzazione Una miscela di sale e sabbia può essere separata sfruttando la diversa solubilità dei componenti.

La cristallizzazione è una tecnica versatile ed è alla base di molte applicazioni industriali. Nell'industria alimentare la cristallizzazione è impiegata per preparare grandi quantità di cloruro di sodio, mentre nell'industria farmaceutica si presta all'isolamento anche di piccole quantità – talvolta pochi microgrammi – di sostanze di nuova sintesi.

L'estrazione con solvente

L'**estrazione con solvente** è una tecnica che permette di separare due soluti (per esempio cromato di potassio e iodio) da un solvente (per esempio acqua), utilizzando un *imbuto separatore* e aggiungendo alla soluzione un secondo solvente (per esempio trielina), in cui è solubile soltanto *uno* dei due soluti (nel nostro esempio, lo iodio).

Agitando e lasciando poi riposare, si formano due soluzioni distinte contenenti ciascuna un soluto (lo iodio nella trielina e il cromato di potassio nell'acqua); quella con *maggiore densità* (trielina con iodio) si deposita sul fondo dell'imbuto separatore. Aprendo il rubinetto, si fanno defluire in due contenitori diversi la prima soluzione (trielina e iodio) e poi la seconda (acqua e cromato di potassio); quindi, per evaporazione del solvente, otteniamo i due soluti. In figura **5** è illustrato il funzionamento dell'imbuto separatore.

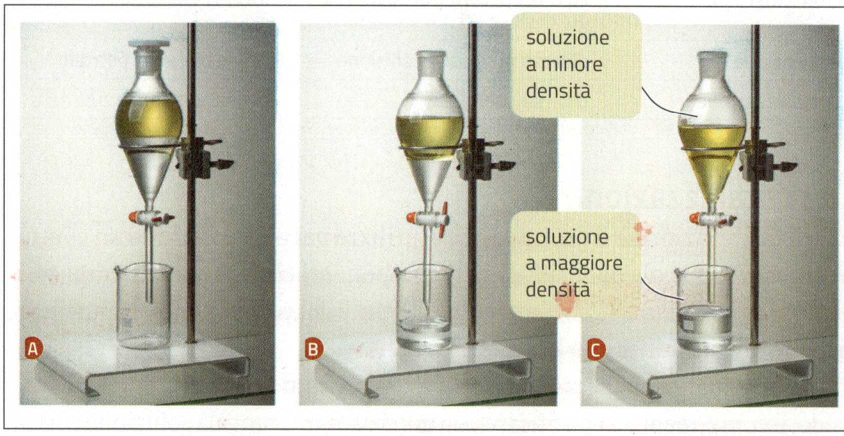

Figura 5 L'imbuto separatore L'imbuto separatore permette di separare due liquidi immiscibili e può quindi essere usato nei processi di estrazione (A). Aprendo il rubinetto si ottiene prima la soluzione a maggiore densità (B), e, successivamente, quella a minore densità (C).

L'estrazione con solvente trova molte applicazioni nell'industria farmaceutica e nei processi finalizzati alla salvaguardia dell'ambiente. Con questa tecnica, per esempio, si estraggono gli antibiotici dai brodi di fermentazione oppure si possono rimuovere dalle acque di scarico alcuni contaminanti, come insetticidi e altri elementi tossici.

La cromatografia

La **cromatografia** è una tecnica che sfrutta la diversa velocità con cui i componenti di una soluzione trascinati da un fluido, detto *fase mobile*, migrano su un supporto, detto *fase stazionaria*; quest'ultima è costituita, per esempio, da carta porosa oppure da uno strato di gel di silice o di altro materiale.

Per effettuare la cromatografia su carta, si depone qualche goccia di soluzione vicino a una estremità della striscia di carta e si lascia asciugare. Si immerge poi tale estremità in un apposito contenitore con il liquido che funge da fase mobile: il liquido sale per *capillarità* lungo la striscia di carta e trascina con sé i vari componenti. Ciascuno di essi, però, è trattenuto in modo più o meno energico dalla fase stazionaria e sale con velocità diversa lungo la striscia; ogni componente raggiungerà quindi altezze diverse rispetto alla linea di partenza. Dopo un tempo sufficientemente lungo i componenti risulteranno del tutto separati (figura **6**).

LE PAROLE

Il termine **cromatografia** significa «scrittura con il colore» e deriva dalla prima separazione cromatografica, il cui risultato fu una serie di bande colorate. La tecnica fu ideata nel 1906 dal chimico italo-russo Michail Cvet per separare clorofilla e carotenoidi da un estratto vegetale.

LE PAROLE

La **capillarità** è il fenomeno che provoca l'innalzamento (e talvolta l'abbassamento) del livello di un liquido in un tubicino capillare.

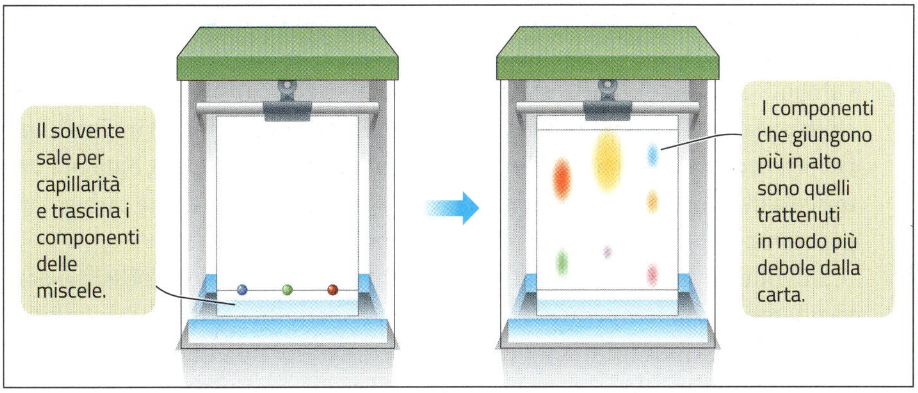

Figura 6 Cromatografia su carta I componenti delle tre miscele (blu, verde e rossa) sono trascinati dal solvente ad altezze diverse e vengono così separati.

La distillazione

La **distillazione** è una tecnica che consiste nel riscaldare una soluzione per trasformare uno dei componenti in vapore; per successivo raffreddamento esso ritorna allo stato liquido e si separa così dal soluto solido o da altri liquidi per la loro diversa temperatura di ebollizione. La *distillazione semplice* è utilizzata per separare il solvente (per esempio acqua) da una soluzione contenente un soluto solido (per esempio sale). Portando a ebollizione la soluzione in un *pallone di distillazione*, il vapore acqueo che si forma torna allo stato liquido passando attraverso il *refrigerante* ed è raccolto sotto forma di distillato. Il sale, invece, rimane come solido nel pallone di distillazione (figura **7A**).

La *distillazione frazionata* separa due o più liquidi di una soluzione con punti di ebollizione *diversi*. Se i punti di ebollizione dei due liquidi sono vicini, riscaldando la soluzione si ha il passaggio allo stato di vapore di entrambe le sostanze e il distillato sarà ancora una miscela. In questi casi si inserisce nel pallone da distillazione una *colonna di frazionamento*, nella quale la temperatura è intermedia tra le temperature di ebollizione delle due sostanze. I vapori del componente bassobollente passano in testa alla colonna e da qui nel refrigerante, dove ritornano allo stato liquido, mentre il vapore del componente altobollente ricade nel pallone da distillazione sotto forma di liquido (figura **7B**).

PER CAPIRE MEGLIO
Video
La distillazione di una soluzione

Figura 7 Apparecchiature per la distillazione in laboratorio A La distillazione semplice permette di separare il solvente da un soluto solido. B Mediante distillazione frazionata si possono separare diversi liquidi di una soluzione.

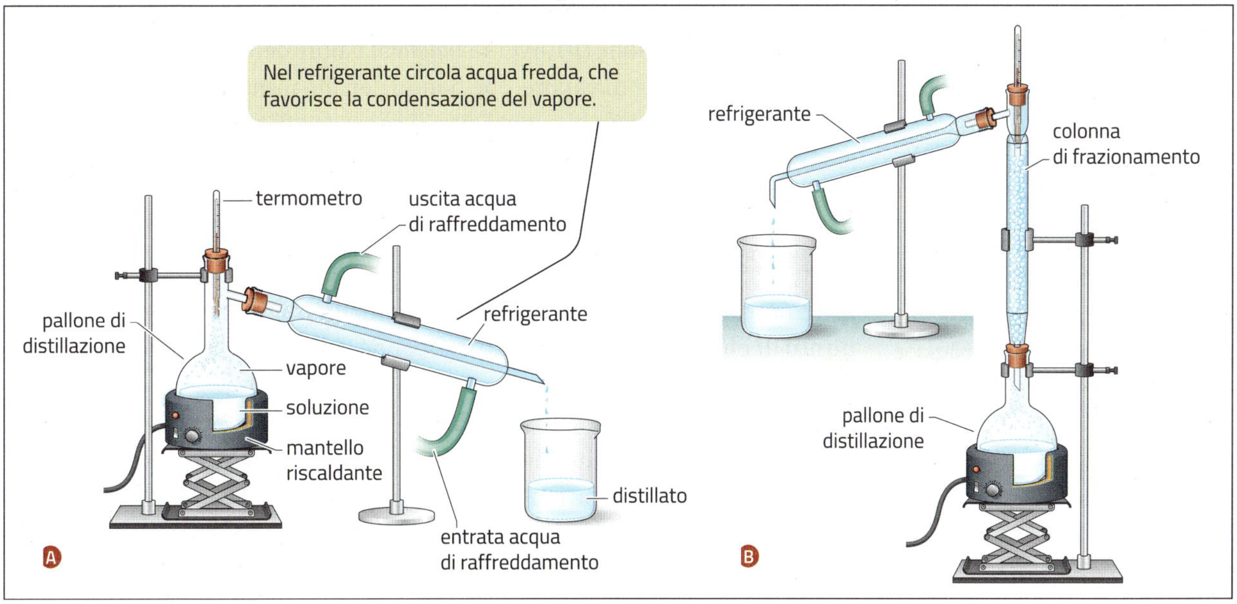

Figura 8 La raffinazione del petrolio Le torri delle raffinerie sono colonne di distillazione frazionata, in cui la temperatura diminuisce con l'altezza: la variazione di temperatura consente di separare i componenti solidi e gassosi che formano il greggio.

La distillazione frazionata è molto usata in laboratorio e nelle industrie quando, partendo da una soluzione costituita da più liquidi, si vogliono ottenere i singoli componenti allo stato puro. Anche nelle raffinerie di petrolio si effettua la distillazione frazionata per estrarre dal greggio i principali *tagli petroliferi*, quali benzina, gasolio, cherosene. Ciascun taglio, però, è ancora una miscela di numerosi componenti; la benzina che si utilizza come carburante, per esempio, può contenerne più di un centinaio (figura 8).

A volte le particelle dei vari componenti di una soluzione possono danneggiarsi ad alta temperatura. In questi casi si effettua la distillazione sotto vuoto o a pressione ridotta: a pressioni inferiori rispetto a quella atmosferica, infatti, i liquidi bollono a temperatura più bassa.

Per dare una spiegazione a un tale fenomeno, proviamo a ricostruire che cosa accade a livello microscopico durante l'ebollizione di un liquido.

3 LA TEMPERATURA DI EBOLLIZIONE DIPENDE DALLA TENSIONE DI VAPORE E DALLA PRESSIONE ATMOSFERICA

L'evaporazione interessa solo le particelle superficiali di un liquido. Tuttavia, se forniamo calore sufficiente, anche le particelle che si trovano al suo interno riescono a passare allo stato di vapore.

Prendiamo in esame un *recipiente aperto* in cui sia presente un liquido qualsiasi e ammettiamo che questo sia sottoposto a pressione atmosferica (p_{atm}). Se al liquido viene fornito calore, la sua temperatura aumenta; le particelle del liquido dotate di maggiore energia cinetica tendono a staccarsi dalle altre e a formare bollicine di vapore in tutta la massa del liquido. Il vapore esercita al loro interno una certa pressione (p); tuttavia, sino a quando tale pressione è inferiore a quella atmosferica (p_{atm}), le bollicine di vapore non riescono a formarsi perché la pressione atmosferica – ben più alta di quella del vapore – le fa immediatamente collassare.

All'aumentare della temperatura del liquido, la pressione che il vapore può esercitare all'interno delle bollicine aumenta progressivamente. Quando il valore della pressione (p) diventa *uguale* al valore della pressione atmosferica (p_{atm}) le bollicine di vapore, che hanno densità minore rispetto al liquido, si espandono, risalgono in superficie e si rompono (figura 9). In queste condizioni il liquido bolle.

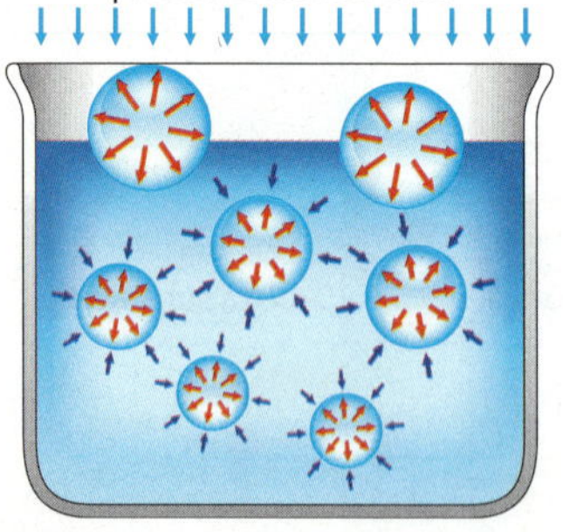

Figura 9 Pressione di vapore e pressione atmosferica L'ebollizione si verifica quando la pressione di vapore (indicata dalle frecce rosse) all'interno delle bollicine di vapore diventa uguale alla pressione atmosferica (frecce blu).

Un liquido bolle quando la sua tensione di vapore diventa uguale al valore della pressione atmosferica.

La temperatura alla quale si verifica l'ebollizione si chiama **temperatura** o **punto di ebollizione** e il suo valore dipende dai valori di pressione atmosferica e tensione di vapore.

Se varia la pressione atmosferica che agisce sulla superficie del liquido, si modifica anche il punto di ebollizione, nel senso che esso aumenta all'aumentare della pressione atmosferica e diminuisce quando essa diminuisce. La temperatura di ebollizione alla pressione di 1013 mbar viene detta **temperatura normale di ebollizione** (tabella 3).

Pressione atmosferica (mbar)	577	700	843	1013	1205	1430
Punto di ebollizione (°C)	85	90	95	100	105	110

Tabella 3 Temperatura di ebollizione dell'acqua in funzione della pressione atmosferica Se il valore della pressione atmosferica aumenta, l'acqua deve raggiungere temperature più elevate per iniziare a bollire.

A livello del mare, l'acqua bolle alla temperatura di 100 °C perché a tale temperatura la sua pressione di vapore raggiunge il valore della pressione atmosferica (1013 mbar). Aumentando l'altitudine, la pressione atmosferica diminuisce e quindi l'acqua ha una temperatura di ebollizione minore rispetto al livello del mare. Per esempio, a 1300 metri di altezza la pressione atmosferica è di 843 mbar e l'acqua bolle a 95 °C.

I liquidi che hanno una bassa *tensione di vapore* bollono a una temperatura più alta.

Per questi liquidi, affinché la tensione di vapore diventi uguale al valore della pressione atmosferica occorre fornire una maggiore quantità di calore, ovvero aumentare la temperatura del liquido (**figura 10**).

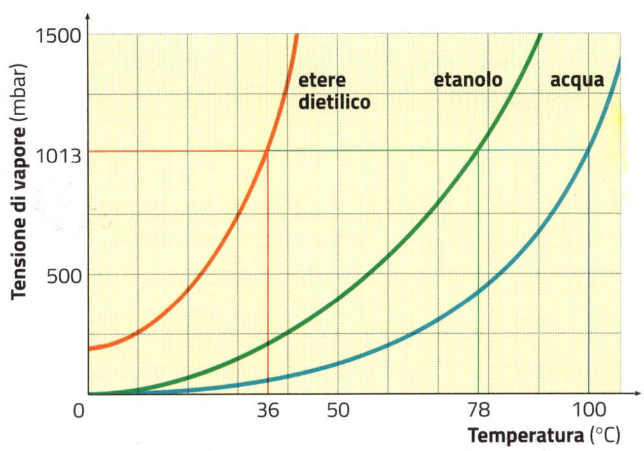

Figura 10 La temperatura di ebollizione di un liquido dipende dal valore della tensione di vapore Alla pressione di 1013 mbar le temperature di ebollizione dell'etere dietilico (36 °C) e dell'etanolo (78 °C) sono minori di quella dell'acqua (100 °C), perché la loro tensione di vapore è più alta.

4 LE PROPRIETÀ FISICHE DI UNA SOLUZIONE VARIANO CON LA SUA CONCENTRAZIONE

La maggior parte dell'acqua presente sul globo terrestre è in forma di soluzione. L'acqua dei mari e degli oceani, l'acqua dei fiumi, di sorgente o di falda, così come le acque termali, contengono quantità più o meno grandi di soluti solidi o gassosi disciolti. Distillando una qualsiasi di tali soluzioni si riesce a separare l'acqua dai componenti in essa disciolti e si ottiene l'*acqua distillata*.

Per studiare che cosa accade durante il processo di distillazione dell'acqua, consideriamo una soluzione acquosa molto concentrata di sale da cucina contenente, per esempio, 30 g di sale in 100 mL di acqua. Se durante la distillazione si misura con un termometro la temperatura della soluzione, si può osservare che essa comincia a bollire a temperatura superiore a 100 °C e che durante l'ebollizione la temperatura continua pian piano a salire. Come si spiega un tale comportamento?

COME SI FA? *Video* Ottenere l'acqua distillata

Poiché a pressione atmosferica (1013 mbar) l'acqua salata bolle a una temperatura superiore a 100 °C, deve avere una tensione di vapore inferiore a quella dell'acqua priva di sali. L'abbassamento del valore della tensione di vapore rispetto a quello dell'acqua priva di sali si giustifica considerando che, in una soluzione di sale, il numero di particelle di acqua che possono evaporare è minore. Sulla superficie della soluzione sono infatti presenti anche particelle di sale (*soluto non volatile*) ed è quindi minore il numero di particelle di acqua (*solvente*) che possono allontanarsi dalla superficie rispetto all'acqua priva di sali. Tanto maggiore è la quantità di sale presente nella soluzione, tanto minore è il numero di particelle di acqua in grado di passare allo stato di vapore (figura **11**).

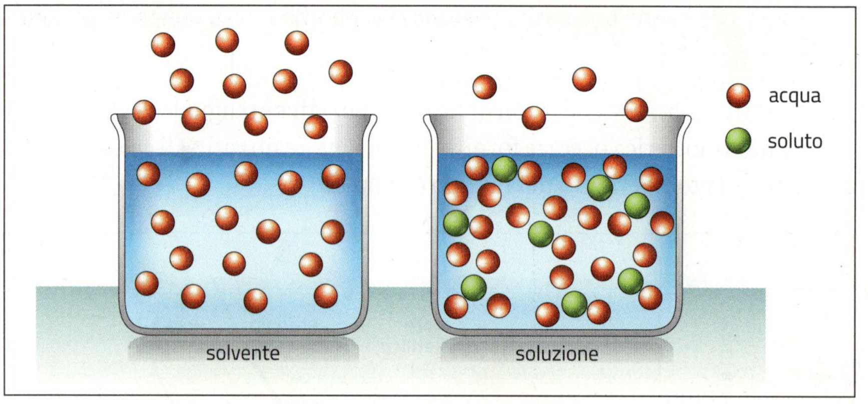

Figura 11 L'abbassamento della tensione di vapore La tensione di vapore di una soluzione è minore di quella del solvente perché sulla superficie della soluzione è minore il numero di particelle di solvente che possono evaporare.

Per questo, durante l'ebollizione la temperatura della soluzione continua a salire. A causa dell'evaporazione dell'acqua, la soluzione si concentra, la sua tensione di vapore diminuisce e, affinché raggiunga il valore della pressione atmosferica, è necessario aumentare ancora la sua temperatura (figura **12**).

Il punto di ebollizione di una soluzione contenente un soluto non volatile è *maggiore* di quello del solvente; la differenza tra la temperatura di ebollizione della soluzione e quella del solvente è detta **innalzamento ebullioscopico** (Δt_{eb}).

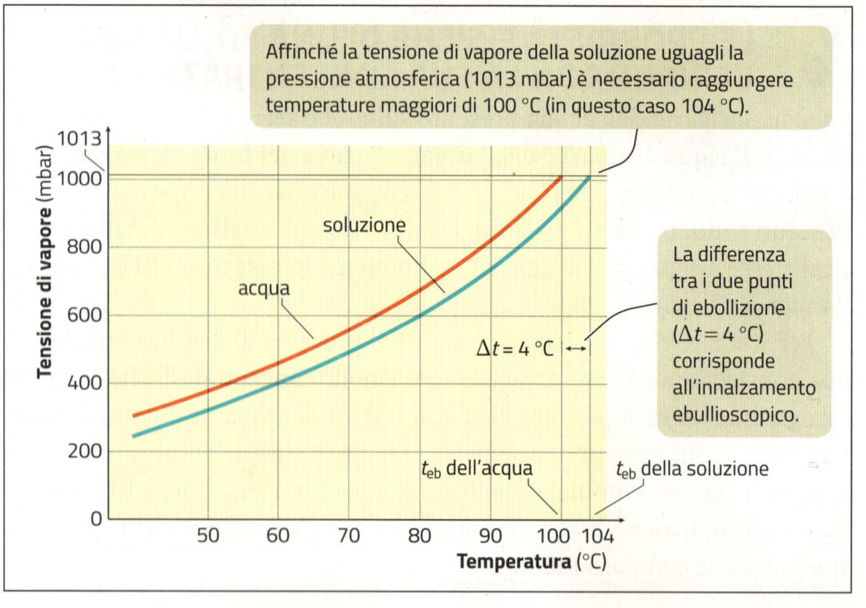

Figura 12 L'innalzamento ebullioscopico A parità di temperatura, la tensione di vapore di una soluzione salata è inferiore a quella dell'acqua.

A pressione atmosferica, l'acqua distillata solidifica a 0 °C; una soluzione di acqua e sale, invece, comincia a congelare a temperatura inferiore a 0 °C. Per esempio, se una soluzione contiene 64 grammi di sale da cucina in un litro di acqua, comincia a trasformarsi in ghiaccio a −4 °C, ma se ne contiene 300 g inizia a congelare soltanto a −19 °C.

Durante la prima fase di congelamento solidifica solo l'acqua; la soluzione che rimane è più concentrata di quella iniziale e per farla solidificare è necessario abbassare ulteriormente la temperatura.

Il fenomeno trova spiegazione a livello microscopico: le particelle di sale, con i loro movimenti caotici all'interno del liquido, disturbano le particelle di acqua che, per formare i cristalli di ghiaccio, devono invece disporsi in modo perfettamente ordinato. Per favorire la solidificazione è quindi necessario diminuire l'energia cinetica delle particelle, cioè abbassare la temperatura del sistema.

Il diverso comportamento dell'acqua salata rispetto all'acqua distillata è riassunto nella figura **13**, che mostra il diverso andamento delle curve di ebollizione e di congelamento.

A COLPO D'OCCHIO

CONCENTRAZIONE DI UNA SOLUZIONE
- **INNALZAMENTO EBULLIOSCOPICO**
- **ABBASSAMENTO CRIOSCOPICO**

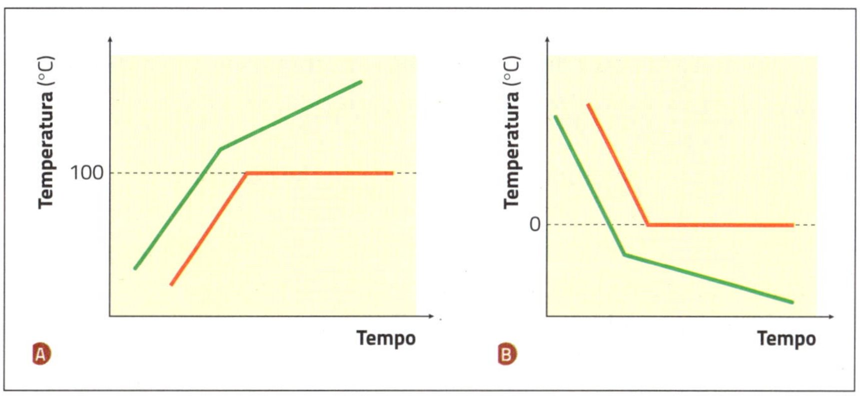

Figura 13 Confronto tra acqua salata e acqua distillata I grafici mostrano l'andamento della temperatura dell'acqua salata (curva verde) e dell'acqua distillata (curva rossa) in prossimità del punto di ebollizione (A) e di congelamento (B).

Il punto di congelamento di una soluzione è *minore* di quello del solvente; la differenza tra la temperatura di congelamento del solvente e quella della soluzione è chiamata **abbassamento crioscopico** (Δt_{cr}).

È proprio questo fenomeno che si sfrutta ogni volta che si sparge del sale sulle strade d'inverno per liberarle dal ghiaccio (figura **14**). Infatti, se si aggiunge del sale al ghiaccio a 0 °C, esso tenderà a fondere per disciogliere il sale. Per fondere, però, il ghiaccio ha bisogno di calore, che viene prelevato dalla miscela stessa; di conseguenza, la temperatura della miscela diminuisce. Alla fine del processo, ghiaccio e sale hanno formato una soluzione la cui temperatura è inferiore a 0 °C e che congela a temperature tanto più basse quanto più grande è la quantità di sale che si è disciolto.

Figura 14 Evitare il ghiaccio con il sale Spargere sale su strade e marciapiedi permette di abbassare il punto di congelamento dell'acqua, impedendo che congeli a 0 °C.

La quantità dei componenti disciolti in soluzione non influenza solo i punti di fusione e di ebollizione ma anche molte altre proprietà fisiche quali, per esempio, la conducibilità elettrica e la densità. Per esempio, confrontando il valore della conducibilità elettrica riportato sull'etichetta delle acque in bottiglia, si può notare come esso vari da una marca all'altra al variare della quantità dei componenti in esse disciolti.

Anche la densità delle acque marine varia al variare del contenuto di sali disciolti: se esso è pari a 38,5 g di sali per kilogrammo d'acqua (valore medio delle acque oceaniche), la densità in superficie è di 1,026 kg/L, ma se la quantità di sali disciolti raggiunge i 300 g per kilogrammo di acqua, come nel Mar Morto, la densità sale a 1,24 kg/L.

5 LE SOSTANZE CHIMICHE HANNO PROPRIETÀ FISICHE CARATTERISTICHE E BEN DEFINITE

Per evidenziare le differenze di comportamento quando l'acqua salata e l'acqua distillata cambiano di fase, riscaldiamo in modo abbastanza lento un campione solido di acqua distillata e misuriamo a intervalli regolari di tempo i valori di temperatura che assume via via. Se si registrano tali valori e si riportano in grafico in funzione del tempo, si ottiene un tracciato a cui si dà il nome di **curva di riscaldamento**. Quando si registrano i valori di temperatura, si annotano anche tutti i cambiamenti che si osservano nel campione, quali la comparsa della prima goccia di liquido o l'inizio dell'ebollizione.

Dall'analisi del grafico della curva di riscaldamento e dalle osservazioni effettuate (**figura 15**) emergono alcuni dettagli importanti.

- In certi tratti la curva di riscaldamento mostra un andamento crescente quasi lineare; in altri tratti, invece, la variazione di temperatura subisce un brusco arresto. Pur continuando a fornire calore, non si registra nessun aumento di temperatura e si dice per questo che c'è *stasi termica*.
- A una stasi termica corrisponde un tratto orizzontale della curva.
- Durante la stasi termica, il campione cambia il proprio stato fisico: nel primo tratto orizzontale della curva avviene il *passaggio solido-liquido*, in corrispondenza del secondo avviene il *passaggio liquido-vapore*.

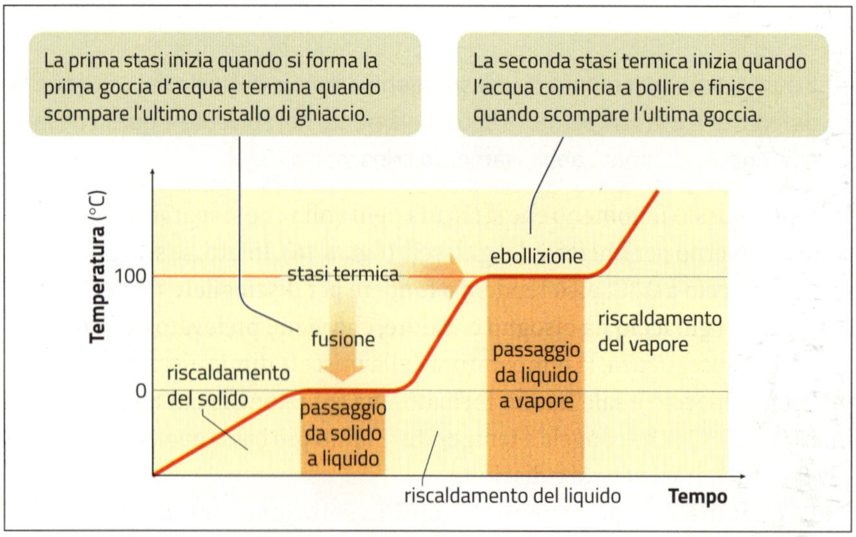

Figura 15 **Curva di riscaldamento dell'acqua distillata alla pressione atmosferica** I due tratti orizzontali corrispondono alle stasi termiche, durante le quali avvengono i passaggi di fase solido-liquido e liquido-vapore.

Il comportamento dell'acqua distillata è quindi diverso da quello dell'acqua salata non solo perché sono diverse le loro temperature di fusione e di ebollizione, ma soprattutto perché l'acqua distillata fonde e bolle a temperatura costante.

Qualunque sia il campione di acqua distillata utilizzato per costruire la curva di riscaldamento, si ottiene sempre lo stesso tracciato: a pressione ambiente il campione fonde a 0 °C, bolle a 100 °C e *durante i passaggi di fase la temperatura resta costante*. I diversi campioni di acqua distillata, inoltre, hanno uguali valori di calore specifico, di densità e di conducibilità elettrica. A parità di condizioni ambientali, tali valori sono sempre gli stessi in qualsiasi parte della Terra vengano determinati e sono quindi caratteristici.

L'acqua distillata può essere considerata una *sostanza*, poiché ha proprietà fisiche ben definite e costanti.

Ai corpi che possiedono proprietà fisiche ben definite e costanti si dà il nome di **sostanze chimiche**.

L'acqua minerale, così come quella del rubinetto o del mare, è una miscela in quanto contiene disciolti altri componenti; l'acqua distillata che si raccoglie facendo condensare i loro vapori è invece una sostanza. Anche il sale da cucina è una sostanza, il cui nome scientifico è *cloruro di sodio*. A pressione ambiente il cloruro di sodio fonde a 801 °C e bolle a 1465 °C; la sua temperatura resta costante durante il passaggio di fase e allo stato solido ha bassissimi valori di conducibilità elettrica.

Distillando una soluzione di acqua e sale è quindi possibile separare i due componenti della miscela; misurando le loro proprietà fisiche è possibile riconoscere che tali componenti sono sostanze chimiche, cioè che non sono a loro volta miscele di più componenti. Se, infatti, sottoponessimo l'acqua e il cloruro di sodio a ulteriori procedimenti di separazione con i metodi illustrati in precedenza, ritroveremmo sempre cloruro di sodio e acqua.

Molte altre sostanze, oltre all'acqua, si ottengono dalla separazione di miscele esistenti in natura. L'aria è una miscela di gas, tra i quali ossigeno e azoto. Se raffreddiamo l'aria fino a renderla liquida e la sottoponiamo a distillazione frazionata, è possibile separare i gas che la costituiscono. L'ossigeno e l'azoto che si ricavano sono sostanze perché, sottoposti a ulteriori metodi di separazione, non perdono le loro proprietà caratteristiche.

Un corpo è costituito da un'unica sostanza quando presenta le stesse proprietà anche dopo ripetuti processi di separazione; si dice, in tal caso, che la sostanza è **pura a livello macroscopico**.

Ciascuna sostanza pura a livello macroscopico presenta specifiche proprietà fisiche (densità, temperatura di fusione, temperatura di ebollizione ecc.) che la distinguono da tutte le altre. Ogni sostanza, in altre parole, possiede la propria carta d'identità con cui è possibile *identificarla* (tabella 4).

Sostanza pura	Densità (g/cm^3)	Temperatura di fusione (°C)	Temperatura di ebollizione (°C)
cloruro di sodio	2,16	801	1465
acqua	1,00 (a 4 °C)	0	100
ossigeno	1,43 (g/L)	−219	−183
zolfo	2,07	115	445
rame	8,92	1083	2567

Tabella 4 Valori di densità, temperatura di fusione (t_f) e temperatura di ebollizione (t_e) di alcune sostanze pure Le sostanze pure presentano caratteristiche fisiche e chimiche specifiche, che ne permettono l'identificazione.

LE PAROLE

Il termine **sostanza** deriva dal vocabolo latino *substantia*, che si traduce letteralmente con «ciò che sta sotto». In una miscela, «ciò che sta sotto» corrisponde alle sostanze che la costituiscono.

A COLPO D'OCCHIO

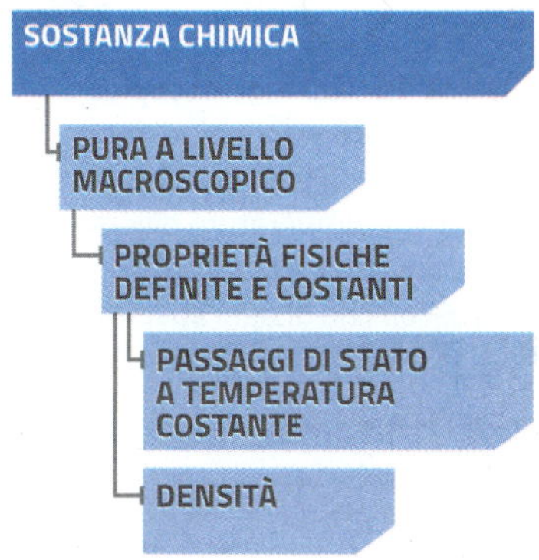

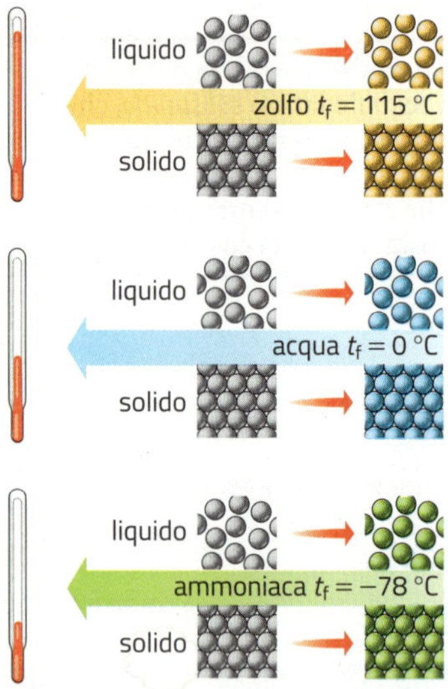

Figura 16 Dal macroscopico al microscopico Campioni puri di zolfo, acqua e ammoniaca fondono a temperature diverse per le diverse caratteristiche microscopiche di ogni sostanza.

Poiché sostanze diverse hanno proprietà fisiche diverse, è logico pensare che, a livello microscopico, esse siano costituite da particelle che si differenziano per uno o più aspetti. In altre parole, una particella di acqua deve essere in qualche modo diversa da una particella di ammoniaca, e questa sarà a sua volta diversa da una di zolfo (figura **16**).

Una sostanza è **pura a livello microscopico** soltanto se è costituita in ogni sua parte da insiemi uguali di particelle microscopiche.

Per esempio, l'acqua è pura a livello microscopico soltanto se da essa vengono allontanate tutte le particelle di sostanze diverse. È difficilissimo realizzare processi di purificazione a livello microscopico ed è di fatto impossibile esser certi che nessuna particella estranea contamini una sostanza.

Fortunatamente, nella maggior parte dei casi è sufficiente che una sostanza sia pura a livello macroscopico; d'ora in poi, allora, con il termine *sostanza* indicheremo proprio una sostanza pura a livello macroscopico.

In chimica, il termine *sostanza* assume un significato ben preciso; dal punto di vista chimico, l'acqua di fonte non è una sostanza, e tantomeno è pura (checché ne dica la pubblicità). L'acqua di fonte, come l'acqua del rubinetto e quella marina, è una miscela di più sostanze, in cui la sostanza acqua ha la funzione di solvente. L'acqua distillata è invece una sostanza a tutti gli effetti.

6 UNA SOSTANZA FONDE E SOLIDIFICA (BOLLE E CONDENSA) ALLA STESSA TEMPERATURA

In modo analogo alla curva di riscaldamento, si può costruire la **curva di raffreddamento** di qualsiasi sostanza. Nel caso dell'acqua, per esempio, si parte da un campione di vapore e lo si raffredda lentamente sino a trasformare il vapore in acqua e questa in ghiaccio. Anche in questo caso la curva si ottiene riportando in grafico i valori di temperatura in funzione del tempo necessario per il passaggio da uno stato fisico all'altro (figura **17**).

Confrontando le due curve, si osserva che la temperatura a cui avviene un passaggio di stato è la stessa del passaggio inverso: a parità di pressione,

Figura 17 Curve di riscaldamento e di raffreddamento di una sostanza La temperatura di passaggio solido-liquido nella curva di riscaldamento (A) è uguale a quella del passaggio liquido-solido nella curva di raffreddamento (B).

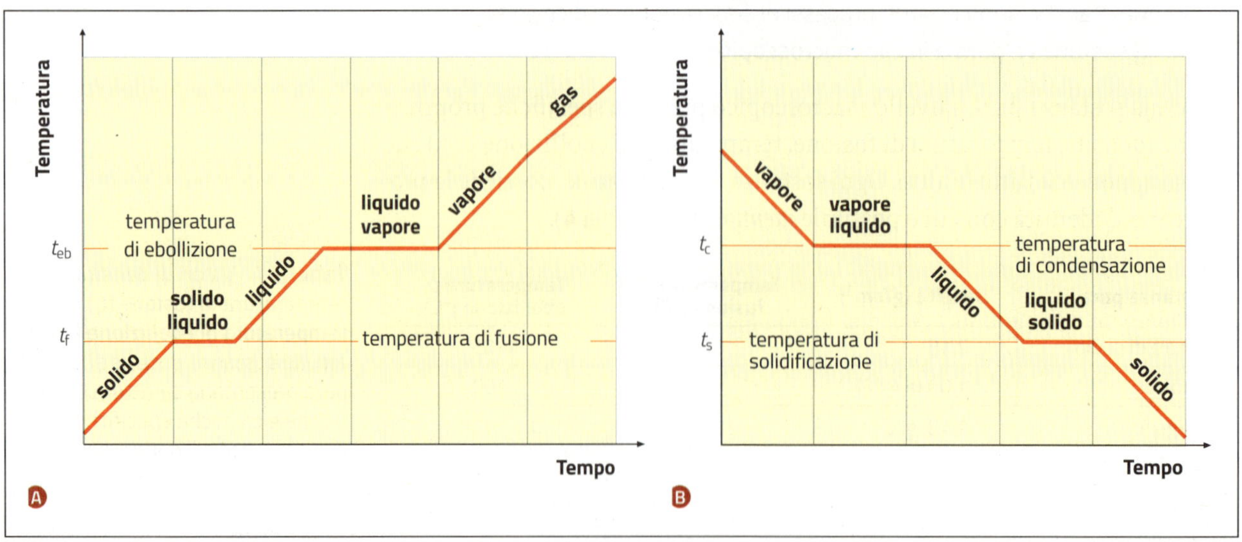

la temperatura di fusione ricavata dalla curva di riscaldamento coincide con la temperatura di solidificazione determinata durante il raffreddamento; allo stesso modo, il punto di ebollizione coincide con quello di condensazione. Anche nella curva di raffreddamento sono presenti i tratti orizzontali in cui la temperatura rimane costante in corrispondenza dei passaggi di fase.

Questo particolare andamento delle curve di riscaldamento e di raffreddamento non è caratteristico soltanto dell'acqua, ma si ripete per tutte le altre sostanze chimiche (oggi se ne conoscono più di sedici milioni!).

Ma per quale motivo, pur continuando a scaldare o a raffreddare una sostanza, c'è stasi termica quando essa cambia il proprio stato fisico? Ancora una volta dobbiamo far riferimento al modello particellare e cinetico della materia.

PER CAPIRE MEGLIO
Video
Temperatura e passaggi di stato

7 IL CALORE LATENTE MANTIENE STAZIONARIA LA TEMPERATURA DEI PASSAGGI DI FASE

Il calore latente di fusione

Riscaldando una **sostanza solida**, si aumenta l'energia cinetica delle sue particelle: aumentano così i *moti vibrazionali*, cioè le oscillazioni che le particelle possono compiere intorno alla loro posizione, e quindi anche la temperatura del solido. Quando l'energia cinetica delle particelle diventa abbastanza grande da vincere le forze che le imprigionano nel reticolo cristallino, esse possono compiere anche moti di rotazione e di traslazione: a questo punto l'edificio cristallino collassa e il solido diventa liquido (figura **18**).

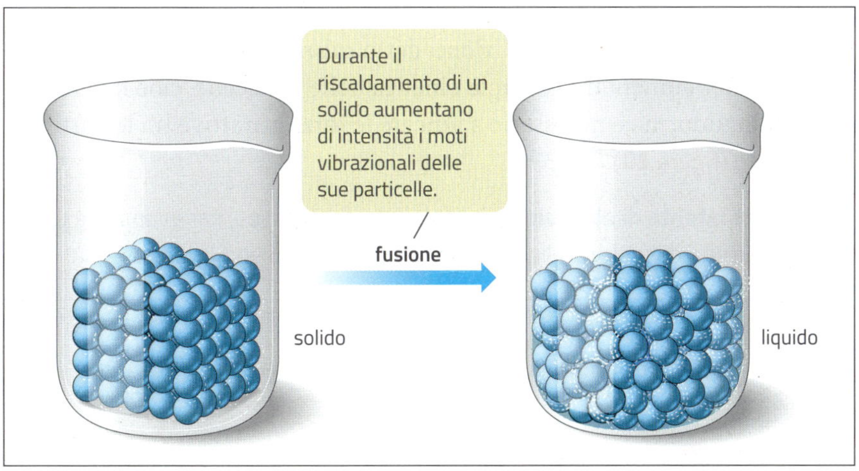

Figura 18 Il riscaldamento di una sostanza solida Quando il solido raggiunge la temperatura di fusione, l'edificio cristallino collassa e il solido diventa liquido.

Durante la fusione, pur continuando a fornire calore, la temperatura rimane *costante* in quanto il calore fornito, chiamato **calore latente di fusione**, non è utilizzato per aumentare la temperatura del solido, ma per vincere le forze attrattive esistenti tra le sue particelle.

Il **calore latente di fusione** è il calore necessario per fondere un kilogrammo di una sostanza solida alla temperatura di fusione.

La **stasi termica**, caratterizzata dalla coesistenza della fase solida e della fase liquida, inizia con la formazione della prima gocciolina di liquido e termina con la fusione dell'ultimo cristallo di solido.

LE PAROLE

Il termine **latente** deriva dal latino *latere*, «rimanere nascosto». Il calore latente è energia che resta nascosta nella sostanza, dato che non provoca l'aumento della sua temperatura.

Il calore latente di ebollizione

Quando si riscalda una **sostanza liquida**, aumenta l'energia cinetica delle sue particelle: i *moti vibrazionali*, *rotazionali* e *traslazionali* diventano più intensi e più ampi e il liquido aumenta la sua temperatura. Quando l'energia cinetica delle particelle diventa abbastanza grande da vincere le forze attrattive che ancora le costringono a stare vicine, le particelle si allontanano le une dalle altre muovendosi in tutte le direzioni e il liquido diventa vapore (**figura 19**). Durante la stasi termica si verifica la coesistenza della fase liquida e di quella di vapore: la stasi inizia con la formazione della prima bolla di vapore e termina quando scompare l'ultima goccia di liquido.

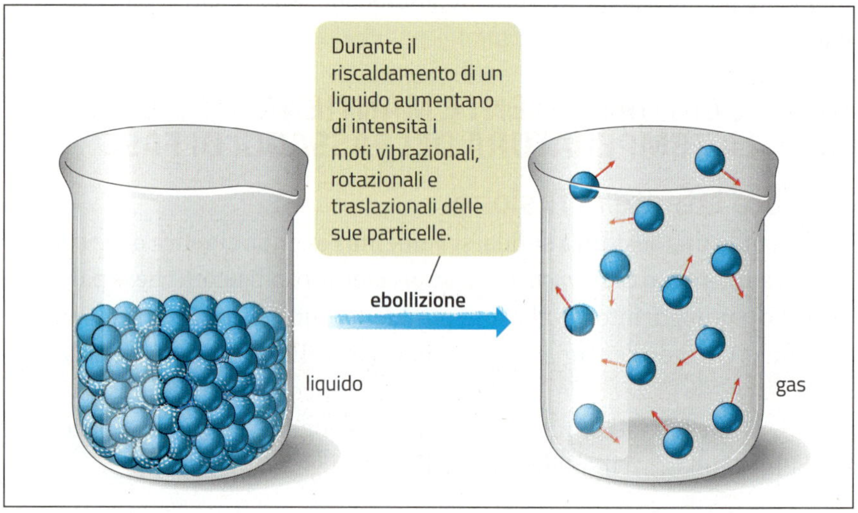

Figura 19 **Il riscaldamento di una sostanza liquida** Quando raggiunge la temperatura di ebollizione, tutte le particelle (anche quelle all'interno della massa del liquido) passano allo stato gassoso.

PER CAPIRE MEGLIO
Animazione
Modello molecolare dei passaggi di stato

Il calore fornito durante l'ebollizione, detto *calore latente di ebollizione*, non è utilizzato per aumentare l'energia cinetica delle particelle, cioè la temperatura del liquido, ma è necessario a vincere le forze attrattive tra le particelle del liquido (**figura 20**).

Il **calore latente di ebollizione** è il calore necessario per far evaporare un kilogrammo di sostanza liquida alla temperatura di ebollizione.

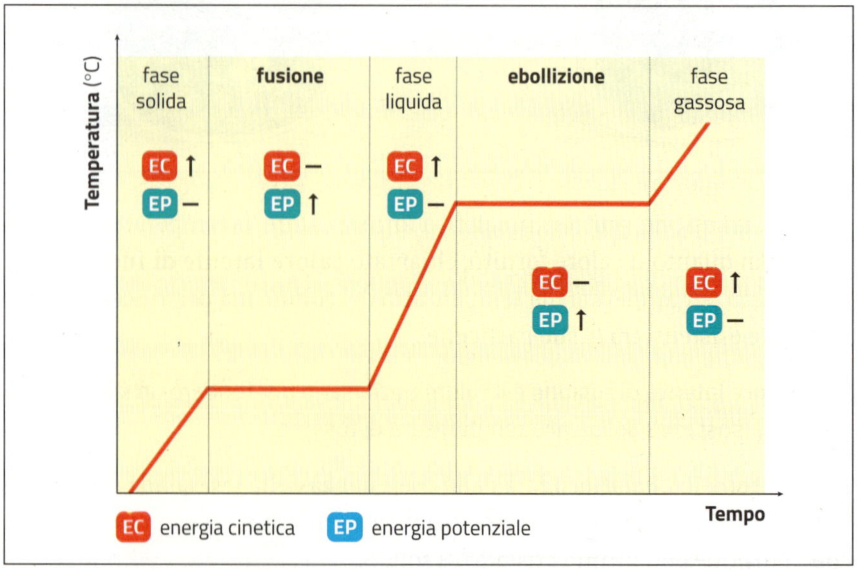

Figura 20 **Curva di riscaldamento** Quando si riscalda una sostanza solida o liquida, aumenta la sua energia cinetica; se la si riscalda mentre fonde o bolle, aumenta la sua energia potenziale, mentre resta costante l'energia cinetica.

Come già sappiamo, l'evaporazione è un processo che può avvenire a una *qualunque temperatura* e interessa soltanto le particelle superficiali del liquido; l'ebollizione, al contrario, interessa tutte le particelle del liquido e, a un determinato valore di pressione, avviene a una *definita temperatura* che rimane costante durante tutto il passaggio di fase. Pertanto, dei due processi, è soltanto l'ebollizione che soddisfa le caratteristiche del passaggio di stato.

Il calore latente di condensazione

Consideriamo ora ciò che accade quando raffreddiamo una sostanza allo stato di **vapore**. La sottrazione di calore comporta sempre una diminuzione di energia cinetica: i *moti vibrazionali*, *traslazionali* e *rotazionali* delle particelle diventano più lenti, per cui la temperatura del vapore diminuisce. Quando l'energia cinetica delle particelle di vapore non è più sufficiente per contrastare le forze attrattive tra una particella e l'altra, esse si aggregano e il vapore diventa liquido.

Durante la condensazione la temperatura rimane costante (stasi termica) poiché il calore che viene sottratto con il raffreddamento è compensato dall'energia che si libera sotto forma di calore, chiamato *calore latente di condensazione*, in seguito all'azione delle forze attrattive che fanno aggregare le particelle. Quando tra le particelle agiscono forze attrattive che le portano ad aggregarsi, diminuisce la loro energia potenziale; la loro energia cinetica tende invece ad aumentare e può essere poi trasferita all'ambiente circostante sotto forma di calore.

TI RICORDI?

Quando la forza di gravità attira un libro posto in bilico su uno scaffale e il libro cade a terra, l'**energia potenziale** del libro diminuisce, ma durante la caduta aumenta la sua energia cinetica.

Il **calore latente di condensazione** è il calore che si libera per la condensazione di un kilogrammo di sostanza in forma di vapore alla temperatura di condensazione.

Il calore latente di solidificazione

Quando un **liquido** viene raffreddato, non sono più possibili moti traslazionali e rotazionali, i moti vibrazionali diventano molto lenti e la temperatura diminuisce. Quando l'energia cinetica delle particelle di liquido diventa insufficiente per contrastare le forze attrattive tra una particella e l'altra, il liquido diventa solido.

Anche durante la solidificazione la temperatura rimane costante; il calore che viene sottratto con il raffreddamento è compensato dall'energia che si sviluppa in forma di calore, detto *calore latente di solidificazione*, in seguito all'azione di intense forze attrattive tra le particelle.

Il **calore latente di solidificazione** è il calore che si libera per la solidificazione di un kilogrammo di sostanza liquida alla temperatura di solidificazione.

Per una data sostanza, il calore latente di condensazione *coincide* con il calore latente di ebollizione, così come il calore latente di solidificazione *coincide* con il calore latente di fusione. In altre parole, il calore che una sostanza assorbe per fondere o vaporizzare viene restituito poi nei passaggi inversi, di solidificazione o condensazione (**figura 21**).

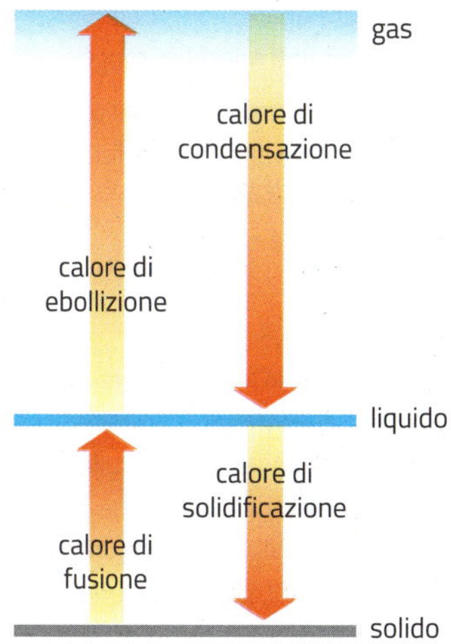

Figura 21 Il bilancio del calore latente Per una data sostanza, il calore assorbito durante la fusione è restituito durante la solidificazione e il calore necessario per la vaporizzazione è restituito al momento della condensazione.

Il valore dei diversi tipi di calore latente varia da sostanza a sostanza in quanto dipende dall'intensità delle forze attrattive che agiscono tra le particelle. Considerando i valori riportati in **tabella 5** si può osservare che, per una data sostanza, il calore latente di fusione è molto più piccolo del suo calore latente di ebollizione. Per esempio, il calore latente di ebollizione dell'acqua (misurato alla temperatura normale di ebollizione, ossia a 100 °C) corrisponde a 2272 J/g, mentre quello di fusione a soli 333,5 J/g.

Tabella 5 **Calori latenti di fusione e di ebollizione di alcune sostanze e relative temperature di fusione e di ebollizione** Ciascuna sostanza pura presenta valori definiti per ognuna di queste grandezze.

Sostanza pura	Calore latente di fusione (kJ/kg)	Temperatura di fusione (°C)	Calore latente di ebollizione (kJ/kg)	Temperatura di ebollizione (°C)
acqua	333,5	0	2272	100
azoto	25,7	−210	200	−196
alcol etilico	108	−114	855	78
ammoniaca	339	−75	1369	−33
mercurio	11	−39	294	357
zolfo	54	115	1406	445

Per determinare il calore associato al passaggio di stato di una sostanza è necessario considerare anche la sua massa: tanto più essa è grande, tanto maggiore è il calore in gioco nel passaggio di stato. Infatti, se a 0 °C il calore necessario per fondere 1 g di ghiaccio è pari a 333,5 J, il calore richiesto per fonderne 10 g dovrà essere 10 volte più grande, cioè pari a 3335 J.

LABORATORIO

La cromatografia su carta

Gli obiettivi

- Individuare quanti componenti sono presenti in una miscela omogenea.
- Correlare la separazione dei componenti di una miscela alla diversa forza con cui sono trascinati da un solvente o trattenuti dalla carta.

I concetti

La cromatografia su carta è una tecnica usata per separare i componenti di una miscela omogenea. Si basa sulla capacità di un opportuno solvente (*fase mobile*), che sale per capillarità lungo una striscia di carta da filtro (*fase stazionaria*), di trascinare con sé i vari componenti: questi raggiungono altezze diverse in ragione delle forza con cui sono trattenuti dalla carta da filtro.

I materiali

Striscia di carta da filtro, forbici, righello, stecchino, cilindro graduato, vetrino da orologio, matita, tre penne di colori diversi (nero, rosso e blu), acetone.

L'esperimento

1. Con le forbici sagoma a punta un'estremità della carta da filtro.
2. Utilizzando il righello e la matita, traccia una riga a circa un centimetro dall'estremità della punta.
3. Con ciascuna penna colorata disegna sulla riga, a distanze regolari, un punto.
4. Inserisci lo stecchino nell'estremità non sagomata della carta da filtro, trapassandola da parte a parte; controlla che la striscia di carta, sospesa con lo stecchino sul bordo del cilindro, non tocchi né le pareti né il fondo del cilindro.
5. Nel cilindro vuoto versa acetone fino a un livello tale che, una volta introdotta la carta da filtro nel cilindro, resti al di sotto della riga tracciata su di essa.
6. Inserisci la carta da filtro nel cilindro e copri con il vetrino da orologio. Osserva (figura).

Le competenze

- Individua il numero di componenti della miscela.
- Come giustifichi la diversa posizione raggiunta sulla carta dai vari componenti della miscela?

LABORATORIO

Fusione e solidificazione del tiosolfato di sodio

L'obiettivo

Determinare le temperature di fusione e di solidificazione del tiosolfato di sodio, riportare su un grafico i valori delle temperature di entrambi i processi e costruire le curve di riscaldamento e di raffreddamento.

I concetti

Riscaldando un solido, la sua temperatura aumenta progressivamente finché, a una temperatura ben definita, detta **temperatura di fusione**, il solido diventa liquido.

Durante il processo di fusione, pur continuando a fornire calore, la temperatura rimane costante (stasi termica) e il solido e il liquido coesistono.

Raffreddando un liquido la sua temperatura diminuisce, fino al raggiungimento di una temperatura ben definita, detta **temperatura di solidificazione**, che rimane costante (stasi termica) fino a quando tutto il liquido non è passato allo stato solido. Anche durante la solidificazione si ha la coesistenza del liquido e del solido.

I materiali

Termometro 0-100 °C, cronometro, Bunsen, sostegno con pinza metallica (figura **A**), becher da 800 mL, bacchetta di vetro, provettone, spatolina, treppiede con reticella di porcellana (figura **B**), tiosolfato di sodio pentaidrato ($Na_2S_2O_3 \cdot 5\ H_2O$).

L'esperimento

FUSIONE

1. Riempi a metà un provettone con tiosolfato di sodio e immergi completamente il bulbo del termometro; fissa il termometro con un sostegno, in modo che il bulbo non possa toccare le pareti del provettone.
2. Immergi il provettone in un becher da 800 mL pieno di acqua, fissandolo con la pinza metallica al sostegno.
3. Poni il tutto sulla reticella porcellanata posta sul treppiede (figura **C**). Accendi il Bunsen con fiamma *bassa*, portando il sale alla temperatura di 35 °C.
4. Giunto a 35 °C fai partire il cronometro, agita costantemente l'acqua con la bacchetta di vetro e rileva la temperatura a intervalli di 30 secondi annotandola in una tabella tempo-temperatura. Raggiunta la temperatura di 60 °C spegni il Bunsen.

SOLIDIFICAZIONE

5. Procedi esattamente come nella prima parte, facendo partire il cronometro quando il termometro indica che il tiosolfato fuso ha una temperatura di 60 °C. Effettua rilevazioni ogni 30 secondi, fino a quando il campione raggiunge la temperatura di circa 30-35 °C; annota tutti valori in una tabella tempo-temperatura.

RIPORTARE I RISULTATI IN UN GRAFICO

6. Riporta i risultati ottenuti durante l'esperimento di *fusione* in un grafico cartesiano, mettendo in ascissa i valori del tempo trascorso e in ordinata i valori delle temperature raggiunte dal sale. Prepara un secondo grafico, analogo al primo, riportando i valori ottenuti durante l'esperimento di *solidificazione*.

Le competenze

Come giustifichi i valori di temperatura raggiunti durante i processi di fusione e di solidificazione del tiosolfato di sodio?

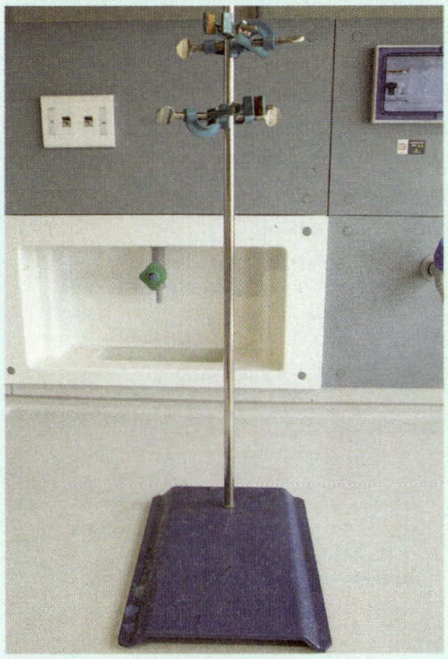

Figura A

Figura B

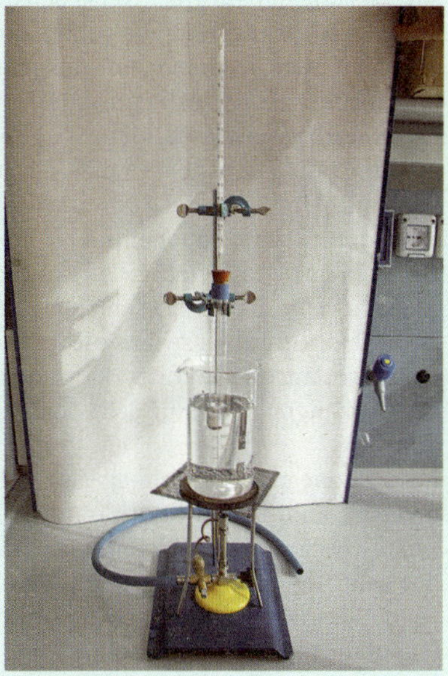

Figura C

FACCIAMO IL PUNTO

LO SAI? RIPASSA CON LO SMARTPHONE

Con quali tecniche si separano le miscele eterogenee?

La separazione di miscele eterogenee si basa su metodi meccanici. La **setacciatura** è una tecnica che permette di separare tra loro due componenti solidi di diversa dimensione, grazie all'utilizzo di un setaccio.

La **decantazione** separa in modo approssimativo un componente, solido o liquido, disperso in un liquido di diversa densità, sotto l'azione della gravità. Mediante questa tecnica è possibile separare un miscuglio di sabbia e acqua.

La **filtrazione** permette di separare i componenti di una *sospensione liquida* usando un disco di carta da filtro; mentre il liquido passa, il solido rimane bloccato sul filtro. Questa tecnica può essere usata anche per trattenere i componenti solidi dispersi in una *miscela gassosa*.

Con quali tecniche si separano le miscele omogenee?

I componenti di una miscela omogenea si separano sfruttando le differenze tra le loro proprietà. La **centrifugazione** separa i componenti di una emulsione o sospensione in base alla diversa densità; grazie alla forza centrifuga generata da una centrifuga, il componente più denso si deposita sul fondo della provetta.

La **cristallizzazione** permette di allontanare da un componente solido piccole quantità di impurità e si basa sulla diversa solubilità dei componenti. Il componente da purificare viene sciolto a caldo in un solvente adatto e la soluzione ottenuta viene filtrata per separare le impurità, che rimangono sul filtro. Raffreddando, si ottengono cristalli della sostanza pura.

L'**estrazione** con solvente si basa sulla diversa solubilità dei soluti; tramite un imbuto separatore permette di separare due soluti presenti in soluzione aggiungendo ad essa un secondo solvente, in cui è solubile uno solo dei due soluti.

La **cromatografia** sfrutta la diversa velocità con cui i componenti di una soluzione, trascinati da un fluido detto fase mobile, migrano su un supporto, detto fase stazionaria.

La **distillazione** consiste nel riscaldare una soluzione per trasformare il liquido in vapore; per successivo raffreddamento esso ritorna allo stato liquido e si separa così dal soluto solido, o da altri liquidi, per la loro diversa temperatura di ebollizione.

Che cosa si intende per temperatura di ebollizione?

La **temperatura di ebollizione** è la temperatura alla quale la tensione di vapore di un liquido eguaglia la pressione esterna.

La temperatura di ebollizione di un liquido non dipende dalla temperatura dell'ambiente esterno. All'aumentare dell'altitudine, la temperatura di ebollizione dell'acqua diminuisce.

Che cosa si intende per innalzamento ebullioscopico e per abbassamento crioscopico?

L'**innalzamento ebullioscopico** (Δt_{eb}) si registra in soluzioni (con soluti non volatili), che hanno un punto di ebollizione *più alto* rispetto al solvente puro.

La differenza tra la temperatura di ebollizione della soluzione e quella del solvente è detta innalzamento ebullioscopico.

L'**abbassamento crioscopico** (Δt_{cr}) si registra in soluzioni (con soluti non volatili), che hanno un punto di congelamento *più basso* rispetto al solvente puro.

La differenza tra la temperatura di congelamento del solvente e quella della soluzione è chiamata abbassamento crioscopico.

Che cosa sono le sostanze chimiche?

Le **sostanze chimiche** sono corpi che possiedono proprietà chimiche e fisiche ben definite e costanti. Il cloruro di sodio e il rame sono esempi di sostanze chimiche. Per **sostanza pura** si intende una sostanza chimica costituita da insiemi uguali di particelle microscopiche.

Che cosa sono la curva di riscaldamento e la curva di raffreddamento?

La **curva di riscaldamento** è un grafico che rappresenta l'andamento della temperatura nel tempo in un sistema sottoposto a riscaldamento progressivo.

La **curva di raffreddamento** è un grafico che rappresenta l'andamento della temperatura nel tempo in un sistema sottoposto a raffreddamento progressivo. In una curva di raffreddamento la temperatura diminuisce con il passare del tempo.

La **stasi termica** è la porzione di una curva di raffreddamento o di riscaldamento in cui non si registra variazione della temperatura. Durante un passaggio di stato non varia né la pressione né la temperatura.

Che cos'è il calore latente?

Il **calore latente** mantiene costante la temperatura dei passaggi di stato. Il **calore latente di fusione** (o **ebollizione, condensazione, solidificazione**) si definisce come il calore necessario per far fondere (o bollire, condensare, solidificare), un kilogrammo di sostanza alla temperatura di fusione (o ebollizione, condensazione, solidificazione). L'unità di misura del calore latente è kJ/kg.

Per una data sostanza, il calore latente di fusione coincide con il calore latente di solidificazione, e il calore latente di ebollizione coincide con il calore latente di condensazione.

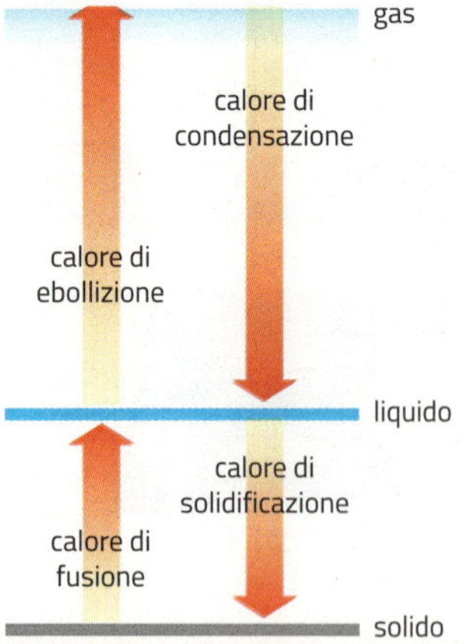

ESERCIZI

ZTE ONLINE
Mettiti alla prova con 20 esercizi interattivi

VERIFICA LE TUE CONOSCENZE

LA SEPARAZIONE DI MISCELE ETEROGENEE

1 **La filtrazione è una tecnica di separazione dei componenti di una miscela**
Ⓐ solido-solido.
Ⓑ gas-gas.
Ⓒ liquido-solido.
Ⓓ liquido-gas.

2 **La centrifugazione è utile per separare i componenti di un miscuglio con diversa**
Ⓐ temperatura di ebollizione.
Ⓑ densità.
Ⓒ solubilità.
Ⓓ dimensione.

3 **Come si effettua la decantazione?**

4 **Qual è la funzione di un filtro?**

5 **L'efficienza di un filtro dipende**
Ⓐ dalla capacità di assorbire il filtrato.
Ⓑ dalla quantità di residuo.
Ⓒ da quanto è impermeabile ai gas o ai liquidi.
Ⓓ dalle dimensioni dei suoi pori.

LA SEPARAZIONE DI MISCELE OMOGENEE

6 **Quale tecnica di separazione comporta dei passaggi di stato?**
Ⓐ Cromatografia.
Ⓑ Estrazione.
Ⓒ Filtrazione.
Ⓓ Distillazione.

7 **L'imbuto separatore può essere utilizzato per il processo di**
Ⓐ filtrazione.
Ⓑ estrazione con solvente.
Ⓒ cristallizzazione.
Ⓓ distillazione.

8 **La cromatografia su carta consente di separare**
Ⓐ un soluto solido dal solvente.
Ⓑ un soluto liquido dal solvente liquido.
Ⓒ diversi soluti.
Ⓓ il corpo di fondo di una soluzione.

9 **In che modo si conduce una separazione per cristallizzazione?**

10 **La distillazione consente di separare due o più componenti di una miscela se hanno**
Ⓐ diversa energia cinetica.
Ⓑ diverso punto di ebollizione.
Ⓒ diversa massa.
Ⓓ diversa densità.

11 **Su quale principio di separazione si basa la cristallizzazione?**

12 **Con la distillazione frazionata si può separare**
Ⓐ un solido da un liquido.
Ⓑ un liquido da un altro con punto di ebollizione simile.
Ⓒ un gas da un liquido.
Ⓓ un liquido da un altro con punto di ebollizione molto diverso.

13 **Come si chiama il fluido che si utilizza per separare i componenti di una miscela tramite cromatografia su carta? Quale fenomeno sfrutta per muoversi lungo la carta?**

14 **Quale dispositivo è indispensabile per effettuare una distillazione semplice? Perché?**

LA TEMPERATURA DI EBOLLIZIONE

15 **La temperatura di ebollizione di un liquido *non* dipende**
Ⓐ dalla pressione atmosferica.
Ⓑ dalla massa del liquido.
Ⓒ dall'intensità delle forze attrattive tra le particelle.
Ⓓ dalla sua tensione di vapore.

16 **Un liquido bolle quando**
Ⓐ la sua temperatura è 100 °C.
Ⓑ la sua tensione di vapore è maggiore della pressione atmosferica.
Ⓒ la sua tensione di vapore è uguale alla pressione atmosferica.
Ⓓ inizia a evaporare.

17 **L'ebollizione è un fenomeno che riguarda**
Ⓐ solo le particelle superficiali di un liquido.
Ⓑ solo le particelle inferiori di un liquido.
Ⓒ tutte le particelle di un liquido.
Ⓓ solo le particelle di un liquido con elevata energia.

18 **Perché i liquidi che hanno una bassa tensione di vapore bollono a temperatura più alta?**

19 **Che cos'è la temperatura normale di ebollizione?**

20 **Il punto di ebollizione di un liquido è più alto se la pressione esterna è**
Ⓐ 0,5 atm.
Ⓑ 1,0 atm.
Ⓒ 1,5 atm.
Ⓓ 2,0 atm.

21 **Perché a pressione atmosferica l'alcol etilico bolle a 78 °C e l'acqua a 100 °C?**

PROPRIETÀ FISICHE E CONCENTRAZIONE

22 **Alla pressione esterna di 1013 mbar, il punto di ebollizione di una soluzione acquosa di un soluto poco volatile è**
Ⓐ maggiore di 373 K.
Ⓑ minore di 373 K.
Ⓒ uguale a 373 K.
Ⓓ molto minore di 373 K.

23 **L'abbassamento crioscopico è**
Ⓐ la differenza tra la temperatura di ebollizione del solvente e quella della soluzione.
Ⓑ la diminuzione della temperatura di ebollizione del solvente rispetto a quella della soluzione.
Ⓒ la diminuzione della temperatura di solidificazione della soluzione rispetto a quella del solvente.
Ⓓ la differenza tra la temperatura di solidificazione del solvente e quella della soluzione.

24 **Rispetto all'acqua pura, una soluzione acquosa di un soluto non volatile ha**
Ⓐ punto di ebollizione e di solidificazione più alti.
Ⓑ punto di ebollizione e di solidificazione più bassi.
Ⓒ punto di ebollizione più alto e di solidificazione più basso.
Ⓓ punto di ebollizione più basso e di solidificazione più alto.

25 **Una soluzione acquosa contiene un soluto poco volatile. Perché la sua temperatura aumenta durante l'ebollizione?**

26 **Perché la temperatura di solidificazione di una soluzione è inferiore a quella del solvente?**

27 **Individua l'affermazione *errata*.**
Quando si sparge il sale sulle strade ghiacciate
Ⓐ il ghiaccio tende a fondere per sciogliere il sale.
Ⓑ il ghiaccio fonde e assorbe calore.
Ⓒ la temperatura di solidificazione della soluzione diminuisce.
Ⓓ i cristalli di sale frantumano il ghiaccio.

LE PROPRIETÀ FISICHE DELLE SOSTANZE CHIMICHE

28 **Che cos'è la curva di riscaldamento?**

29 **Nella curva di riscaldamento, la stasi termica corrisponde**
Ⓐ ai tratti orizzontali della curva.
Ⓑ al cambiamento di fase liquido-solido.
Ⓒ ai tratti obliqui della curva.
Ⓓ ai momenti in cui non si somministra calore.

30 **Quale affermazione è *errata*?**
Durante una stasi termica un corpo può essere
Ⓐ sia solido sia liquido.
Ⓑ sia liquido sia vapore.
Ⓒ soltanto in uno stato fisico.
Ⓓ a temperatura costante.

31 **Per che cosa differiscono le curve di riscaldamento di una sostanza e di una miscela di sostanze?**

32 **Che cos'è una sostanza e che cosa la distingue dalle altre?**

33 **Quale, tra i seguenti campioni di materia, è una sostanza pura?**
Ⓐ L'acqua potabile.
Ⓑ L'acciaio.
Ⓒ Lo zinco.
Ⓓ L'aria.

34 **Una proprietà che *non* permette di identificare una sostanza pura è**
Ⓐ la densità.
Ⓑ la temperatura di fusione.
Ⓒ il peso specifico.
Ⓓ la temperatura di ebollizione.

35 **Una sostanza è pura dal punto di vista macroscopico se**
Ⓐ ha proprietà fisiche definite e costanti.
Ⓑ ha proprietà fisiche che variano in un intervallo ristretto di valori.
Ⓒ tutte le particelle microscopiche che la costituiscono sono uguali.
Ⓓ è presente in natura.

CURVE DI RISCALDAMENTO E DI RAFFREDDAMENTO

36 **Nella curva di raffreddamento, una stasi termica corrisponde al cambiamento di fase**

Ⓐ solido-liquido.
Ⓑ liquido-solido.
Ⓒ liquido-vapore.
Ⓓ vapore-solido.

37 **Se una sostanza fonde a +40 °C, solidifica**

Ⓐ a −40 °C.
Ⓑ a +40 °C.
Ⓒ tra −40 °C e +40 °C.
Ⓓ appena al di sotto di 40 °C.

38 **Considera il seguente grafico.**

A quale fenomeno si riferisce la curva?

Ⓐ Riscaldamento.
Ⓑ Raffreddamento con solidificazione o fusione.
Ⓒ Raffreddamento con solidificazione o condensazione.
Ⓓ Raffreddamento di una miscela.

39 **Un corpo, riscaldato, inizia a fondere a 50 °C; quando lo si lascia raffreddare, inizia a solidificare a 65 °C. Possiamo concludere che**

Ⓐ il corpo è una miscela di sostanze.
Ⓑ le temperature di solidificazione e fusione di un corpo non coincidono mai.
Ⓒ le misure di temperatura non sono corrette.
Ⓓ a 50 °C e a 65 °C iniziano le stasi termiche.

IL CALORE LATENTE

40 Che cos'è il calore latente?

41 **Qual è l'unità di misura SI del calore latente?**

Ⓐ cal/°C
Ⓑ J/kg
Ⓒ J/°C
Ⓓ cal/g

42 **Durante il passaggio di stato *acqua → ghiaccio* la temperatura**

Ⓐ resta costante e l'acqua cede calore all'ambiente.
Ⓑ diminuisce e l'acqua assorbe calore dall'ambiente.
Ⓒ aumenta e l'acqua cede calore all'ambiente.
Ⓓ diminuisce e l'acqua cede calore all'ambiente.

43 **Per solidificare un kilogrammo di sostanza, alla temperatura del passaggio di stato, occorre**

Ⓐ fornire una quantità di calore pari al calore specifico.
Ⓑ sottrarre una quantità di calore pari al calore latente di fusione.
Ⓒ fornire una quantità di calore pari al calore di solidificazione.
Ⓓ non intervenire perché la temperatura resta costante.

44 **I calori latenti dell'acetone sono 98 kJ/kg e 539 kJ/kg. Quale dei due rappresenta il calore latente di fusione? Perché?**

45 **Durante il passaggio di stato *vapore → liquido*, l'energia cinetica delle particelle**

Ⓐ diminuisce e aumenta l'energia potenziale.
Ⓑ aumenta e diminuisce l'energia potenziale.
Ⓒ resta costante come pure l'energia potenziale.
Ⓓ resta costante e diminuisce l'energia potenziale.

46 **Il calore liberato o assorbito durante un passaggio di stato *non* dipende**

Ⓐ dalla massa di sostanza.
Ⓑ dal tipo di passaggio di stato.
Ⓒ dalla temperatura del passaggio di stato.
Ⓓ dal tipo di sostanza.

VERIFICA LE TUE ABILITÀ

47 **Una miscela è formata da sabbia, sale da cucina e acqua. Per separare i componenti è necessario effettuare, nell'ordine,**

a. filtrazione ed estrazione con solvente.
b. estrazione con solvente e filtrazione.
c. filtrazione e distillazione.
d. distillazione e filtrazione.

48 **Quale metodo di separazione consente di separare l'alcol dal vino?**

49 **Il *mosto d'olio* è l'emulsione acqua-olio che si ottiene dalla spremitura delle olive. Quale metodo utilizzeresti per separare velocemente acqua e olio? Perché?**

50 Il salgemma, una roccia costituita prevalentemente da sale da cucina, spesso contiene anche quantità consistenti di sabbia e argilla.

a. Quale principio di separazione si può sfruttare?
b. In quale modo conviene trattare grandi quantità di salgemma per ottenere il sale da cucina pressoché puro?

51 L'eugenolo è una sostanza che viene utilizzata in profumeria come aroma e in medicina come antisettico; è pochissimo solubile in acqua ma è molto solubile in un solvente chiamato diclorometano. Con un opportuno trattamento, dai chiodi di garofano si può estrarre un'emulsione acqua-eugenolo; come potresti separare l'eugenolo da questa emulsione?

52 A livello del mare l'acqua bolle a 100 °C. A 4000 metri di altitudine l'acqua bolle

Ⓐ a una temperatura inferiore.
Ⓑ a 25 °C.
Ⓒ a 100 °C.
Ⓓ a una temperatura maggiore.

53 In una pentola a pressione il cibo cuoce in meno tempo perché

Ⓐ l'evaporazione dell'acqua è ridotta.
Ⓑ la temperatura di ebollizione dell'acqua è più alta.
Ⓒ la temperatura di ebollizione è la stessa ma la pressione è maggiore.
Ⓓ la tensione di vapore dell'acqua diminuisce.

54 Considera il seguente grafico.

a. Che cosa rappresenta la curva?
b. Potrebbe riferirsi all'acqua?
c. Perché?

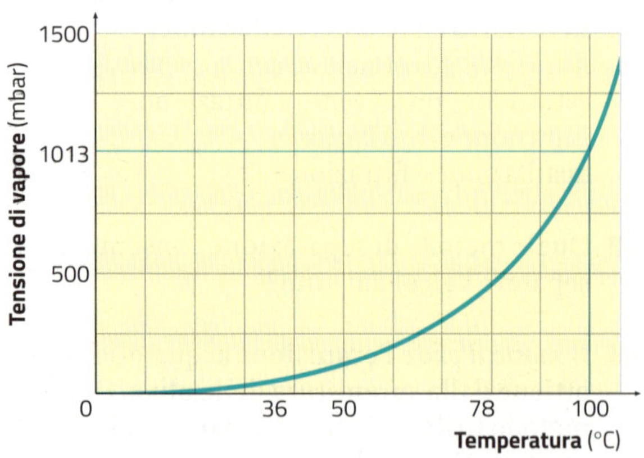

55 Considera il grafico dell'esercizio precedente: è possibile far bollire il liquido a 20 °C? Come faresti?

56 È possibile che l'acqua di mare e l'acqua dolce congelino alla stessa temperatura? Perché?

57 Considera il seguente diagramma:

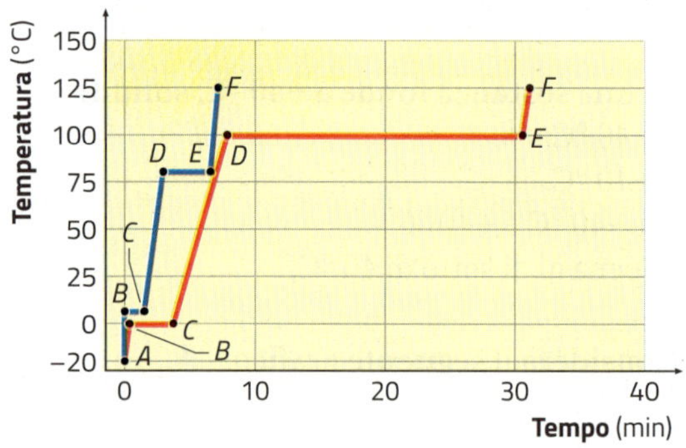

a. Che cosa rappresentano i due tracciati?
b. I tracciati si riferiscono a miscugli o a sostanze? Perché?
c. È corretto affermare che sono stati ottenuti con masse diverse di una stessa sostanza? Perché?
d. Quali altre proprietà potrebbero distinguere i due campioni?
e. Qual è lo stato fisico dei due campioni e cosa accade loro nei tratti AB, CD e EF delle curve?

58 Considera i dati in tabella e rispondi alle domande.

Campione	Densità (g/cm³)	Temperatura passaggio di fase
1. acetilene	$1{,}18 \cdot 10^{-3}$	$t_{eb} = -84$ °C
2. GPL	$(1{,}9 - 2{,}0) \cdot 10^{-3}$	$t_{eb} = (-43$ °C$) - (-0{,}4$ °C$)$
3. oro	19,32	$t_f = 1064$ °C
4. cera d'api	0,958 - 0,970	$t_f = 62$ °C - 66 °C
5. olio di oliva	0,910 - 0,916	$t_s = 0$ °C - 10 °C
6. acetone	0,79	$t_s = -95{,}4$ °C

a. Quali campioni sono sostanze pure? Perché?
b. Qual è lo stato fisico di ciascun campione a temperatura ambiente? Spiega il criterio che utilizzi.
c. Sono sufficienti i dati in tabella per stabilire con certezza lo stato fisico di tutti i campioni?
d. Traccia una possibile curva di riscaldamento e di raffreddamento dell'acetone; ricerca la temperatura del passaggio di stato mancante.
e. A quale temperatura inizia a condensare il GPL?

59 **L'aceto è una soluzione liquido-liquido: il solvente è l'acqua e il soluto è una sostanza, chiamata acido acetico, che conferisce il sapore agro all'aceto. La sua concentrazione è circa del 6% *m/V*. Quale potrebbe essere il punto di solidificazione dell'aceto? Motiva la scelta.**

Ⓐ 0 °C
Ⓑ −1,6 °C
Ⓒ Molto inferiore a 0 °C
Ⓓ Molto superiore a 0 °C

60 **Durante la fusione di un solido, l'energia assorbita è utilizzata per**

Ⓐ diminuire la temperatura del sistema.
Ⓑ vincere le forze di attrazione tra le particelle.
Ⓒ aumentare le forze di attrazione tra le particelle.
Ⓓ aumentare la temperatura del sistema.

61 **Perché durante i passaggi di stato di una sostanza la temperatura resta costante anche se continuano gli scambi di calore con l'ambiente?**

62 **Descrivi che cosa accade alle particelle di una sostanza liquida durante il passaggio di stato da liquido a solido e descrivi come varia la loro energia.**

63 **Perché i calori di ebollizione delle sostanze sono sempre molto più alti dei calori di fusione?**

64 **Considera i calori latenti di ebollizione riportati nella Tabella 5 di questo capitolo. In quale sostanza sono più intense le forze attrattive tra le particelle che la costituiscono? Perché?**

65 **Il calore latente è una grandezza intensiva o estensiva? Perché? Per rispondere considera l'unità di misura con cui lo si esprime.**

66 **Per vaporizzare 35,0 g di acqua alla temperatura di ebollizione sono stati utilizzati 79 kJ di calore.**

a. Quanto vale il calore latente di ebollizione dell'acqua?
b. Alla fine del processo di vaporizzazione, il sistema possiede più o meno energia? E di che tipo?
c. Quanto vale il calore latente di condensazione del vapore?
d. Quale dei due calori latenti è ceduto all'ambiente?

67 **Osserva il seguente diagramma.**

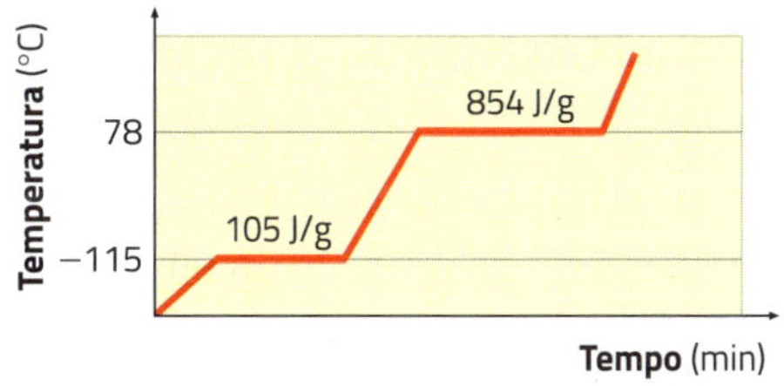

a. Che cosa indicano i valori riportati nel grafico?
b. Se la massa della sostanza a cui si riferisce il grafico fosse di 100 g, quanto calore servirebbe per fonderla, una volta raggiunta la temperatura di fusione?
c. Quale potrebbe essere la sostanza?

TEST YOURSELF

68 **A thermal stasis present in the cooling curve is the one corresponding to the phase shift**

Ⓐ liquid-solid.
Ⓑ liquid-vapour.
Ⓒ solid-liquid.
Ⓓ solid-vapour.

69 **The value of the latent heat of condensation coincides with the value of**

Ⓐ vaporization latent heat.
Ⓑ the heat released during the fusion of a solid.
Ⓒ fusion latent heat.
Ⓓ solidification latent heat.

70 **Explain how the vapor pressure of a liquid is related to its boiling point. Provide an example to support your answer.**

71 **Why does the boiling point of water decrease when elevation increases?**

72 **What effect does the addition of salt have on the freezing point of water?**

73 **Indicate whether each statement is true or false.**

a. Decanting is a procedure that makes use of differences in boiling points to separate the components of a mixture.
b. In chromatography the components of a mixture are separated according to their ability to be retained by the stationary phase.

VERSO I GIOCHI DELLA CHIMICA

74 **Una miscela eterogenea è un sistema i cui componenti possono essere separati mediante operazioni**
Ⓐ solo di centrifugazione e levigazione.
Ⓑ identificabili solo con cambiamenti di stato.
Ⓒ solo chimiche.
Ⓓ meccaniche.
[Fase regionale 2008]

75 **Completare in modo corretto.**
Il punto di ebollizione di una soluzione acquosa di un soluto poco volatile, alla *P* di 1,01325 · 10^5 Pa, è
Ⓐ a 100 °C.
Ⓑ a $t > 100$ °C.
Ⓒ a $t < 100$ °C.
Ⓓ imprevedibilmente a *t* maggiore o minore di 100 °C.
[Fase nazionale 2011]

76 **L'energia termica fornita a un solido durante la sua fusione**
Ⓐ non provoca alcun aumento di temperatura.
Ⓑ provoca un aumento di temperatura.
Ⓒ provoca un latente aumento di temperatura.
Ⓓ provoca una parziale evaporazione della parte già liquefatta.
[Fase nazionale 2013]

77 **Completare in modo corretto.**
Il calore latente di fusione è l'energia termica
Ⓐ che bisogna fornire a una sostanza per farla fondere.
Ⓑ che bisogna sottrarre a una sostanza per farla fondere.
Ⓒ che non si manifesta palesemente nella trasformazione solido-liquido.
Ⓓ che bisogna fornire a una sostanza per aumentare la sua temperatura da quella di fusione a quella massima di sopraffusione.
[Fase nazionale 2010]

78 **Per caratterizzare una sostanza pura è necessario fare riferimento a proprietà intensive. Indicare il gruppo di proprietà che si potrebbero usare allo scopo:**
Ⓐ densità, calore specifico, colore, punto di fusione.
Ⓑ massa, colore, odore, calore specifico.
Ⓒ densità, temperatura, volume, sapore.
Ⓓ massa, volume, temperatura, pressione.
[Fase regionale 2009]

VERSO L'UNIVERSITÀ

79 **Durante la fusione di un corpo che si trova allo stato solido quale delle seguenti grandezze del sistema non cambia?**
Ⓐ La velocità media con cui si muovono le sue particelle.
Ⓑ L'energia termica.
Ⓒ La temperatura.
Ⓓ Il volume.
Ⓔ La densità.
[dalla prova di ammissione a Medicina e Chirurgia, 2008]

80 **Se si scioglie un po' di zucchero in acqua distillata, si ottiene una soluzione che:**
Ⓐ solidifica alla stessa temperatura di solidificazione dell'acqua distillata.
Ⓑ solidifica a una temperatura più alta della temperatura di solidificazione dell'acqua distillata.
Ⓒ non può solidificare in nessun modo, qualunque sia la temperatura.
Ⓓ solidifica a una temperatura più bassa della temperatura di solidificazione dell'acqua distillata.
Ⓔ solidifica a una temperatura più bassa della temperatura di solidificazione dello zucchero.
[dalla prova di ammissione a Medicina e Chirurgia, 2008]

81 **Aumentando la pressione esterna su di un liquido, il punto di ebollizione di quest'ultimo**
Ⓐ si abbassa.
Ⓑ resta invariato.
Ⓒ si innalza.
Ⓓ varia con il quadrato della variazione della pressione.
Ⓔ si dimezza.

VERSO L'ESAME: VERIFICA LE TUE COMPETENZE

82 **Lo ioduro di piombo è una sostanza solida di colore giallo che non si scioglie in acqua. Se ne aggiungiamo circa 10 g in 1 litro di acqua, si ottiene una soluzione trasparente gialla o un miscuglio eterogeneo?**

83 **Facendo riferimento al grafico della figura 9 del capitolo 3, che indica come varia la solubilità dei sali al variare della temperatura, calcola quanti grammi di nitrato di sodio si possono sciogliere in 225 g di acqua a 80 °C.**

OSSERVA E IPOTIZZA

84 **Quando si prepara una tisana si lasciano in infusione nell'acqua bollente fiori o foglie di piante aromatiche.**

a. Qual è la funzione dell'acqua e che azione ha sulle erbe aromatiche?
b. Quale processo di separazione si attua?
c. Il vapore acqueo può trascinare con sé qualche componente volatile della miscela. Come si può stabilire se il vapore condensato è una sostanza pura o ancora una miscela?

CONFRONTA

85 **In commercio si trovano oggi parecchi sistemi di purificazione dell'acqua domestica: fra questi sono molto diffusi i sistemi di microfiltrazione e ultrafiltrazione. Entrambi questi sistemi si basano sull'utilizzo di una membrana filtrante che trattiene le impurità; gli *ultrafiltri* risultano però molto più efficaci degli altri.**

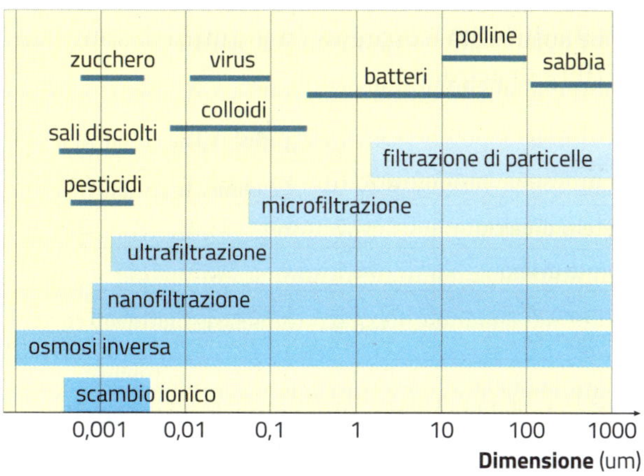

a. Secondo quale principio di separazione agisce una membrana filtrante?
b. Da che cosa dipende la maggior efficacia di un ultrafiltro?
c. Confronta le caratteristiche e l'efficacia dei due tipi di membrana utilizzando le informazioni riportate nello schema.
d. L'acqua ultrafiltrata è una sostanza pura? Perché?

RIFLETTI

86 **Latte, acqua e sciroppo di zucchero sono gli ingredienti principali di un gelato; a questi si aggiunge l'aria che viene inglobata nella miscela durante il suo continuo rimescolamento. Quando la massa è diventata soffice e cremosa, è presente circa il 60% di acqua e inizia il processo di congelamento.**

a. Ritieni che la temperatura a cui si formano i primi cristalli di ghiaccio sia superiore, uguale o inferiore a 0 °C? Perché?
b. Con il progredire della solidificazione, l'acqua liquida diminuisce e aumenta la concentrazione di zucchero, grassi e proteine del latte dispersi al suo interno. Perché a −16 °C (tipica temperatura di conservazione dei gelati) più di un quarto dell'acqua è ancora liquido?

OSSERVA E IPOTIZZA

87 **Il colore rosso del vino si deve ai pigmenti di diverso colore rilasciati dalle bucce degli acini d'uva durante la pigiatura. Quando si versa un po' di vino rosso su un tessuto (o su carta da cucina), il liquido si muove per capillarità lungo le sue fibre: la macchia si allarga e il suo colore diventa via via meno uniforme.**

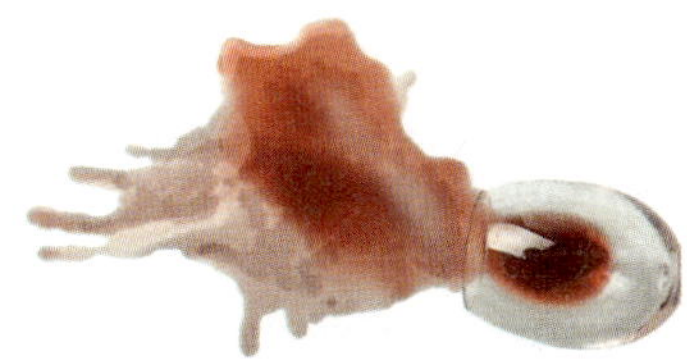

a. Perché si formano zone colorate in modo diverso?
b. Con quale tecnica potresti riprodurre in laboratorio un fenomeno simile?
c. Su quale principio si basa?

RIFLETTI

88 **Il coperchio di una pentola a pressione è in grado di trattenere la maggior parte del vapore che si produce durante la cottura dei cibi; all'aumentare della sua quantità, la pressione all'interno della pentola aumenta e raggiunge valori di circa 2 bar.**

a. Perché il vapore che esce dalla pentola a pressione scotta di più del vapore proveniente da un tegame normale?
b. Perché una data massa di vapore scotta di più di un'uguale massa d'acqua alla stessa temperatura?

RAPPRESENTA

89 **I dati informatici e le comunicazioni televisive e telefoniche viaggiano oggi lungo sottilissimi «fili» di vetro altamente trasparente: le fibre ottiche. Il vetro che le costituisce si ottiene da silice ultrapura fusa.**

a. Ritieni che essa possa essere pura sia a livello macroscopico sia a livello microscopico?
b. Utilizzando dei cerchietti, rappresenta la struttura microscopica più probabile della silice ultrapura.

SEI PRONTO PER LA VERIFICA?

IN 1 ORA

Dopo aver studiato i contenuti dei **capitoli 3 e 4**, svolgi la prova nel **tempo massimo di un'ora**.

VERIFICA LE TUE CONOSCENZE

1 **Definisci: sistema, fase, emulsione, concentrazione, solubilità, tensione di vapore, sostanza.**

(18 punti se hai risposto correttamente) ...../18

2 **Spiega la differenza tra *soluzione* e *sospensione.***

(6 punti se hai risposto correttamente) ...../6

3 **Da quali grandezze dipende la solubilità di un gas in un liquido? In che modo avviene?**

(6 punti se hai risposto correttamente) ...../6

4 **Spiega l'origine del *calore di soluzione* alla luce del modello particellare della materia.**

(5 punti se hai risposto correttamente) ...../5

5 **Elenca i metodi di separazione adatti per isolare i componenti di una miscela eterogenea; specifica su quale principio si basa ciascuno di essi.**

(12 punti se hai risposto correttamente) ...../12

6 **Se nel preparare una soluzione un po' di soluto rimane indisciolto come corpo di fondo, significa che la soluzione è ....**

(1 punto se hai risposto correttamente) ...../1

7 **Considera il calore latente di fusione dell'alcol etilico (108 J/g) e il calore latente di fusione dell'ammoniaca (339 J/g). Che cosa rappresentano? Da cosa potrebbe dipendere il fatto che siano così differenti?**

(6 punti se hai risposto correttamente) ...../6

8 **Che cosa si intende per *abbassamento crioscopico*? E per *innalzamento ebullioscopico*?**

(6 punti se hai risposto correttamente) ...../6

I primi 60 punti valgono per il raggiungimento degli obiettivi minimi. Per fare di più, rispondi alle seguenti domande.

VERIFICA LE TUE COMPETENZE

9 **Per ciascuna delle seguenti sostanze, indica se si tratta di miscugli omogenei (MO), miscugli eterogenei (ME) o sostanze (S):**

a. latte
b. ottone
c. vapor d'acqua
d. olio e sale
e. rottami di ferro e plastica
f. acqua di mare limpida
g. fumo
h. vino limpido

(8 punti se hai risposto correttamente) ...../12

10 **Quale tecnica si usa per separare i componenti di una soluzione di acqua (t_{eb} = 100 °C) e alcol etilico (t_{eb} = 78 °C)?**

(2 punti se hai risposto correttamente) ...../6

11 **La seguente tabella riporta i valori di solubilità di alcuni solidi in acqua, a varie temperature. La solubilità è espressa in grammi di soluto in 100 g di acqua.**

Solido	Solubilità		
	a 20 °C	a 40 °C	a 80 °C
Acetato di calcio	34,7	33,2	33,5
Cloruro di litio	78,5	90,5	115,0
Bromuro di manganese	146,9	169,0	218,5

a. Quale dei tre solidi è più solubile a temperatura ambiente?

(3 punti se hai risposto correttamente) ...../3

b. Quanti grammi di acetato di calcio possono essere disciolti, al massimo, a 80 °C in 400 g di acqua?

(5 punti se hai risposto correttamente) ...../5

c. Al variare della temperatura, la solubilità dei tre soluti segue l'andamento consueto per i solidi? Motiva la tua risposta.

(5 punti se hai risposto correttamente) ...../5

12 **Calcola quanti milligrammi di glucosio ($C_6H_{12}O_6$) sono contenuti in 1 mL di una soluzione per fleboclisi al 5% *m*/*V*.**

(9 punti se hai risposto correttamente) ...../9

PUNTEGGIO TOTALE ...../100

CAPITOLO

5 LE LEGGI DEI GAS

1 VOLUME, PRESSIONE E TEMPERATURA CARATTERIZZANO LO STATO DI UN GAS

Perché le bolle di gas si espandono mentre salgono verso la superficie del mare? Con il modello particellare possiamo spiegare a livello *qualitativo* ciò che accade a un gas al diminuire della pressione a cui è sottoposto.

Misurando le grandezze che condizionano lo stato gassoso (pressione, volume e temperatura), possiamo individuare le relazioni che intercorrono tra esse. Con queste conoscenze è possibile descrivere il comportamento di un gas a livello *quantitativo* e riuscire a prevedere, per esempio, di quanto aumenta il volume di un pallone meteorologico quando raggiunge strati di aria a temperatura e pressione inferiori.

Una bolla di gas che si muove nell'acqua è come un palloncino elastico: essa può espandersi o contrarsi al variare della temperatura e della pressione cui è sottoposta. Per descrivere la bolla, cioè per definire il suo *stato*, è necessario specificare i valori di volume, pressione e temperatura che la caratterizzano in quel momento. Per questo motivo, volume, pressione e temperatura sono dette **variabili di stato** di un gas.

Il **volume di un gas** è lo spazio occupato dalle sue particelle, ovvero il volume del recipiente che lo contiene.

PER CAPIRE MEGLIO
Video *In laboratorio*
La misura del volume di un gas

L'unità di misura del volume nel SI è il **metro cubo** (simbolo **m^3**), i cui sottomultipli sono il **decimetro cubo** (**dm^3**) e il **centimetro cubo** (**cm^3**). Per i gas, tuttavia, si utilizzano anche il **litro** (**L**), che equivale al decimetro cubo, e il **millilitro** (**mL**), che equivale al centimetro cubo (tabella 1).

TI RICORDI?
Il **litro** è l'unità di misura della capacità.

Unità di misura	Simbolo	Equivalenze
metro cubo	m^3	$1\ m^3 = 1000\ dm^3$
decimetro cubo	dm^3	$1\ dm^3 = 10^{-3}\ m^3 = 1000\ cm^3$
centimetro cubo	cm^3	$1\ cm^3 = 10^{-3}\ dm^3$
litro	L	$1\ L = 1000\ mL = 1\ dm^3$
millilitro	mL	$1\ mL = 10^{-3}\ L = 1\ cm^3$

Tabella 1 Unità di misura del volume Per indicare un volume si utilizzano il metro cubo e i suoi sottomultipli; nel caso dei gas, il volume si può indicare anche in litri e relativi sottomultipli.

Come sappiamo dal modello particellare,

> La **pressione di un gas** contenuto in un recipiente è il risultato delle collisioni delle particelle con le pareti del recipiente.

TI RICORDI?

Il **pascal** equivale alla pressione esercitata dalla forza di un newton sulla superficie di un metro quadrato: 1 Pa = 1 N/m^2. Il **bar** non è un'unità SI: 1 bar = 10^5 Pa.

L'unità di misura della pressione (simbolo p) nel SI è il **pascal** (simbolo **Pa**). Abitualmente si utilizza un suo multiplo, il **kilopascal**, oppure il **bar**, con un suo sottomultiplo, il **millibar** (simbolo **mbar**).

Prima dell'introduzione del SI, come unità di misura della pressione atmosferica si utilizzava l'**atmosfera** (simbolo **atm**); un'atmosfera equivale alla pressione esercitata da una colonna di mercurio alta 760 mm su 1 cm^2 di superficie, alla temperatura di 0 °C e al livello del mare. Per evitare ambiguità derivanti dalle condizioni di misura, l'unità di misura atmosfera è oggi così definita:

LE PAROLE

Le unità di misura **pascal** e **torr** devono il proprio nome a due tra gli scienziati che più hanno contribuito allo studio della pressione atmosferica: il francese Blaise Pascal e l'italiano Evangelista Torricelli, entrambi vissuti nel Seicento.

$$1 \text{ atm} = 101\,325 \text{ Pa}$$

Un'altra unità di misura della pressione atmosferica è il **torr** (simbolo **Torr**); esso è definito dalla relazione esatta

$$760 \text{ Torr} = 1 \text{ atm}$$

Poiché un'atmosfera vale 760 mmHg, 1 torr corrisponde di fatto a un **millimetro di mercurio** (simbolo **mmHg**), così che le unità 1 Torr e 1 mmHg si utilizzano in modo interscambiabile (tabella **2**).

Tabella 2 **Unità di misura della pressione** Alcune unità di misura non fanno parte del SI, ma talvolta sono ancora usate per indicare i valori di pressione.

Unità di misura	Simbolo	Definizione
pascal	Pa	Pa = N/m^2
kilopascal	kPa	1 kPa = 10^3 Pa
bar	bar	1 bar = 10^5 Pa
millibar	mbar	1 mbar = 10^{-3} bar
atmosfera	atm	1 atm = 101 325 Pa = 1013 mbar = 101,325 kPa = 1,013 bar
millimetro di mercurio	mmHg o Torr	1 mmHg = 1 Torr = 133 Pa = 1,33 mbar

PER CAPIRE MEGLIO
PDF *Approfondimento*
Che tempo farà?
I gas e la meteorologia

Le relazioni che legano i valori della pressione espressi in pascal e in atmosfere sono:

$$\text{atm} = \text{Pa}/101\,325 \qquad \text{Pa} = \text{atm} \cdot 101\,325$$

L'ultima delle tre grandezze che definiscono lo stato di un gas è la temperatura.

> La **temperatura di un gas** è la misura del valore dell'energia cinetica media delle particelle che lo costituiscono.

TI RICORDI?

Tra la temperatura (t) **Celsius** e la temperatura (T) in **kelvin** esistono le seguenti relazioni: $T = t + 273$ e $t = T - 273$.

Il valore numerico della temperatura è fornito da una scala graduata; quella più utilizzata è la scala Celsius, ma nel SI si adotta la **scala Kelvin**. Nella scala Kelvin l'unità di misura della temperatura (simbolo T) è il **kelvin** (simbolo **K**); l'ampiezza di un kelvin corrisponde a quella di un grado Celsius, quindi 1 K = 1 °C.

Volume, pressione e temperatura di un gas sono tra loro in relazione. Se a turno si mantiene costante una delle tre grandezze, e si studia come variano le altre due, si ottengono tre relazioni matematiche note con il nome degli scienziati che le hanno individuate: legge di Boyle, legge di Charles e legge di Gay-Lussac (figura **1**).

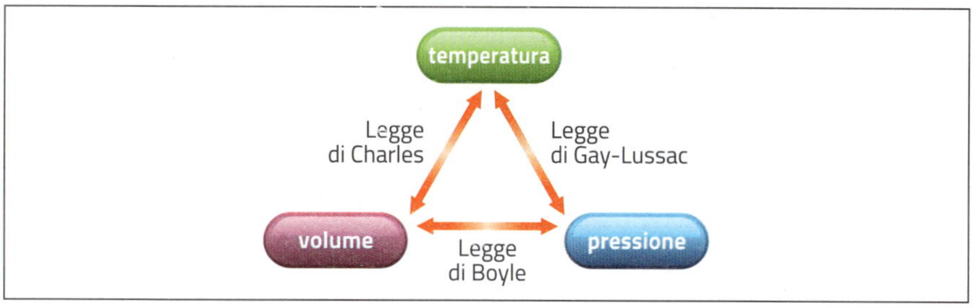

Figura 1 Relazioni che legano le variabili (p, V, T) di un gas
Mantenendo fissa una variabile, le tre leggi dei gas permettono di studiare come variano le altre due.

LE PAROLE

Le tre leggi dei gas, oltre che con il nome dello scienziato che le ha descritte, sono chiamate anche legge **isoterma**, legge **isobara** e legge **isocora**. Il prefisso *iso-*, che deriva dal greco *ísos* («uguale»), è abbinato alla variabile che, in ciascuna legge, è mantenuta costante: rispettivamente, la temperatura (dal greco *thermón*, «calore»), la pressione (dal greco *báros*, «peso» o «pressione») e il volume (dal greco *chṓra*, «spazio occupato»).

2 BOYLE STUDIÒ L'ELASTICITÀ DELL'ARIA E SCOPRÌ LA LEGGE ISOTERMA

Aspiriamo un po' d'aria in una siringa, chiudiamo l'estremità aperta con un dito e comprimiamo lo stantuffo: il volume occupato dall'aria diminuisce. Rilasciamo ora lo stantuffo: il volume occupato dall'aria aumenta e lo stantuffo torna alla posizione di partenza. L'aria compressa si comporta come un elastico: se si smette di comprimerla torna a occupare il volume iniziale, proprio come un elastico riacquista le dimensioni iniziali quando si smette di stirarlo.

Il primo scienziato a studiare questo particolare comportamento fu il chimico irlandese Robert Boyle. Nel tentativo di misurare «la forza dell'elasticità dell'aria compressa e dilatata», nella seconda metà del Seicento Boyle progettò e realizzò una serie di esperimenti con cui riuscì a individuare la relazione tra il *volume* occupato dall'aria e la *pressione* a cui viene sottoposta. La relazione esiste soltanto se rimane *costante la temperatura* e si chiama per questo **legge isoterma** (o **legge di Boyle**).

Per verificarla, si può utilizzare un cilindro dotato di un pistone scorrevole al suo interno, ma a tenuta, collegato a un manometro (figura **2**).

Figura 2 La compressione di un gas in condizioni isoterme
Sottoponendo un gas a pressioni più elevate, il suo volume diminuisce. La trasformazione è effettuata a temperatura costante.

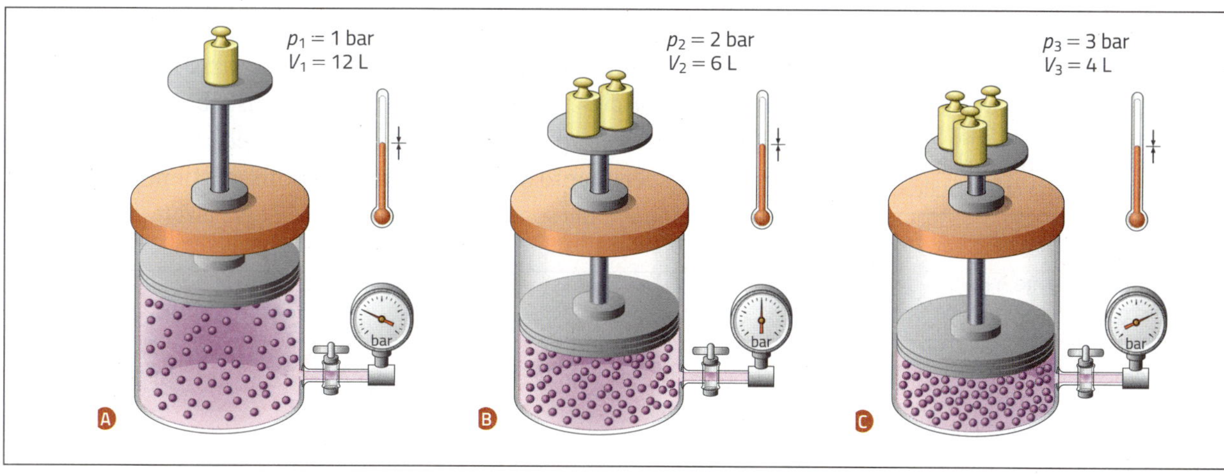

Supponiamo che all'inizio il volume di aria nel cilindro sia 12 L (V_1) e la pressione sul pistone sia 1 bar (p_1). Mantenendo costante la temperatura, aumentiamo la pressione sul pistone sino a raddoppiarla ($p_2 = 2$ bar), triplicarla

($p_3 = 3$ bar) e poi quadruplicarla ($p_4 = 4$ bar); ogni volta registriamo il corrispondente valore di volume (**tabella 3**).

Tabella 3 Valori di pressione e volume di una stessa quantità di gas Le misurazioni sono effettuate in condizioni isoterme.

Pressione P (bar)	Volume V (L)	Prodotto $P \cdot V$ (bar · L)
$p_1 = 1$	$V_1 = 12$	$1 \cdot 12 = 12$
$p_2 = 2$	$V_2 = 6$	$2 \cdot 6 = 12$
$p_3 = 3$	$V_3 = 4$	$3 \cdot 4 = 12$
$p_4 = 4$	$V_4 = 3$	$4 \cdot 3 = 12$

Come si può notare, il volume dell'aria diventa rispettivamente la metà ($V_2 = 6$ L), un terzo ($V_3 = 4$ L) o un quarto ($V_4 = 3$ L) di quello iniziale, così che il prodotto dei valori delle due grandezze, $p \cdot V$, risulta costante.

Se ripetiamo la prova con gas diversi dall'aria, per esempio azoto o diossido di carbonio, il prodotto $p \cdot V$ risulta ancora costante, e non solo; se volume e pressione iniziali dei gas sono gli stessi dell'aria, si ottiene anche lo stesso valore della costante. Il comportamento degli altri gas è del tutto simile a quello dell'aria.

TI RICORDI?

Due grandezze si dicono **inversamente proporzionali** se il loro prodotto è costante.

La **legge isoterma** stabilisce che, a temperatura costante, per una determinata quantità di gas, il volume è inversamente proporzionale alla pressione:

$$p \cdot V = k$$

Se per un gas si hanno due diverse condizioni di pressione (p_1 e p_2) e volume (V_1 e V_2), si può scrivere la relazione:

$$p_1 \cdot V_1 = p_2 \cdot V_2$$

Con questa equazione si riesce a determinare il valore di ognuna delle grandezze che vi compaiono, noti i valori delle altre tre:

$$p_1 = \frac{p_2 \cdot V_2}{V_2} \qquad V_1 = \frac{p_2 \cdot V_2}{p_1} \qquad \text{e} \qquad p_2 = \frac{p_1 \cdot V_1}{V_2} \qquad V_2 = \frac{p_1 \cdot V_1}{p_2}$$

TI RICORDI?

Gli **assi ortogonali** sono due rette perpendicolari tra loro; l'asse delle ordinate è la retta verticale, l'asse delle ascisse è la retta orizzontale.

Riportando in un sistema di assi ortogonali i valori della *pressione* in ordinata e quelli del *volume* in ascissa, i punti rappresentati sono distribuiti su una curva, detta **isoterma**, corrispondente a un ramo di *iperbole equilatera*.

Ripetendo l'esperimento a temperatura maggiore si ottiene un'iperbole equilatera che si *allontana* sempre più dall'origine degli assi (**figura 3**).

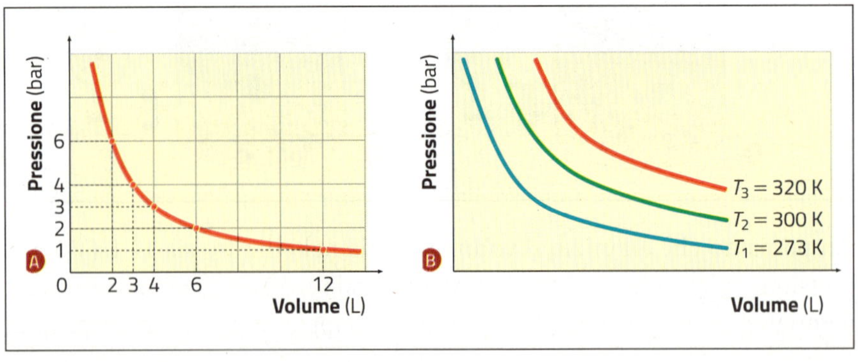

Figura 3 Le isoterme A La variazione della pressione di un gas in funzione del suo volume a temperatura costante è rappresentata dal ramo di una iperbole equilatera; B aumentando la temperatura l'iperbole equilatera si allontana dall'origine degli assi.

PROBLEMA MODELLO

Calcolare la pressione necessaria per comprimere un gas

Sottoposto a una pressione di 3,0 atm, un campione di gas occupa un volume di 0,070 m^3. Se la temperatura rimane la stessa, a quale pressione (in atm e in torr) è necessario comprimere il gas per portarlo a un volume di 28 L?

L'IDEA

Quando la temperatura rimane la stessa, la pressione e il volume di un gas sono legati da una relazione di proporzionalità inversa:

$$p \cdot V = k$$

Essendo noti i valori iniziali della pressione e del volume, e quello finale del volume, possiamo calcolare la pressione finale con la relazione:

$$p_2 = p_1 \cdot V_1 / V_2$$

Prima di procedere al calcolo, è necessario uniformare le dimensioni dei valori di volume.
Il risultato del calcolo della pressione finale (che risulta espresso in atmosfere) va infine convertito in torr, tenendo presente che 1 atm equivale a 760 Torr.

LA SOLUZIONE

Convertiamo il volume iniziale in L:

$$0{,}070\ m^3 = 70\ L$$

Associamo a ciascuna grandezza nota il corrispondente valore:

$$p_1 = 3{,}0\ atm \qquad V_1 = 70\ L \qquad V_2 = 28\ L$$

Calcoliamo il valore della pressione finale p_2:

$$p_2 = \frac{p_1 \cdot V_1}{V_2} = \left(\frac{3{,}0\ atm \cdot 70\ L}{28\ L}\right) = 7{,}5\ atm$$

Convertiamo la pressione finale in torr:

$$p_2 = 7{,}5\ atm \cdot \left(\frac{760\ Torr}{1\ atm}\right) = 5{,}7 \cdot 10^3\ Torr$$

LA CONCLUSIONE

La pressione finale è pari a 7,5 atm; questo valore equivale a una pressione di $5{,}7 \cdot 10^3$ Torr.
Come si poteva prevedere, per ridurre il volume di un gas è necessario applicare una pressione maggiore di quella iniziale.

PROBLEMA SIMILE

Una grande siringa è chiusa a un'estremità e contiene aria che, sottoposta alla pressione di $1{,}20 \cdot 10^5$ Pa, occupa un volume di 260 cm^3. Quale volume occuperà se, mantenendo costante la temperatura, si riduce la pressione a 0,947 atm? Esprimi il risultato in millilitri e in litri.

La legge di Boyle si accorda con il modello particellare dei gas. Comprimendo un gas, il suo volume diminuisce; a parità di temperatura, le particelle del gas urtano con maggiore frequenza contro le pareti del contenitore. L'aumento degli urti sull'unità di superficie causa un aumento della pressione gassosa (figura **4**).

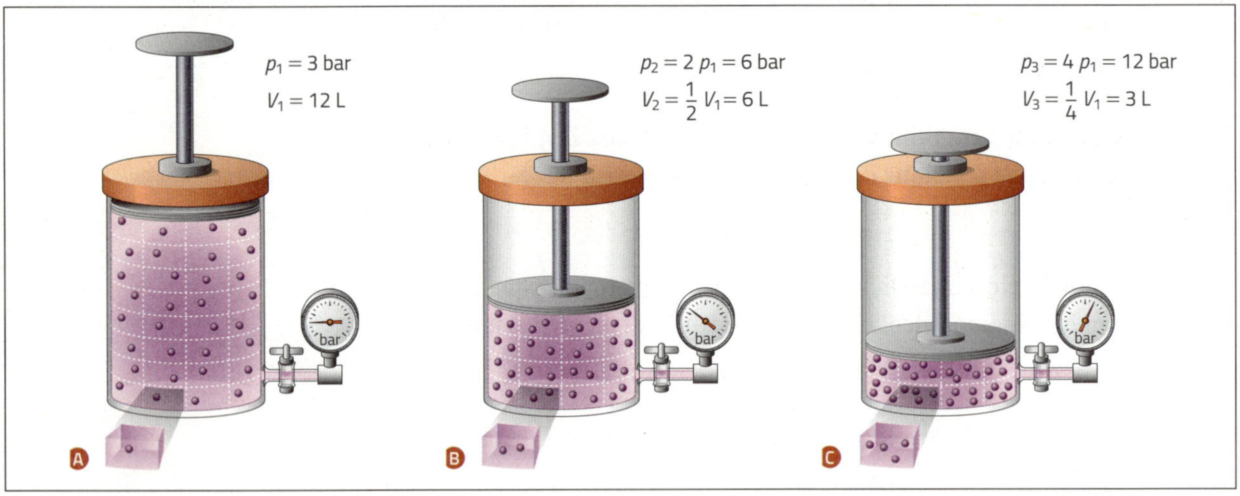

Figura 4 Il volume diminuisce all'aumentare della pressione Se la pressione raddoppia, il volume dimezza e raddoppia il numero di particelle contenute in ciascuna unità di volume; se la pressione quadruplica, il volume si riduce a un quarto e quadruplica il numero di particelle contenute in ciascuna unità di volume.

3 CHARLES ENUNCIÒ LA LEGGE ISOBARA

Cent'anni dopo gli esperimenti di Boyle, il fisico francese Jacques Charles individuò la relazione tra *volume* e *temperatura* di un gas quando rimane *costante la pressione*. A tale relazione si dà il nome di **legge di Charles** (o **legge isobara**).

Per verificare questa legge, si può utilizzare un dispositivo simile a quello mostrato per la legge di Boyle; in questo caso, però, sarà necessario aggiungere un termometro per misurare la temperatura del gas mentre lo si riscalda (figura **5**). Sul pistone agisce la pressione atmosferica e il suo valore resta di fatto costante durante l'intera prova. Ciò che si osserva riscaldando il gas (e che si può prevedere dal modello particellare) è che il pistone si solleva e il gas occupa un volume sempre più grande. I valori di volume non sono però casuali; i dati sperimentali dimostrano che, se si esprime la temperatura in kelvin, il volume occupato è proporzionale alla temperatura.

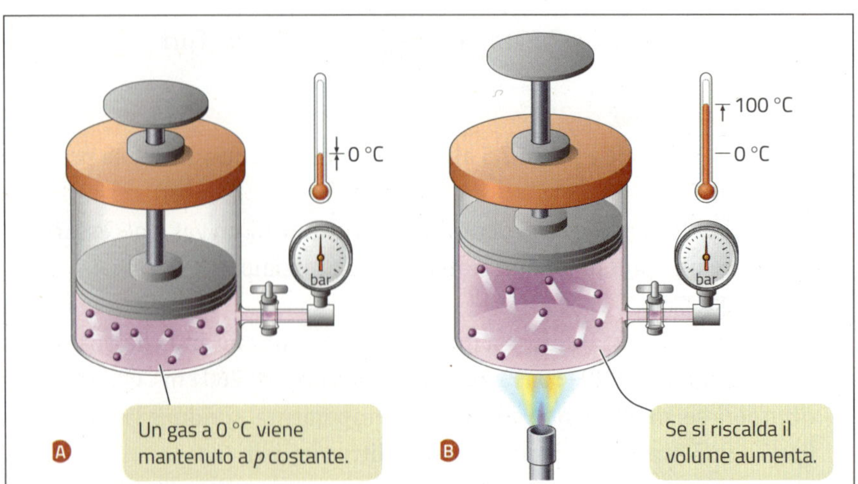

Figura 5 L'espansione di un gas in condizioni isobare A Un gas è alla temperatura iniziale di 0 °C. B Se lo si riscalda (per esempio sino a 100 °C) mantenendo costante la pressione, il suo volume aumenta. Il valore costante della pressione è mostrato dal manomentro, che indica lo stesso valore in A e in B.

La **legge isobara** stabilisce che a pressione costante, per una determinata quantità di gas, il volume è direttamente proporzionale alla temperatura assoluta:

$$\frac{V}{T} = k$$

Se in un sistema di assi ortogonali riportiamo i valori del *volume* in ordinata e della *temperatura* in ascissa, i punti sono distribuiti su una *retta* (figura **6**). Se ammettiamo che l'andamento lineare si mantenga anche a bassissime temperature e che il gas non passi allo stato liquido, notiamo che la retta incontra l'asse della temperatura a −273 °C. A questo valore di temperatura, che è lo **zero assoluto** della scala Kelvin, il volume del gas si annullerebbe.

TI RICORDI?

Due grandezze si dicono **direttamente proporzionali** se il loro rapporto è costante.

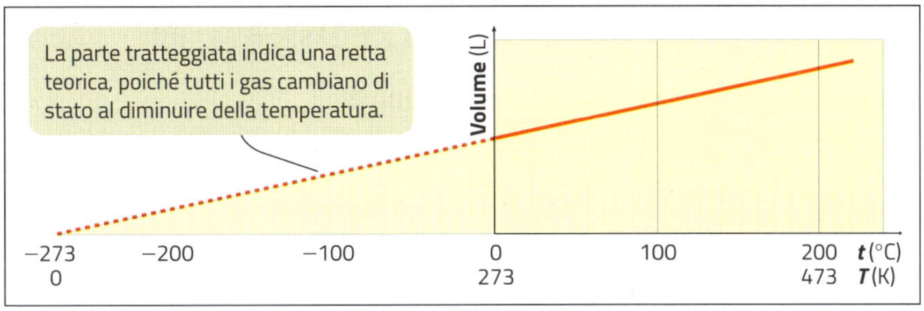

Figura 6 La variazione del volume di un gas in funzione della temperatura A pressione costante, la variazione del volume è rappresentata da una retta.

Tuttavia, prima che la temperatura raggiunga lo zero assoluto, tutti i gas passano allo stato liquido e poi a quello solido. Per questo motivo, la relazione tra volume e temperatura di un gas (a pressione costante) è rappresentata da una retta *solo in un intervallo di temperatura*.

Se per un gas si hanno due diverse condizioni di volume (V_1 e V_2) e di temperatura (T_1 e T_2), la relazione $V/T = k$ può anche essere scritta in questo modo:

$$\frac{V_1}{T_1} = \frac{V_2}{T_2}$$

Questa equazione permette di determinare il valore di ognuna delle grandezze che vi compaiono, noti i valori delle altre tre:

$$V_1 = \frac{V_2}{T_2} \cdot T_1 \qquad T_1 = \frac{T_2}{V_2} \cdot V_1 \qquad \text{e} \qquad V_2 = \frac{V_1}{T_1} \cdot T_2 \qquad T_2 = \frac{T_1}{V_1} \cdot V_2$$

PROBLEMA MODELLO

Calcolare il volume occupato da un gas dopo una trasformazione isobara

Un campione di azoto occupa un volume di 600 mL alla temperatura di 40 °C. Calcola il volume del gas (in mL e in L) alla temperatura di 15 °C, ammettendo che la pressione non subisca variazioni.

L'IDEA

Se la pressione resta invariata, il volume e la temperatura assoluta di un gas sono legati da una relazione di proporzionalità diretta: $V/T = k$. Poiché conosciamo i valori iniziali della temperatura e del volume, e il valore finale della temperatura, possiamo calcolare il volume finale con la relazione $V_2 = (V_1/T_1) \cdot T_2$.

Prima di procedere al calcolo, è necessario esprimere la temperatura in kelvin ricordando che $T(\text{K}) = t(°\text{C}) + 273$. Per esprimere il valore del volume finale in litri si deve tenere presente che 1 L = 1000 mL.

LA SOLUZIONE

Esprimiamo in kelvin i valori della temperatura Celsius:

$$40\ °\text{C} = (40 + 273)\ \text{K} = 313\ \text{K} \qquad \text{e} \qquad 15\ °\text{C} = (15 + 273)\ \text{K} = 288\ \text{K}$$

Associamo a ciascuna grandezza nota il corrispondente valore:

$$V_1 = 600\ \text{mL} \qquad T_1 = 313\ \text{K} \qquad T_2 = 288\ \text{K}$$

Calcoliamo il valore finale del volume (V_2):

$$V_2 = (V_1/T_1) \cdot T_2 = (600\ \text{mL}/313\ \text{K}) \cdot 288\ \text{K} = 552\ \text{mL}$$

Infine, convertiamo in litri il valore del volume:

$$V_2 = 552\ \text{mL} \cdot (1\ \text{L}/1000\ \text{mL}) = 0{,}552\ \text{L}$$

LA CONCLUSIONE

Il volume finale è inferiore a quello iniziale ed è pari a 552 mL, cioè a 0,552 L. Raffreddando un gas a pressione costante, il suo volume diminuisce.

PROBLEMA SIMILE

A temperatura ambiente (25 °C) un palloncino è gonfiato fino a un volume di 15 cm^3 e annodato all'estremità. Per sgonfiarlo fino a 0,5 cL a quale temperatura occorre portarlo, senza modificare nessun altro parametro?

4 GAY-LUSSAC FORMULÒ LA LEGGE ISOCORA

Uno degli scienziati che più contribuirono agli sviluppi della fisica e della chimica dei gas è Joseph-Louis Gay-Lussac. Nei primi anni dell'Ottocento, tramite operazioni di raffreddamento e riscaldamento dei gas mantenuti a *volume costante*, Gay-Lussac determinò la relazione tra *pressione* e *temperatura* di un gas: si tratta della **legge isocora** (o **legge di Gay-Lussac**).

Si può verificare questa legge con lo stesso dispositivo utilizzato in precedenza; per mantenere costante il volume del gas mentre lo si riscalda, è però necessario bloccare il pistone (figura 7). Ciò che si osserva riscaldando il gas è che

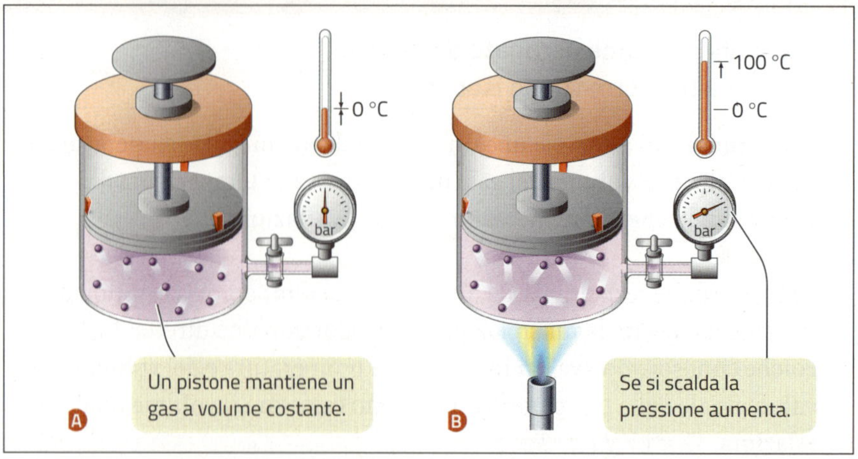

Figura 7 **Riscaldamento di un gas in condizioni isocore** A Un gas è alla temperatura iniziale di 0 °C. B Se lo si riscalda (per esempio sino a 100 °C) mantenendo il volume costante (lo stantuffo è bloccato), la sua pressione aumenta.

la pressione aumenta. I valori di pressione non sono casuali: i dati sperimentali dimostrano che, se si esprime la temperatura in kelvin, la pressione che il gas esercita sulle pareti del cilindro è direttamente proporzionale alla temperatura.

La **legge isocora** stabilisce che, a volume costante, per una determinata quantità di gas, la pressione è direttamente proporzionale alla temperatura assoluta:

$$\frac{p}{T} = k$$

Se si riportano in un sistema di assi ortogonali i valori di *pressione* e *temperatura*, si ottiene anche in questo caso una *retta* che, prolungata, incontra l'asse della temperatura a −273 °C (0 K) (figura **8**). Anche in questo caso, la relazione tra pressione e temperatura di un gas (mantenuto a volume costante) è rappresentata da una retta *solo in un intervallo di temperatura*. Tutti i gas, infatti, passano allo stato liquido o solido prima che la temperatura raggiunga lo zero assoluto.

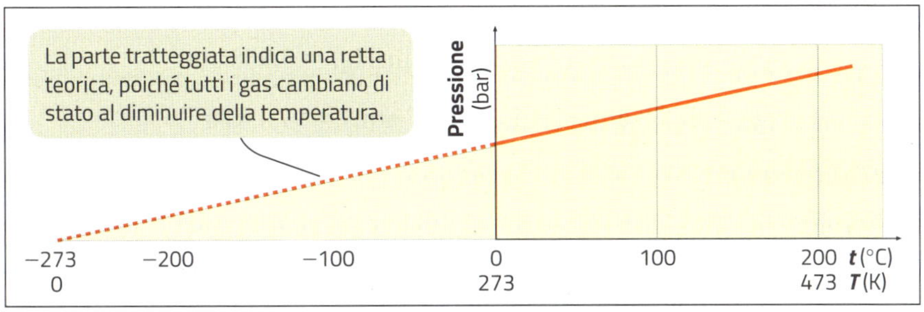

Figura 8 La variazione della pressione di un gas in funzione della temperatura A volume costante, la curva della variazione di pressione è rappresentata da una retta.

Se per un gas si hanno due diverse condizioni di pressione (p_1 e p_2) e di temperatura (T_1 e T_2), la relazione $p/T = k$ può essere così riscritta:

$$\frac{p_1}{T_1} = \frac{p_2}{T_2}$$

Quest'ultima equazione permette di determinare il valore di ognuna delle grandezze che vi compaiono, noti i valori delle altre tre:

$$p_1 = \frac{p_2}{T_2} \cdot T_1 \qquad T_1 = \frac{T_2}{p_2} \cdot p_1 \qquad \text{e} \qquad p_2 = \frac{p_1}{T_1} \cdot T_2 \qquad T_2 = \frac{T_1}{p_1} \cdot p_2$$

PROBLEMA MODELLO

Calcolare la pressione di un gas dopo una trasformazione isocora

Un campione di aria alla temperatura di 22 °C esercita una pressione di 600 mmHg. Mantenendo costante il volume, il campione viene riscaldato sino alla temperatura di 85 °C. Calcola la nuova pressione del gas ed esprimila in mmHg, atm e kPa.

L'IDEA

Se il volume resta invariato, pressione e temperatura assoluta di un gas sono legati da una relazione di proporzionalità diretta: $p/T = k$. Essendo noti i valori iniziali della temperatura e della pressione, e il valore finale della temperatura, si calcola la pressione finale con la relazione $p_2 = (p_1/T_1) \cdot T_2$.

Prima di effettuare il calcolo, dobbiamo esprimere la temperatura in kelvin ricordando che $T(\mathrm{K}) = t(°\mathrm{C}) + 273$.
Il valore della pressione finale che si ottiene dal calcolo è espresso in millimetri di mercurio; per esprimerlo in atm e in kPa si deve tenere presente che 1 atm = 760 mmHg e che 1 atm = 101,3 kPa.

LA SOLUZIONE

Esprimiamo in kelvin i valori della temperatura Celsius:

$$22\ °\mathrm{C} = (22 + 273)\ \mathrm{K} = 295\ \mathrm{K} \qquad \mathrm{e} \qquad 85\ °\mathrm{C} = (85 + 273)\ \mathrm{K} = 358\ \mathrm{K}$$

Associamo a ciascuna grandezza nota il corrispondente valore:

$$p_1 = 600\ \mathrm{mmHg} \qquad T_1 = 295\ \mathrm{K} \qquad T_2 = 358\ \mathrm{K}$$

Calcoliamo il valore finale della pressione (p_2):

$$p_2 = (p_1/T_1) \cdot T_2 = (600\ \mathrm{mmHg}/295\ \mathrm{K}) \cdot 358\ \mathrm{K} = 728\ \mathrm{mmHg}$$

Infine, convertiamo in atmosfere e in kilopascal il valore della pressione:

$$p_2 = 728\ \mathrm{mmHg} \cdot (1\ \mathrm{atm}/760\ \mathrm{mmHg}) = 0{,}958\ \mathrm{atm}$$

$$p_2 = 0{,}958\ \mathrm{atm} \cdot (101{,}3\ \mathrm{kPa}/1\ \mathrm{atm}) = 97{,}1\ \mathrm{kPa}$$

LA CONCLUSIONE

La pressione finale è maggiore di quella iniziale ed è pari a 728 mmHg, valore che equivale a 0,958 atm e a 97,1 kPa. Come si poteva prevedere, riscaldando un gas mantenuto a volume costante, la sua pressione aumenta.

PROBLEMA SIMILE

Lo pneumatico di una bicicletta contiene aria alla pressione di $2{,}15 \cdot 10^5$ Pa. La bicicletta viene lasciata al sole e la temperatura dell'aria nello pneumatico sale da 18,3 °C a 34,7 °C. Qual è la pressione finale dell'aria all'interno dello pneumatico, ammesso che non vari il suo volume?

5 LE LEGGI DEI GAS SI COMBINANO IN UN'UNICA EQUAZIONE

PER CAPIRE MEGLIO
Animazione
Le leggi dei gas

Ciascuna delle leggi prima enunciate presenta una propria *costante di proporzionalità* (figura 9). Nella legge isoterma esiste una proporzionalità inversa tra pressione e volume ($p \cdot V = k'$); nelle leggi isobara e isocora esiste invece una proporzionalità diretta tra volume e temperatura ($V/T = k''$), e tra pressione e temperatura ($p/T = k'''$).

Legge di Boyle	Legge di Charles	Legge di Gay-Lussac
T = costante	p = costante	V = costante
$p \cdot V = k'$	$\frac{V}{T} = k''$	$\frac{p}{T} = k'''$

Figura 9 Costanti di proporzionalità nelle leggi dei gas Le tre leggi dei gas sono tutte caratterizzate da una costante di proporzionalità: inversa, nel caso della legge di Boyle, e diretta, nel caso delle leggi di Charles e di Gay-Lussac.

Il valore numerico delle costanti di proporzionalità è diverso nei tre casi e per questo motivo le abbiamo rappresentate con notazioni diverse. I valori di k', k'' e k''' sono però uguali per tutti i gas, a patto che siano uguali le quantità di gas e che esse non varino durante le trasformazioni. Nonostante ciascuna sostanza sia diversa dall'altra, possiamo dire che il comportamento fisico delle sostanze gassose è di fatto identico.

Le leggi di Boyle, Charles e Gay-Lussac si possono combinare in un'unica equazione, denominata **equazione generale dei gas ideali**. Se si riuniscono k', k'' e k''' in una sola costante (k), la relazione che lega pressione, volume e temperatura assoluta di un gas risulta

$$p \cdot V/T = k$$

Questa relazione contiene di fatto ciascuna delle tre leggi precedenti; infatti, se T è costante si ottiene $p \cdot V = k$ (legge di Boyle), se V è costante si ottiene $p/T = k$ (legge di Gay-Lussac) e se p è costante risulta $V/T = k$ (legge di Charles).

Se per un gas si hanno due diverse condizioni di p, V e T, l'equazione generale può essere scritta come:

$$p_1 \cdot V_1/T_1 = p_2 \cdot V_2/T_2$$

In questa forma essa permette di calcolare la pressione di un gas (per esempio p_2) o il volume o la temperatura, conoscendo il valore di tutte le altre variabili.

A COLPO D'OCCHIO

$p \cdot V/T = k$
- **LEGGE DI BOYLE** $p \cdot V = k$
- **LEGGE DI GAY-LUSSAC** $p/T = k$
- **LEGGE DI CHARLES** $V/T = k$

PER CAPIRE MEGLIO
Video *In laboratorio*
Le leggi dei gas. Come varia il volume di un gas

PROBLEMA MODELLO

Calcolare come varia il volume di un gas quando cambiano pressione e temperatura

Un pallone meteorologico di lattice (un materiale elastico) è riempito con elio. A 25 °C e alla pressione di 1,00 bar, il volume del pallone è 300 L. Alzandosi, il pallone incontra strati di aria più freddi e rarefatti. Quale sarà il suo volume alla temperatura di −30 °C e alla pressione di 0,260 bar?

L'IDEA

Poiché temperatura e pressione variano contemporaneamente, per calcolare il volume del pallone usiamo l'equazione generale dei gas ideali, $p \cdot V/T = k$. Sono noti i valori iniziali del volume, della temperatura e della pressione, e quelli finali della temperatura e della pressione. Possiamo quindi utilizzare la relazione $p_1 \cdot V_1/T_1 = p_2 \cdot V_2/T_2$, da cui isoliamo V_2:

$$V_2 = (p_1 \cdot V_1/T_1) \cdot T_2/p_2$$

Prima di effettuare il calcolo, è necessario esprimere la temperatura in kelvin ricordando che $T(\text{K}) = t(°\text{C}) + 273$.

LA SOLUZIONE

Esprimiamo in kelvin i valori della temperatura Celsius:

$$25\ °\text{C} = (25 + 273)\ \text{K} = 298\ \text{K} \qquad \text{e} \qquad -30\ °\text{C} = (-30 + 273)\ \text{K} = 243\ \text{K}$$

Associamo a ciascuna grandezza nota il corrispondente valore:

$p_1 = 1{,}00$ bar $\quad T_1 = 298$ K $\quad V_1 = 300$ L $\quad p_2 = 0{,}260$ bar $\quad T_2 = 243$ K

Infine, calcoliamo il valore finale del volume (V_2):

$$V_2 = (p_1 \cdot V_1/T_1) \cdot T_2/p_2 =$$
$$= (1{,}00\ \text{bar} \cdot 300\ \text{L}/298\ \text{K}) \cdot 243\ \text{K}/0{,}260\ \text{bar} = 941\ \text{L}$$

LA CONCLUSIONE

L'elio si espande e dilata il pallone elastico sino a un volume di 941 L, molto maggiore di quello iniziale. Poiché il volume di un gas tende a diminuire all'abbassarsi della temperatura, e ad aumentare all'abbassarsi della pressione, sul risultato prevale l'effetto della diminuzione di pressione.

PROBLEMA SIMILE

Una massa d'aria, che a 10 °C e 1,00 atm occupa un volume di $2{,}00 \cdot 10^3\ m^3$, si innalza lungo il fianco di una catena montuosa. Quando raggiunge la sommità, la pressione è 0,750 atm e la temperatura −15 °C. Quale volume occuperà in queste condizioni?

6 CHE COSA SONO I GAS IDEALI?

A COLPO D'OCCHIO

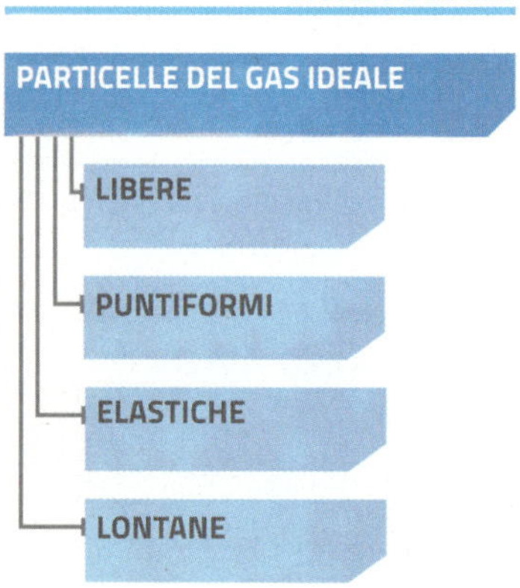

L'equazione generale dei gas descrive in modo corretto il comportamento fisico di una sostanza gassosa soltanto se sono soddisfatte due condizioni:

1. il gas è rarefatto, cioè è sottoposto a *basse pressioni* (inferiori a 1 atm);
2. la sua temperatura è molto maggiore di quella a cui liquefà, cioè il gas si trova a *elevate temperature*.

In tali condizioni il comportamento dei gas si avvicina a quello di un ipotetico **gas ideale** o **perfetto**, che è descritto come un insieme di particelle:

- *libere* di muoversi a grande velocità e in tutte le direzioni;
- *puntiformi*, ovvero con un volume così piccolo da essere assolutamente *irrilevante* rispetto al volume totale occupato da tutto il gas;
- *elastiche*, per cui urtandosi tra loro o con le pareti del contenitore l'energia totale non diminuisce;
- molto *lontane*, in modo che tra esse non si manifestino forze attrattive o repulsive.

Nella realtà i gas ideali non esistono; essi sono però un *modello* di riferimento per le sostanze gassose realmente esistenti, dette per questo *gas reali*.

A bassa pressione o a elevate temperature il comportamento di un gas reale si può considerare simile a quello di un gas ideale.

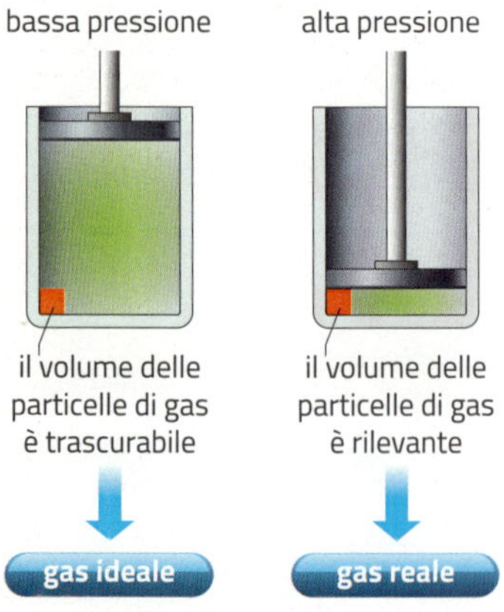

Figura 10 Gas ideali e gas reali A bassa pressione un gas può essere considerato ideale.

A *bassa pressione* un gas reale si comporta come un gas ideale perché le sue particelle sono molto distanti l'una dall'altra e tra esse non si manifestano, di fatto, forze attrattive o repulsive (figura **10**). A *elevate temperature* le particelle si muovono a grandissima velocità e tendono quindi a distanziarsi l'una dall'altra; anche in questo caso non si manifestano tra esse apprezzabili forze attrattive o repulsive.

Quando i valori di pressione sono sufficientemente alti e quelli di temperatura sufficientemente bassi, i gas reali possono invece liquefare; in queste condizioni, le particelle risentono dell'effetto delle seppur deboli forze attrattive e si aggregano, passando allo stato liquido.

I gas reali che si comportano in modo più simile a quello di un gas ideale sono l'idrogeno e l'elio. Come vedremo in seguito, le loro particelle sono le più piccole di tutte, per cui il loro volume è irrilevante rispetto al volume totale occupato dal gas.

7 LA PRESSIONE DI UNA MISCELA DI GAS È LA SOMMA DELLE LORO PRESSIONI PARZIALI

Le leggi dei gas ideali sono applicabili, oltre che alle sostanze pure nello stato di gas, anche alle miscele di gas. Tutti i gas, pur essendo diversi, si comportano allo stesso modo. La pressione che un gas esercita non dipende dal tipo di gas, ma dal numero di particelle presenti nell'unità di volume.

Supponiamo di avere tre cilindri (A, B, C) con uguale volume, dotati di un pistone, posti alla stessa temperatura e collegati a un manometro (figura **11**). Nel primo cilindro (A) introduciamo *n* particelle di elio e nel secondo cilindro (B) un numero doppio (2*n*) di particelle di cloro. Se la pressione che esercita l'elio è, per esempio, 1 bar, quella del cloro deve essere il doppio, cioè 2 bar.

TI RICORDI?

I gas possono mescolarsi completamente e in tutte le proporzioni; una **miscela di gas** è quindi una soluzione gassosa.

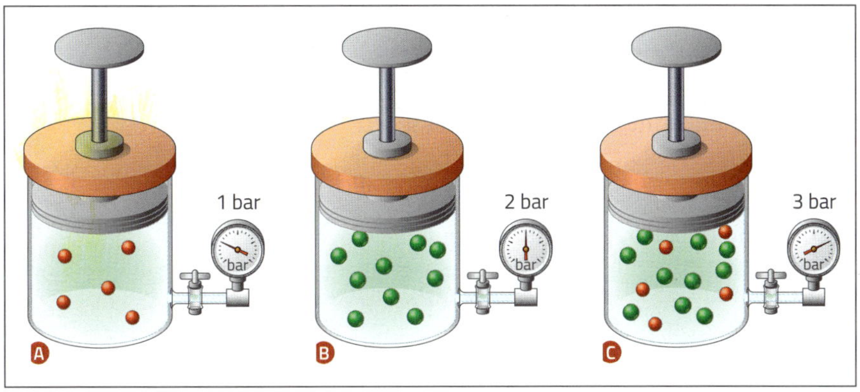

Figura 11 La pressione totale di una soluzione gassosa La pressione della soluzione gassosa contenuta nel cilindro C è data dalla somma delle pressioni parziali (cilindri A e B) dei singoli gas.

Trasferiamo ora nel terzo cilindro (C) entrambi i gas: in totale, il numero di particelle di gas è il triplo di quelle di elio ($n + 2n = 3n$). Poiché il volume a disposizione è sempre lo stesso, le particelle nel cilindro C esercitano una pressione (3 bar) tripla di quella dell'elio (1 bar) nel cilindro A. La pressione nel cilindro C corrisponde quindi alla somma delle pressioni (1 bar + 2 bar = 3 bar) dei gas elio e cloro quando occupano da soli lo stesso volume.

In conclusione, la pressione della miscela dei due gas corrisponde alla somma delle *pressioni parziali* (1 bar e 2 bar) dei singoli gas.

La **pressione parziale di un gas** è la pressione che esso eserciterebbe nel caso in cui fosse presente da solo nel recipiente che lo contiene.

TI RICORDI?

La pressione esercitata da un gas in un dato volume è direttamente proporzionale al numero di particelle presenti nell'unità di volume.

In generale, se indichiamo con p_A e p_B le pressioni parziali dei gas *A* e *B*, la pressione totale (p_{tot}) che esercita la loro miscela è data dalla relazione:

$$p_{tot} = p_A + p_B$$

espressa dalla **legge di Dalton**.

La **pressione totale** che esercita una miscela gassosa a temperatura e volume costanti è uguale alla somma delle pressioni parziali esercitate dai singoli gas.

La legge di Dalton permette di determinare la pressione totale di una miscela gassosa quando sono note le pressioni parziali dei gas componenti, oppure di determinare la pressione parziale di un gas se sono note la pressione totale e le pressioni parziali degli altri gas.

PROBLEMA MODELLO

Determinare la pressione parziale di un gas in una miscela

L'aria secca può essere considerata una miscela di azoto, ossigeno e argon. A livello del mare essa esercita una pressione che vale in media 1,00 bar. La pressione parziale dell'azoto è 0,78 bar e quella dell'argon è 0,01 bar. Calcola la pressione parziale dell'ossigeno.

L'IDEA

La pressione totale dell'aria secca è il risultato della somma delle pressioni parziali dell'azoto, dell'ossigeno e dell'argon.
La pressione parziale dell'ossigeno può quindi essere determinata ricorrendo alla legge di Dalton, sottraendo dalla pressione totale (1,00 bar) la somma delle pressioni parziali degli altri gas.

LA SOLUZIONE

Scriviamo l'equazione della p_{tot} dell'aria secca:

$$p_{\text{tot}} = p_{N_2} + p_{Ar} + p_{O_2}$$

Se risolviamo rispetto a p_{O_2} otteniamo:

$$p_{O_2} = p_{\text{tot}} - p_{N_2} - p_{Ar}$$

Ovvero:

$$p_{O_2} = 1{,}00\ \text{bar} - 0{,}78\ \text{bar} - 0{,}01\ \text{bar} = 0{,}21\ \text{bar}$$

LA CONCLUSIONE

L'aria secca è composta in prevalenza da azoto, seguito dall'ossigeno e da una piccola quota di argon. Se esprimiamo il risultato ottenuto in percentuale, possiamo dire che l'ossigeno costituisce il 21% dei gas atmosferici.

PROBLEMA SIMILE

Oltre ai gas presenti nell'aria secca, l'aria umida contiene anche vapore acqueo. Supponendo che la pressione atmosferica sia 760 mmHg e la pressione parziale del vapore acqueo sia 17 mmHg, quale pressione esercita la miscela degli altri gas?

8 LE PARTICELLE DI GAS DIVERSI SI MUOVONO A VELOCITÀ DIVERSE

Grazie al loro comportamento uniforme, i gas tendono a miscelarsi spontaneamente. Una dimostrazione immediata di questo fenomeno la possiamo avere quando un profumo si spande in una stanza. Le particelle di profumo, muovendosi in modo disordinato, urtano di continuo le particelle di azoto e ossigeno – i principali gas che costituiscono l'aria – e si mescolano a esse sino a *distribuirsi uniformemente* in tutta la stanza.

La **diffusione** è un processo con cui un gas si mescola a un altro gas e va a occupare tutto lo spazio disponibile.

Quando un gas fuoriesce da un forellino praticato sulla parete del contenitore e fugge verso il vuoto (o verso una zona a bassa pressione) si dice, invece, che *effonde* (figura **12**).

L'effusione è un processo con cui un gas fuoriesce da un piccolo foro e va a occupare uno spazio inizialmente vuoto.

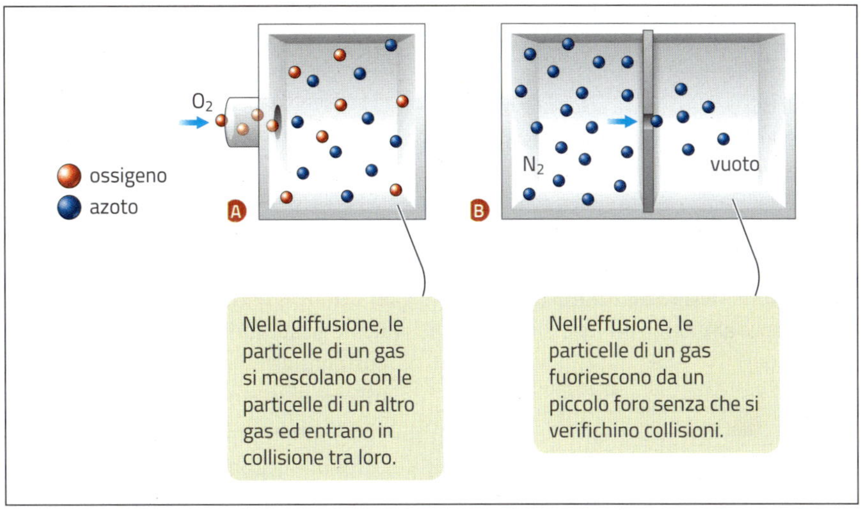

Figura 12 Confronto tra diffusione ed effusione di un gas Nella diffusione (A) un gas si mescola a un altro; nell'effusione (B) un gas occupa uno spazio vuoto.

La velocità con cui un gas effonde o diffonde può essere misurata. Oggi, per esempio, sappiamo che a 25 °C le particelle di idrogeno viaggiano alla velocità media di circa 1900 m/s, mentre quelle di azoto si muovono a una velocità molto inferiore, di circa 500 m/s (figura **13**).

Come mai, alla stessa temperatura, le velocità dei due gas sono così diverse? Secondo il modello che abbiamo adottato per descrivere la materia, *la temperatura di un gas è la misura del valore dell'energia cinetica media delle particelle che lo costituiscono.*

Di conseguenza, se l'idrogeno e l'azoto si trovano alla stessa temperatura, allora anche l'energia cinetica media delle loro particelle sarà uguale. Tuttavia, affinché il valore del prodotto $m \cdot v^2$ sia identico in entrambi i casi, le particelle di idrogeno, più veloci di quelle di azoto, devono avere massa inferiore a quella delle particelle di azoto.

In generale, particelle di gas diversi hanno masse diverse e si muovono per questo con velocità diseguali.

Il primo scienziato a effettuare misure sulle velocità di diffusione ed effusione dei gas è stato il chimico scozzese Thomas Graham. Analizzando i risultati di numerosi esperimenti, nella prima metà dell'Ottocento Graham riuscì a individuare la relazione che lega la velocità di diffusione (o di effusione) di un gas alla sua densità. Oggi possiamo esprimere così la legge che porta il suo nome (**legge di Graham**):

La **velocità di diffusione** (o **di effusione**) di un gas è inversamente proporzionale alla radice quadrata della massa delle sue particelle.

In conclusione, la velocità di diffusione o di effusione di un gas è tanto maggiore quanto *minore* è la massa delle sue particelle.

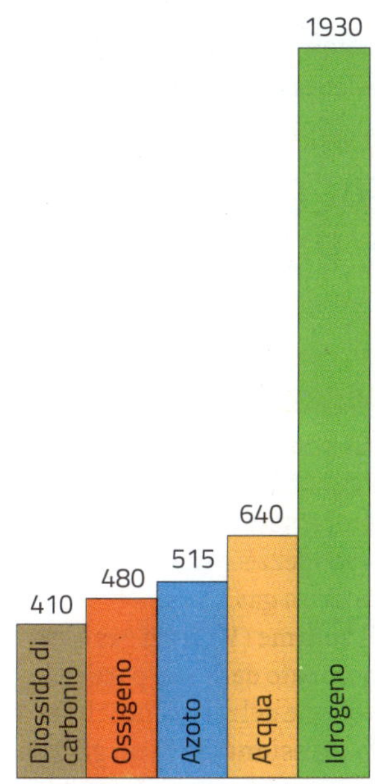

Figura 13 Velocità media di alcuni gas atmosferici a confronto con quella dell'idrogeno La velocità delle leggere particelle di idrogeno è molto maggiore di quella degli altri gas, costituiti da particelle più pesanti.

TI RICORDI?

L'**energia cinetica** di un corpo è proporzionale alla massa m del corpo e al quadrato della sua velocità v; la relazione che lega le tre grandezze è $E_c = 1/2\, m \cdot v^2$.

LABORATORIO

La diffusione dei gas

L'obiettivo

Verificare sperimentalmente la legge di Graham.

I concetti

La diffusione è un processo spontaneo che consiste nella distribuzione uniforme delle molecole di un gas all'interno di un recipiente. La velocità con cui diffondono i gas dipende dalla loro massa: minore è la massa molecolare e maggiore sarà la velocità di diffusione.

I materiali

Tubo di vetro (lunghezza 30-50 cm; Ø 10-15 mm), sostegno con pinza, cronometro, due tappi di gomma, pennarello, cotone idrofilo, riga millimetrata (lunghezza 50 cm), pinza di metallo, contagocce. Soluzione 1 M di acido cloridrico HCl; soluzione 1 M di ammoniaca NH_3.

L'esperimento

1. Fissa il tubo di vetro al sostegno.
2. Servendoti del contagocce, bagna due batuffoli di cotone, uno con la soluzione di HCl e l'altro con la soluzione di NH_3; usando la pinza di metallo, inseriscili alle estremità del tubo.
3. Chiudi rapidamente il tubo con i tappi di gomma e cronometra il tempo che trascorre dal posizionamento dei batuffoli alla formazione di un anello bianco all'interno del tubo.

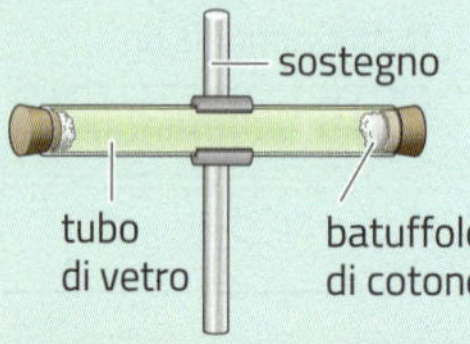

4. Segna con il pennarello la posizione in cui si è formato l'anello (agisci rapidamente, perché l'anello tende a espandersi).
5. Con il righello misura la distanza dell'anello da ciascuna delle due estremità del tubo.
6. Per ciascun gas, riporta in una tabella i seguenti dati: distanza percorsa (in cm), tempo impiegato (in s) e velocità (in cm/s).
7. Calcola la velocità di diffusione dei due gas.

Le competenze

- Come giustifichi la formazione e la posizione dell'anello bianco che si osserva all'interno del tubo di vetro?
- Come spieghi la maggiore velocità di diffusione dell'ammoniaca?

FACCIAMO IL PUNTO

LO SAI? RIPASSA CON LO SMARTPHONE

Quali sono le grandezze che caratterizzano i gas?

Il comportamento dei gas è definito da tre grandezze fisiche dette **variabili di stato** di un gas:

- il **volume** (*V*) di un gas è lo spazio occupato dalle sue particelle, cioè il volume del recipiente che lo contiene;
- la **pressione** (*p*) di un gas contenuto in un recipiente è il risultato delle collisioni che le particelle esercitano contro le pareti del recipiente;
- la **temperatura** (*T*) di un gas è la misura dell'energia cinetica media delle sue particelle.

Che cos'è un gas ideale?

Un gas ideale è descritto come un insieme di particelle libere di muoversi in tutte le direzioni, *puntiformi*, *elastiche* e molto *lontane* fra di loro.

Il comportamento di un **gas ideale** è espresso da tre leggi empiriche, sintetizzate in un'unica equazione, denominata *equazione di stato dei gas ideali.*

Che cosa stabilisce la legge di Boyle (legge isoterma)?

La **legge di Boyle** esprime la relazione tra *volume* e *pressione* di un gas a *temperatura costante*. Se per un gas si hanno due diverse condizioni di pressione (p_1 e p_2) e volume (V_1 e V_2): $p_1 \cdot V_1 = p_2 \cdot V_2$.

Che cosa stabilisce la legge di Charles (legge isobara)?

La **legge di Charles** esprime la relazione tra il *volume* e la *temperatura* di un gas a *pressione costante*. Se per un gas si hanno due diverse condizioni di volume (V_1 e V_2) e di temperatura (T_1 e T_2): $V_1/T_1 = V_2/T_2$.

Che cosa stabilisce la legge di Gay-Lussac (legge isocora)?

La **legge di Gay-Lussac** esprime la relazione tra la *pressione* e la *temperatura* di un gas a *volume costante*. Se per un gas si hanno due diverse condizioni di pressione (p_1 e p_2) e di temperatura (T_1 e T_2): $p_1/T_1 = p_2/T_2$.

Che cosa stabilisce l'equazione generale dei gas ideali?

Le tre leggi dei gas possono essere combinate nell'**equazione generale dei gas ideali**, che riassume la relazione tra pressione, volume e temperatura assoluta di un gas: $p \cdot V/T = k$.

Che cosa stabilisce la legge di Dalton?

La **legge di Dalton** è espressa dalla relazione $p_{tot} = p_A + p_B$ e afferma che la pressione totale esercitata da una miscela di gas, a temperatura e volume costanti, è pari alla somma delle pressioni parziali dei singoli gas.

Che cosa afferma la legge di Graham?

In base alla **legge di Graham**, la velocità di diffusione (o di effusione) di un gas è inversamente proporzionale alla radice quadrata della massa delle sue particelle.

ESERCIZI

ZTE ONLINE Mettiti alla prova con 20 esercizi interattivi

VERIFICA LE TUE CONOSCENZE

VOLUME, PRESSIONE E TEMPERATURA DI UN GAS

1 Quali grandezze condizionano lo stato gassoso?

2 Perché volume, temperatura e pressione sono dette «variabili di stato» di un gas?

3 Quali sono le unità SI delle variabili di stato di un gas?
- Ⓐ p in atm, V in m^3, t in °C
- Ⓑ p in Pa, V in dm^3, T in K
- Ⓒ p in bar, V in dm^3, T in K
- Ⓓ p in Pa, V in m^3, T in K

4 L'ossigeno liquido ha un punto di ebollizione di −183 °C. Qual è il suo valore in kelvin?

5 Un volume di 460 mL corrisponde a
- Ⓐ 4,6 L
- Ⓑ $4{,}6 \cdot 10^{-3}$ m^3
- Ⓒ 0,46 L
- Ⓓ 46 cm^3

6 La pressione di 315 680 Pa corrisponde a
- Ⓐ 31 155 kPa
- Ⓑ 3,12 atm
- Ⓒ 3 116 mbar
- Ⓓ 4 153 mmHg

LA LEGGE ISOTERMA

7 A quale sistema si può applicare la legge isoterma? Qual è il suo enunciato?

8 Secondo la legge di Boyle, quale relazione matematica lega pressione e volume di un gas?

9 Se, a temperatura costante, la pressione di una certa quantità di gas viene ridotta alla sesta parte del valore iniziale, come diventerà il volume occupato dal gas?

10 Se si rappresentano sull'asse y la pressione p e sull'asse x il volume V di un gas durante una trasformazione isoterma, come appare il grafico? Perché?

11 Se il volume di un gas viene diminuito lasciando la temperatura costante, la pressione aumenta perché
- Ⓐ c'è un maggior numero di urti su ogni unità di superficie del contenitore.
- Ⓑ le particelle urtano le pareti con minore frequenza.
- Ⓒ c'è un maggior numero di particelle che urta il contenitore.
- Ⓓ la velocità delle particelle è maggiore.

12 Durante la compressione isoterma di un gas aumenta
- Ⓐ il volume del gas.
- Ⓑ la temperatura del gas.
- Ⓒ la massa del gas.
- Ⓓ la densità del gas.

LA LEGGE ISOBARA

13 Quale trasformazione subisce una data massa di gas se, a pressione costante, si varia la sua temperatura? Qual è il nome della legge che la governa?

14 Quale relazione lega la temperatura e il volume di un gas se esso è mantenuto a pressione costante? Come deve essere espressa la temperatura affinché questa relazione sia valida?

15 Un campione d'aria, mantenuto a pressione costante, viene scaldato da 5 °C a 10 °C. Come si modifica il suo volume?
- Ⓐ Aumenta di poco
- Ⓑ Raddoppia
- Ⓒ Diminuisce di poco
- Ⓓ Dimezza

16 Un campione di gas è libero di espandersi a pressione costante. Alla temperatura di 400 K il volume del gas è doppio rispetto a quello iniziale. Qual è la temperatura iniziale?

17 Se si rappresentano sull'asse y il volume V e sull'asse x la temperatura T di un gas durante una trasformazione isobara, come appare il grafico? Perché?

18 Dentro a un cilindro dotato di un pistone mobile si riscalda un campione di gas. Durante la trasformazione isobara le sue particelle
- Ⓐ aumentano di numero.
- Ⓑ si muovono meno velocemente.
- Ⓒ urtano con più frequenza lo stantuffo e lo sollevano.
- Ⓓ urtano le pareti con la stessa frequenza.

LA LEGGE ISOCORA

19 **La legge di Gay-Lussac mette in relazione**
Ⓐ la pressione e la temperatura di un gas.
Ⓑ il volume e la temperatura di un gas.
Ⓒ la pressione e il volume di un gas.
Ⓓ il volume e il numero di particelle di un gas.

20 **Quale relazione esprime la legge di Gay-Lussac? Come deve essere espressa la temperatura affinché tale relazione sia valida?**

21 **Perché la legge di Gay-Lussac è denominata legge isocora?**

22 **Se di un gas che subisce una trasformazione isocora si conoscono i valori di *P* e *T* finali e di *T* iniziale, con quale relazione puoi determinare il valore di *P* iniziale?**

23 **Se si rappresentano sull'asse *y* la pressione *p* e sull'asse *x* la temperatura *t* (espressa in °C) di un gas durante una trasformazione isocora, come appare il grafico?**
Ⓐ Una retta parallela all'asse *x*.
Ⓑ Una retta parallela all'asse *y*.
Ⓒ Una retta che passa per l'origine degli assi.
Ⓓ Una retta obliqua che interseca l'asse *y*.

24 **Secondo il modello dei gas, perché la pressione che esercita un gas diminuisce al diminuire della temperatura durante una trasformazione a volume costante?**

L'EQUAZIONE DEI GAS

25 **In un gas il prodotto della pressione per il volume**
Ⓐ è proporzionale alla temperatura assoluta.
Ⓑ è indipendente dalla densità.
Ⓒ raddoppia passando da 10 a 20 °C.
Ⓓ è sempre costante.

26 **Quale relazione riassume le leggi isoterma, isobara e isocora? Spiega come essa contenga ciascuna delle tre leggi.**

27 **Se riscaldi una data massa di gas e contemporaneamente la comprimi, è possibile che il suo volume resti inalterato? Perché?**

28 **Stai studiando il comportamento di una data massa di aria quando è sottoposta a variazioni contemporanee di temperatura e pressione, e registri i valori delle misure. Quale serie di misure non è stata registrata correttamente? Perché?**

serie di misure	*V* (L)	*T* (K)	*P* (bar)
A	1,5	290	2,0
B	1,8	313	1,8
C	2,9	307	1,5

I GAS IDEALI

29 **Quale delle seguenti affermazioni è *errata*?**
Ⓐ Un gas ideale è un modello che in realtà non esiste.
Ⓑ L'idrogeno è un gas ideale.
Ⓒ Per essere simile a un gas ideale, un gas reale deve essere rarefatto.
Ⓓ L'elio ha un comportamento che si avvicina a quello di un gas ideale.

30 **In quali condizioni di pressione e temperatura il comportamento di un gas reale si discosta di più da quello di un gas ideale? Perché?**

31 **Quali sono le caratteristiche di un gas ideale?**

32 **Il comportamento di un gas reale differisce da quello di un gas ideale perché**
Ⓐ esistono forze attrattive, seppur deboli, tra le particelle.
Ⓑ le particelle occupano un volume proprio.
Ⓒ può condensare.
Ⓓ per tutti i motivi precedenti.

LA PRESSIONE DI UNA MISCELA DI GAS

33 **La pressione parziale di un gas A miscelato a un gas B è**
Ⓐ la metà della pressione totale.
Ⓑ la pressione della miscela dei due gas.
Ⓒ la pressione del gas A sommata a quella del gas B.
Ⓓ la pressione generata dalle particelle del gas A.

34 **Perché la pressione totale di una miscela gassosa è uguale alla somma delle pressioni parziali?**

35 Scrivi una didascalia per l'immagine. A quale legge si riferisce?

36 Considera che, su 100 particelle di aria, 78 siano di azoto, 21 di ossigeno e 1 di argon. Se la pressione dell'aria è 100 kPa, quanto valgono le pressioni parziali di azoto, ossigeno e argon?

LE PARTICELLE DI GAS DIVERSI SI MUOVONO A VELOCITÀ DIVERSE

37 Quale tra le seguenti affermazioni *non* è corretta?

La velocità di effusione di un gas

Ⓐ dipende dalla sua densità.
Ⓑ è tanto maggiore quanto minore è la massa delle sue particelle.
Ⓒ dipende dalla pressione.
Ⓓ non dipende dalla temperatura.

38 Che differenza c'è tra effusione e diffusione?

39 Perché, a parità di temperatura, le particelle di gas diversi si muovono con velocità diseguali?

40 La massa delle particelle di argon è circa dieci volte più grande della massa di quelle di elio. Nelle stesse condizioni di temperatura e pressione, quale dei due gas diffonderà con maggior velocità? Perché?

VERIFICA LE TUE ABILITÀ

41 Esprimi in atm i seguenti valori di pressione:
a. 253,312 kPa
b. 17 221 mbar
c. 2888 mmHg
d. 9 120 Torr

42 Esprimi in kPa i seguenti valori di pressione:
a. 560 Torr
b. 20 mmHg
c. 5,6 atm
d. 2,5 bar

43 Trasforma in kelvin i seguenti valori di temperatura espressi in gradi Celsius:
a. −30 °C
b. 10 °C
c. −273 °C
d. 100 °C

44 Trasforma in gradi Celsius i seguenti valori di temperatura espressi in kelvin:
a. 298 K b. 273 K c. 373 K d. 0 K

45 Esprimi in L i seguenti valori di volume:
a. 3,2 m^3
b. 350 mL
c. 150 cm^3
d. 3,0 dm^3

46 Esprimi in mL i seguenti valori di volume:
a. 1,25 dm^3
b. 0,55 L
c. 300 cm^3
d. 0,001 m^3

47 Un campione di gas occupa un volume di 7,5 L ed esercita una pressione di 1,3 bar. Mantenendo costante la temperatura, si riduce il suo volume a 2,5 L; quale pressione esercita ora il gas? Esprimi il risultato in torr.

48 Un campione di gas alla temperatura di 25 °C e alla pressione di 2,20 bar occupa un volume di 35,0 L. Se alla stessa temperatura viene sottoposto alla pressione di 5,20 bar, quale sarà il suo volume espresso in millilitri?

49 Un campione di gas occupa un volume di 0,5 m^3 ed è sottoposto alla pressione di 2 atm. Calcola il volume (in L) occupato dal gas se, a temperatura costante, la pressione viene portata a 5 atm.

50 Un campione di ossigeno, contenuto in un cilindro munito di pistone mobile, esercita una pressione di 1,0 atm e occupa un volume di 10 L. Operando sul pistone a temperatura costante, si riduce poi il volume del gas: quale pressione è necessario esercitare per ridurre il volume dal gas a 8,0 L, 6,0 L, 5,0 L, 4,0 L e 2,0 L? Riporta in grafico i valori di pressione e volume del gas e disegna la curva.

51 Un campione di gas occupa un volume di 15 L ed esercita una pressione di 2280 mmHg. Calcola la pressione esercitata dal gas (in atm, bar e mbar) se, a temperatura costante, il suo volume viene ridotto a 5,0 L.

52 **Due bombole contengono lo stesso gas: la prima ne contiene 30 L alla pressione di 15 atm, la seconda ne contiene 10 L alla pressione di 30 atm. Mantenendo costante la temperatura, le due bombole vengono messe in comunicazione.**
Per calcolare la pressione finale del gas rispondi alle seguenti domande.

a. Quale volume occuperebbe il gas della seconda bombola se si trovasse alla pressione di 15 atm?
b. Alla pressione di 15 atm, quale sarebbe il volume complessivo occupato dal gas di entrambe le bombole?
c. Quando le due bombole sono in comunicazione, qual è il volume che il gas può effettivamente occupare?
d. Qual è la pressione finale che il gas esercita quando le due bombole sono messe in comunicazione?

53 **Un gas alla temperatura di 20 °C occupa un volume di 60,5 mL. Calcola il volume occupato dal gas a pressione costante se viene riscaldato fino a 200 °C.**

54 **Un campione di gas alla temperatura di 20 °C occupa un volume di 0,150 m^3. Calcola il volume (espresso in L) del gas se, a pressione costante, viene scaldato fino alla temperatura di 100 °C.**

55 **Calcola a quale temperatura (in °C) bisogna portare 8,0 L di ossigeno che si trovano a 25 °C affinché il volume raddoppi, mantenendo costante la pressione.**

56 **Un campione di gas a 30 °C occupa il volume di $7{,}90 \cdot 10^{-2}$ m^3. Calcola a quale temperatura (in °C) occorre portare il gas perché il volume diventi di 120 L, mantenendo costante la pressione.**

57 **Un gas è racchiuso dentro un contenitore cilindrico munito di un pistone libero di muoversi. La temperatura passa da 20 °C a 60 °C, mentre la pressione sul pistone è mantenuta costante.**
Prima del riscaldamento, il pistone si trova a un'altezza di 15 cm dalla base del contenitore cilindrico. Calcola l'altezza finale raggiunta dal pistone.
(*Suggerimento*: ricorda come si calcola il volume di un cilindro e tieni presente che l'area di base del contenitore cilindrico non cambia.)

58 **Una bombola contiene idrogeno alla pressione di 5,0 atm alla temperatura di 16 °C. Quando il manometro della bombola indica una pressione di 5,5 atm, qual è la temperatura (in °C) del gas?**

59 **In quale dei seguenti casi si realizza la compressione di un gas a volume costante?**

Ⓐ Riscaldando il gas in un recipiente con un pistone libero di muoversi.
Ⓑ Raffreddando il gas in un recipiente con un pistone bloccato.
Ⓒ Riscaldando il gas in un recipiente chiuso.
Ⓓ Aggiungendo pesi sul pistone che racchiude il contenitore del gas.

60 **Un gas alla temperatura di 0 °C è contenuto in un recipiente chiuso da un pistone che esercita sul gas una pressione di $1{,}00 \cdot 10^5$ Pa.**
Se si scalda il gas a 50 °C:

a. con quale forza bisogna premere sul pistone, che ha un'area pari a $3{,}00 \cdot 10^{-4}$ m^2, per non far variare il volume occupato dal gas? (*Suggerimento*: ricorda la definizione di pressione.)
b. Quale massa si dovrebbe appoggiare sul pistone per ottenere lo stesso effetto? (*Suggerimento*: ricorda che il peso è una forza e che dal peso puoi ricavare la massa.)

61 **12 L di ossigeno alla pressione di 760 mmHg e alla temperatura di 30 °C vengono raffreddati a 0 °C. Calcola il volume dell'ossigeno se viene compresso a 2,0 atm.**

62 **Calcola il volume a condizioni normali (c.n.) di 30,0 mL di un gas che si trova a 25 °C e a 740 Torr.**

63 Un campione di gas occupa un volume di 200 mL a 42 °C e a 520 Torr. Calcola il volume del gas alla temperatura di 273 K e alla pressione di 1 atm.

64 Un campione di ossigeno occupa un volume di 100 cm^3 alla temperatura di 30 °C e alla pressione di 380 mmHg. Calcola il volume del gas alla temperatura di 273 K e alla pressione di 1 atm.

65 Una soluzione gassosa è costituita per il 20% in volume da ossigeno. Se la pressione parziale dell'ossigeno è 3 atm, qual è la pressione totale della soluzione gassosa?

66 Una soluzione gassosa costituita da 2 parti di idrogeno e da 3 parti di ossigeno esercita una pressione complessiva di 760 Torr. Calcola la pressione parziale dei due gas.

67 Una soluzione gassosa costituita per il 20% da azoto, per il 50% da ossigeno e per il 30% da idrogeno ha una pressione totale di 5,0 atm. Calcola le pressioni parziali dei tre gas.

68 Una soluzione gassosa costituita da idrogeno e ossigeno esercita una pressione di 3 atm. Sapendo che la pressione parziale dell'ossigeno è il doppio di quella dell'idrogeno, calcola le pressioni parziali di entrambi i gas.

69 Il rapporto tra le velocità di effusione (misurate alla stessa temperatura) dell'idrogeno e di un gas *x* è 4,67. Qual è il rapporto tra la massa di una particella del gas *x* e la massa di una particella di idrogeno?
(*Suggerimento*: ricorda che le particelle dei due gas possiedono la stessa energia cinetica.)

70 Le particelle di un gas *X* effondono attraverso un foro con una velocità che è 1,28 volte maggiore rispetto a quella di un ugual numero di particelle di azoto.

a. Ha massa maggiore una particella del gas *X* o una particella di azoto?
b. Calcola il rapporto tra la massa di una particella di azoto e una particella del gas *X*.

71 Due campioni, uno di azoto e l'altro di ossigeno, contengono lo stesso numero di particelle. La densità del campione di azoto è 1,25 g/L mentre quella dell'ossigeno è 1,43 g/L. Quale dei due gas effonde più velocemente?

72 Quando i vapori di ammoniaca incontrano quelli di acido cloridrico che si liberano dalle rispettive soluzioni, si formano minuscoli cristallini bianchi di cloruro di ammonio. Aprendo contemporaneamente i due rubinetti del dispositivo rappresentato in figura, in quale parte – *a*, *b* o *c* – del tubo si osserva la formazione dei cristalli? Spiega come giungi alla conclusione.
(*Suggerimento*: tieni presente che le particelle di ammoniaca sono più leggere di quelle di acido cloridrico.)

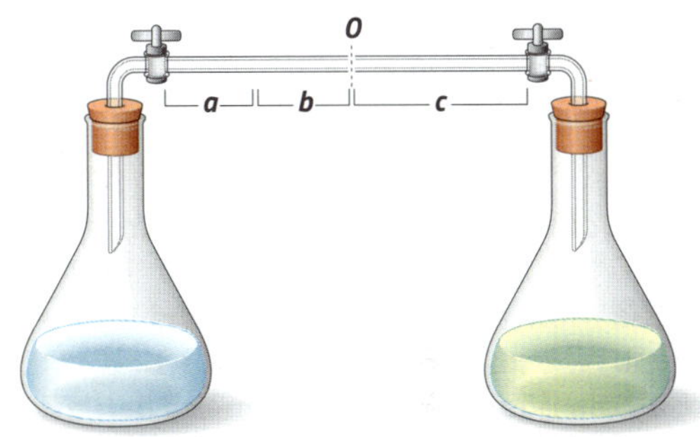

TEST YOURSELF

73 A sample of gas at a temperature of 25 °C exerts a pressure of 1.3 bar and has a volume of $1.20 \cdot 10^3$ mL.
What will its volume be at 20 °C, assuming constant pressure?
Express the result in liters.

74 A sample of a gas at 0.75 atm occupies a volume of 521 mL. If the temperature remains constant, what pressure value will be reached if the volume increases to 776 mL?

75 What is the relationship between the speed of helium and nitrogen effusion? Assume that the mass of the nitrogen particles is 7 times larger than the mass of helium particles.

76 A mixture contains hydrogen at a 600 torr pressure, nitrogen at a 200 torr pressure, and oxygen at a 300 torr pressure. What is the total pressure of the gases in the system?
Express the result in atmospheres.

77 At sea level, where the pressure was 104 kPa and the temperature 21.1 °C, a certain mass of air occupied 2.0 m^3. To what volume will the air mass expand when it has risen to an altitude where the pressure and the temperature are, respectively, 880 Pa and −52.0 °C?

VERSO I GIOCHI DELLA CHIMICA

78 **Un gas occupa un volume di 1,5 L alla temperatura di 300 K. A quale temperatura occuperà un volume di 0,42 L alla stessa pressione?**

Ⓐ 205 K Ⓑ 58 K Ⓒ 121 K Ⓓ 84 K

[Fase regionale 2016]

79 **Sulla cima di una montagna la temperatura è di 10 °C e la pressione è 933,1 · 10^2 Pa. Ai piedi della montagna si registrano una temperatura di 30 °C e una pressione di 1013,1 · 10^2 Pa. Calcola il rapporto tra la densità dell'aria alla cima e alla base della montagna.**

Ⓐ 1,2 Ⓑ 0,98 Ⓒ 0,86 Ⓓ 1,4

[Fase nazionale 2016]

80 **Viene prelevata una frazione delle moli di gas inizialmente contenute in un recipiente rigido. Al fine di mantenere inalterata la pressione all'interno del recipiente, si deve**

Ⓐ diminuire la temperatura.
Ⓑ prelevare altro gas.
Ⓒ aumentare la temperatura.
Ⓓ nessuna delle risposte precedenti è corretta.

[Fase nazionale 2015]

81 **Un recipiente rigido ed ermeticamente chiuso contiene 12 L di un gas a comportamento ideale a 27 °C e 0,20 atm. Di quanto bisogna innalzare la temperatura perché la pressione diventi 0,40 atm?**

Ⓐ 27 °C Ⓑ 5,4 °C Ⓒ 300 °C Ⓓ 12 °C

[Fase regionale 2014]

82 **Un recipiente di 1,00 L, contenente il gas A alla pressione di 1,00 bar, viene connesso ad un altro recipiente di 3,00 L contenente il gas B alla pressione di 3,00 bar. La temperatura viene mantenuta costante. Quale è la pressione totale finale?**

Ⓐ 2,50 bar Ⓑ 4,00 bar Ⓒ 1,00 bar Ⓓ 3,00 bar

[Fase nazionale 2014]

VERSO L'UNIVERSITÀ

83 **Una data quantità di gas perfetto, a partire da uno stato di equilibrio, subisce una trasformazione sino a raggiungere un nuovo stato di equilibrio in cui sia il volume sia la temperatura sono il doppio di quelli iniziali. Quale delle seguenti affermazioni è corretta?**

Ⓐ Dato che il volume è raddoppiato, la pressione finale è la metà di quella iniziale.
Ⓑ Dato che la temperatura del gas è raddoppiata, la pressione finale è il doppio di quella iniziale.
Ⓒ Dato che il volume del gas è aumentato, la pressione finale è diminuita, ma sono necessari ulteriori dati sulla trasformazione per quantificare la diminuzione.
Ⓓ Dato che la temperatura del gas è aumentata, la pressione finale è aumentata, ma sono necessari ulteriori dati sulla trasformazione per quantificare l'aumento.
Ⓔ Nessuna delle altre affermazioni è corretta.

[dalla prova di ammissione a Medicina e Chirurgia, 2010]

84 **Un cilindro contiene un gas perfetto mantenuto a temperatura costante *T*. Se il suo volume viene ridotto lentamente fino a raggiungere la metà del valore iniziale**

Ⓐ anche la pressione esercitata dal gas si dimezza.
Ⓑ la pressione esercitata dal gas resta costante.
Ⓒ la pressione esercitata dal gas si raddoppia.
Ⓓ la temperatura interna aumenta.
Ⓔ la temperatura interna diminuisce.

[dalla prova di ammissione a Veterinaria, 2007]

85 **Una bollicina di gas si sposta verso l'alto dal fondo di un bicchiere di bibita frizzante termicamente in equilibrio. Cosa succede al gas della bollicina quando questa si sposta verso l'alto?**

Ⓐ La pressione diminuisce e il volume aumenta.
Ⓑ La pressione aumenta e il volume diminuisce.
Ⓒ La temperatura e la pressione aumentano.
Ⓓ La temperatura e il volume aumentano.
Ⓔ Il volume e la temperatura diminuiscono.

[dalla prova di ingresso a Veterinaria, 2013]

VERSO L'ESAME: VERIFICA LE TUE COMPETENZE

RIFLETTI

86 **Il pallone sferico di una mongolfiera contiene elio alla pressione di 120 kPa e alla temperatura di 300 K. Il raggio del pallone è 7,00 m.**

a. Quali grandezze devono essere note per definire lo stato di un gas? Ricordando che il volume di una sfera si calcola con la formula $V = (4/3)\pi r^3$, determina lo stato iniziale dell'elio contenuto nel pallone.
b. Quando la mongolfiera sale, la pressione si riduce a 105 kPa mentre la temperatura scende a 285 K. Senza fare calcoli, è possibile prevedere se il volume della mongolfiera aumenta o diminuisce? Perché?
c. Determina lo stato finale dell'elio.

COLLEGA

87 **Una pompa per biciclette, con la valvola di uscita chiusa, contiene 110 cm^3 di aria alla pressione di $1{,}04 \cdot 10^5$ Pa.**
a. Quale diventa il volume della stessa quantità d'aria se, mantenendo la temperatura costante, aumentiamo la pressione fino a $2{,}30 \cdot 10^5$ Pa?
b. Se la superficie dello stantuffo è 13 cm^2, quale forza devi esercitare sullo stantuffo per raggiungere quel volume?

RIFLETTI E ARGOMENTA

88 **La pressione corretta di uno pneumatico varia al variare del tipo di auto ma a 20 °C si aggira spesso intorno a 2,5 bar.**
a. Perché si consiglia generalmente un aumento di pressione nell'ordine di 0,2 bar per gli pneumatici invernali?
b. Considerando costante il volume dello pneumatico, di quanto diminuisce la pressione al suo interno se la temperatura esterna è di 0 °C? Giustifica la risposta.

ANALIZZA E RIFLETTI

89 **Per verificare la legge di Charles, hai a disposizione un palloncino sferico pieno di elio che, alla temperatura di 25 °C, ha un volume di 1,80 L.**
a. Come ti aspetti che vari, e di quante volte, il volume del palloncino se lo introduci in un freezer dove la temperatura è mantenuta a −18 °C?
b. Ti aspetti che il diametro del palloncino diminuisca vistosamente? Ricorda che il volume di una sfera si calcola con la formula $V = (4/3)\pi r^3$.

ANALIZZA E DEDUCI

90 **Supponiamo che un palloncino scoppi quando il suo volume raggiunge 3,00 L. Se a 25 °C e 650 mmHg viene riempito fino a un volume di 2,90 L, a quale temperatura Celsius scoppierà, ammettendo che al momento dello scoppio la pressione sia esattamente 1 atm?**

CONFRONTA

91 **Il gas naturale è composto per oltre il 90% da metano; dopo purificazione, può essere liquefatto, caricato su apposite navi metaniere e trasportato verso i paesi consumatori, dove viene rigassificato. Il processo di liquefazione, che avviene a −162 °C, rende possibile il trasporto di grandi volumi di gas naturale. Dimostralo effettuando i calcoli indicati.**
a. La densità del gas naturale a 0 °C e alla pressione di 1 atm è circa 0,79 kg/m^3; ritieni che essa aumenti o diminuisca quando si raffredda il gas naturale sino a −160 °C? Perché?
b. Calcola il volume occupato da 1,0 m^3 di gas naturale a −160 °C.
c. Calcola la densità del gas a −160 °C.
d. La densità del gas naturale liquefatto (GNL) è 0,41 kg/L. Di quanto aumenta la densità del gas durante la liquefazione?
e. Di quanto aumenta la densità del GNL rispetto a quello del gas a 0 °C e alla pressione di 1 atm?
f. Di quanto diminuisce il volume del GNL rispetto a quello del gas a 0 °C e alla pressione di 1 atm?

IPOTIZZA E ARGOMENTA

92 **Per quale motivo sulle bombolette spray viene riportata l'avvertenza "Recipiente sotto pressione. Proteggere dai raggi solari e non esporre a una temperatura superiore a 50 °C"? Effettua un calcolo che confermi la tua ipotesi supponendo che la pressione a cui è sottoposto il propellente sia di 8 atm.**

SEI PRONTO PER LA VERIFICA?

IN 1 ORA

Dopo aver studiato i contenuti del **capitolo 5**, svolgi la prova nel **tempo massimo di un'ora**.

VERIFICA LE TUE CONOSCENZE

1 L'unità di misura della pressione nel SI è

Ⓐ l'atmosfera. Ⓒ il pascal.
Ⓑ il bar. Ⓓ il torr.

(6 punti se hai risposto correttamente) ...../6

2 1 atm equivale a

Ⓐ 101325 Pa Ⓒ 101,325 Pa
Ⓑ 1013 Pa Ⓓ 1,013 Pa

(8 punti se hai risposto correttamente) ...../8

3 Quale delle seguenti relazioni identifica la legge isobara?

Ⓐ $p \cdot V = k$ Ⓒ $VT = k$
Ⓑ $V/T = k$ Ⓓ $p \cdot V/T = k$

(8 punti se hai risposto correttamente) ...../8

4 Quale, tra le seguenti affermazioni, è errata?

Ⓐ La pressione parziale di un gas corrisponde alla pressione che quel gas eserciterebbe nel caso in cui fosse l'unico all'interno del recipiente.
Ⓑ La pressione esercitata da un gas in un dato volume è inversamente proporzionale al numero di particelle per unità di volume.
Ⓒ La pressione totale di una miscela di gas a temperature e volume costanti è pari alla somma delle pressioni parziali dei gas presi singolarmente.
Ⓓ È possibile determinare la pressione parziale di un gas in una miscela se sono note la pressione totale e le pressioni parziali degli altri gas.

(10 punti se hai risposto correttamente) ...../10

5 Un campione d'aria, mantenuto a pressione costante, viene scaldato da 5 °C a 10 °C. Quale trasformazione è prevedibile relativamente al volume del gas?

Ⓐ Un piccolo aumento
Ⓑ Un raddoppio
Ⓒ Una piccola diminuzione
Ⓓ Un dimezzamento

(12 punti se hai risposto correttamente) ...../12

6 Una bombola di 20 dm^3 contiene nelle condizioni normali 4 g di elio gassoso. Dopo averne fatti fuoriuscire 0,4 g, qual è il volume (in dm^3) del gas residuo nella bombola?

Ⓐ 20 Ⓒ 19,6
Ⓑ 18 Ⓓ 20,4

(16 punti se hai risposto correttamente) ...../16

I primi 60 punti valgono per il raggiungimento degli obiettivi minimi. Per fare di più, rispondi alle seguenti domande.

VERIFICA LE TUE COMPETENZE

7 Un gas alla temperatura di 20 °C occupa un volume di 60,5 mL. Calcola il volume occupato dal gas a pressione costante se viene riscaldato fino a 200 °C.

(10 punti se hai risposto correttamente) ...../10

8 Un dato volume di ossigeno ha la massa di 86,4 g. Calcola la massa di un ugual volume di idrogeno nelle stesse condizioni di temperatura e pressione.

(10 punti se hai risposto correttamente) ...../10

9 Un gas biatomico alla pressione di 1 atm e alla temperatura di 273 K ha densità 1,425 g/dm^3. Di quale gas si tratta?

Ⓐ Cl_2 Ⓒ N_2
Ⓑ F_2 Ⓓ O_2

(10 punti se hai risposto correttamente) ...../10

10 In un cilindro munito di pistone è contenuto vapore d'acqua saturo. Se il volume del vapore viene ridotto dal volume V al volume $V/2$ senza variare la temperatura, la pressione del vapore

Ⓐ raddoppia.
Ⓑ si dimezza.
Ⓒ diventa trascurabile.
Ⓓ non varia.

(10 punti se hai risposto correttamente) ...../10

PUNTEGGIO TOTALE ...../100

CAPITOLO

6

DALLE SOSTANZE ALLA TEORIA ATOMICA

1 I CHIMICI HANNO SEMPRE CERCATO DI CAPIRE COME SI FORMANO LE SOSTANZE E DI PRODURLE ARTIFICIALMENTE

Perché le proprietà fisiche dell'acqua sono così diverse da quelle del cloruro di sodio e da quelle dello zolfo o del ferro? Sappiamo che tutte le sostanze sono costituite da particelle piccolissime, ma come sono fatte queste particelle? Sono tutte uguali? È possibile suddividerle in particelle più piccole?

Oggi possiamo rispondere a queste domande grazie al minuzioso lavoro svolto dai chimici e, prima di loro, dagli alchimisti. Spinti dalla curiosità di capire da che cosa sono formate le sostanze e dal desiderio di produrle artificialmente «imitando ciò che fa la natura», essi hanno rivolto molti dei loro studi alla decomposizione delle varie sostanze naturali. Lo scienziato francese Antoine-Laurent Lavoisier (1743-1794), per esempio, scriveva: «La Chimica, sottoponendo a esperimenti i vari corpi che esistono in natura, mira a scomporli in modo tale da poter esaminare separatamente le diverse sostanze che entrano nella loro composizione».

Lo stesso Lavoisier riuscì a decomporre l'acqua facendola fluire dentro una canna da fucile riscaldata fino all'incandescenza. In queste condizioni, l'acqua non soltanto vaporizzava, ma si trasformava in due sostanze gassose diverse, da lui chiamate *aria vitale* e *aria infiammabile* (figura **1**).

Figura 1 La decomposizione dell'acqua L'apparecchiatura utilizzata da Lavoisier per decomporre l'acqua.

2 LE SOSTANZE POSSONO ESSERE SEMPLICI O COMPOSTE

Come dimostrò Lavoisier, l'acqua è una sostanza decomponibile; per decomporne una quantità apprezzabile però serve molta energia, molta di più di quella necessaria per farla vaporizzare. La decomposizione dell'acqua si ottiene oggi più agevolmente sottoponendola al passaggio di corrente elettrica in un'apposita apparecchiatura chiamata *voltmetro*: in corrispondenza dei due elettrodi si osserva lo sviluppo di gas. I due gas sono *idrogeno* e *ossigeno*, e il processo si chiama **elettrolisi** (figura 2).

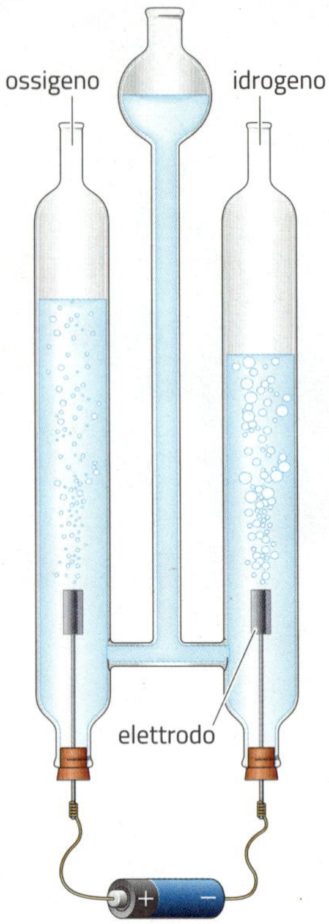

Figura 2 Il voltmetro Questo strumento consente di decomporre l'acqua nei suoi costituenti, idrogeno e ossigeno gassosi, attraverso il passaggio della corrente elettrica: questo procedimento è noto come elettrolisi.

La maggior parte delle sostanze presenti in natura è decomponibile; il sale da cucina, per esempio, può essere decomposto in cloro e sodio facendo passare corrente elettrica attraverso la sua massa fusa.

Alcune sostanze, invece, non mostrano nessuna tendenza alla decomposizione; il cloro e il sodio, così come i gas idrogeno e ossigeno, sono di fatto indecomponibili. Lo stesso Lavoisier notò che i metalli non si decompongono mai; se riscaldati energicamente all'aria, invece, essi si trasformano in sostanze diverse che pesano di più del metallo di partenza.

A partire da fatti simili, Lavoisier stabilì che è possibile suddividere le sostanze pure in *sostanze semplici* (o *elementi*) e in *sostanze composte* (o *composti*).

Un **elemento** è una sostanza pura che, attraverso metodi chimici o fisici, non può essere decomposta in sostanze più semplici.

Un **composto** è una sostanza pura che, attraverso metodi chimici o fisici, si decompone in due o più sostanze più semplici.

Un composto, pertanto, è formato da due o più elementi e proprio per questo può essere *decomposto*. Per un gran numero di composti, la decomposizione richiede ingenti quantità di energia; l'acqua nelle normali condizioni ambientali non si trasforma spontaneamente in idrogeno e ossigeno. Per questo l'acqua, pur essendo decomponibile, è una **sostanza stabile**. Viceversa, una sostanza facilmente decomponibile è una **sostanza instabile**.

Non è stato facile nel corso della storia della chimica riconoscere quali fossero gli elementi: composti difficilmente decomponibili potevano infatti essere scambiati per sostanze semplici.

All'epoca dei Romani erano noti nove elementi, circa trenta alla fine del diciottesimo secolo e circa ottanta all'inizio del ventesimo secolo. Oggi ne conosciamo oltre un centinaio e dalle loro combinazioni ha origine tutta la materia (figura 3).

Figura 3 L'organizzazione della materia La materia può presentarsi in forma di miscele, omogenee o eterogenee, e di sostanza pura, che può essere semplice o composta.

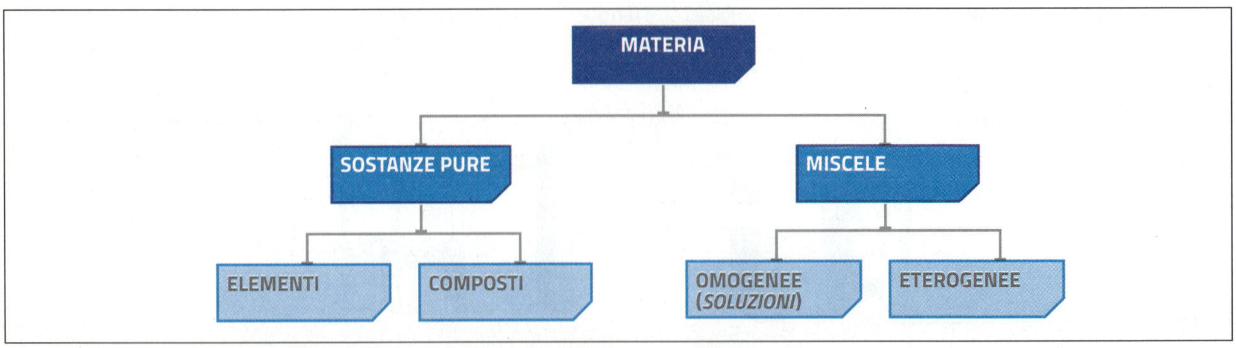

3 OGNI ELEMENTO È RAPPRESENTATO DA UN SIMBOLO ED È CLASSIFICATO NELLA TAVOLA PERIODICA

Gli elementi noti sono oggi 118. Dei primi 92, ne sono presenti in natura 89 (*elementi naturali*); a eccezione del plutonio che si può trovare in tracce, tutti gli elementi dopo il numero 92 sono stati ottenuti artificialmente in laboratorio (*elementi artificiali*) mediante reazioni di trasmutazione nucleare che permettono di trasformare un elemento chimico in un elemento diverso.

Gli elementi si trovano in natura prevalentemente sotto forma di composti. Per esempio, l'ossigeno presente in atmosfera è un elemento, ma costituisce solo una piccola parte dell'ossigeno che si trova sulla Terra, in quanto esso è per la maggior parte combinato con l'idrogeno nell'acqua degli oceani.

I **nomi** degli elementi chimici in alcuni casi derivano da termini greci (cloro da *chlorós*, «verde»; bario da *barýs*, «pesante») o latini (oro da *aurum*; fluoro da *fluere*, «scorrere»), in altri casi da luoghi geografici (americio da America; californio da California) o ancora dal nome di fisici (fermio da Fermi) o chimici (mendelevio da Mendeleev) (figura **4**).

Figura 4 Le origini dei nomi degli elementi Il nome cloro (A) deriva da *chlorós*, «verde» in greco, mentre oro dal nome latino *aurum* (B). Il californio prende il nome dallo stato della California (C), mentre il nome del mendelevio è un omaggio al chimico russo Dmitrij Mendeleev (D).

I **simboli** degli elementi chimici, proposti nel 1814 dal chimico svedese Jöns Berzelius, sono costituiti generalmente dalla lettera iniziale maiuscola del nome dell'elemento (tabella **1**).

S — zolfo (dal latino *sulphur*) P — fosforo (dal greco *phosphóros* = portatore di luce)

Se due elementi hanno la stessa iniziale, si usa anche la seconda lettera:

C — carbonio Ca — calcio

o una lettera diversa dalla seconda:

Ar — argon Ag — argento

I simboli con due lettere vanno pronunciati staccando le lettere stesse; il simbolo del calcio, pertanto, si legge «ci-a», mentre quello dell'argento «a-gi».

Tabella 1 Gli elementi chimici Nome e simbolo degli elementi più noti.

Elemento	Simbolo
azoto	N
boro	B
cloro	Cl
ferro	Fe
fluoro	F
fosforo	P
idrogeno	H
litio	Li
ossigeno	O
rame	Cu
sodio	Na
zinco	Zn

I simboli di tutti gli elementi, spesso accompagnati da una serie di informazioni che li riguardano, sono raccolti nella *tavola periodica* (figura 5). In ogni casella di questa «tabella» è contenuto il simbolo di un elemento sormontato da un numero, chiamato *numero atomico*; vedremo più avanti il significato di questo termine e il motivo della particolare forma della tabella.

Molti elementi a temperatura ambiente (25 °C) sono **solidi**, con punti di fusione che variano dai 29 °C del cesio ai 3550 °C del carbonio (nella forma di diamante). Due sono gli elementi (bromo, mercurio) allo stato **liquido** e undici gli elementi sotto forma di **gas** (idrogeno, azoto, ossigeno, fluoro, cloro e gli elementi del gruppo 18).

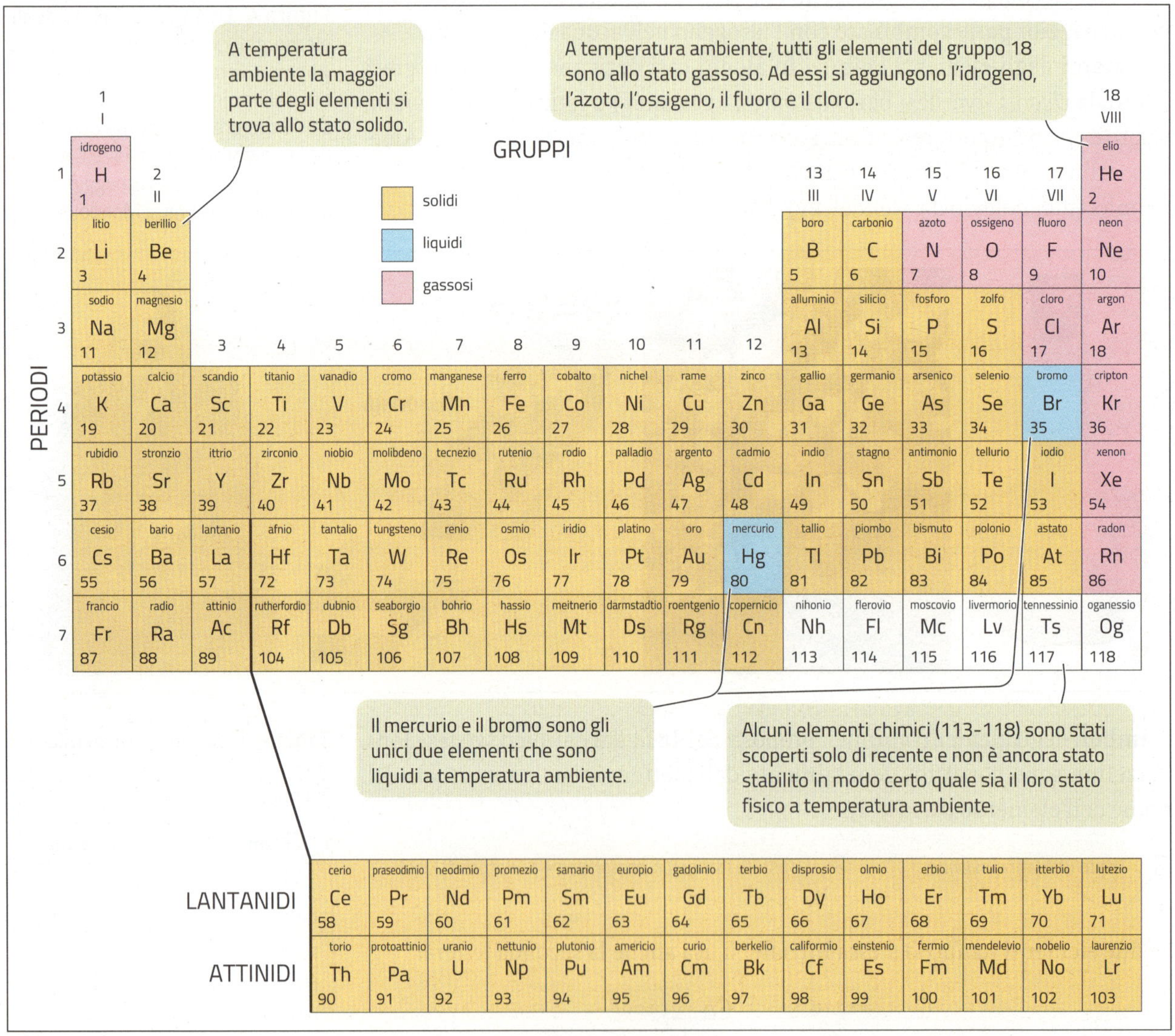

Figura 5 La tavola periodica degli elementi Gli elementi si susseguono in ordine di numero atomico crescente. A temperatura ambiente, gli elementi possono essere solidi, liquidi o gassosi.

APP La tavola periodica interattiva

Nella tavola periodica gli elementi si susseguono in ordine di numero atomico crescente e sono raggruppati in base alle loro proprietà secondo uno schema simile a quello proposto da Mendeleev nel 1869.

Le colonne di questa tabella sono chiamate **gruppi**, le righe sono dette **periodi**; i gruppi sono numerati da 1 a 18 e i periodi da 1 a 7. Alcuni gruppi hanno nomi particolari: gli elementi del gruppo 1 sono detti *metalli alcalini*, quelli del gruppo 17 *alogeni* e quelli del gruppo 18 *gas nobili*.

Metalli, non metalli, semimetalli

Una classificazione più generale divide gli elementi in tre categorie: metalli, non metalli e semimetalli (figura **6**).

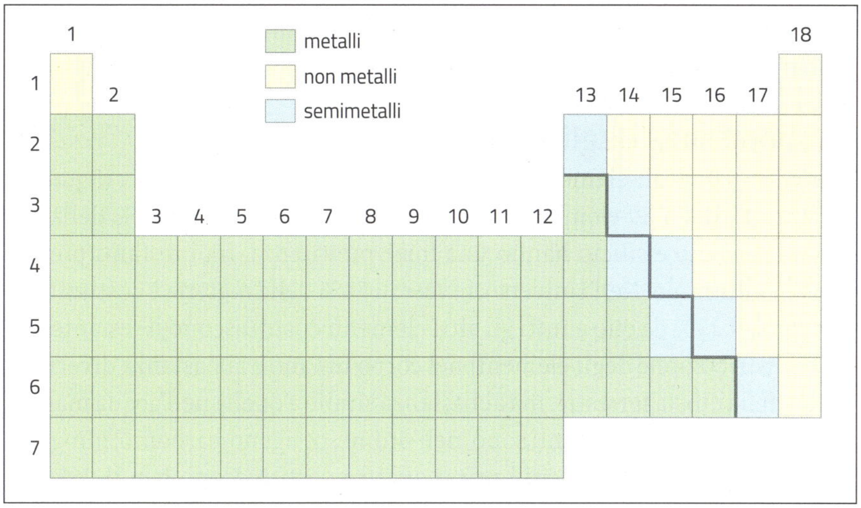

Figura 6 Metalli, non metalli, semimetalli Nella tavola periodica i metalli si trovano a sinistra della linea spezzata nera e i non metalli a destra; i semimetalli si trovano a contatto con questa linea.

I **metalli** sono i più numerosi. A eccezione del mercurio, a temperatura ambiente sono tutti solidi e spesso lucenti allo stato puro, sono buoni conduttori di calore ed elettricità, sono malleabili (possono essere pressati in lamine) e duttili (possono essere ridotti in fili). Per queste caratteristiche sono impiegati nei settori elettrotecnico, automobilistico e delle costruzioni. Il rame dei fili elettrici deve avere un elevato grado di purezza, ma molti oggetti metallici sono costituiti da miscele di più metalli, cioè da *leghe metalliche*.

I **non metalli** si presentano in diversi stati di aggregazione, hanno punti di fusione e densità relativamente bassi e sono in genere cattivi conduttori di calore e di elettricità. Alcuni si trovano in natura allo stato libero: il carbonio costituisce la grafite e il diamante, l'azoto, l'ossigeno e l'argon sono componenti dell'atmosfera, lo zolfo è presente in alcune rocce (figura **7**).

A COLPO D'OCCHIO

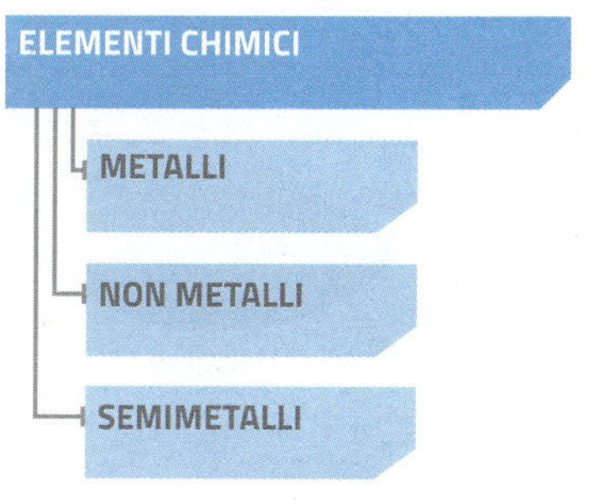

Figura 7 Campioni di metalli e non metalli Il carbonio (A) e lo zolfo (B) sono non metalli, mentre il magnesio (C), il rame (D) e il ferro (E) sono metalli.

I **semimetalli**, tutti solidi a temperatura ambiente, sono dotati di proprietà intermedie fra quelle dei metalli e dei non metalli. Non sono normalmente conduttori di elettricità, ma lo diventano per aggiunta di piccolissime quantità di altri elementi; per questa loro caratteristica sono chiamati *semiconduttori* e sono ampiamente utilizzati nel settore dell'elettronica. I più importanti sono il silicio e il germanio.

L'abbondanza degli elementi in natura

L'abbondanza degli elementi sulla crosta terrestre è molto varia (figura **8**). Soltanto 10 degli 89 elementi naturali costituiscono circa il 91% della sua massa: ossigeno e silicio hanno una forte prevalenza, fra i restanti prevale invece l'alluminio. Nell'Universo, invece, il 74% della materia è costituito da idrogeno, il 25% da elio e tutti gli altri elementi costituiscono il restante 1%.

La distribuzione degli elementi nel corpo umano è abbastanza diversa da quella nella crosta terrestre, ma abbastanza simile a quella nell'acqua marina. I sei elementi più abbondanti sono, nell'ordine, ossigeno, carbonio, idrogeno, azoto, calcio e fosforo, di cui i primi quattro costituiscono ben il 96% del totale.

Figura 8 **Gli elementi in natura** Distribuzione degli elementi nell'universo, nella crosta terrestre e nel corpo umano.

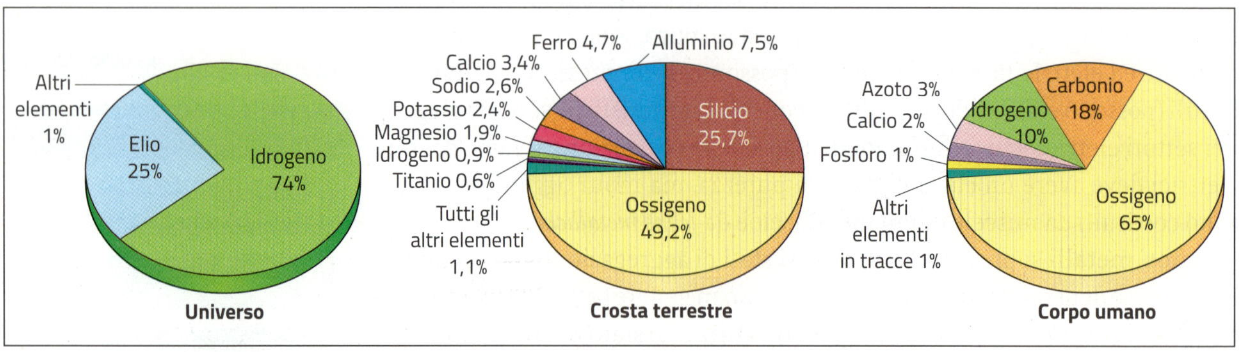

4 LE TRASFORMAZIONI DELLA MATERIA POSSONO ESSERE FISICHE E CHIMICHE

A COLPO D'OCCHIO

Riconsideriamo la decomposizione dell'acqua effettuata da Lavoisier (*vedi* figura 1). Tutta l'acqua che fluisce dentro alla canna di fucile incandescente vaporizza immediatamente. Mentre una parte del vapore si decompone, un'altra resta inalterata e ricondensa nella serpentina; l'acqua, pertanto, subisce due diverse trasformazioni.

In una trasformazione si assiste al ciclo *acqua → vapore → acqua*: tale ciclo è un insieme di **trasformazioni fisiche** che modificano lo stato di aggregazione dell'acqua ma non ne alterano la natura.

Nell'altra trasformazione il vapore si decompone e si trasforma nei gas idrogeno e ossigeno; questa, invece, è una **trasformazione chimica**, o **reazione chimica**, perché produce sostanze diverse da quelle di partenza. Idrogeno e ossigeno hanno infatti proprietà molto differenti rispetto all'acqua.

Le **trasformazioni fisiche** provocano un cambiamento fisico delle sostanze ma lasciano inalterata la loro natura. Le **trasformazioni chimiche** producono sostanze diverse da quelle di partenza, modificandone la natura.

Se utilizziamo una freccia per indicare il verso in cui procede la trasformazione, la reazione chimica di decomposizione dell'acqua può essere così rappresentata:

$$\text{acqua} \xrightarrow{\text{calore}} \text{idrogeno} + \text{ossigeno}$$

Una reazione in cui una sostanza viene decomposta in sostanze più semplici è una **reazione di analisi** o di **decomposizione**.

A COLPO D'OCCHIO

REAZIONE DI ANALISI O DECOMPOSIZIONE

LE PAROLE

Il termine **analisi** deriva dal greco e significa «dividere». Oggi il termine indica un'indagine per determinare la composizione di un materiale.

Anche l'ossido di mercurio, una sostanza che si presenta sotto forma di polvere di colore rosso-arancione, si decompone per riscaldamento (figura **9**). Già nel 1774 esso fu decomposto dal chimico inglese Joseph Priestley, che lo riscaldò concentrando su di esso con una lente i raggi del sole.

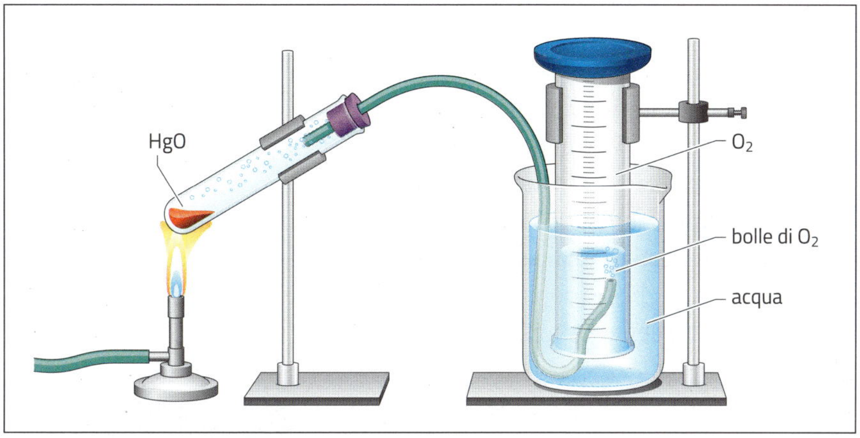

Figura 9 **La decomposizione dell'ossido di mercurio** Apparecchiatura con cui si può decomporre l'ossido di mercurio e raccogliere l'ossigeno gassoso che si libera.

Dalla decomposizione si formavano goccioline dall'aspetto metallico che si raccoglievano sulle pareti della provetta e si sviluppava un gas nel quale le sostanze combustibili bruciavano più rapidamente e con fiamma più brillante. A tale gas, qualche anno dopo, Lavoisier avrebbe dato il nome di *ossigeno*; le piccole gocce metalliche, invece, risultavano costituite da mercurio.

La reazione di analisi dell'ossido di mercurio può essere così rappresentata:

$$\text{ossido di mercurio} \xrightarrow{\text{calore}} \text{mercurio} + \text{ossigeno}$$

LE PAROLE

Il nome **ossigeno** deriva dal greco e significa «generatore di acidi». Lavoisier, infatti, riteneva erroneamente che un acido fosse costituito dalla combinazione dell'ossigeno con un altro elemento non metallico.

Lavoisier riuscì a realizzare non soltanto la decomposizione dell'acqua, ma anche la reazione inversa: facendo reagire i gas idrogeno e ossigeno, ottenne acqua in tutto e per tutto uguale a quella naturale. Una reazione di questo tipo si chiama **reazione di sintesi**.

Una reazione in cui più sostanze vanno a formarne una sola è detta di **sintesi**.

La reazione di sintesi dell'acqua si rappresenta in questo modo:

$$\underset{\text{REAGENTI}}{\text{idrogeno} + \text{ossigeno}} \longrightarrow \underset{\text{PRODOTTI}}{\text{acqua}}$$

A COLPO D'OCCHIO

REAZIONE DI SINTESI

Questa rappresentazione equivale alla frase: l'idrogeno *si combina* (+) con l'ossigeno *per dare* (→) acqua. Alle sostanze prima della freccia si dà il nome di *reagenti*, a quelle dopo la freccia di *prodotti*; idrogeno e ossigeno sono dunque i reagenti, mentre l'acqua è il prodotto di reazione.

Oltre alle reazioni di analisi e sintesi, ci sono molti altri tipi di trasformazioni chimiche di cui ci occuperemo in dettaglio più avanti. Esse avvengono di continuo intorno a noi (figura **10**) e dentro al nostro stesso organismo.

Di alcune reazioni possiamo avere percezione perché:

- sono accompagnate da un cambiamento di colore (l'arrugginimento di un pezzo di ferro all'aria);
- sono accompagnate da un cambiamento di sapore (l'inacidimento del latte conservato troppo a lungo);
- sono accompagnate da un cambiamento di odore (l'aroma di una torta che cuoce);
- sviluppano un gas (una pastiglia effervescente che si scioglie in acqua);
- portano alla distruzione di un materiale (la combustione della benzina nel motore dell'automobile o la digestione dei cibi nel nostro apparato digerente).

Altre, invece, non si individuano «a vista», ma sono altrettanto importanti: nelle pile, per esempio, avvengono reazioni chimiche in grado di produrre energia elettrica, mentre nelle marmitte catalitiche delle automobili gas tossici vengono trasformati in altri innocui.

Non è sempre facile stabilire se una trasformazione è fisica o chimica; la certezza che si tratti di una vera e propria reazione chimica si raggiunge soltanto verificando che le proprietà caratteristiche delle sostanze iniziali siano diverse da quelle delle sostanze finali.

Figura 10 Le trasformazioni intorno a noi Quando un fiammifero brucia (A), una scultura di rame si ricopre di una patina verde-azzurra (B), le foglie in autunno ingialliscono (C) avvengono reazioni chimiche che trasformano le sostanze iniziali in altre. Quando il ghiaccio fonde (D) avviene una trasformazione fisica che non altera la composizione dell'acqua.

5 NELLE REAZIONI CHIMICHE LA MATERIA SI CONSERVA

Lavoisier si domandò se in una trasformazione chimica vi fosse una *variazione di massa* tra reagenti e prodotti.

Dopo numerose verifiche sperimentali in cui determinò la massa prima e dopo la reazione chimica, Lavoisier enunciò la legge di conservazione della massa (1789).

La **legge di conservazione della massa** stabilisce che in ogni reazione chimica la somma delle masse dei reagenti è uguale alla somma delle masse dei prodotti.

In altri termini, in una reazione chimica la massa rimane la *stessa*, quindi la materia non si crea né si distrugge.

Se si esegue la reazione tra idrogeno e ossigeno utilizzando 4 g di idrogeno e 32 g di ossigeno, la massa totale dei due reagenti (uguale a 36 g) corrisponde esattamente alla quantità di prodotto (36 g), l'acqua, che si forma alla fine della reazione:

$$\begin{array}{ccccc} \text{idrogeno} & + & \text{ossigeno} & \longrightarrow & \text{acqua} \\ 4\ \text{g} & & 32\ \text{g} & & 36\ \text{g} \end{array}$$

Possiamo verificare la legge di conservazione della massa anche con una bilancia da cucina, una bottiglietta di plastica chiusa dal proprio tappo, aceto e bicarbonato di sodio disposti come in figura **11**: al procedere della reazione, vediamo che i reagenti si trasformano ma la massa si conserva.

PER CAPIRE MEGLIO
Video *In laboratorio*
La legge di conservazione della massa

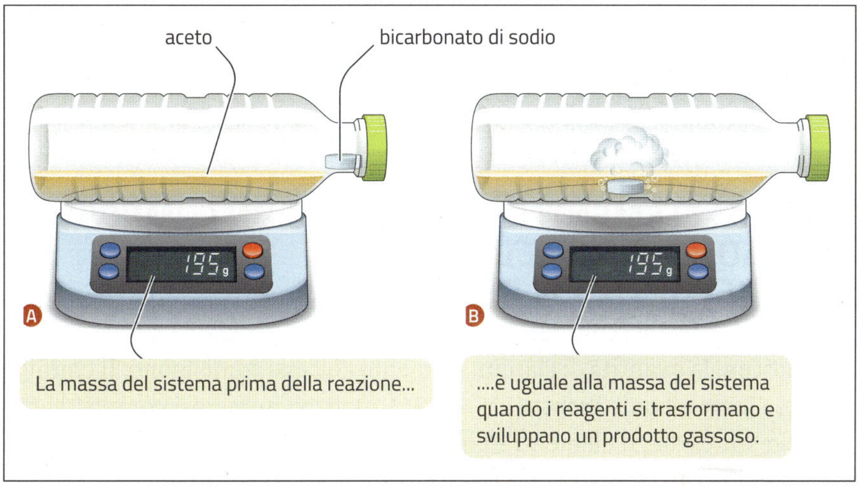

Figura 11 Durante una reazione chimica la massa si conserva
In una bottiglia chiusa i reagenti aceto e bicarbonato di sodio non sono a contatto (A); solo in un secondo momento vengono mescolati (B).

PROBLEMA MODELLO

Rappresentare una reazione chimica e stabilire la massa di un prodotto che si forma

Dopo aver scritto la rappresentazione della reazione, calcola la massa di cloruro di sodio che si forma nella reazione tra 17,0 g di nitrato di sodio e 11,0 g di cloruro di calcio, sapendo che tra i prodotti della reazione sono presenti anche 16,4 g di nitrato di calcio.

L'IDEA

Poiché il cloruro di sodio è una sostanza che si forma in seguito alla reazione, esso costituisce uno dei prodotti; l'altro prodotto è il nitrato di calcio. Nitrato di sodio e cloruro di calcio costituiscono invece i reagenti.
La reazione si rappresenta interponendo una freccia tra reagenti e prodotti.
La legge di conservazione della massa stabilisce che la somma delle masse dei prodotti deve uguagliare la somma delle masse dei reagenti. Il valore che si ottiene sommando le masse del nitrato di sodio e del cloruro di calcio corrisponde quindi al valore della somma delle masse del cloruro di sodio e del nitrato di calcio. Sottraendo da tale valore la massa, nota, del nitrato di calcio si ottiene la massa del cloruro di sodio.

LA SOLUZIONE

La rappresentazione della reazione in termini qualitativi è:

$$\text{nitrato di sodio} + \text{cloruro di calcio} \longrightarrow \text{cloruro di sodio} + \text{nitrato di calcio}$$

I calcoli sono i seguenti:

$$\text{massa reagenti} = 17{,}0\ \text{g} + 11{,}0\ \text{g} = 28{,}0\ \text{g} = \text{massa prodotti}$$

$$\text{massa cloruro di sodio} = 28{,}0\ \text{g} - 16{,}4\ \text{g} = 11{,}6\ \text{g}$$

LA CONCLUSIONE

La massa del cloruro di sodio corrisponde a 11,6 g.

PROBLEMA SIMILE

Quando il metano brucia reagendo con l'ossigeno, i prodotti che si formano sono diossido di carbonio e acqua. Rappresenta la reazione e calcola quanto ossigeno serve per bruciare 16 g di metano sapendo che si formano 44 g di diossido di carbonio e 36 g di acqua.

6 GLI ELEMENTI CHE FORMANO UN COMPOSTO SONO SEMPRE UNITI NELLE STESSE PROPORZIONI

Le reazioni di analisi consentono di studiare la composizione dei composti e di conoscere la quantità di ciascun elemento che essi contengono. Il chimico francese Joseph-Louis Proust (1754-1826) analizzò numerosi composti ottenuti per sintesi dagli elementi e concluse che in ogni composto il **rapporto** tra le masse degli elementi che si combinano risulta **costante**.

Consideriamo la reazione tra ferro (simbolo Fe) e zolfo (simbolo S), che ha come prodotto il composto solfuro di ferro. Se si fa reagire 1,0 g di ferro con 0,57 g di zolfo si osserva che i reagenti si consumano completamente, trasformandosi nel prodotto; lo stesso accade se si fanno reagire quantità di ferro e zolfo che rispettano questo rapporto di 1 : 0,57 (si legge 1 a 0,57): per esempio, 10 g di Fe reagiscono completamente con 5,7 g di S, mentre 50 g di Fe richiedono 28,5 g di S per consumarsi.

Se invece si usano quantità di ferro e zolfo in proporzioni diverse, la quantità di reagente che è in eccesso rispetto al rapporto 1:0,57 non reagisce e rimane non combinato (tabella 2).

Tabella 2 Rapporto di combinazione tra diverse quantità di ferro e zolfo Le quantità di ferro o zolfo in eccesso rispetto al rapporto 1:0,57 non reagiscono e restano non combinate.

Reagenti		Prodotti	Massa non combinata		Rapporto di combinazione
Fe (g)	S (g)	Solfuro di ferro (g)	Fe (g)	S (g)	Fe:S
1	0,57	1,57	—	—	1:0,57
2	0,57	1,57	1	—	1:0,57
1	1,14	1,57	—	0,57	1:0,57

I risultati di questi esperimenti permisero a Proust di enunciare la legge delle proporzioni definite (1799).

PER CAPIRE MEGLIO
Video *In laboratorio*
La preparazione di un composto: la legge di Proust

La **legge delle proporzioni definite** stabilisce che, quando due elementi formano un composto, reagiscono secondo un rapporto di massa ben definito e costante.

La legge di Proust può essere formulata anche affermando che ogni composto è caratterizzato sia dagli elementi che lo formano sia dalla quantità di ogni elemento che entra a far parte del composto.

PROBLEMA MODELLO

Calcolare la massa del composto che si forma, conoscendo il rapporto di combinazione tra due elementi

La reazione tra ferro e zolfo per dare solfuro di ferro avviene nel rapporto di 1 : 0,57. Mettendo a reagire 56 g di ferro con 16 g di zolfo, determina:

a. quale dei due reagenti risulta non completamente combinato;
b. la massa del solfuro di ferro che si ottiene.

L'IDEA

Il rapporto tra le masse degli elementi che costituiscono un composto deve restare costante (legge di Proust): unendo quantità qualsiasi di ferro e zolfo, ne reagiranno soltanto quantità che rispettano il rapporto di 1 : 0,57.
Se si indica con x la massa di zolfo che dovrebbe reagire con 56 g di ferro, si può quindi imporre che il rapporto (56 : x) sia uguale al rapporto (1 : 0,57); si ottiene così una proporzione da cui ricavare il valore di x. Se il valore dell'incognita è più grande di 16, per far reagire tutto il ferro servirebbe una massa di zolfo maggiore di quella disponibile: in tal caso il ferro non potrebbe trasformarsi completamente in solfuro di ferro e sarebbe l'elemento in eccesso. Se il valore ottenuto è minore di 16, è lo zolfo l'elemento in eccesso.
In questo caso, per determinare la massa dell'elemento in eccesso che può effettivamente combinarsi con l'altro elemento, si imposta una proporzione analoga alla precedente in cui la massa incognita è quella dell'elemento in eccesso. Dopo aver calcolato il suo valore si deve tener presente che la somma delle masse dei reagenti è uguale alla somma delle masse dei prodotti (legge di Lavoisier).

LA SOLUZIONE

a. Rappresentiamo la reazione in termini qualitativi:

$$\text{ferro} + \text{zolfo} \longrightarrow \text{solfuro di ferro}$$

Per determinare la massa di zolfo che dovrebbe reagire con 56 g di ferro impostiamo la proporzione

$$1 : 0{,}57 = 56 : x$$

$$1 \cdot x = 0{,}57 \cdot 56$$

$$x = 31{,}92 \text{ g} = \text{massa di zolfo richiesta per reagire con 56 g di ferro}$$

Avendo a disposizione 16 g di zolfo, il ferro risulta l'elemento in eccesso.

b. Per determinare la massa di ferro che si combina con 16 g di zolfo impostiamo la proporzione

$$1 : 0{,}57 = y : 16$$

$$1 \cdot 16 = 0{,}57 \cdot y$$

$$y = \frac{16}{0{,}57} = 28{,}07 \text{ g}$$

Tenendo conto del numero di cifre significative, la massa di ferro richiesta per reagire con 16 g di zolfo è pari a 28 g. Pertanto:

massa ferro + massa zolfo = massa solfuro di ferro

massa solfuro di ferro = 28 g + 16 g = 44 g

LA CONCLUSIONE

L'elemento in eccesso, che non può quindi combinarsi tutto con l'altro elemento, è il ferro. La massa di ferro che effettivamente si combina con 16 g di zolfo è 28 g. Soltanto la metà del ferro disponibile (28 = 56/2) serve a produrre il solfuro di ferro, per cui la massa di solfuro di ferro che si ottiene è pari a 44 g.

PROBLEMA SIMILE

Il rapporto massa idrogeno : massa ossigeno nell'acqua è di circa 1 : 8. Determina quale dei due elementi è in eccesso e calcola quanta acqua si ottiene mettendo a reagire 4,0 g di idrogeno con 40 g di ossigeno.

7 DUE ELEMENTI POSSONO COMBINARSI IN RAPPORTI DIVERSI PER FORMARE SOSTANZE DIVERSE

Il chimico inglese John Dalton (1766-1844), dopo numerose osservazioni sperimentali, verificò che due elementi, reagendo fra loro in **quantità diverse**, potevano dare *composti diversi.* Il carbonio e l'ossigeno, per esempio, possono combinarsi per dare due diversi composti gassosi: il monossido di carbonio e il diossido di carbonio.

Analizzando i due composti dal punto di vista quantitativo si rileva che nel monossido di carbonio una data massa di carbonio (12 g) si combina con una data massa di ossigeno (16 g), mentre nel diossido di carbonio la stessa massa di carbonio (12 g) si combina con una massa doppia di ossigeno (32 g). Le masse di ossigeno che possono combinarsi con una quantità fissa di carbonio (12 g), rispettivamente nel diossido e nel monossido di carbonio, stanno quindi tra loro nel rapporto di 2 : 1 (tabella **3**).

Tabella 3 Rapporto tra le masse di ossigeno combinate con una stessa massa di carbonio Il rapporto tra le masse di ossigeno combinate con il carbonio nel diossido e nel monossido è sempre 2 : 1.

Composto	Carbonio (g)	Ossigeno (g)	Rapporto
diossido di carbonio	12	32	32 : 16 = 2 : 1
monossido di carbonio	12	16	

In seguito a esperimenti simili a quelli descritti, Dalton enunciò la legge delle proporzioni multiple.

La **legge delle proporzioni multiple** stabilisce che, quando due elementi si combinano per formare due o più composti, tenendo fissa la quantità di uno, le quantità dell'altro stanno tra loro in rapporti esprimibili con numeri piccoli e interi (1 : 1, 2 : 1, 3 : 1).

PROBLEMA MODELLO

Verificare la legge delle proporzioni multiple

Il piombo (Pb) e l'ossigeno (O) formano due diversi composti: 8 g di piombo possono reagire rispettivamente con 0,62 g e con 1,24 g di ossigeno. Calcola il rapporto tra le masse di ossigeno combinato con il piombo per formare i due composti.

L'IDEA

Le masse di ossigeno che reagiscono con una stessa massa di piombo (8 g) per formare il primo e il secondo composto sono $m_1 = 0{,}62$ g e $m_2 = 1{,}24$ g. Secondo la legge di Dalton, il rapporto tra le due masse di ossigeno è esprimibile con numeri interi e piccoli; per determinarlo dividiamo il valore maggiore per il minore e valutiamo il risultato.

LA SOLUZIONE

$$m_2 : m_1 = 1{,}24 \text{ g} : 0{,}62 \text{ g} = 2$$

La massa di ossigeno nel secondo composto (m_2) è il doppio di quella nel primo (m_1).

LA CONCLUSIONE

Il rapporto $m_2 : m_1 = 2$ può anche essere scritto come $m_2 : m_1 = 2 : 1$.
Il rapporto tra le masse di ossigeno che si combinano con 8 g di piombo per formare due composti diversi è 2 : 1; tali numeri sono interi e piccoli.

PROBLEMA SIMILE

Il rame (Cu), reagendo con l'ossigeno (O), può formare due diversi ossidi. Con 1,0 g di ossigeno reagiscono, in un caso, 7,9 g di rame e, nell'altro, 4,0 g di rame. Calcola il rapporto tra le masse di rame che si combinano con l'ossigeno per formare i due composti.

8 LA TEORIA ATOMICA DI DALTON SPIEGA LE LEGGI PONDERALI

Perché gli elementi si combinano tra loro in rapporti ben precisi quando formano un composto? Che cosa si conserva effettivamente quando gli elementi, reagendo tra loro, formano sostanze completamente diverse oppure sembrano scomparire? Per esempio, che cosa succede durante la combustione? Il carbone, costituito essenzialmente da carbonio, brucia grazie all'ossigeno dell'aria: reagendo tra di loro, carbonio e ossigeno si consumano e sono rimpiazzati da una sostanza diversa, il diossido di carbonio (figura **12**).

Poiché le *proprietà osservabili* degli elementi non si mantengono quando essi si combinano per formare un composto, ciò che si conserva sfugge all'osservazione e deve quindi riguardare la struttura microscopica della materia.

Figura 12 **La combustione**
Il carbone brucia grazie all'ossigeno dell'aria e rilascia diossido di carbonio.

La risposta a queste domande si trova nella **teoria atomica della materia**, formulata dallo stesso Dalton agli inizi dell'Ottocento. Essa si articola nei seguenti punti:

1. la materia è costituita da particelle piccolissime e **indivisibili** dette **atomi**, che non possono essere creati né distrutti;
2. gli atomi di uno stesso *elemento* hanno **massa** uguale, gli atomi di elementi diversi hanno massa diversa;
3. gli atomi di elementi diversi si combinano secondo rapporti semplici;
4. le reazioni chimiche consistono nel separare e/o combinare atomi interi.

In seguito alla formulazione della teoria atomica, l'atomo può quindi essere definito nel seguente modo.

LE PAROLE

Atomo deriva dal greco *átomos*, che significa «indivisibile»; come vedremo più avanti, gli atomi non sono indivisibili, ma hanno struttura interna costituita da un nucleo e da elettroni.

Un **atomo** è la più piccola parte di un elemento che durante le reazioni chimiche mantiene la sua identità.

Per rendere evidenti la diversità degli atomi dei vari elementi e la loro unione per formare «atomi composti», Dalton adottò una specifica simbologia (figura **13**). Rappresentò gli atomi con dei cerchietti e li differenziò ponendo al loro interno segni particolari o le iniziali del loro nome in inglese; rappresentò invece gli «atomi composti» disegnando due o più di questi cerchietti a stretto contatto tra loro.

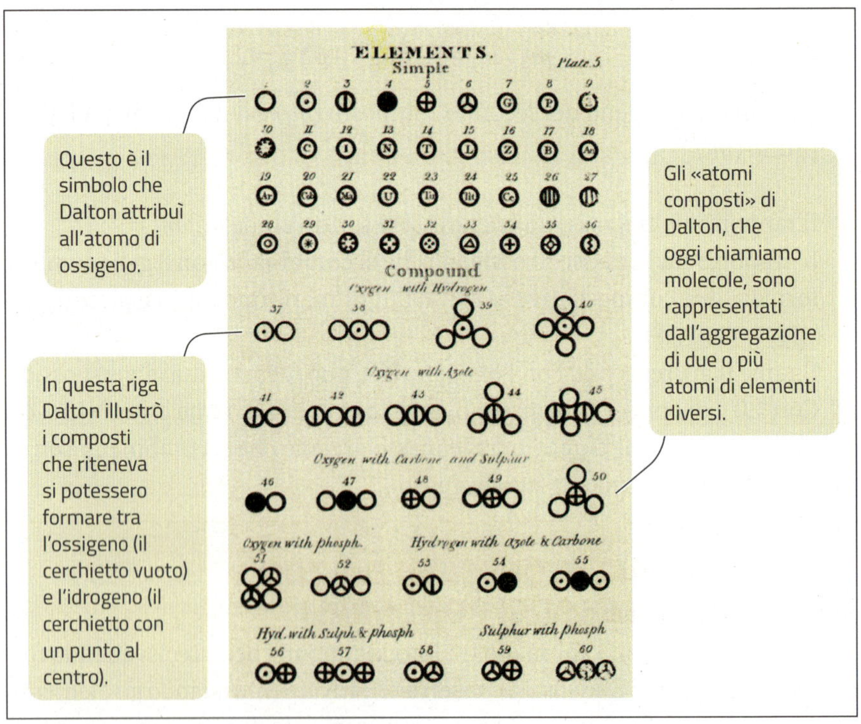

Figura 13 **Simboli usati da Dalton** Rappresentazione degli elementi allora noti e degli «atomi composti». Alcuni composti sono errati: per esempio, l'acqua non ha formula HO, come pensava Dalton, ma H_2O.

Oggi, come sappiamo, gli elementi si contraddistinguono con un simbolo letterale; per rappresentarli, però, possiamo ancora utilizzare cerchietti che diversificheremo variandone il colore. Per non creare confusione, agli aggregati di atomi che Dalton chiamava «atomi composti» daremo il nome di **molecole**; nel capitolo successivo ne verrà data una definizione più precisa.

La teoria atomica di Dalton consente di interpretare in modo semplice le leggi ponderali di Lavoisier, Proust e Dalton enunciate in precedenza.

LE PAROLE

Il termine **ponderale** deriva dal latino *pondus*, che significa «peso». Le leggi ponderali della chimica derivano da un sistematico controllo delle masse delle sostanze coinvolte in una reazione chimica.

La giustificazione della legge di conservazione della massa

La legge di Lavoisier trova la sua giustificazione nel punto 1 della teoria (*gli atomi sono indivisibili*). Quando gli elementi si combinano, i loro atomi si aggregano per formare il composto, ma rimangono inalterati; quando si decompone il composto, quegli stessi atomi «escono» dal composto e tornano a formare gli elementi iniziali.

Poiché gli atomi sono *indivisibili* e il loro *numero non varia*, la massa dei reagenti **si conserva**, ovvero la quantità totale di materia prima e dopo la reazione è *sempre la stessa* (figura **14**). In generale, in una reazione chimica gli atomi dei reagenti prima si disaggregano e poi si aggregano diversamente per formare i prodotti, ma il loro numero si conserva.

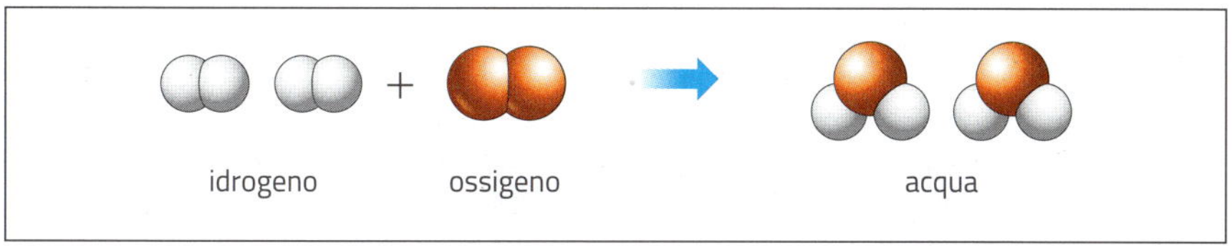

Figura 14 La massa nelle reazioni si conserva Nel prodotto (acqua) gli atomi sono combinati in modo diverso rispetto ai reagenti, ma il loro numero è lo stesso.

La giustificazione della legge delle proporzioni definite

La legge di Proust trova la sua giustificazione nei punti 2 e 3 della teoria: un atomo di un *elemento ha una sua massa* che è diversa da quella di un atomo di un altro elemento e *atomi diversi si combinano secondo rapporti semplici* (1 atomo A con 1 atomo B, oppure 1 atomo A con 2 atomi B o con 3 atomi B).

Nella combinazione tra 1 g di ferro e 0,57 g di zolfo si forma un composto, il solfuro di ferro. Ipotizzando (come oggi sappiamo con certezza) che durante la reazione un atomo di ferro si unisca a uno di zolfo, possiamo scrivere

$$\text{1 atomo di ferro} + \text{1 atomo di zolfo} \longrightarrow \text{1 molecola di solfuro di ferro}$$

Pertanto, se in 1 g di ferro si trova *un numero n di atomi di ferro*, in 0,57 g di zolfo si deve trovare *lo stesso numero n di atomi di zolfo* (figura **15**):

$$n \text{ atomi di ferro} + n \text{ atomi di zolfo} \longrightarrow n \text{ molecole di solfuro di ferro}$$

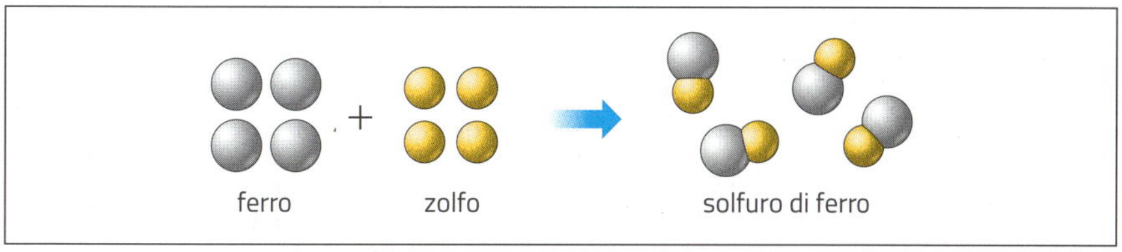

Figura 15 Le proporzioni definite nelle reazioni Se il rapporto di combinazione tra gli atomi di ferro e di zolfo è di 1 : 1, da 4 atomi di ferro e 4 di zolfo si formano 4 molecole di solfuro di ferro.

Poiché l'atomo di ferro ha una massa diversa da quella dell'atomo di zolfo, ne consegue che il **rapporto** tra le masse di ferro e zolfo che reagiscono deve essere uguale al rapporto, costante, tra le **masse** dei singoli atomi. Questo rapporto è di 1 : 0,57 (figura **16**) e sta a indicare che la massa di un atomo di ferro è quasi il doppio della massa di un atomo di zolfo.

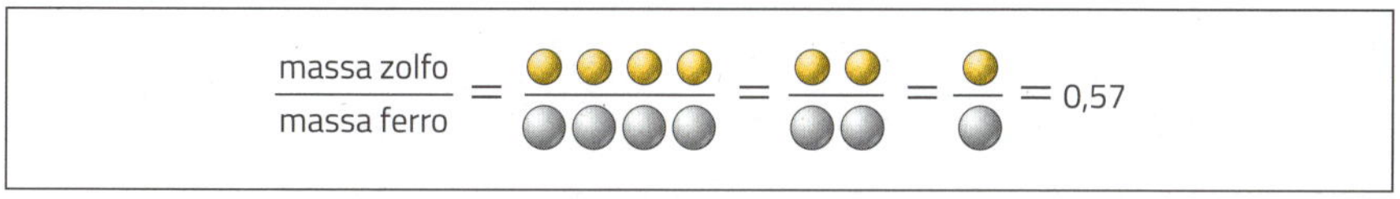

Figura 16 Il rapporto fra le masse di ferro e zolfo Il rapporto tra la massa complessiva di *n* atomi di zolfo (0,57 g) e quella di *n* atomi di ferro (1 g) è uguale al rapporto tra le masse di un atomo di zolfo e di un atomo di ferro.

La giustificazione della legge delle proporzioni multiple

La legge di Dalton trova la sua giustificazione nel punto 4 della teoria atomica e si spiega ammettendo che i composti chimici si formino per combinazioni tra atomi interi.

Nella reazione tra 12 g di carbonio (*n* atomi) e 16 g di ossigeno (*n* atomi) si forma il composto detto *monossido di carbonio*, in cui il **rapporto tra gli atomi** di carbonio e gli atomi di ossigeno è **1 : 1**.

Tuttavia, 12 g di carbonio si possono combinare anche con una quantità *doppia* di ossigeno (32 g). Si forma così un composto, il *diossido di carbonio*, che contiene un numero doppio di atomi di ossigeno (2*n* atomi) rispetto al monossido di carbonio (figura **17**). Il rapporto tra le due quantità (32 g e 16 g, rispettivamente) corrisponde a un rapporto fra diversi numeri di atomi (2*n* e *n*). Questo rapporto è espresso da numeri piccoli e interi (**2 : 1**), perché gli atomi si legano *interi* l'uno all'altro.

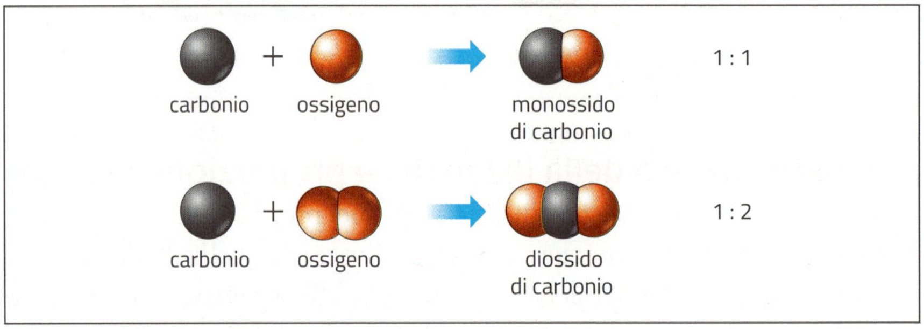

Figura 17 Il carbonio può legarsi all'ossigeno in rapporti diversi La reazione tra il carbonio e l'ossigeno può portare alla formazione di due composti: il monossido di carbonio e il diossido di carbonio.

9 LA DIFFERENZA TRA COMPOSTI E MISCELE SI SPIEGA A LIVELLO MICROSCOPICO

La teoria atomica è un modello con cui possiamo interpretare le osservazioni della materia a livello macroscopico e giustificare un gran numero di risultati sperimentali.

Prendiamo nuovamente in considerazione la reazione tra ferro e zolfo da cui si produce solfuro di ferro. Unendo i due reagenti solidi finemente polverizzati e mescolandoli prima di far avvenire la reazione di sintesi, otteniamo una *miscela eterogenea*, in cui i granelli di ferro e quelli di zolfo sono facilmente riconoscibili (figura **18**).

Figura 18 Ferro e zolfo formano una miscela A Polvere di ferro; B polvere di zolfo; C miscela eterogenea di ferro e zolfo.

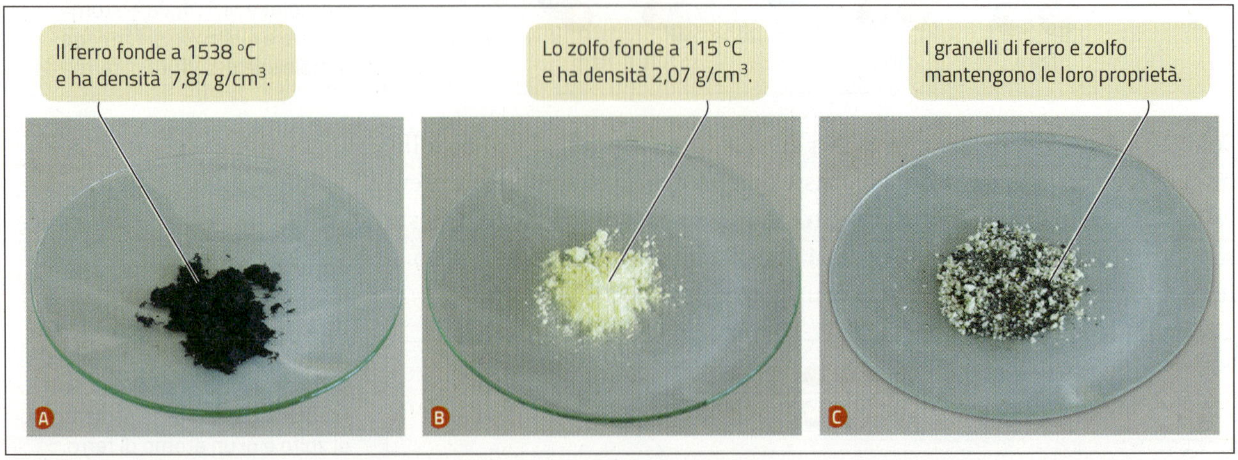

I componenti che costituiscono questa miscela possono ancora essere separati semplicemente attirando la polvere di ferro con una calamita; oppure, in alternativa, sciogliendo lo zolfo nel solfuro di carbonio, sostanza nel quale il ferro è invece insolubile. Anche se variamo a piacere le masse di zolfo e di ferro, otterremo sempre una miscela simile, da cui ferro e zolfo si possono separare facilmente.

Il prodotto della reazione di sintesi che si ottiene riscaldando la miscela di ferro e zolfo è invece un *composto* (solfuro di ferro), con proprietà completamente diverse sia rispetto al ferro sia rispetto allo zolfo. Lo dimostra il fatto che il solfuro di ferro non viene attratto da una calamita come il ferro, né si scioglie nel solfuro di carbonio come invece accade nel caso dello zolfo (tabella **4**).

	Miscela	**Composto**
Composizione	variabile	definita e costante
Proprietà	correlate a quelle dei componenti	diverse da quelle degli elementi che lo costituiscono
Metodi di separazione	separabile nei suoi componenti con metodi fisici	separabile negli elementi che lo costituiscono mediante reazione chimica

Tabella 4 Differenze tra miscele e composti Miscele e composti si distinguono per composizione, proprietà e metodi di separazione.

Per separare ferro e zolfo è ora necessario decomporre il composto, cioè effettuare una reazione chimica; il solfuro di ferro è una sostanza molto stabile e la sua decomposizione richiede una grande dose di energia. Inoltre, le masse di ferro e zolfo contenute nel solfuro di ferro sono ben precise. Come sappiamo, 1 g di ferro si combina con 0,57 g di zolfo, cioè nel rapporto 1 : 0,57 (vedi figura 16), per formare 1,57 g di solfuro di ferro. Se 1 g di ferro è messo, invece, a reagire con una massa di zolfo superiore, lo zolfo in eccesso rimane inalterato.

Una **miscela** è un sistema a composizione variabile, un **composto** è un sistema a composizione definita e costante.

Usiamo ora il modello atomico per analizzare la stessa reazione a livello microscopico.

Prima di essere miscelati, ferro e zolfo sono due sostanze semplici pure e sono quindi costituite l'una da atomi di ferro tutti uguali e l'altra da atomi di zolfo tutti uguali; gli atomi di ferro sono però diversi da quelli di zolfo perché hanno massa diversa.

Quando misceliamo le loro polveri si forma una miscela eterogenea, poiché ciascun granello di polvere (figura 18) è costituito o da aggregati di atomi di ferro o da aggregati di atomi di zolfo.

Il solfuro di ferro che si ottiene dalla reazione è una sostanza composta ed è quindi formato da «molecole» costituite dall'unione di un atomo di zolfo e uno di ferro. Poiché è necessario fornire parecchia energia per liberare dal composto gli elementi ferro e zolfo che lo costituiscono, possiamo intuire che l'unione tra i due atomi sia ben salda. Le proprietà specifiche del solfuro di ferro dipendono, comunque, dalla particolare costituzione delle «molecole» che lo formano.

La rappresentazione (semplificata) di ciò che accade a livello microscopico mettendo a reagire 1 g di ferro e 1 g di zolfo rende evidenti le differenze che distinguono un elemento da un composto e da una miscela (figura **19**).

$$1\ \text{g di ferro} + 1\ \text{g di zolfo} \longrightarrow 1{,}57\ \text{g di solfuro di ferro} + 0{,}43\ \text{g di zolfo}$$
$$n\ \text{atomi di Fe} + (n + z)\ \text{atomi di S} \longrightarrow n\ \text{molecole di solfuro di ferro} + z\ \text{atomi di S}$$

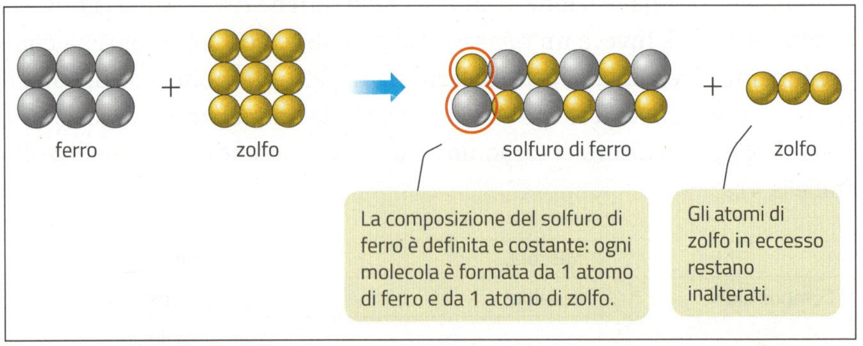

Figura 19 Ferro e zolfo reagiscono per formare solfuro di ferro Prima della reazione ferro e zolfo costituiscono una miscela: gli atomi di ferro, che sono diversi da quelli di zolfo, sono uniti tra loro, così come quelli di zolfo. Dopo la reazione si forma il composto solfuro di ferro.

10 SOSTANZE FORMATE DA ATOMI E MOLECOLE DIVERSI HANNO PROPRIETÀ DIFFERENTI

Ferro, zolfo e solfuro di ferro sono sostanze diverse che si distinguono a livello macroscopico per le loro diverse proprietà fisiche (come la temperatura di fusione, la densità, ecc.); per esempio, il ferro fonde a 1538 °C, lo zolfo a 115 °C e il solfuro di ferro a 1195 °C. Queste sostanze, però, differiscono anche per le particolari proprietà chimiche che presentano.

Le **proprietà chimiche** descrivono lo specifico comportamento di una sostanza nelle reazioni chimiche.

Sono esempi di proprietà chimiche la tendenza a combinarsi con l'ossigeno o a esplodere, così come la tendenza a decomporsi con il calore. Il ferro, per esempio, si combina con l'ossigeno dell'aria già a temperatura ambiente e arrugginisce, mentre lo zolfo si combina soltanto a temperatura più alta. Il solfuro di ferro si decompone ad alta temperatura, mentre ferro e zolfo, essendo sostanze semplici, non si decompongono.

In generale, le *proprietà fisiche* possono essere osservate senza cambiare l'identità della sostanza e dipendono dal comportamento dell'insieme di molti atomi o molecole dello stesso tipo.

Le *proprietà chimiche*, invece, descrivono come una sostanza si trasforma in un'altra e dipendono dalla natura dei singoli atomi o delle singole molecole. Un solo atomo di ferro, infatti, può combinarsi con un solo atomo di ossigeno (proprietà chimica), ma è un cristallo contenente molti atomi di ferro che, per azione del calore, fonde e perde la propria struttura cristallina (proprietà fisica).

Possiamo riassumere il tutto nei punti seguenti:

- le proprietà fisiche e chimiche che distinguono un *elemento* dall'altro dipendono dalla diversa natura dei loro atomi;
- le proprietà fisiche e chimiche che distinguono un *composto* dall'altro dipendono dalla diversa natura delle loro «molecole», cioè da quanti e quali atomi esse risultano formate.

FACCIAMO IL PUNTO

LO SAI?
RIPASSA CON LO SMARTPHONE

Che cosa sono le «sostanze pure»?

Le **sostanze pure** sono sostanze che non possono essere separate in sostanze più semplici attraverso trasformazioni fisiche.
Una sostanza pura ha proprietà fisiche ben definite e costanti che ne permettono l'identificazione. Le sostanze pure si distinguono in semplici (*elementi*) e composte (*composti*).

Qual è la differenza tra composti ed elementi?

Un **composto**, se sottoposto a trasformazioni chimiche, si decompone in due o più sostanze piú semplici.
Un **elemento** non può essere decomposto in sostanze più semplici, qualunque sia la trasformazione chimica a cui viene sottoposto.

Che cosa sono gli elementi chimici?

Un **elemento chimico** è una sostanza costituita da atomi che hanno lo stesso numero atomico.
I **nomi** degli elementi chimici derivano da termini greci o latini, da luoghi geografici o dal nome di scienziati, come per esempio il cloro, l'oro, il californio o il mendelevio, rispettivamente. A ogni elemento chimico corrisponde un **simbolo**, costituito generalmente dalla lettera iniziale del suo nome in maiuscolo. In caso di ambiguità, si aggiunge anche una seconda lettera, in minuscolo.
Molti elementi a temperatura ambiente sono **solidi**, due sono allo stato **liquido** (bromo e mercurio) e undici sotto forma di **gas**.

Com'è costruita la tavola periodica?

Nella **tavola periodica** gli elementi chimici sono disposti in ordine di **numero atomico crescente** e sono raggruppati in base alle loro **proprietà**.
Nella tavola periodica si distinguono **periodi** (le righe orizzontali della tavola, numerate da 1 a 7) e **gruppi** (le colonne verticali, numerate da 1 a 18).

Come si classificano gli elementi?

Gli elementi si suddividono in tre categorie.

- I **metalli** sono i più abbondanti: a temperatura ambiente sono solidi (eccetto il mercurio), lucenti, buoni conduttori di calore ed elettricità, malleabili e duttili.
- I **non metalli** si presentano con diversi stati di aggregazione, hanno bassi punti di fusione e bassa densità, sono cattivi conduttori. Comprendono gli elementi a destra della linea spezzata della tavola periodica, come il carbonio, l'azoto e l'ossigeno.
- I **semimetalli** hanno proprietà intermedie tra quelle dei metalli e dei semimetalli.

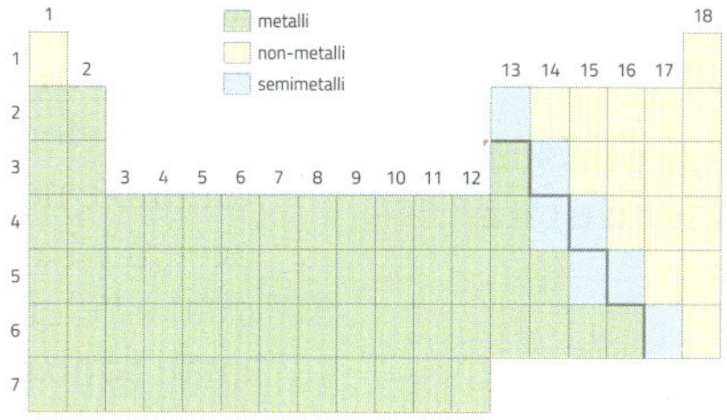

Come si può trasformare la materia?

La materia può subire due tipi di trasformazioni: fisiche e chimiche. Le **trasformazioni fisiche** modificano le caratteristiche fisiche delle sostanze (come lo stato di aggregazione) ma non ne alterano la natura.
Al contrario, le **trasformazioni** (o **reazioni**) **chimiche** modificano la natura delle sostanze, producendone di nuove.

Esistono due tipi di reazioni chimiche: nelle **reazioni di analisi** (o **di decomposizione**) una sostanza viene decomposta in sostanze più semplici, mentre nelle **reazioni di sintesi** più sostanze reagiscono per formarne una nuova.

Quali sono le leggi ponderali della chimica?

Le **leggi ponderali** sono tre leggi *quantitative* che esprimono delle *regolarità* in relazione alla massa dei reagenti e dei prodotti.
La **legge di conservazione della massa** enunciata da **Lavoisier** stabilisce che, in ogni reazione chimica, la somma delle masse dei reagenti è uguale alla somma delle masse dei prodotti, ovvero che durante una reazione chimica la materia si conserva.
La **legge delle proporzioni definite** fu enunciata da **Proust** e stabilisce che, quando due elementi formano un composto, reagiscono secondo un rapporto di massa definito e costante.
La **legge delle proporzioni multiple** enunciata da **Dalton** stabilisce che, quando due elementi si combinano per formare due o più composti, mantenendo fissa la quantità di uno di essi, le quantità dell'altro stanno tra loro in rapporti esprimibili con numeri fissi e interi, come per esempio 1 : 1 o 2 : 1.

Che cosa prevede la teoria atomica di Dalton?

Le leggi ponderali della chimica sono giustificate dalla **teoria atomica della materia** secondo la quale la materia è costituita da atomi, ovvero particelle piccolissime e indivisibili, di uguale massa in uno stesso elemento, e che si possono combinare in rapporti diversi.
L'**atomo** è la parte più piccola di un elemento che mantiene la propria identità durante le trasformazioni chimiche.

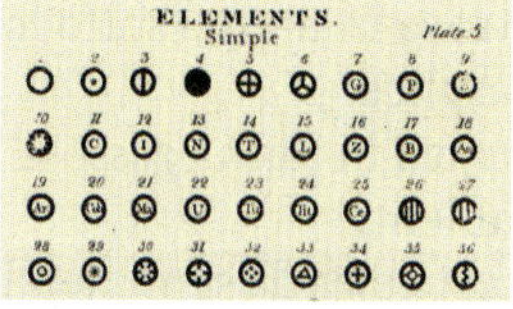

ESERCIZI

ZTE ONLINE
Mettiti alla prova
con 20 esercizi interattivi

VERIFICA LE TUE CONOSCENZE

LE SOSTANZE

1 **Come si chiama una sostanza che non può essere trasformata in altre sostanze più semplici?**

2 **Per riscaldamento l'ossido di mercurio si decompone in mercurio e ossigeno. Si tratta di un composto, di una miscela omogenea o di un elemento? Giustifica la risposta.**

3 **Descrivi l'apparecchiatura utilizzata da Lavoisier per decomporre l'acqua e riporta le osservazioni che effettuò.**

4 **Quale delle seguenti affermazioni è *errata*?**
Ⓐ A temperature molto maggiori di 100 °C l'acqua può decomporsi.
Ⓑ Sottoposta a elettrolisi, l'acqua si decompone in idrogeno e ossigeno gassosi.
Ⓒ L'acqua è una sostanza decomponibile e quindi instabile.
Ⓓ Per vaporizzare l'acqua serve molta meno energia che per decomporla.

5 **Una sostanza può essere**
Ⓐ semplice.
Ⓑ una soluzione.
Ⓒ composta.
Ⓓ sia semplice sia composta.

6 **La materia si suddivide in sostanze e miscugli: in cosa differiscono? Spiega cosa sono e cita qualche esempio di entrambi.**

GLI ELEMENTI DELLA TAVOLA PERIODICA

7 **Quanti sono gli elementi chimici che costituiscono la materia? Che cosa sono e quanti sono gli elementi artificiali?**

8 **La maggior parte degli elementi**
Ⓐ è costituita da metalli.
Ⓑ si trova in natura sotto forma di sostanza semplice.
Ⓒ si trova in forma gassosa a temperatura ambiente.
Ⓓ è costituita da semimetalli e non metalli.

9 **Considera la tavola periodica.**
a. Secondo quale ordine sono disposti gli elementi?
b. Come si chiamano e quante sono le righe orizzontali?
c. E le colonne verticali?

10 **Quale di queste associazioni è corretta?**
Ⓐ Carbonio = Ca
Ⓑ Argento = Ar
Ⓒ Fosforo = F
Ⓓ Zinco = Zn

11 **Scrivi i simboli chimici dei seguenti elementi:**
a. calcio;
b. cloro;
c. fluoro;
d. ferro;
e. potassio;
f. sodio;
g. zolfo;
h. azoto.

12 **Scrivi per ogni simbolo il nome dell'elemento:**
a. He
b. H
c. Mg
d. Mn
e. Be
f. B
g. Au
h. P

13 **Individua e correggi gli errori nella seguente frase.**
Il sodio è un metallo che appartiene al periodo 16 e al gruppo 3 della tavola periodica, ha simbolo S ed è un buon conduttore di calore e di elettricità.

14 **Utilizzando la tavola periodica individua, tra i seguenti elementi, gli alogeni (A), i metalli alcalini (MA), i metalli (M), i semimetalli (SM) e i gas nobili (GN): Be, Sc, Cr, Hg, Ge, Se, Zn, Bi, Kr, K, Br.**

15 **Elenca le proprietà dei metalli e dei non metalli.**

16 **A proposito dell'abbondanza degli elementi chimici in natura, specifica:**
a. qual è l'elemento più abbondante nel corpo umano e nella crosta terrestre (compresi gli oceani e l'atmosfera);
b. qual è l'elemento più abbondante nell'Universo;
c. quali sono gli altri due elementi più abbondanti nelle crosta terrestre;
d. quali sono gli altri due elementi più abbondanti nel corpo umano.

LE TRASFORMAZIONI DELLA MATERIA

17 **La trasformazione *vapore* → *acqua* è una trasformazione**
Ⓐ chimica.
Ⓑ fisica.
Ⓒ eterogenea.
Ⓓ omogenea.

18 **Che differenza c'è fra una trasformazione chimica e una trasformazione fisica?**

19 **Quali fenomeni sono trasformazioni chimiche (C) e quali trasformazioni fisiche (F)?**
a. Evaporazione dell'acqua.
b. Annerimento di una moneta da cinque centesimi.
c. Fusione della cera.
d. Sgretolamento della roccia in sabbia.
e. Evaporazione dell'alcol.
f. Congelamento dell'acqua.
g. Allungamento di un elastico.
h. Esplosione di un petardo.

20 **Quando viene riscaldata alla fiamma, una strisciolina metallica di magnesio diventa bianca e polverulenta. Che cosa possiamo concludere sulla base di questa osservazione?**

21 **Nel corso dell'elettrolisi dell'acqua, quale cambiamento indica che sta avvenendo una trasformazione chimica?**

22 **La trasformazione**

$$\textit{ossido di mercurio} \xrightarrow{\text{calore}} \textit{mercurio} + \textit{ossigeno}$$

è una reazione
Ⓐ di analisi.
Ⓑ di sintesi.
Ⓒ di decomposizione.
Ⓓ sia di analisi sia di decomposizione.

23 **Identifica i reagenti e i prodotti nella reazione di sintesi dell'acqua.**

24 **Identifica i reagenti e i prodotti coinvolti nella reazione di decomposizione dell'ossido di mercurio.**

LA CONSERVAZIONE DELLA MATERIA

25 **Che cosa afferma la legge enunciata da Lavoisier?**

26 **Se si misurano le masse dei reagenti e dei prodotti di una reazione chimica che avviene in un recipiente aperto, si osserva che la massa si conserva**
Ⓐ sempre.
Ⓑ soltanto se non sono coinvolte sostanze gassose.
Ⓒ soltanto se non sono coinvolte sostanze gassose o liquidi volatili.
Ⓓ soltanto se reagenti e prodotti sono solidi.

27 **L'idrogeno reagisce con l'ossigeno formando acqua. Quale massa di acqua si produce per reazione di 3,34 g di idrogeno con 26,66 g di ossigeno?**

28 **Se si riscaldano all'aria 12,7 g di rame metallico, esso reagisce con l'ossigeno e si trasforma in 15,9 g di ossido di rame.**
a. Rappresenta la reazione che si verifica tra rame metallico e ossigeno.
b. Spiega perché la massa dell'ossido di rame è maggiore di quella del rame.
c. Calcola la massa di ossigeno che ha reagito con il rame.

29 **Gettando in acqua un piccolo pezzo di sodio metallico, avviene una vigorosa reazione e si osserva la formazione di bollicine di idrogeno gassoso; disciolta in soluzione resta invece un'altra sostanza, l'idrossido di sodio.**
a. Individua i reagenti e rappresenta la reazione. Che tipo di reazione è?
b. Calcola la massa di acqua che reagisce con 2,3 g di sodio se si formano 0,1 g di idrogeno e 4,0 g di idrossido di sodio.

LA LEGGE DELLE PROPORZIONI DEFINITE

30 **Che cosa afferma la legge di Proust?**

31 **A quali dei seguenti sistemi si applica la legge della composizione costante? Motiva la risposta.**
Ⓐ Soluzioni
Ⓑ Miscele eterogenee
Ⓒ Composti
Ⓓ Tutti i precedenti

32 **La legge di Proust**
Ⓐ è anche detta legge delle proporzioni.
Ⓑ stabilisce che la somma delle masse degli elementi è uguale alla massa del composto.
Ⓒ afferma che due elementi si combinano soltanto secondo un rapporto ben preciso.
Ⓓ stabilisce che ogni composto è caratterizzato dagli elementi che lo formano e dalla massa di ogni elemento che entra a far parte del composto.

33 **Il composto ossido di calcio ha un rapporto di combinazione tra le masse di calcio e ossigeno di 2,5 : 1.**
a. Cosa significa?
b. Con quale massa di calcio si combinano 2 g di ossigeno?

34 In 30 g di un composto AB ci sono 10 g di A.
a. Quale massa di B si è combinata?
b. Qual è il rapporto di combinazione tra le masse di A e di B? E quello tra le masse di B e A?

35 Una massa di 2 g di idrogeno reagisce completamente con 16 g di ossigeno per formare acqua.
a. Qual è il rapporto tra le masse degli elementi che formano l'acqua?
b. Se si mettono a reagire 4 g di idrogeno con 16 g di ossigeno, quale massa di acqua si forma? Perché?

LA LEGGE DELLE PROPORZIONI MULTIPLE

36 Uno studente ha enunciato così la legge delle proporzioni multiple: «una data massa di un elemento può combinarsi con masse diverse di un altro elemento per formare più di un composto».
Ritieni corretto questo enunciato? Motiva la tua risposta.

37 Cloro e ossigeno reagiscono tra loro e formano due composti diversi: in un caso 71 g di cloro reagiscono completamente con 16 g di ossigeno, nell'altro 71 g di cloro reagiscono completamente con 80 g di ossigeno. Che cosa dimostrano questi dati? Perché?

38 La massa di 1,0 g di idrogeno si combina con 8,0 g di ossigeno per formare acqua. Potrebbe esistere un altro composto costituito da 1,0 g di idrogeno e 11,3 g di ossigeno? Perché?

39 Dall'analisi di due composti del cloro si ottengono questi risultati:
a. composto A: 35,5 g di cloro e 39,1 g di potassio;
b. composto B: 35,5 g di cloro e 20 g di calcio.

Puoi utilizzare questi dati per dimostrare la validità della legge delle proporzioni multiple? Perché?

LA TEORIA ATOMICA DI DALTON

40 Secondo la teoria atomica di Dalton
Ⓐ gli atomi si combinano tra loro per formare nuovi elementi.
Ⓑ gli atomi di uno stesso elemento hanno massa simile.
Ⓒ gli atomi di uno stesso elemento possono avere dimensioni diverse.
Ⓓ i composti chimici sono costituiti da due o più atomi di elementi diversi.

41 Che cos'è un atomo?

42 Quale affermazione della teoria di Dalton spiega la conservazione della massa in una reazione chimica? Perché?

43 Il rapporto tra le masse di magnesio (Mg) e ossigeno (O) che si combinano per dare ossido di magnesio è $m_{Mg} / m_{O} = 1,5$. Ammettendo che 1 atomo di magnesio si combini con 1 atomo di ossigeno, quale dei due atomi ha massa maggiore e di quante volte?

44 Due composti formati da rame e ossigeno sono così costituiti:
Ⓐ composto A: 1,6 g di ossigeno e 6,4 g di rame;
Ⓑ composto B: 1,6 g di ossigeno e 12,8 g di rame.

Se nel composto A gli atomi di rame e ossigeno sono combinati nel rapporto 1 : 1, in quale rapporto sono combinati nel composto B? Perché?

LA DIFFERENZA TRA COMPOSTI E MISCUGLI

45 Come puoi stabilire se un sistema costituito da due componenti è un miscuglio o un composto?

46 Un composto differisce da un miscuglio perché
Ⓐ è un sistema omogeneo.
Ⓑ ha una composizione definita e costante.
Ⓒ si decompone facilmente negli elementi che lo costituiscono.
Ⓓ è costituito da componenti diversi.

47 Quali sono le differenze a livello microscopico tra un miscuglio di due elementi e il composto che essi formano?

48 Considera la figura 15: il sistema *solfuro di ferro* + *zolfo* che compare dopo la freccia è un miscuglio, un composto o un elemento? Perché?

49 Le affermazioni seguenti sono tutte sbagliate. Perché?
a. Un composto è un miscuglio di atomi diversi.
b. Un composto è costituito da atomi diversi combinati in rapporto variabile.
c. Un miscuglio ha proprietà fisiche intermedie a quelle degli elementi che lo costituiscono.
d. Un composto ha proprietà fisiche intermedie a quelle degli elementi che lo costituiscono.

LE PROPRIETÀ DELLE SOSTANZE

50 **Perché il punto di fusione di una sostanza è una proprietà fisica?**

51 **Che cos'è una proprietà chimica e da che cosa dipende? Riporta un esempio.**

52 **Distingui le seguenti proprietà in fisiche (F) e chimiche (C):**
a. punto di ebollizione;
b. reattività con altre sostanze;
c. odore;
d. peso specifico.

53 **Individua le proprietà chimiche nella seguente descrizione.**
Il cloro è un gas giallo-verde che, miscelato con il sodio, forma cloruro di sodio. A 0 °C e alla pressione di 1 bar, ha una densità di 3,21 g/L e raffreddato a −101 °C solidifica. Insieme all'idrogeno forma miscele esplosive se esposte alla luce.

54 **Scegli il completamento corretto e spiega perché gli altri sono errati.**
L'atomo è la più piccola parte di un elemento
Ⓐ che ne conserva le proprietà chimiche e fisiche.
Ⓑ che ne conserva le proprietà chimiche e gran parte di quelle fisiche.
Ⓒ con cui l'elemento entra a far parte dei composti.
Ⓓ capace di esistenza fisica indipendente.

VERIFICA LE TUE ABILITÀ

55 **Riscaldato ad alta temperatura, un solido bianco (S), che ha proprietà fisiche costanti, libera un gas (G) e lascia un residuo bianco (P) polverulento, che può essere decomposto in due sostanze diverse, X e Y. Quali delle seguenti deduzioni sono corrette? Commenta ciascuna deduzione.**
Ⓐ S è un miscuglio omogeneo.
Ⓑ G può essere soltanto una sostanza semplice.
Ⓒ S e P sono composti.
Ⓓ X e Y potrebbero essere composti.
Ⓔ S è una sostanza stabile.
Ⓕ X e Y sono gassosi.

56 **Quali tipi di trasformazioni chimiche esistono? Rappresenta ciascun tipo con uno schema.**

57 **Tra i seguenti campioni, individua i composti, gli elementi e i miscugli. Motiva le scelte.**
a. Un campione di cloro.
b. Un campione costituito di idrogeno e ossigeno gassosi.
c. Un campione di acqua dolce.
d. Un campione di vapore acqueo.
e. Un campione di sodio.
f. Un campione di cloruro di sodio.

58 **Leggi il testo, rispondi alle domande e argomenta.**
Uno studente deve analizzare in laboratorio un liquido torbido A. Lo sottopone a centrifugazione e ottiene un solido bianco e un liquido B trasparente e azzurro. Distilla il liquido e ottiene un solido blu e un altro liquido C trasparente e incolore: il solido blu ha un punto di fusione ben definito e risulta decomponibile, il liquido C ha un punto di ebollizione ben definito. Lo studente non ritiene necessario sottoporre C a ulteriori prove.
a. Classifica i sistemi A, B e C utilizzando i termini più appropriati.
b. Se si tracciano le curve di riscaldamento del solido blu e del liquido C, quale andamento presentano?
c. Quali componenti sono certamente composti?
d. Perché lo studente è in grado di concludere che il liquido C non è certamente un elemento? Per rispondere, documentati sulle caratteristiche degli elementi.

59 **Per identificare un elemento X e il gruppo a cui appartiene hai a disposizione soltanto una tavola periodica muta e una serie di indizi che ti vengono dati in successione. Dopo ciascun indizio scrivi i simboli dei possibili elementi:**
a. è gassoso a temperatura ambiente;
b. appartiene al secondo periodo della tavola periodica;
c. non ci consente di respirare;
d. ha il numero atomico più grande.

60 **Devi riconoscere due elementi del secondo periodo della tavola periodica. Identifica gli elementi sulla base delle seguenti informazioni e argomenta la tua risposta:**
a. sono solidi a temperatura ambiente;
b. sono di colore grigio e hanno un aspetto metallico;
c. hanno densità simile, ma uno dei due ha una conducibilità elettrica circa dieci miliardi di volte più grande dell'altra;
d. sono adiacenti nella tavola periodica.

61 **Le seguenti trasformazioni sono fisiche o chimiche? Motiva la risposta spiegando che cosa dovresti sapere per esserne certo.**

a. Scaldando sulla fiamma l'estremità di una bacchetta di vetro, lo spigolo irregolare del vetro si arrotonda.
b. Scaldata sulla fiamma, una reticella metallica diventa incandescente.
c. L'aceto versato sul bicarbonato di sodio genera effervescenza.
d. Sciogliendo la soda caustica in acqua, la soluzione si riscalda; se si fa evaporare il solvente, rimane un solido del tutto simile alla soda caustica.

62 **Leggi il testo e rispondi ai quesiti.**

L'azoto è un gas incolore, inodore, insapore, che costituisce il 78% dell'aria secca. L'azoto bolle a −195,8 °C e solidifica a −209,8 °C. Una piccola quantità di azoto liquido è usata nei laboratori di ricerca per ottenere basse temperature, ma la maggior parte è impiegata per la sintesi industriale dell'ammoniaca, un composto costituito da azoto e idrogeno. A temperatura ambiente l'azoto non tende a combinarsi con altri elementi; nel terreno, però, esistono microrganismi in grado di convertire in ammoniaca l'azoto dell'aria.

a. Individua le proprietà fisiche e chimiche dell'azoto;
b. Individua le trasformazioni chimiche citate nel testo.

63 **Tre diverse sostanze A, B e C sono poste in altrettanti contenitori aperti e identici, C_A, C_B e C_C. I contenitori vengono pesati, riscaldati per un certo tempo, lasciati raffreddare e pesati di nuovo. Confrontando le masse, si constata che la massa di C_A è diminuita, quella di C_B è aumentata e di C_C è rimasta invariata. Interpreta questi risultati rispondendo alle seguenti domande.**

a. Se al posto delle sostanze A e B è comparsa una sostanza con proprietà diverse, che cosa puoi dedurre?
b. Come si può spiegare la diminuzione della massa in C_A?
c. Che tipo di reazione potrebbe essere avvenuto? Rappresentala con uno schema.
d. Come si può spiegare l'aumento della massa in C_B?
e. Che tipo di reazione potrebbe essere avvenuto? Rappresentala con uno schema.
f. Senza ulteriori informazioni, puoi affermare che in C_C non è cambiato nulla? Perché?

64 **Quando a un quintale di carbonato di calcio si fornisce calore fino alla temperatura di 800 °C, si ottengono 56 kg di ossido di calcio. Il secondo prodotto della reazione è diossido di carbonio: quanto ne viene immesso nell'atmosfera?**

65 **Fornendo calore, l'ossido di mercurio si decompone in mercurio e ossigeno. Se la decomposizione di 14,2 g di ossido di mercurio produce 1,0 g di ossigeno, qual è la massa di mercurio che si forma?**

66 **La combinazione tra il ferro e lo zolfo avviene nel rapporto di 1,0 g di ferro con 0,57 g di zolfo. Se si mescolano 56 g di ferro con 31,9 g di zolfo e si innesca la reazione fornendo calore, quale massa in grammi di solfuro di ferro si può ottenere?**

67 **L'idrogeno e l'ossigeno si combinano nel rapporto 1 : 8 per dare acqua. Se si fanno reagire 4,0 g di idrogeno, quale massa di ossigeno serve per ottenere 36 g di acqua?**

68 **La calce viva con l'acqua forma la calce spenta. Se 56,0 g di calce viva si combinano con 18,0 g di acqua, quali masse delle due sostanze si devono combinare per ottenere 120 g di calce spenta?**

69 **Il diossido di carbonio con l'acqua forma l'acido carbonico. Se 44,0 g di diossido di carbonio si combinano con 18,0 g di acqua, quali masse dei due composti si devono combinare per ottenere 110 g di acido carbonico?**

70 **L'idrogeno e il cloro reagiscono nel rapporto 1,01 : 35,45. Se mettiamo a reagire 0,25 g di idrogeno con 0,25 g di cloro, quanti grammi di idrogeno rimarranno non combinati?**

71 **La reazione tra ferro e zolfo avviene nel rapporto 1 : 0,57. Se 56,0 g di ferro si combinano con 20,0 g di zolfo, quale dei due reagenti non si combina completamente? Quale massa di solfuro di ferro si ottiene?**

72 **Il rapporto di combinazione tra ferro e zolfo è 1 : 0,57. Se 1,80 g di ferro reagiscono con 0,57 g di zolfo, qual è la quantità in grammi delle due sostanze che si ottengono dopo la combinazione?**

73 L'azoto reagisce con l'ossigeno formando due composti: il primo è costituito da 25 g di azoto e 28,5 g di ossigeno, il secondo da 25 g di azoto e 57 g di ossigeno. Con quale rapporto l'ossigeno si combina con l'azoto per formare i due composti?

74 Uno dei tre campioni riportati in tabella, pur essendo come gli altri costituito esclusivamente da idrogeno (H) e ossigeno (O), non deriva dallo stesso composto. Completa la tabella, individua il campione e motiva la scelta.

	$m_{H(g)}$	$m_{O(g)}$	$m_{campione\ (g)}$	m_O / m_H
Campione 1	4,0	64		
Campione 2	6,0	48		
Campione 3	0,8	6,4		

75 Decomponendo diversi campioni di un materiale formato da rame (Cu) e zolfo (S) si ottengono i risultati riportati nella tabella. Si tratta di un miscuglio o di un composto? Spiega la risposta.

	$m_{Cu(g)}$	$m_{S(g)}$
Campione 1	170,9	86,3
Campione 2	19,4	9,8
Campione 3	47,3	23,9

76 Il rapporto tra le masse di zolfo (S) e ossigeno (O) che si combinano per dare l'ossido di zolfo è $m_S / m_O = 1$.
Se per formare l'ossido di zolfo si devono unire due atomi di ossigeno e uno di zolfo, quanto vale il rapporto *massa atomo* S / *massa atomo* O? Motiva la tua conclusione.

TEST YOURSELF

77 A chemist is investigating the density, the melting point, and the flammability of acetone. Which of these properties are physical? Which ones are chemical?

78 Explain why both physical and chemical changes occur when a copper wire is heated in a Bunsen burner flame.

79 The reaction between iron and sulfur happens in the ratio of 1 : 0.57. If you combine 50 g of iron with 34 g of sulfur, which of the two reagents will be in surplus? What is the mass of sulfide that you get?

80 Define the following terms: chemical change, reactants and products.

81 Ammonia is composed of hydrogen and nitrogen in a ratio of 4.7 g of nitrogen to 1.0 g of hydrogen. If a sample of ammonia contains 5.1 g of hydrogen, how many grams of nitrogen does it contains?

82 What does the law of conservation of mass state?

83 Describe three chemical changes you can observe in everyday life.

VERSO I GIOCHI DELLA CHIMICA

84 Una reazione chimica è un processo che
- Ⓐ trasferisce le proprietà dei reagenti in quelle dei prodotti.
- Ⓑ modifica la natura di alcune specie chimiche che reagiscono.
- Ⓒ non modifica mai la natura delle specie chimiche che reagiscono.
- Ⓓ modifica solo la natura delle specie elementari che reagiscono.

[Fase Nazionale 2009]

85 Indica la differenza tra miscugli e composti.
- Ⓐ I primi sono formati da due o più sostanze mescolate in proporzioni variabili, i secondi sono costituiti da due o più elementi, presenti in proporzioni fisse e costanti.
- Ⓑ I primi sono formati da sostanze mescolate, i secondi da elementi mescolati.
- Ⓒ I primi sono formati da sostanze mescolate in proporzioni fisse, i secondi da due o più elementi presenti in proporzioni fisse e costanti.
- Ⓓ I miscugli sono formati da sostanze mescolate in proporzioni fisse, i composti da almeno due elementi presenti in proporzioni fisse ma non costanti.

[Fase Nazionale 2009]

VERSO L'UNIVERSITÀ

86 Che cosa avviene durante la combustione di una candela?
- Ⓐ Un consumo di anidride carbonica
- Ⓑ Un' emissione di ossigeno
- Ⓒ Un processo chimico
- Ⓓ Una sublimazione
- Ⓔ Una evaporazione della cera

[dalla prova di ammissione a Medicina e Chirurgia, 2005]

VERSO L'ESAME: VERIFICA LE TUE COMPETENZE

RIFLETTI

87 **Perché i gas di scarico dei veicoli a motore sono ben visibili nelle fredde giornate invernali? Essi sono il prodotto della combustione della benzina (o di un altro combustibile fossile) che avviene nei cilindri del motore e sono essenzialmente costituiti da diossido di carbonio e vapore acqueo. Rispondi alle seguenti domande e giustifica le tue risposte.**

a. Quale trasformazione può rendere i gas di scarico visibili d'inverno?
b. Che tipo di trasformazione subisce la benzina?
c. Quale sostanza rende possibile la sua combustione?
d. Rappresenta la trasformazione della benzina, individua reagenti e prodotti, e classifica ciascun componente come sostanza semplice o composta.

COLLEGA

88 **Per verificare la legge di Lavoisier, hai a disposizione acqua, una pastiglia di aspirina effervescente, una bilancia sensibile al centigrammo e vari contenitori. Sai che la reazione sviluppa un gas.**

Elenca le diverse fasi del tuo esperimento e giustifica le tue scelte.

CONFRONTA E IPOTIZZA

89 **Saccarosio (zucchero da tavola), sciroppo di glucosio e fruttosio sono ingredienti comuni dei prodotti dolciari: tutti e tre hanno sapore dolce ma la sua intensità varia da un caso all'altro. Il fruttosio è lo zucchero più dolce, fino al 70 per cento in più del saccarosio a parità di peso; il glucosio invece è circa il 30 per cento meno dolce del saccarosio. Il fruttosio fonde a 103 °C e ha densità 1,69 g/cm^3, il glucosio fonde a 146 °C e ha densità 1,54 g/cm^3.**

La composizione di un campione puro di fruttosio e di glucosio è riportata in tabella: effettua i calcoli necessari per completarla e rispondi alle domande.

	Composizione (g)	Rapporti di combinazione	
		m_C / m_H	m_C / m_O
fruttosio	$m_C = 36$ $m_H = 6{,}0$ $m_O = 48$		
glucosio	$m_C = 45$ $m_H = 7{,}5$ $m_O = 60$		

a. Quali proprietà vengono confrontate? Sono proprietà fisiche o chimiche?
b. Glucosio e fruttosio sono sostanze uguali o diverse?
c. È possibile che in masse uguali di fruttosio e glucosio sia presente un numero diverso di atomi C, H e O?
d. A livello atomico, quale differenza potrebbe rendere glucosio e fruttosio due sostanze diverse?

COLLEGA E ARGOMENTA

90 **Le emissioni dei veicoli a benzina o a gasolio non contengono solo diossido di carbonio e vapore acqueo, gas entrambi inodori.**

Valori delle emissioni per i veicoli nuovi con motore a benzina

	validi a partire dal	CO (g/km)	HC (g/km)	NO_x (g/km)	HC + NO_x (g/km)	PM
Euro I	12/92	2,72	–	–	0,97	–
Euro II	01/97	2,20	–	–	0,5	–
Euro III	01/00	2,30	0,20	0,15	–	–
Euro IV	01/05	1,00	0,10	0,08	–	–
Euro V	09/09	1,00	0,10	0,06	–	0,005*
Euro VI	08/14	1,00	0,10	0,06	–	0,005*

a. Quali proprietà delle emissioni lo rendono evidente?
b. Le normative Euro cercano di ridurre l'inquinamento ambientale prodotto dai veicoli a motore, limitando le emissioni di alcuni componenti, come l'ossido di carbonio (CO) e gli ossidi di azoto (NO_x). Con la sigla NO_x si indica una miscela di ossido e biossido di azoto che si forma quando, ad alta temperatura, anche l'azoto dell'aria reagisce con l'ossigeno. Ossido e diossido di carbonio, così come ossido e diossido di azoto, sono composti diversi di due stessi elementi: quale legge governa la loro formazione? Scrivine l'enunciato.
c. Completa la seguente tabella sapendo che nell'ossido gli atomi O e gli atomi C (oppure N) sono in ugual numero, e che nel diossido gli atomi O sono il doppio degli atomi C (oppure N).

	$m_{O(g)}$	$m_{C(g)}$	$m_{O(g)}$	$m_{N(g)}$
ossido	8	6	32	28
diossido		6	32	

d. La sigla HC che compare nella tabella significa «idrocarburi»: si tratta dei componenti di benzina e gasolio, e vengono bruciati nel motore dei veicoli. Che cosa puoi dedurre dal fatto che essi sono presenti anche nei gas di scarico?

CAPITOLO

7 MOLECOLE, FORMULE ED EQUAZIONI CHIMICHE

1 LA TEORIA ATOMICA DI DALTON NON SPIEGA LA LEGGE DI GAY-LUSSAC

Il modello atomico proposto da Dalton si è dimostrato utilissimo per interpretare le leggi ponderali e per dare una spiegazione a ciò che accade durante una reazione chimica. Tuttavia, come tutti i modelli, esso descrive soltanto alcuni aspetti del mondo microscopico, cioè quelli utili a interpretare i risultati delle osservazioni fatte su alcuni aspetti – ma non tutti – del mondo macroscopico.

Nello stesso periodo in cui Dalton portava avanti le sue ricerche sull'ipotesi atomica, altri scienziati stavano studiando le reazioni che avvengono tra i gas; i risultati che ottenevano dai loro esperimenti, però, non potevano essere spiegati in modo soddisfacente con la teoria atomica di Dalton. Proprio da questa difficoltà nacque, dopo molti anni di ricerche, l'idea di molecola così come oggi la intendiamo.

Fondamentale fu il contributo del chimico francese Joseph-Louis Gay-Lussac (1778-1850), il quale, studiando le **reazioni chimiche tra gas**, trovò che i *volumi* dei reagenti e dei prodotti seguivano un andamento regolare, se misurati nelle stesse condizioni di temperatura e pressione.

Osservando i risultati sperimentali ottenuti da varie prove per la reazione di sintesi tra idrogeno e cloro, Gay-Lussac dedusse che per fare reagire *completamente* 20 cm^3 di idrogeno occorrevano 20 cm^3 di cloro, con la formazione di 40 cm^3 di cloruro idrogeno (tabella **1**).

Volume (cm^3) dei reagenti		Volume (cm^3) del prodotto	Volume (cm^3) di gas che non ha reagito	
idrogeno	cloro	cloruro di idrogeno	idrogeno	cloro
20	10	20	10	—
20	15	30	5	—
20	20	40	—	—
20	25	40	—	5
20	30	40	—	10

Tabella 1 Risultati sperimentali della reazione di sintesi tra idrogeno e cloro Tutti i volumi riportati sono misurati nelle stesse condizioni di temperatura e pressione.

Risultò quindi evidente che tra i volumi dei reagenti (idrogeno e cloro) e del prodotto (cloruro di idrogeno) esistevano i seguenti rapporti:

idrogeno : cloro : cloruro di idrogeno
1 : 1 : 2

Nel caso della reazione tra idrogeno e ossigeno, da cui si forma vapore acqueo, i rapporti in volume erano invece i seguenti:

idrogeno : ossigeno : vapore acqueo
2 : 1 : 2

Gay-Lussac espresse tale regolarità nella **legge di combinazione dei volumi**.

Nelle stesse condizioni di temperatura e pressione, i volumi dei gas che reagiscono o che sono prodotti in una reazione stanno fra loro in rapporti espressi da numeri interi e piccoli.

TI RICORDI?

Secondo la **teoria di Dalton**, la materia è costituita da *atomi*, particelle piccole e indivisibili la cui identità rimane inalterata durante le reazioni chimiche.

Gay-Lussac tentò di spiegare questi risultati con la teoria atomica e le proprietà fisiche dei gas, ma non riuscì a trovare un'interpretazione convincente a livello microscopico. Vediamo il perché.

Dal modello particellare dei gas, sappiamo che il volume occupato da una sostanza gassosa dipende dal numero di particelle che essa contiene e non dalle dimensioni delle particelle. Volumi uguali di idrogeno e cloro (per esempio 20 cm^3 di idrogeno e 20 cm^3 di cloro) contengono quindi lo stesso numero di particelle. Ammettendo, in accordo con la teoria atomica di Dalton, che tali particelle siano atomi, ci dobbiamo aspettare che un atomo di idrogeno reagisca con un atomo di cloro per dare una molecola di cloruro di idrogeno:

1 atomo di idrogeno + 1 atomo di cloro ⟶ 1 molecola di cloruro di idrogeno

e quindi (figura **1**):

4 atomi di idrogeno + 4 atomi di cloro ⟶ 4 molecole di cloruro di idrogeno

ovvero:

n atomi di idrogeno + *n* atomi di cloro ⟶ *n* molecole di cloruro di idrogeno

In tal caso il prodotto di reazione dovrebbe avere un volume di 20 cm^3, e non di 40 cm^3 come invece dimostrano i risultati sperimentali:

20 cm^3 (idrogeno) + 20 cm^3 (cloro) ⟶ 20 cm^3 (cloruro di idrogeno)

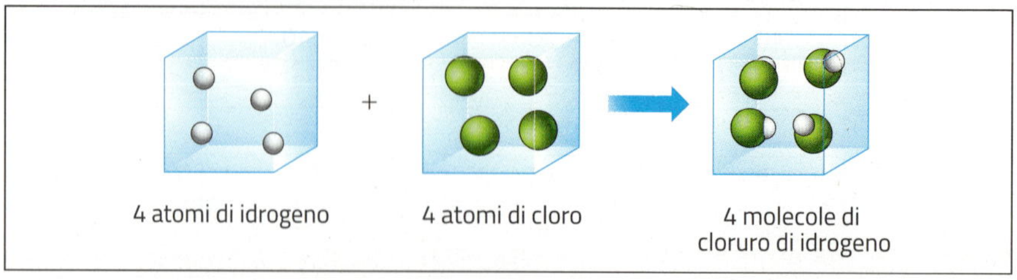

Figura 1 Previsione del volume di gas prodotto in base alla teoria atomica Ciascun atomo di idrogeno reagisce con un atomo di cloro, formando una molecola di cloruro di idrogeno.

2 LE MOLECOLE SONO FORMATE DA ATOMI UGUALI O DIVERSI

Alla corretta interpretazione dei risultati sperimentali di Gay-Lussac giunse nel 1811 il chimico torinese Amedeo Avogadro ipotizzando che tutte le sostanze gassose, sia semplici sia composte, fossero formate non da singoli atomi ma da gruppi di atomi, cioè da *molecole*.

Ammettendo che idrogeno e cloro siano costituiti da *molecole biatomiche*, formate cioè da una coppia di atomi, ne deriva che *n* molecole di idrogeno contenute in 20 cm^3, reagendo con *n* molecole di cloro contenute in 20 cm^3, formano 2*n molecole biatomiche* di cloruro di idrogeno che occupano in totale un volume di 40 cm^3 (**figura 2**):

LE PAROLE

Molecola è un termine che deriva dalla parola latina *molecula*, diminutivo di *moles*, «massa»; oggi il suo significato è però molto più ricco e complesso.

$$\text{4 molecole (HH)} + \text{4 molecole (ClCl)} \longrightarrow \text{4 molecole (HCl)} + \text{4 molecole (HCl)}$$

$$\underset{\text{(idrogeno)}}{20\ \text{cm}^3} + \underset{\text{(cloro)}}{20\ \text{cm}^3} \longrightarrow \underset{\text{(cloruro di idrogeno)}}{20\ \text{cm}^3} + \underset{\text{(cloruro di idrogeno)}}{20\ \text{cm}^3}$$

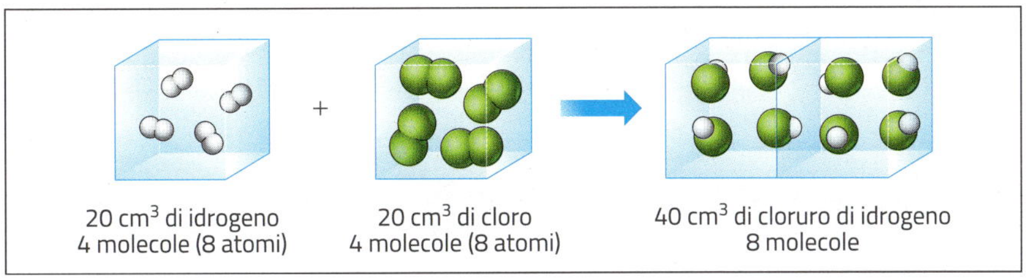

Figura 2 Reazione fra idrogeno e cloro: interpretazione della legge di Gay-Lussac con il principio di Avogadro Il volume di cloruro di idrogeno prodotto si giustifica assumendo che le molecole di idrogeno e quelle di cloro siano entrambe biatomiche.

Per spiegare la reazione tra idrogeno e ossigeno si deve ammettere che 2*n molecole biatomiche* di idrogeno si combinino con *n molecole biatomiche* di ossigeno per formare 2*n molecole triatomiche* di vapore acqueo (**figura 3**):

$$\text{2 molecole (HH)} + \text{1 molecola (OO)} \longrightarrow \text{2 molecole (HOH)}$$

$$\text{HH} + \text{HH} + \text{OO} \longrightarrow \text{HOH} + \text{HOH}$$

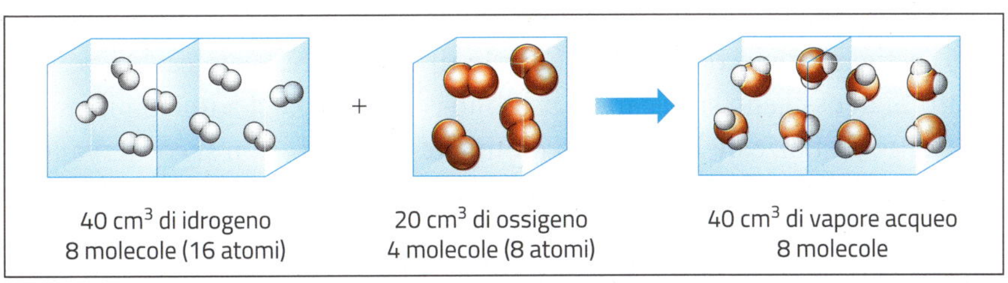

Figura 3 Reazione fra idrogeno e ossigeno: interpretazione della legge di Gay-Lussac con il principio di Avogadro Il volume di vapore acqueo si giustifica assumendo che ogni molecola biatomica di ossigeno reagisca con due molecole biatomiche di idrogeno, formando due molecole triatomiche di acqua.

Per giustificare i risultati di Gay-Lussac occorre modificare la teoria atomica di Dalton ammettendo che le molecole di idrogeno, di cloro e di ossigeno siano formate da due atomi ciascuna, che la molecola di cloruro di idrogeno sia formata da un atomo di idrogeno e uno di cloro e che la molecola d'acqua sia formata da due atomi di idrogeno e uno di ossigeno.

Da questi risultati nasce la formulazione del **principio di Avogadro**.

> Volumi uguali di gas diversi nelle stesse condizioni di temperatura e pressione contengono lo stesso numero di molecole.

PER SAPERNE DI PIÙ
PDF *Storia della chimica*
Amedeo Avogadro

Al contrario di quanto pensava Avogadro, oggi sappiamo che non tutti i gas sono costituiti da molecole: esistono infatti sostanze elementari, come l'elio, formate da singoli atomi. Di fondamentale importanza, comunque, fu l'idea di

PER SAPERNE DI PIÙ
PDF *Storia della chimica*
Stanislao Cannizzaro

Avogadro di pensare all'esistenza di molecole costituite da atomi dello stesso tipo, idea osteggiata dallo stesso Dalton, che aveva definito la molecola come l'unione di due o più atomi diversi. Anche Jöns Jacob Berzelius, il più influente chimico della prima metà dell'Ottocento, continuò a credere che volumi uguali di gas non contenessero lo stesso numero di molecole, ma di atomi. Per questo motivo, il principio di Avogadro, semplice e ineccepibile, in un primo momento non fu accettato favorevolmente.

TI RICORDI?

L'**atomo** è la più piccola parte di un elemento che durante le reazioni chimiche mantiene la sua identità.

Soltanto nel 1858 l'ipotesi molecolare fu riproposta dal chimico italiano Stanislao Cannizzaro (1826-1910), che ne confermò la validità sulla base delle verifiche sperimentali effettuate. Nel primo congresso di Chimica, tenutosi a Karlsruhe nel 1860, Cannizzaro riuscì così a convincere i colleghi che era necessario distinguere il concetto di molecola da quello di atomo.

Le molecole possono quindi essere formate da due o più atomi uguali o diversi, per cui si distinguono *molecole elementari* e *molecole composte* (tabella **2**).

La **molecola** è un aggregato costituito da un numero definito e fisso di atomi uguali e/o diversi uniti tra loro e corrisponde alla più piccola parte di un elemento o di un composto di cui conserva tutte le proprietà chimiche.

Tabella 2 Tipi di molecole
Le molecole si distinguono in base al numero e al tipo di atomi che le compongono.

Tipi di molecole	Esempi	
	Formula	Nome
elementare biatomica	O_2	ossigeno
elementare poliatomica	P_4	fosforo
composta biatomica	HCl	cloruro di idrogeno
composta poliatomica	HNO_3	acido nitrico

Per esempio, la più piccola parte di ossigeno gassoso che ne conserva tutte le proprietà chimiche è la molecola biatomica; l'*ossigeno atomico*, invece, è molto più instabile dell'*ossigeno molecolare* e ha proprietà del tutto diverse. Quando però l'ossigeno molecolare reagisce con le altre sostanze, la molecola si rompe, gli atomi di ossigeno si slegano e possono così aggregarsi a uno o più atomi delle altre sostanze; nelle reazioni chimiche, pertanto, non si conservano le molecole di ossigeno, bensì gli atomi.

Anche le molecole di ozono sono costituite soltanto da atomi di ossigeno, ma ciascuna di esse contiene tre atomi anziché due. Questa piccola differenza comporta grandi differenze a livello di proprietà; l'ossigeno, per esempio, ci mantiene in vita, mentre l'ozono è tossico e ha proprietà battericide.

Per rappresentare le molecole, utilizziamo spesso **modelli** costituiti dall'aggregazione di più sferette. Per distinguere i vari tipi di atomi, soprattutto quelli più frequenti nelle molecole, si usano colori convenzionali: bianco per l'idrogeno (H), nero per il carbonio (C), rosso per l'ossigeno (O), blu per l'azoto (N), giallo chiaro per il fosforo (P), verde per il cloro (Cl) (figura **4**).

Figura 4 Modelli molecolari di molecole elementari e composte
I modelli a sferette permettono di illustrare la struttura di una molecola; a ogni atomo corrisponde un colore caratteristico.

3 LE SOSTANZE SONO COSTITUITE DI ATOMI, MOLECOLE E IONI

I concetti di atomo e molecola, definiti dalla *teoria atomico-molecolare* di Dalton e Cannizzaro, sono gli strumenti con cui oggi possiamo interpretare la natura. Suolo, mare, aria, organismi vegetali e animali sono costituti da atomi, molto spesso aggregati tra loro a formare un gran numero e una grande varietà di molecole. Sono circa 5 milioni le molecole diverse presenti in natura sinora scoperte e certamente molte altre restano da scoprire; a queste vanno aggiunti circa 15 milioni di nuove molecole che i chimici, imitando la natura, hanno imparato a sintetizzare.

Le **molecole elementari** sono poche e contengono pochissimi atomi; gli elementi costituiti da molecole biatomiche sono sette, mentre soltanto tre sono costituiti da molecole *poliatomiche* (dal greco *poli*, «molti»). Tutti i restanti elementi sono formati da atomi singoli (figura **5**).

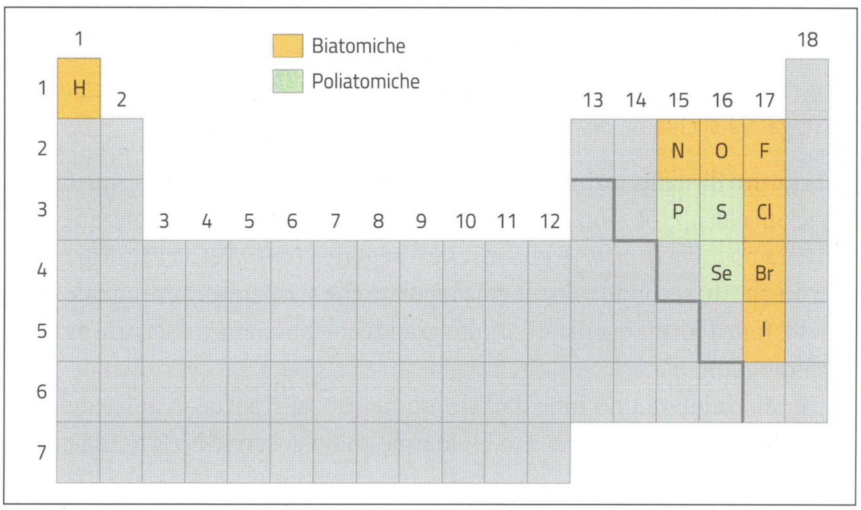

Figura 5 Elementi costituiti da molecole biatomiche e poliatomiche Alcuni elementi sono presenti in natura come molecole elementari, formate dall'unione di due o più atomi uguali.

Le **molecole composte** contengono spesso un grande numero di atomi. La molecola di acido lattico, la sostanza che causa dolore ai muscoli dopo uno sforzo intenso, è formata da 12 atomi: tre di carbonio, sei di idrogeno e tre di ossigeno (figura **6A**). La molecola di emoglobina, invece, è molto più complessa e contiene 2954 atomi di carbonio, 4516 di idrogeno, 780 di azoto, 806 di ossigeno, 12 di zolfo e 4 di ferro.

Nonostante possano essere molto complesse, le molecole sono «oggetti» piccoli e hanno dimensioni nell'ordine del miliardesimo di metro (figura **6B**).

Figura 6 Modelli molecolari A La molecola di acido lattico è formata da 12 atomi, di tre tipi diversi. B La molecola di emoglobina contiene oltre 9000 atomi e ha un diametro inferiore a 6 nm; ogni eritrocita contiene più di 300 milioni di molecole di emoglobina.

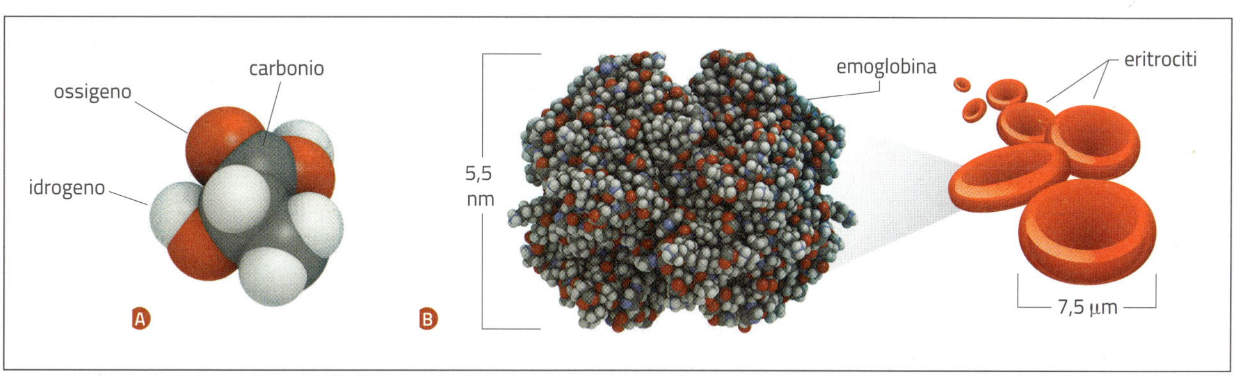

Il diametro della molecola d'acqua è ancor più piccolo (0,2 nm): in ogni goccia ci sono circa 10^{21} molecole, cioè mille miliardi di miliardi di molecole. Proprio perché sono piccolissime, non possiamo vedere a occhio nudo le singole molecole. Tuttavia, alcune tecniche sperimentali, come la cristallografia a raggi X e la microscopia elettronica, consentono di visualizzare le molecole più grandi, dette *macromolecole*. Per esempio, fu proprio grazie alla cristallografia ai raggi X che Rosalind Franklin ottenne l'immagine da cui fu dedotta la struttura a doppia elica del DNA (figura 7).

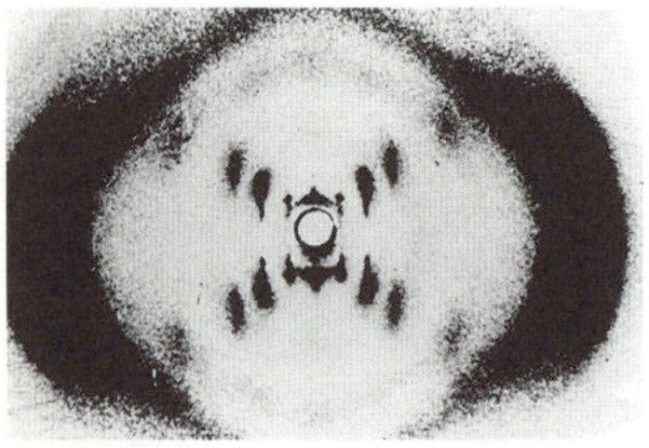

Figura 7 La struttura del DNA Questa famosa fotografia, ottenuta da Rosalind Franklin nel 1952 con la cristallografia ai raggi X, contribuì alla scoperta della struttura a doppia elica del DNA (indicata dalla croce centrale).

Tutti i composti che, come l'acqua, sono costituiti da molecole sono detti *composti molecolari*. Esistono però molti altri composti che non sono molecolari. Il sale da cucina, per esempio, non ha molecole né allo stato solido né in soluzione acquosa; le sue unità costitutive sono gli *ioni*.

Mentre atomi e molecole sono entità elettricamente neutre (vedremo più avanti le proprietà elettriche della materia), gli ioni sono particelle elettricamente cariche.

Uno **ione** è un atomo o una molecola con carica elettrica intera, positiva o negativa; uno ione con carica positiva si chiama *catione*, uno con carica negativa si chiama *anione*.

Nel cloruro di sodio, quindi, non ci sono atomi di sodio e di cloro, ma ioni sodio e ioni cloro, cioè atomi elettricamente carichi; gli ioni sodio hanno carica elettrica positiva (*cationi*) e gli ioni cloro negativa (*anioni*). Ciascuno di questi ioni è disposto secondo uno schema regolare che si ripete sempre uguale nello spazio, fino a formare cristalli molto grandi che possiamo osservare anche a occhio nudo.

Per distinguere uno ione dall'atomo neutro, si riporta all'apice del simbolo dell'elemento il segno + o −: lo ione sodio si scrive Na^+, lo ione cloro Cl^- (figura 8).

Figura 8 Il cloruro di sodio è un composto ionico La struttura regolare dei cristalli di cloruro di sodio è visibile sia a livello macroscopico (A) sia microscopico, come mostra questa immagine al microscopio elettronico (B). Essa è il risultato dell'impacchettamento regolare di cationi Na^+ e anioni Cl^- (C).

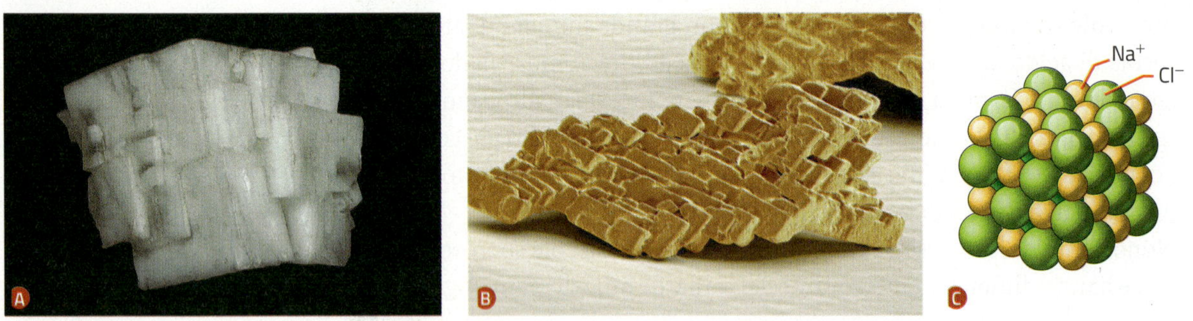

Tutti i composti che, come il sale da cucina, sono costituiti da ioni sono detti *composti ionici*. In un composto ionico allo stato solido o liquido non ci sono molecole. A differenza dell'acqua, in cui ogni molecola è distinta dall'altra ed è il risultato dell'unione di due atomi di idrogeno e uno di ossigeno, nei cristalli del sale da cucina è impossibile stabilire se uno ione sodio è unito a uno o all'altro degli ioni cloro che lo circondano.

In conclusione, le sostanze possono essere semplici o composte; le sostanze semplici possono essere costituite da atomi singoli o da molecole, mentre le sostanze composte possono essere formate da molecole o da ioni (figura 9).

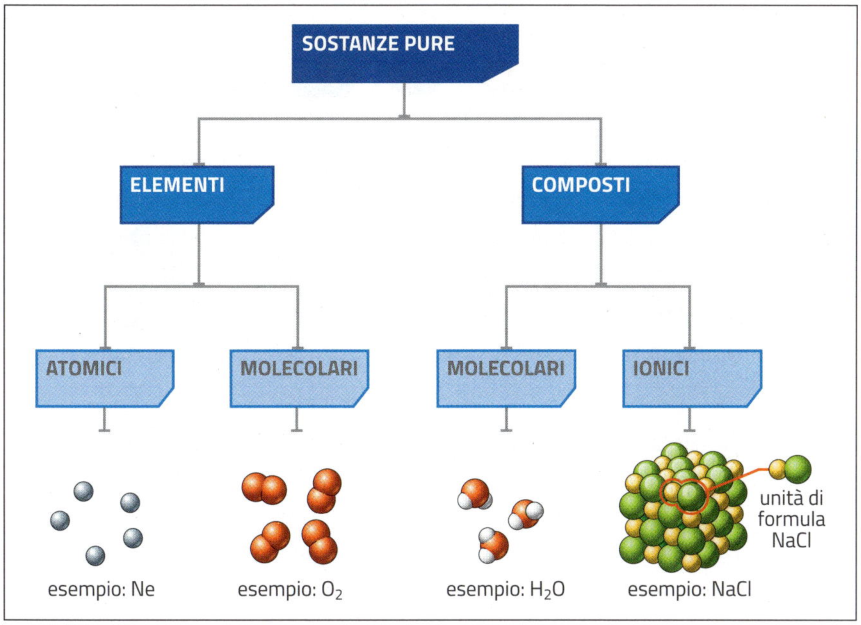

Figura 9 Classificazione delle sostanze In base alla natura delle particelle che le costituiscono, le sostanze possono essere suddivise in diverse categorie.

4 LE FORMULE CHIMICHE SONO LE «ETICHETTE» DELLE SOSTANZE

Per i primi chimici non è stato facile stabilire quale fosse la composizione delle sostanze e sono giunti spesso a conclusioni errate. Dalton, per esempio, riteneva che la molecola d'acqua fosse la combinazione di un atomo di idrogeno e un atomo di ossigeno e la rappresentava, utilizzando i suoi simboli (*vedi* capitolo 6), con la notazione ⊙ ○, che corrisponde all'attuale HO. Oggi, grazie alle conoscenze acquisite in più di 150 anni di ricerche e all'utilizzo di sofisticati strumenti (per esempio, lo spettrometro di massa), possiamo determinare con precisione la composizione di qualsiasi sostanza pura e descriverla in modo rapido con le formule chimiche.

Le **formule chimiche** sono notazioni di simboli chimici e indici.

I *simboli chimici* sono quelli degli elementi che costituiscono il composto ionico o molecolare; gli *indici* sono numeri (il numero 1 si omette) che si scrivono in basso a destra del simbolo chimico ed esprimono il numero di atomi o di ioni presenti in una molecola (figura **10**).

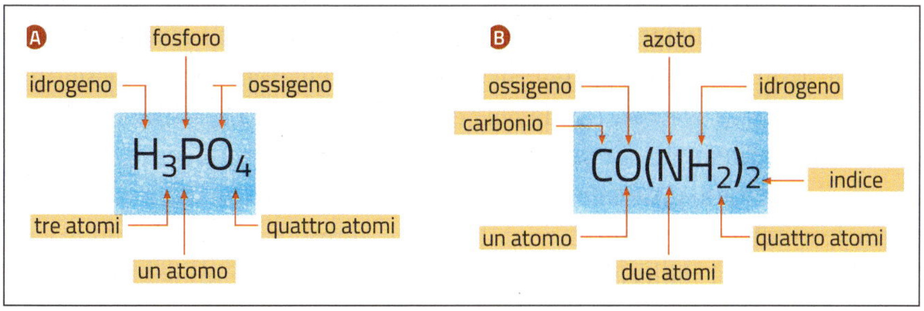

Figura 10 Rappresentazione della formula chimica di una molecola La formula chimica dell'acido fosforico (A) e quella dell'urea (B).

La formula della molecola biatomica dell'azoto, per esempio, è N_2 (si legge «enne-due»), di quella ottoatomica dello zolfo è S_8 (si legge «esse-otto») e di quella poliatomica del glucosio è $C_6H_{12}O_6$ (si legge «ci-sei-acca-dodici-o-sei»).

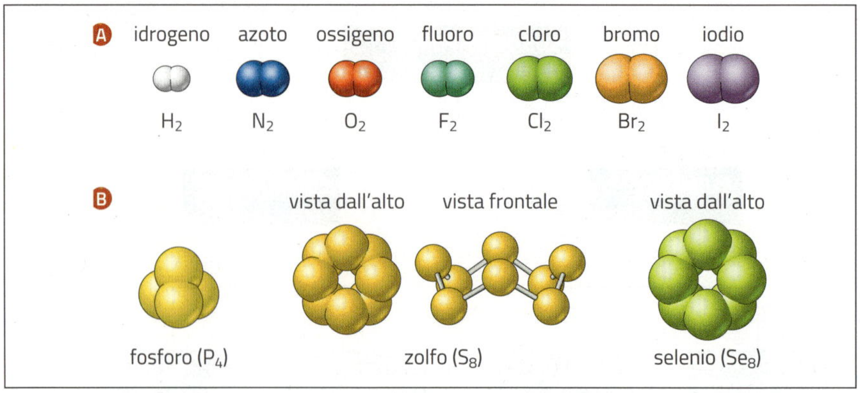

Figura 11 Modelli e formule delle molecole elementari Alcuni esempi di molecole biatomiche (A) e poliatomiche (B).

È importante ricordare che scrivere 2N non è equivalente a scrivere N_2; la notazione 2N indica, infatti, 2 atomi di azoto indipendenti l'uno dall'altro, mentre la formula N_2 si riferisce a 1 molecola contenente 2 atomi di azoto aggregati insieme. È per evidenziare questa aggregazione che rappresentiamo spesso le molecole con sferette (gli atomi) parzialmente incastrate l'una nell'altra (figura **11**).

A COLPO D'OCCHIO

In alcune formule possono comparire gruppi di simboli racchiusi tra parentesi, a cui segue un indice numerico; tale indice sta a specificare quanti gruppi dei corrispondenti atomi sono presenti nella molecola del composto. Per esempio, la formula $CO(NH_2)_2$ (si legge «ci-o-enne-acca-due-preso-due-volte») ci informa che in una molecola di questa sostanza (urea) ci sono due gruppi NH_2, per cui essa contiene, in totale, 1 atomo di carbonio, 1 di ossigeno, 2 di azoto e 4 di idrogeno (*vedi* figura 10).

La formula di un composto ionico, che non è costituito da molecole, indica soltanto in quale rapporto gli ioni di un tipo e dell'altro si uniscono per formare un cristallo; proprio per questo motivo essa è detta formula minima.

La **formula minima (o empirica)** indica quali elementi costituiscono il composto e in quale rapporto minimo i loro atomi (o ioni) sono combinati.

LE PAROLE

Il termine **empirico** deriva dal greco (*en* e *peirìa*, «nella esperienza») e significa «ricavato da dati sperimentali».

Per esempio, la formula del sale da cucina è NaCl. Essa ci informa che il sale è costituito dagli elementi sodio e cloro e che il rapporto minimo tra i loro ioni è 1 : 1; ciò significa che per ogni ione sodio ci deve essere uno ione cloro. In un cristallo di sale da cucina il numero di ioni sodio, per quanto grande sia, è quindi identico a quello di ioni cloro.

Per sottolineare il fatto che nei cristalli di cloruro di sodio non ci sono unità molecolari, diciamo che la notazione NaCl è un'*unità formula*.

Nelle formule dei composti ionici il simbolo dello ione positivo è sempre scritto per primo. Dalla formula del composto ionico CaF_2 (fluoruro di calcio), possiamo dedurre che gli ioni positivi sono di calcio e quelli negativi di fluoro, che per ogni ione calcio ci sono due ioni fluoro e che in un cristallo di fluoruro di calcio il numero di ioni fluoro è il doppio di quello di ioni calcio.

Per i composti molecolari la formula di riferimento è invece la formula molecolare.

La **formula molecolare** indica quanti atomi di ciascun elemento sono presenti nella molecola del composto.

La formula molecolare dell'acqua è H_2O e indica che ogni molecola di acqua è costituita da due atomi di idrogeno e uno di ossigeno. In questo caso, formula molecolare e formula minima coincidono; a volte, però, la formula molecolare è un multiplo intero della formula minima (tabella **3**). Per esempio, la formula molecolare del glucosio è $C_6H_{12}O_6$, mentre la formula minima è CH_2O; la formula molecolare è 6 volte la formula minima, quindi ne è un multiplo.

Composto	Formula minima	Formula molecolare
cloruro di sodio	NaCl	—
acqua	H_2O	H_2O
glucosio	CH_2O	$C_6H_{12}O_6$

Tabella 3 Formula minima e formula molecolare di alcuni composti Il cloruro di sodio non è formato da molecole; la sua composizione viene indicata con la sola formula chimica, da cui si deduce il rapporto tra gli ioni.

La formula molecolare fornisce un'informazione più precisa rispetto alla formula minima. Può accadere, tuttavia, che anche la formula molecolare non sia sufficiente per distinguere una sostanza dall'altra. Per esempio, la formula molecolare dell'alcol etilico, la sostanza liquida infiammabile presente nel vino e nelle altre bevande alcoliche, è C_2H_6O ed è identica a quella dell'etere dimetilico. L'etere è una sostanza gassosa, anch'essa infiammabile, ma ha altre proprietà del tutto diverse da quelle dell'alcol etilico, come il punto di fusione, la densità, il forte odore e l'azione anestetica.

Le proprietà delle sostanze non dipendono solo dal tipo e dal numero di atomi che formano una molecola. Per capire la causa delle differenze è necessario «guardare» dentro le molecole, cioè considerare la loro struttura interna. In alcuni casi, per esempio, è l'ordine con cui si uniscono gli atomi a fare la differenza: scambiando la posizione degli atomi all'interno di una molecola si possono ottenere molecole diverse, proprio come scambiando le lettere di una parola si ottengono parole diverse. Approfondiremo più avanti questo argomento.

A COLPO D'OCCHIO

- **FORMULA CHIMICA**
  - MINIMA (O EMPIRICA)
    - QUALI ATOMI
  - MOLECOLARE
    - QUANTI ATOMI

5 LE REAZIONI CHIMICHE SI RIASSUMONO CON UNO SCHEMA

Conoscendo simboli e formule delle sostanze coinvolte in una reazione chimica, possiamo rappresentare la reazione stessa in modo ancor più sintetico di quanto fatto finora. Riportando le formule dei reagenti a *sinistra* della freccia di reazione e a *destra* quelle dei prodotti, si ottiene una rappresentazione chiamata **schema di reazione**.

Nello schema possiamo introdurre anche altre sigle con cui riassumere alcune informazioni riguardanti lo stato fisico dei reagenti e dei prodotti o le condizioni in cui avviene la reazione.

Il simbolo Δ (*delta*) posto sopra la freccia di reazione indica che, per fare avvenire la reazione, deve essere fornito *calore*. Una freccia, con il verso in alto (↑) o in basso (↓), riportata a destra di una formula indica rispettivamente lo *sviluppo di un gas* o la *formazione di un precipitato* (cioè di una sostanza solida che si separa dalla soluzione e si deposita sul fondo del recipiente).

Lo stato fisico dei reagenti e dei prodotti si indica tra parentesi con i simboli:

$$g = \text{gas} \qquad l = \text{liquido} \qquad s = \text{solido}$$

La sigla *aq* indica, invece, una sostanza disciolta in *soluzione acquosa*.

TI RICORDI?

I **reagenti** sono le sostanze che durante la reazione si trasformano in sostanze diverse, cioè nei **prodotti**; nella reazione di sintesi dell'acqua, i reagenti sono ossigeno e idrogeno mentre l'acqua è l'unico prodotto.

Tabella 4 Simboli usati nelle equazioni chimiche e loro significato Questi simboli riassumono le condizioni in cui si svolge la reazione e indicano le caratteristiche fisiche delle sostanze coinvolte.

Simbolo	Significato	Simbolo	Significato
$\rightarrow$	direzione in cui procede una reazione	$\downarrow$	formazione di un precipitato
$\rightleftarrows$	reazione che procede in entrambi i sensi (reversibile)	g	sostanza allo stato aeriforme
+	si pone tra le formule dei reagenti e dei prodotti	l	sostanza allo stato liquido
Δ	calore fornito ai reagenti	s	sostanza allo stato solido
$\uparrow$	sviluppo di gas	aq	sostanza in soluzione acquosa

La tabella **4** mostra i simboli comunemente utilizzati nelle equazioni chimiche per riassumere tutte le informazioni.

Lo schema di reazione della decomposizione a caldo dell'ossido di mercurio (figura **12A**), per esempio, diventa:

$$2\ HgO_{(s)} \xrightarrow{\Delta} 2\ Hg_{(l)} + O_{2(g)}\uparrow$$

La reazione che avviene in soluzione acquosa tra l'idrossido di bario, $Ba(OH)_2$, e l'acido solforico, H_2SO_4, porta alla formazione di un precipitato di solfato di bario, $BaSO_4$.

L'intero processo si rappresenta con il seguente schema:

$$Ba(OH)_{2(aq)} + H_2SO_{4(aq)} \longrightarrow BaSO_{4(s)}\downarrow + 2\ H_2O_{(l)}$$

Lo schema di reazione rende evidente il fatto che in una trasformazione chimica cambia la disposizione spaziale degli atomi: atomi che nei reagenti erano vicini si allontanano e si legano tra loro in modo diverso per formare i prodotti. Così l'atomo di bario (Ba), inizialmente legato al gruppo OH, si unisce al gruppo SO_4, mentre ogni gruppo OH si lega a un atomo di idrogeno della molecola H_2SO_4 (acido solforico) per formare una molecola di acqua.

Un altro esempio di reazione di precipitazione è quella che avviene tra cromato di sodio (Na_2CrO_4) e nitrato d'argento ($AgNO_3$): mescolando le due soluzioni si forma un solido scuro (cromato d'argento, Ag_2CrO_4) poco solubile in acqua (figura **12B**).

La reazione può essere rappresentata in questo modo:

$$Na_2CrO_{4(aq)} + 2\ AgNO_{3(aq)} \longrightarrow Ag_2CrO_{4(s)}\downarrow + 2\ NaNO_{3(aq)}$$

Figura 12 Esempi di reazioni chimiche A Per ottenere la decomposizione dell'ossido di mercurio è necessario fornire calore con un fornello bunsen. B Il cromato d'argento è un composto color mattone insolubile in acqua.

6 BILANCIANDO LO SCHEMA SI OTTIENE UN'EQUAZIONE CHIMICA

Dalla *legge di conservazione della massa* sappiamo che in una reazione chimica non si ha la perdita o la formazione di atomi: gli atomi si possono combinare in modo diverso, ma rimangono gli *stessi*. Il numero totale di atomi di ciascuna specie presente nei reagenti deve quindi essere uguale a quello nei prodotti.

Per ottenere l'uguaglianza numerica tra atomi è necessario mettere dei numeri, interi o frazionari, davanti alle formule dei reagenti e dei prodotti. Questi numeri sono detti **coefficienti stechiometrici** (figura **13**). L'operazione con cui si ottiene l'uguaglianza numerica tra gli atomi si chiama *bilanciamento*.

TI RICORDI?

La **legge di conservazione della massa** afferma che, in ogni reazione chimica, la somma delle masse dei reagenti è uguale alla somma delle masse dei prodotti.

Il **bilanciamento** di uno schema di reazione consiste nell'individuare i coefficienti stechiometrici da anteporre alle formule delle sostanze affinché il numero di atomi di ciascun elemento sia uguale a sinistra e a destra della freccia di reazione e sia il più piccolo possibile.

Uno schema di reazione bilanciato costituisce un'equazione chimica.

Un'**equazione chimica** è la rappresentazione di una reazione chimica con simboli e formule in cui è bilanciato il numero di atomi di ogni elemento.

Il termine *equazione* sottolinea il fatto che il tipo di atomi e il loro numero rimangono identici nel passare dai reagenti ai prodotti.

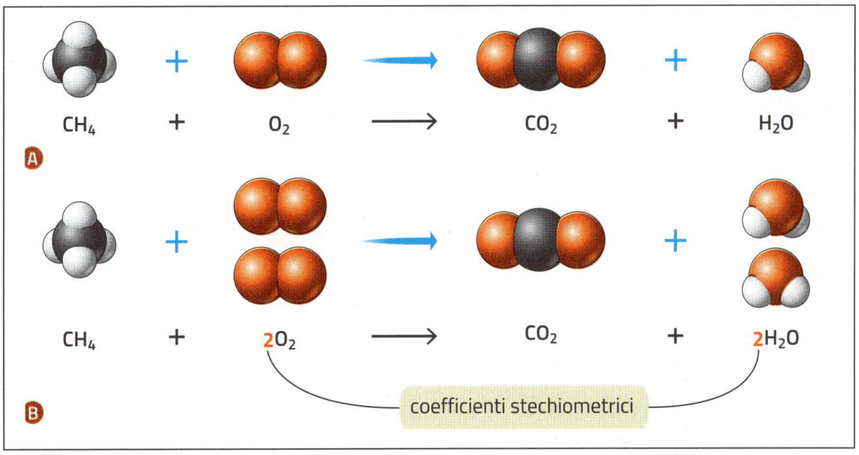

Figura 13 I coefficienti stechiometrici permettono di bilanciare una reazione Nello schema A della reazione di combustione del metano il numero di atomi O (sfere rosse) e H (sfere bianche) prima e dopo la freccia è diverso. B Introducendo il coefficiente stechiometrico 2 davanti alle formule O_2 e H_2O si bilancia il loro numero e si ottiene l'equazione chimica bilanciata.

Per bilanciare uno schema di reazione si deve tenere presente che:

a. non si possono mai modificare gli indici delle formule perché la formula di una sostanza rispecchia la sua composizione e non va alterata se si vuole rappresentare la medesima sostanza;
b. gli elementi *idrogeno*, *ossigeno*, *azoto*, *fluoro*, *cloro*, *bromo*, *iodio*, a pressione ordinaria e a temperatura ambiente, si presentano come molecole biatomiche e devono essere rappresentati in forma molecolare (*vedi* figura 10);
c. devono essere rappresentate solo le specie chimiche che *effettivamente partecipano* alla reazione (se una reazione avviene in acqua, e questa si comporta solo da solvente, l'acqua non va rappresentata);
d. il coefficiente stechiometrico 1 *si omette*;

e. i coefficienti stechiometrici devono presentare i *minori valori* possibili. Per esempio, l'equazione tra lo zinco e una soluzione di acido cloridrico, bilanciata con i seguenti coefficienti, garantisce sicuramente la conservazione della massa:

$$2\,Zn_{(s)} + 4\,HCl_{(aq)} \longrightarrow 2\,ZnCl_{2(aq)} + 2\,H_{2(g)}\uparrow$$

ma deve essere bilanciata con i coefficienti più piccoli:

$$Zn_{(s)} + 2\,HCl_{(aq)} \longrightarrow ZnCl_{2(aq)} + H_{2(g)}\uparrow$$

f. nel bilanciare una reazione devono essere calcolati per primi i coefficienti stechiometrici degli atomi dei *metalli* e a seguire, nell'ordine, quelli dei *non metalli*, dell'*idrogeno* e dell'*ossigeno*.

Le indicazioni riassunte nei punti precedenti sono valide per bilanciare tutte le reazioni, tranne quelle di ossido-riduzione; il bilanciamento di queste reazioni sarà descritto in seguito, quando verranno esaminati i processi elettrochimici.

PROBLEMA MODELLO

Bilanciare una reazione

Bilancia la reazione tra idrossido di calcio e acido fosforico:

$$Ca(OH)_2 + H_3PO_4 \longrightarrow Ca_3(PO_4)_2 + H_2O$$

L'IDEA

Iniziamo calcolando i coefficienti stechiometrici dei metalli, partendo dal calcio. Passiamo poi ai non metalli, in questo caso il fosforo. Calcoliamo infine i coefficienti dell'idrogeno e, come verifica finale, controlliamo quelli dell'ossigeno.

LA SOLUZIONE

Tra i reagenti abbiamo un atomo di calcio; tra i prodotti sono invece presenti tre atomi di calcio. Mettiamo quindi il coefficiente 3 davanti a $Ca(OH)_2$:

$$3\,Ca(OH)_2 + H_3PO_4 \longrightarrow Ca_3(PO_4)_2 + H_2O$$

A sinistra è presente un atomo di fosforo, a destra due; mettiamo quindi il coefficiente 2 davanti a H_3PO_4.

$$3\,Ca(OH)_2 + 2\,H_3PO_4 \longrightarrow Ca_3(PO_4)_2 + H_2O$$

A sinistra sono presenti 12 atomi di idrogeno ($3 \cdot 2 + 2 \cdot 3$), a destra ne sono presenti 2. Mettiamo quindi il coefficiente 6 davanti a H_2O:

$$3\,Ca(OH)_2 + 2\,H_3PO_4 \longrightarrow Ca_3(PO_4)_2 + 6\,H_2O$$

Gli atomi di ossigeno sono 14 a sinistra ($3 \cdot 2 + 2 \cdot 4$), così come a destra ($4 \cdot 2 + 6 \cdot 1$).

LA CONCLUSIONE

Tutti i coefficienti stechiometrici inseriti mantengono l'uguaglianza tra gli atomi dei reagenti e dei prodotti: l'equazione è bilanciata.

CHIMICA VERDE

COP21 e trasporto *green*: quanto CO_2 stiamo risparmiando?

Dopo vent'anni di dibattiti, il 12 dicembre 2015 è stato raggiunto a Parigi un importante accordo internazionale sul clima. In occasione della COP21, la conferenza della Convenzione quadro delle Nazioni Unite sui cambiamenti climatici (UNFCCC), 196 paesi hanno condiviso questi obiettivi comuni:

- mantenere l'aumento della temperatura media globale al di sotto di 2 °C rispetto all'era preindustriale;
- aumentare la capacità di adattamento delle società moderne agli effetti negativi dei cambiamenti climatici già in atto;
- promuovere lo sviluppo sostenibile;
- stanziare 100 miliardi di dollari ai paesi in via di sviluppo, per affrontare i problemi causati dai cambiamenti climatici.

CO_2 e cambiamenti climatici

È universalmente riconosciuto dalla comunità scientifica che il riscaldamento globale ha causato negli ultimi sessant'anni l'aumento della temperatura dell'atmosfera e degli oceani, la diminuzione dei ghiacciai e l'innalzamento del livello del mare. Gli esseri umani hanno inciso per circa il 95% sul cambiamento climatico.

Se si considerano solo i gas serra, le concentrazioni di protossido di azoto, diossido di carbonio e metano sono aumentate rispettivamente di circa il 20, il 40, e il 150% negli ultimi 150 anni, a causa della deforestazione e dell'utilizzo massiccio di combustibili fossili. In questi 150 anni le sole emissioni di CO_2 hanno portato al rilascio in atmosfera di oltre 350 miliardi di tonnellate di carbonio. Se si considera anche l'assorbimento negli ambienti terresti e acquatici, la cifra sale a oltre 500 miliardi.

Biglietto *green*: una scelta sostenibile

La riduzione delle emissioni è una necessità stringente, da mettere in atto nella vita quotidiana, per esempio usando i mezzi pubblici e riciclando i rifiuti. Vi sarà capitato di leggere sul biglietto del treno il confronto tra le quantità di CO_2 prodotte in media da un passeggero che viaggi in treno, in automobile o in aereo. Per fare questo calcolo si tiene conto dell'efficienza media dei veicoli, della quantità di energia necessaria per il trasporto di un individuo e dell'impatto ambientale del carburante. Anche se pensiamo che si tratti soltanto di «parti per milione», in realtà queste piccole quantità hanno un peso molto alto quando sono considerate su larga scala.

FACCIAMO IL PUNTO

LO SAI? RIPASSA CON LO SMARTPHONE

Che cosa afferma la legge di combinazione dei volumi?

La **legge di combinazione dei volumi**, formulata da Gay-Lussac, stabilisce che, nelle stesse condizioni di temperatura e pressione, i volumi dei gas che reagiscono o sono prodotti in una reazione stanno fra loro in rapporti espressi da numeri interi e piccoli.

Che cosa afferma il principio di Avogadro?

In base al **principio di Avogadro**, volumi uguali di gas diversi nelle stesse condizioni di temperatura e pressione contengono lo stesso numero di molecole. Anche se non tutti i gas sono formati da molecole (come, per esempio, l'elio), Avogadro intuì che esistono molecole formate da atomi uguali (come la molecola di ossigeno, O_2, o di cloro, Cl_2).

Che cos'è una molecola?

La **molecola** è un aggregato costituito da un numero definito e fisso di atomi uguali o diversi uniti tra loro, che corrisponde alla più piccola parte di un elemento o di un composto di cui conserva tutte le proprietà chimiche. Le molecole possono essere formate da due o più atomi uguali (**molecole elementari**) o diversi (**molecole composte**).

Che cosa sono i composti ionici?

I **composti ionici**, come il cloruro di sodio (NaCl), sono costituiti da **ioni**, ovvero da atomi o molecole dotati di una carica elettrica intera: i **cationi** sono carichi positivamente, gli **anioni** negativamente.

Che cos'è la formula di una sostanza?

La **formula** è una notazione di simboli chimici e indici che permette di identificare rapidamente la composizione di una sostanza. La **formula minima** indica quali elementi costituiscono il composto e in quale rapporto minimo i loro atomi (o ioni) sono combinati. La **formula molecolare** indica quanti atomi di ciascun elemento sono presenti nella molecola del composto.

Come si rappresentano le reazioni chimiche?

I reagenti e i prodotti coinvolti in una reazione possono essere riassunti nello **schema di reazione**, in cui, oltre alle formule delle sostanze, sono riportate anche altre informazioni, come lo stato fisico dei reagenti (con le sigle ***g***, ***l***, ***s*** e ***aq***), la formazione di un precipitato (↓) o di un gas (↑), o la necessità di fornire calore durante la reazione (simbolo **Δ**).

Come si bilancia una reazione?

Il **bilanciamento** di uno schema di reazione consiste nell'individuare i coefficienti stechiometrici da anteporre alle formule delle sostanze affinché il numero di atomi di ciascun elemento sia uguale a sinistra e a destra della freccia di reazione e sia il più piccolo possibile. La rappresentazione di una reazione chimica mediante simboli e formule in cui è bilanciato il numero di atomi di ciascun elemento è detta **equazione chimica**.

ESERCIZI

ZTE ONLINE Mettiti alla prova con 20 esercizi interattivi

VERIFICA LE TUE CONOSCENZE

LA TEORIA ATOMICA DI DALTON NON SPIEGA LA LEGGE DI GAY-LUSSAC

1 **Il seguente enunciato della legge di combinazione dei volumi non è corretto: dov'è l'errore?**

Nelle stesse condizioni di *T* e *P*, le masse dei gas che reagiscono o che sono prodotti in una reazione stanno fra loro in rapporti espressi da numeri interi e piccoli.

2 **Facendo reagire un volume di azoto gassoso con un uguale volume di ossigeno gassoso si ottengono due volumi di ossido di azoto gassoso; tutti e tre i gas si trovano alla stessa temperatura e pressione. Indica in quale rapporto stanno i volumi dei tre gas.**

3 **I gas idrogeno e cloro possono reagire tra loro per formare un altro gas, il cloruro di idrogeno.**
Se sia l'idrogeno sia il cloro fossero gas costituiti da atomi isolati, quale volume di cloruro di idrogeno si formerebbe facendo reagire 1 L di idrogeno con 1 L di cloro?

4 **Dalla reazione tra idrogeno e cloro gassosi si forma cloruro di idrogeno, anch'esso gassoso. Tenendo in considerazione il modello particellare dei gas, che cosa c'è di sbagliato nella seguente rappresentazione della reazione?**

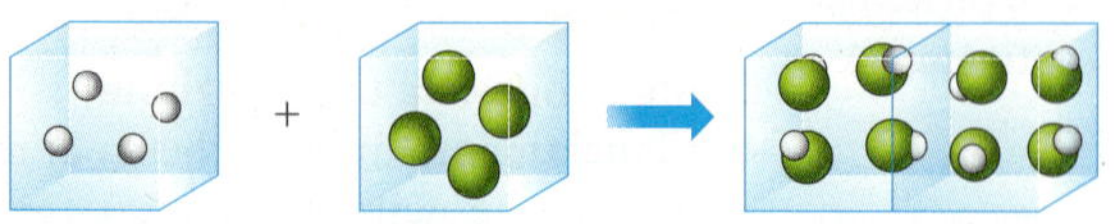

5 **Facendo reagire un volume di fluoro gassoso con un uguale volume di idrogeno gassoso si ottengono due volumi di fluoruro di idrogeno gassoso; tutti e tre i gas si trovano alla stessa temperatura e pressione. Spiega in che modo questa reazione dimostra che l'azoto e l'idrogeno sono formati da molecole biatomiche.**

LE MOLECOLE

6 **La seguente definizione di molecola è incompleta: «La molecola è la più piccola porzione di una sostanza che ne conserva le caratteristiche». Che cosa manca?**

7 **Che cosa afferma il principio di Avogadro?**

8 **La seguente rappresentazione si riferisce a gas nelle stesse condizioni di pressione e temperatura. Perché non è corretta?**

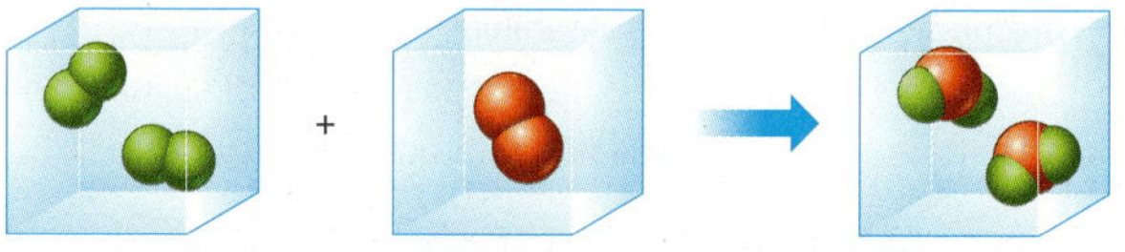

9 **Perché Dalton non riteneva corretto il principio di Avogadro?**

10 **Che cos'è una molecola elementare? E una molecola composta? Riporta un esempio di entrambe.**

11 **Ozono e ossigeno hanno proprietà chimiche diverse. Le molecole di ozono potrebbero essere uguali a quelle di ossigeno? Perché?**

12 **Quale delle seguenti affermazioni è corretta?**
Una molecola di un elemento

Ⓐ è la più piccola porzione di un elemento.
Ⓑ è un atomo particolarmente grande.
Ⓒ non resta inalterata quando l'elemento reagisce con altri elementi.
Ⓓ è formata solo da due atomi.

13 **L'ammoniaca si forma dalla reazione tra idrogeno e azoto gassosi. Le molecole che la costituiscono sono elementari o composte? Perché?**

ATOMI, MOLECOLE E IONI

14 **Quali sono le molecole elementari diatomiche? E quali quelle poliatomiche?**

15 **Che cos'è un anione?**

16 **In quali delle seguenti notazioni compare un catione?**

Ⓐ Ar   Ⓑ K^+Cl^- Ⓒ Al^{3+} Ⓓ O^{2-}

17 **Qual è l'unità di misura più appropriata per esprimere la dimensione di una molecola?**

18 **Che cos'è un composto molecolare? E uno ionico? Riporta un esempio di ciascuno.**

19 **Quali delle seguenti affermazioni sono *errate*?**
Ⓐ I composti possono essere molecolari o ionici.
Ⓑ Gli elementi possono essere costituiti soltanto da atomi singoli.
Ⓒ In un composto ionico non ci sono molecole.
Ⓓ Un composto molecolare è formato da molecole ben distinte.
Ⓔ Un composto ionico è formato da coppie ben distinte di ioni positivi e negativi.

20 **La più piccola particella di acqua è**
Ⓐ un atomo di idrogeno.
Ⓑ una molecola.
Ⓒ un atomo di ossigeno.
Ⓓ un atomo di idrogeno unito a uno di ossigeno.

LE FORMULE CHIMICHE

21 **Che cos'è l'indice di una formula chimica?**

22 **Una delle forme cristalline dello zolfo è rappresentata da S_8. Questa formula indica**
Ⓐ una molecola costituita da otto atomi.
Ⓑ otto molecole.
Ⓒ un atomo costituito da otto molecole.
Ⓓ uno ione dotato di otto cariche elettriche.

23 **Quali delle seguenti formule chimiche rappresentano un elemento?**
Ⓐ CO
Ⓑ P_4
Ⓒ Br_2
Ⓓ SO_2
Ⓔ C_2H_2

24 **Quanti atomi di ossigeno compaiono nella formula $Al(NO_3)_3$?**

25 **SO_4^{2-} è il gruppo solfato. Quanti gruppi solfato compaiono nella formula $Fe_2(SO_4)_3$?**

26 **Quali informazioni possiamo ricavare dall'affermazione: «Il cloruro di calcio è un composto ionico la cui formula è $CaCl_2$»?**
Ⓐ $CaCl_2$ è un'unità formula.
Ⓑ Ca è lo ione positivo e Cl quello negativo.
Ⓒ Una molecola di $CaCl_2$ contiene 1 atomo di calcio e 2 di cloro.
Ⓓ Il cloruro di calcio è formato da ioni calcio e ioni cloro nel rapporto di 2 : 1.

27 **Che differenza c'è tra formula minima e formula molecolare?**

28 **Qual è la formula minima dell'acqua?**

29 **Spiega che cosa rappresentano le seguenti notazioni, tutte relative all'elemento fluoro.**
a. F^- b. F_2 c. $2\ F$

LO SCHEMA DELLE REAZIONI CHIMICHE

30 **Che cos'è lo schema di reazione?**

31 **Scrivi lo schema di reazione che rappresenta la formazione dell'acqua a partire da idrogeno e ossigeno.**

32 **Quando l'alluminio (Al) in polvere reagisce con l'ossigeno dell'aria si forma ossido di alluminio (Al_2O_3) solido. Qual è lo schema di reazione? Specifica lo stato fisico dei reagenti e dei prodotti.**

33 **Rappresenta le seguenti trasformazioni con uno schema di reazione completo dello stato fisico di ciascun componente:**
a. magnesio e ossigeno reagiscono producendo ossido di magnesio, MgO, solido;
b. l'acqua si decompone producendo idrogeno e ossigeno;
c. solfato di sodio, Na_2SO_4, e cloruro di bario, $BaCl_2$, entrambi in soluzione acquosa, reagiscono producendo solfato di bario, $BaSO_4$, solido e cloruro di sodio in soluzione acquosa.

LE EQUAZIONI CHIMICHE

34 **Che cosa significa bilanciare una reazione chimica?**

35 **Che cos'è un coefficiente stechiometrico?**

36 **Considera l'equazione chimica:**

$$C_3H_8 + 5\ O_2 \longrightarrow 3\ CO_2 + 4\ H_2O$$

a. Quali sono i coefficienti stechiometrici?
b. Quali sono gli indici numerici?

37 **Quali sono i coefficienti stechiometrici che bilanciano la seguente reazione?**

$$NH_3 + O_2 \longrightarrow N_2 + H_2O$$

Ⓐ 2,3 ⟶ 1,3
Ⓑ 4,3 ⟶ 2,6
Ⓒ 2,3 ⟶ 2,3
Ⓓ 2,2 ⟶ 2,3

38 **Uno studente deve bilanciare lo schema di reazione:**

$$Li + H_2O \longrightarrow LiOH + H_2$$

e scrive:

$$Li + 2\,H_2O \longrightarrow Li(OH)_2 + H_2$$

È corretto il bilanciamento? Motiva la risposta.

39 **Perché la seguente equazione chimica non è bilanciata correttamente?**

$$2\,N_2O_5 + 2\,H_2O \longrightarrow 4\,HNO_3$$

40 **Quali delle seguenti affermazioni riguardo a una reazione chimica sono *errate*?**

Ⓐ La massa si conserva.
Ⓑ Il numero di atomi si conserva.
Ⓒ Il numero di molecole si conserva.
Ⓓ Gli atomi non cambiano dislocazione.
Ⓔ Può essere bilanciata con coefficienti stechiometrici frazionari.

VERIFICA LE TUE ABILITÀ

Negli esercizi che seguono tutti i volumi gassosi si intendono misurati alla stessa temperatura e pressione.

41 **Due volumi di cloro reagiscono con un volume di ossigeno e si formano due volumi di diossido di cloro. Se c'è cloro in abbondanza, quanti litri di diossido di cloro si formano da 1,5 L di ossigeno?**

42 **Quando 1 L di azoto gassoso reagisce con 3 L di idrogeno gassoso, si formano 2 L di ammoniaca, anch'essa gassosa. Quale volume di ammoniaca gassosa si forma per reazione completa di 20,0 L di idrogeno?**

43 **Se 1 L di metano reagisce con 2 L di ossigeno per dare 1 L di diossido di carbonio e 2 L di acqua, quanti litri di metano *non* possono reagire nella reazione tra 4,0 L di metano e 3,0 L di ossigeno?**

44 **Quando 2 volumi di diossido di zolfo reagiscono con 1 volume di ossigeno, si formano 2 volumi di triossido di zolfo. Quale volume di diossido di zolfo gassoso può trasformarsi se si hanno a disposizione 12,0 L di ossigeno?**

45 **Completa la seguente tabella:**

V gas reagenti (cm^3)		*V* gas prodotto (cm^3)	*V* gas che non hanno reagito (cm^3)	
azoto	ossigeno	pentossido di diazoto	azoto	ossigeno
20	50	20	-	-
30	50			
		30	10	
	110			10

46 **Supponi che, in determinate condizioni, 1 L di idrogeno gassoso reagisca con 1 L di ossigeno gassoso per formare 1 L di acqua ossigenata gassosa. Dall'esperimento puoi dedurre che:**

Ⓐ i gas idrogeno e ossigeno sono certamente costituiti da atomi singoli.
Ⓑ l'acqua ossigenata deve essere formata da molecole composte da un atomo H e un atomo O.
Ⓒ la molecola di acqua ossigenata potrebbe essere formata da due atomi H e due atomi O se entrambi i gas fossero formati da molecole diatomiche.
Ⓓ nessuna risposta è corretta.

47 **È possibile che in 1 L di gas idrogeno e in 1 L di gas elio, volumi misurati alla stessa temperatura e pressione, ci sia lo stesso numero di atomi? Perché?**

48 **Due palloncini identici sono stati gonfiati allo stesso modo, l'uno con elio e l'altro con diossido di carbonio. Lasciati liberi, quello pieno di elio sale in cielo mentre l'altro non si muove da terra. Quali delle seguenti spiegazioni *non* sono corrette? Spiega le scelte.**

Ⓐ Nei due palloncini c'è un diverso numero di particelle di gas.
Ⓑ L'elio è più leggero dell'aria.
Ⓒ L'aria esercita una maggiore pressione sul palloncino con diossido di carbonio.
Ⓓ Le particelle di elio sono più leggere di quelle di diossido di carbonio.

49 **Come spieghi il fatto che palloncini identici, pieni allo stesso modo di gas diversi, hanno masse diverse?**

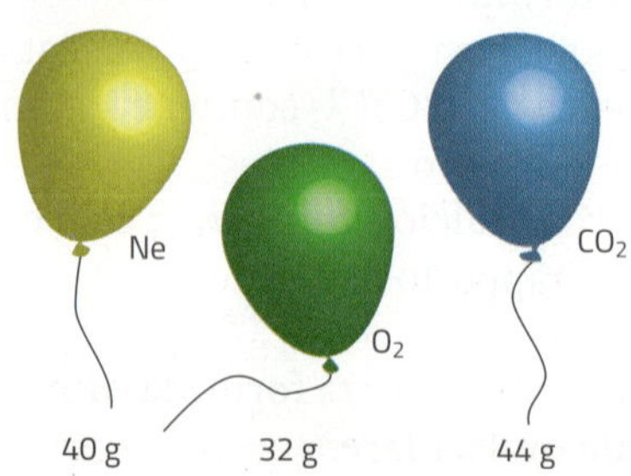

50 **La massa di un palloncino pieno di ossigeno è 32,0 g, quella di un uguale palloncino pieno di elio è 4,0 g. Che cosa puoi concludere relativamente alla massa delle particelle che costituiscono i due gas?**

51 **Il principio di Avogadro spiega la legge della combinazione dei volumi. Applicalo per completare la seguente rappresentazione (in tutti i contenitori, di uguale volume, *T* e *P* sono identiche). Motiva le tue scelte.**

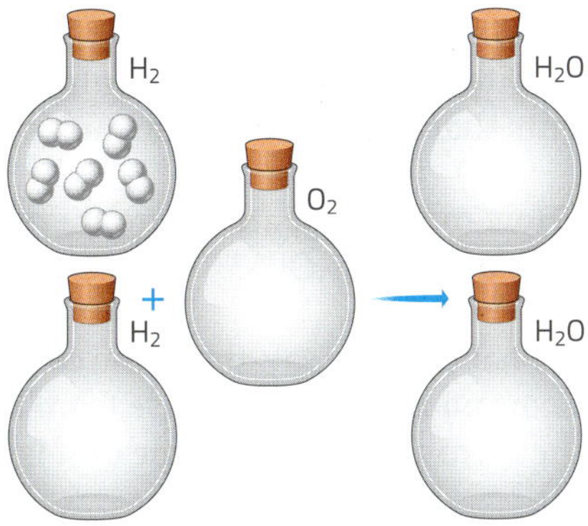

52 **Stabilisci quali sono le differenze esistenti fra**

a. un atomo e uno ione;

b. un atomo e una molecola;

c. un elemento e un composto;

d. un anione e un catione.

53 **Una goccia di pioggia ha un diametro di circa 2 mm. Quante molecole di acqua ci sono in una goccia se il diametro di una molecola è 0,2 nm? Per rispondere supponi che sia la goccia sia le molecole siano sferiche.**

54 **Rappresenta la struttura microscopica di un gas costituito da elio, azoto e vapore acqueo miscelati in rapporto 2 : 2 : 1.**

55 **Quale notazione simbolica utilizzeresti per rappresentare 2 molecole uguali, ciascuna costituita da 3 atomi di carbonio, 6 di idrogeno e 2 di ossigeno?**

56 **Quale notazione simbolica utilizzeresti per rappresentare 4 unità formula di un composto costituito da ioni alluminio e ioni cloruro in rapporto 1 : 3?**

57 **Quale delle seguenti formule contiene il maggior numero di atomi di ossigeno?**

Ⓐ $Ba(ClO_4)_2$

Ⓑ $Na_2Cr_2O_7$

Ⓒ $Al(CO_3)_3$

Ⓓ $KMnO_4$

58 **Completa la tabella indicando quanti atomi (o ioni) e quante molecole (o unità formula) indicano le seguenti notazioni.**

	Numero atomi	Numero molecole
$3\ H_2SO_4$		
$4\ Mg(OH)_2$		
$6\ P_4$		

59 **La formula del composto ionico nitrato di alluminio è $Al(NO_3)_3$.**

a. Da quanti tipi di atomi è formato e qual è il loro nome?

b. Quanti atomi di non metallo sono presenti?

c. Si tratta di una formula minima o di una formula molecolare? Perché?

60 **Alcuni composti molecolari costituiti da carbonio e idrogeno hanno le seguenti formule:**

CH_4 C_3H_8 C_6H_6 C_2H_2 C_2H_6

a. Qual è il rapporto fra atomi di carbonio e atomi di idrogeno espresso da ciascuna formula?

b. Quali composti presentano una formula minima diversa da quella molecolare? Qual è tale formula?

c. I composti con uguale formula minima possono avere le stesse proprietà chimico-fisiche?

61 **Quando il carbonato di calcio solido, $CaCO_3$, reagisce con una soluzione acquosa di acido cloridrico, HCl, si formano acqua, diossido di carbonio gassoso, CO_2, e cloruro di calcio, $CaCl_2$, che rimane in soluzione. Scrivi lo schema e bilancialo.**

62 **Quando si uniscono due soluzioni limpide e incolori – l'una contenente ioni $Na^+_{(aq)}$ e $Cl^-_{(aq)}$, l'altra ioni $Ag^+_{(aq)}$ e $NO^-_{3(aq)}$ – si forma un precipitato bianco di AgCl.**

a. Che cosa rimane in soluzione?

b. Scrivi l'equazione di reazione.

c. Qual è la trasformazione effettiva che avviene unendo le due soluzioni?

63 **L'ossido di azoto, NO, è una sostanza gassosa inquinante che può reagire con l'ammoniaca gassosa, NH_3, formando azoto gassoso e acqua. Scrivi lo schema di reazione e bilancialo.**

64 **Bilancia le seguenti reazioni:**

a. $K + H_2O \longrightarrow KOH + H_2$
b. $N_2O_5 + H_2O \longrightarrow HNO_3$
c. $K_2CrO_4 + AgNO_3 \longrightarrow Ag_2CrO_4 + KNO_3$

65 **Qual è la somma dei coefficienti stechiometrici che bilanciano ciascuna delle seguenti reazioni?**

a. $Al(OH)_3 + H_2SO_4 \longrightarrow Al_2(SO_4)_3 + H_2O$
b. $KClO_3 \longrightarrow KCl + O_2$
c. $C_2H_2 + O_2 \longrightarrow CO_2 + H_2O$

66 **Considera la reazione seguente:**

$$H_2S_{(g)} + O_{2(g)} \longrightarrow H_2O_{(g)} + SO_{2(g)}$$

a. Bilancia la reazione.
b. Se si mettono a reagire tre molecole di H_2S e tre di O_2, potranno trasformarsi tutte in prodotti? Perché?
c. Motiva la tua risposta con un disegno rappresentando come è costituito il sistema a fine reazione.

67 **Bilancia le seguenti reazioni:**

a. $Li_2S + H_3PO_4 \longrightarrow Li_3PO_4 + H_2S$
b. $CaCO_3 + H_3PO_4 \longrightarrow Ca_3(PO_4)_2 + CO_2 + H_2O$
c. $Al(ClO_3)_3 \longrightarrow AlCl_3 + O_2$

68 **Bilancia le seguenti reazioni:**

a. $NaOH + H_3AsO_4 \longrightarrow Na_3AsO_4 + H_2O$
b. $K_3PO_4 + FeBr_2 \longrightarrow KBr + Fe_3(PO_4)_2$
c. $Bi(NO_3)_3 + KOH \longrightarrow KNO_3 + Bi(OH)_3$

69 **Bilancia le seguenti reazioni:**

a. $SiO_2 + C \longrightarrow SiC + CO$
b. $FeS + O_2 \longrightarrow Fe_2O_3 + SO_2$
c. $P_4 + S_8 \longrightarrow P_4S_{10}$

70 **La sintesi industriale dell'acido solforico comprende la seguente serie di reazioni. Per ciascuna di esse scrivi un'equazione chimica bilanciata.**

a. Si brucia lo zolfo in presenza di ossigeno per produrre diossido di zolfo, SO_2;
b. Si fa reagire il diossido di zolfo con altro ossigeno per produrre triossido di zolfo, SO_3;
c. Si fa reagire il triossido di zolfo con acido solforico, H_2SO_4, per produrre acido disolforico, $H_2S_2O_7$.
d. Si fa reagire l'acido disolforico con l'acqua per produrre acido solforico.

TEST YOURSELF

71 **Write a balanced equation for the following reaction: copper (II) oxide (CuO), a black powder, can be decomposed to produce pure copper by heating the powder in the presence of methane gas (CH_4). The products are copper, carbon dioxide, and water vapor.**

72 **Make a drawing to show four molecules of ammonia gas, NH_3, decomposing to form hydrogen and nitrogen gas.**

73 **Write the names and formulas of the elements that exist as diatomic molecules.**

74 **How many total atoms are there in one molecule of $C_{145}H_{293}O_{168}$?**

75 **What can you say about the composition of the compound called glucose from knowing that the formula for a molecule of it is $C_6H_{12}O_6$?**

VERSO I GIOCHI DELLA CHIMICA

76 **Indica quale coppia di formule rappresenta due sostanze differenti:**

Ⓐ $Si(OH)_4$ e H_4SiO_4
Ⓑ H_3BO_3 e $B(OH)_3$
Ⓒ AsH_3 e $HAsO_2$
Ⓓ acido cromico e H_2CrO_4

[Fase nazionale 2014]

77 **Indica l'unica equazione bilanciata:**

Ⓐ $2\ BaO \longrightarrow Ba + O_2$
Ⓑ $4\ NH_3 + 5\ O_2 \longrightarrow 4\ NO + 6\ H_2O$
Ⓒ $N_2 + 3\ H_2 \longrightarrow 3\ NH_3$
Ⓓ $3\ NaOH + 2\ H_3PO_4 \longrightarrow Na_3PO_4 + 3\ H_2O$

[Fase regionale 2011]

VERSO L'UNIVERSITÀ

78 **Data l'equazione:**

$$3\ Cu + x\ HNO_3 \longrightarrow y\ Cu(NO_3)_2 + z\ H_2O + 2\ NO$$

quale valore devono avere i coefficienti x e z affinché l'equazione sia bilanciata?

Ⓐ $x = 4;\ z = 2$
Ⓑ $x = 8;\ z = 4$
Ⓒ $x = 6;\ z = 3$
Ⓓ $x = 10;\ z = 5$
Ⓔ $x = 2;\ z = 1$

[dalla prova di ammissione a Medicina e Chirurgia, 2015]

VERSO L'ESAME: VERIFICA LE TUE COMPETENZE

COLLEGA

79 **Il foglio di alluminio che si usa per l'imballaggio degli alimenti è alluminio commercialmente puro.**

a. Con quale notazione puoi esprimere la sua natura?

b. Un atomo di alluminio occupa un volume di $1{,}66 \cdot 10^{-23}$ cm^3; quanti atomi di alluminio ci sono, circa, in una striscia di foglio lunga 40,0 cm e larga 30,0 cm, se lo spessore del foglio è 20 μm?

COLLEGA E RAPPRESENTA

80 **Una bottiglia vuota è in realtà piena di aria. Se atomi e molecole non fossero tanto piccoli da sfuggire all'osservazione diretta, che cosa vedremmo dentro alla bottiglia?**

a. Elenca i tre componenti più abbondanti dell'aria con le rispettive percentuali e scrivi le loro formule.

b. Fai una rappresentazione delle particelle rispettando le proporzioni tra i componenti.

OSSERVA E DEDUCI

81 **La maggior parte delle sostanze disciolte nell'acqua di mare è costituita ioni. Gli ioni con concentrazione superiore a 1 mg/kg sono undici (*vedi* tabella). I più abbondanti sono gli ioni sodio e cloro, ma quando l'acqua di mare evapora non si ottiene solo il sale cloruro di sodio, NaCl: gli ioni positivi (e non solo gli ioni Na^+) si uniscono a quelli negativi (e non solo agli ioni Cl^-) in rapporto tale da formare sali elettricamente neutri.**

Particella	Nome	Concentrazione g/kg
Na^+	ione sodio	10,781
K^+	ione potassio	0,399
Mg^{2+}	ione magnesio	1,284
Ca^{2+}	ione calcio	0,412
Sr^{2+}	ione stronzio	$7{,}94 \cdot 10^{-3}$
Cl^-	ione cloruro	19,353
SO_4^{2-}	ione solfato	2,712
HCO_3^-	ione bicarbonato	0,126
Br^-	ione bromuro	0,0673
$B(OH)_3$	acido borico	0,0257
F^-	ione fluoruro	$1{,}30 \cdot 10^{-3}$

a. Quali sono i cationi e quali gli anioni?

b. Qual è l'unica sostanza non ionica? Com'è costituita?

c. Gli ioni solfato e bicarbonato in che cosa differiscono dagli altri ioni? Come sono costituiti?

d. Indica quali sono le unità formula dei sali che si formano quando si uniscono:
- ioni magnesio a ioni cloruro, bromuro o solfato;
- ioni calcio a ioni bicarbonato, solfato o fluoruro;
- ioni potassio a ioni solfato e cloruro.

ANALIZZA E SCHEMATIZZA

82 **Perché si piange quando si taglia una cipolla? Quando le cellule di cipolla vengono tagliate si libera un enzima che trasforma l'*isoallinina*, $C_6H_{11}SO_3N$, di cui è ricca la cipolla, in una nuova sostanza, chiamata *acido sulfenico*. Un altro enzima trasforma l'acido sulfenico in *propantial-S-ossido*, C_3H_6SO, che costituisce il «fattore lacrimogeno»: le sue molecole, molto volatili, raggiungono i nostri occhi, attivano i sensori presenti e scatenano la lacrimazione.**

a. Schematizza la serie di trasformazioni che portano alla formazione del «fattore lacrimogeno».

b. Sulla base delle informazioni fornite, riesci a descrivere tali trasformazioni con un'equazione di reazione? Perché?

ANALIZZA E DEDUCI

83 **Bruciare legna nel camino di casa o metano nel fornello in cucina può essere molto pericoloso se non c'è sufficiente ossigeno nel locale. Quando la combustione di un qualsiasi combustibile contenente carbonio avviene in carenza di ossigeno, al posto del diossido di carbonio, CO_2, si forma un composto molto tossico, il monossido di carbonio, CO. Le sue molecole si legano all'emoglobina del sangue in modo molto più forte rispetto a quelle di ossigeno e l'emoglobina non può più ossigenare i tessuti del corpo. Se una persona respira aria in cui è presente anche solo lo 0,1% di CO, in un'ora il 50% delle sue molecole di emoglobina sarà legata a CO anziché a molecole di ossigeno. Si può scongiurare il rischio di intossicazione da CO favorendo la sua trasformazione in CO_2.**

a. Scrivi l'equazione di combustione del metano, CH_4, in presenza di ossigeno sufficiente a produrre diossido di carbonio e vapore acqueo.

b. Scrivi l'equazione di combustione del metano, CH_4, quando, in carenza di ossigeno, forma monossido di carbonio e vapore acqueo.

c. Scrivi l'equazione relativa alla trasformazione di CO in CO_2: quale reagente è indispensabile?

SEI PRONTO PER LA VERIFICA?

IN 1 ORA

Dopo aver studiato i contenuti dei **capitoli 6 e 7**, svolgi la prova nel **tempo massimo di un'ora**.

VERIFICA LE TUE CONOSCENZE

1 **Definisci i seguenti termini, mettendo in evidenza le differenze:**

a. elemento e composto
b. trasformazione fisica e trasformazione chimica
c. metalli, non metalli, semimetalli
d. miscela e composto
e. atomo e molecola
f. reagenti e prodotti

(12 punti se hai risposto correttamente) ...../12

2 **Enuncia ciascuna legge, indica da quale scienziato è stata formulata e se trova giustificazione con la teoria atomica (in caso affermativo, spiega come)**

a. legge di conservazione della massa
b. legge delle proporzioni definite
c. legge delle proporzioni multiple
d. legge dei volumi di combinazione

(12 punti se hai risposto correttamente) ...../12

3 **Indica la coppia di composti che illustra la legge delle proporzioni multiple:**

(A) NO e NO_2
(B) PH_3 e NH_3
(C) CuS e $CuCl_2$
(D) CaO e CaH_2

(10 punti se hai risposto correttamente) ...../10

4 **Tra i seguenti campioni di materia, è una sostanza pura:**

(A) l'acqua potabile
(B) l'acciaio
(C) lo zinco
(D) l'aria

(6 punti se hai risposto correttamente) ...../6

5 **Considera le formule Na_2SO_4 e $Ca(OH)_2$ e spiega il significato di indici e simboli.**

(4 punti se hai risposto correttamente) ...../4

6 **Descrivi i passaggi necessari per bilanciare una reazione chimica.**

(6 punti se hai risposto correttamente) ...../6

7 **Calcola la massa di ossigeno contenuta in 31,5 g di KNO_2.**

(A) 5,92 g
(B) 83,8 g
(C) 11,8 g
(D) 5,76 g
(E) 10,4 g

(10 punti se hai risposto correttamente) ...../10

I primi 60 punti valgono per il raggiungimento degli obiettivi minimi. Per fare di più, rispondi alle seguenti domande.

VERIFICA LE TUE COMPETENZE

8 **Fornendo calore all'ossido di mercurio si ottiene mercurio e ossigeno. Se dalla decomposizione di 56,8 g di ossido di mercurio si ottengono 52,8 g di mercurio, calcola la massa di ossigeno che si forma.**

(8 punti se hai risposto correttamente) ...../8

9 **1 L di azoto si combina con 3 L di idrogeno per dare 2 L di ammoniaca.**
Calcola la quantità di idrogeno che non si combina facendo reagire 0,7 L di azoto con 3 L di idrogeno.

(8 punti se hai risposto correttamente) ...../8

10 **Il ferro con lo zolfo forma il composto solfuro di ferro.**
Se da 2 g di ferro si formano 3,14 g di solfuro di ferro, calcola:

a. la quantità di zolfo che ha reagito con il ferro;
b. il rapporto con cui si combinano i due elementi;
c. quanti grammi di ferro si combinano con 3,8 g di zolfo

(12 punti se hai risposto correttamente) ...../12

11 **Bilancia la seguente equazione chimica:**

a. $Fe_2(SO_3)_3 + HClO_4 \longrightarrow Fe(ClO_4)_3 + SO_2 + H_2O$
b. $P_2O_5 + H_2O \longrightarrow H_3PO_4$
c. $Cu + AgNO_3 \longrightarrow Ag + Cu(NO_3)_2$
d. $CH_4 + 2\ O_2 \longrightarrow CO_2 + 2\ H_2O$

(12 punti se hai risposto correttamente) ...../12

PUNTEGGIO TOTALE ...../100

CAPITOLO

8 LA MOLE E LA COMPOSIZIONE PERCENTUALE DEI COMPOSTI

1 LA MASSA ATOMICA ASSOLUTA SI ESPRIME IN KILOGRAMMI

Atomi e molecole sono piccolissimi: presi singolarmente, non possono essere né visti, né misurati, né pesati. Eppure oggi conosciamo le loro dimensioni e sappiamo stabilirne il peso.

Per determinare la massa degli atomi si usa lo *spettrometro di massa*. Il valore che esso fornisce, espresso in kg, costituisce la massa atomica assoluta.

La **massa atomica assoluta** (m_a) è la massa di un atomo espressa in kg.

La massa di un atomo di fluoro, per esempio, è $3{,}155 \cdot 10^{-26}$ kg, mentre quella di un atomo di idrogeno è $1{,}674 \cdot 10^{-27}$ kg. Così espresse, le masse atomiche hanno valori numerici molto piccoli, compresi tra 10^{-27} e 10^{-25} kg; il kilogrammo e i suoi sottomultipli sono quindi inadatti a esprimerle agevolmente.

Conviene allora scegliere come unità di misura una massa «microscopica» che abbia lo stesso ordine di grandezza degli atomi. L'unità di riferimento delle masse atomiche è la dodicesima parte della massa atomica assoluta del carbonio-12. Tale unità prende il nome di unità di massa atomica (figura **1**).

L'unità di massa atomica (indicata con il simbolo **u**) corrisponde a un dodicesimo della massa atomica assoluta del carbonio-12:

$$1\text{ u} = \frac{1}{12}\, m_a \text{ del carbonio-12}$$

TI RICORDI?

L'unità di misura della massa nel SI è il **kilogrammo**.

LE PAROLE

Il termine **carbonio-12** indica il tipo di atomo di carbonio più abbondante in natura. Vedremo più avanti che gli atomi di uno stesso elemento non sempre sono identici.

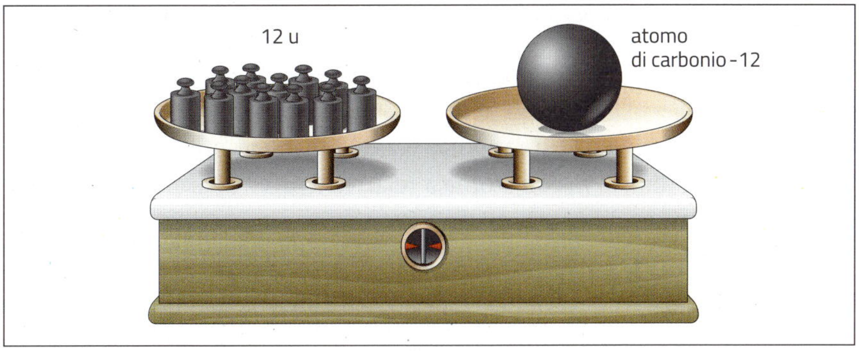

Figura 1 L'unità di misura u L'unità di massa atomica, u, è 1/12 della massa dell'atomo di carbonio più comune, il carbonio-12.

PER SAPERNE DI PIÙ

Lo spettrometro di massa

La *spettrometria di massa* è una tecnica che permette di identificare la composizione di una sostanza sconosciuta. Per farlo si ricorre allo **spettrometro di massa**, uno strumento che misura la massa degli ioni in funzione del rapporto tra la loro massa e la loro carica.

Il campione da analizzare viene inviato all'interno della *camera di ionizzazione*, dove è convertito in un fascio di ioni positivi. Gli ioni vengono poi accelerati da un campo elettrico e spinti all'interno di un campo magnetico, dove vengono deflessi lungo traiettorie diverse (figura). L'entità della deflessione dipende dalla massa e dalla carica dello ione.

Lo strumento registra l'intensità e la posizione del fascio di ioni in uscita e fornisce il risultato sotto forma di una serie di picchi che prende il nome di **spettro di massa**. Ciascun picco indica un diverso componente, di cui lo spettrometro restituisce il valore della massa e la quantità relativa all'interno del campione analizzato.

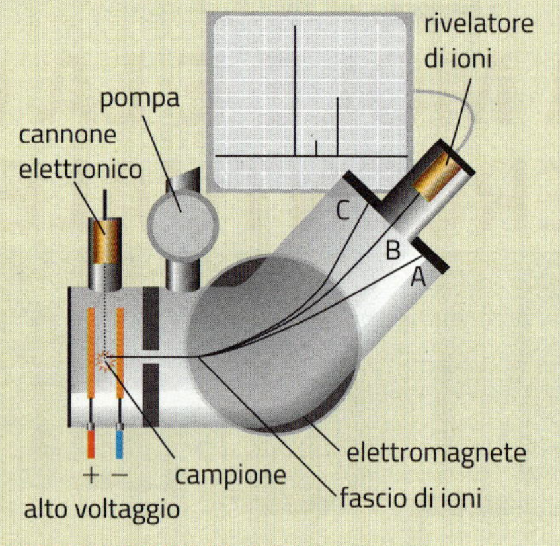

Figura La struttura di uno spettrometro di massa I punti A, B e C indicano le diverse traiettorie seguite dal fascio di ioni.

2 LA MASSA ATOMICA RELATIVA È UN NUMERO PURO

Poiché la massa atomica assoluta del carbonio-12 è uguale a $1{,}9926 \cdot 10^{-26}$ kg ($1{,}9926 \cdot 10^{-23}$ g), un'unità di massa atomica (u), espressa in kg e in g, equivale a:

$$1\,\text{u} = \frac{1{,}9926 \cdot 10^{-26}\,\text{kg}}{12}$$

Cioè:

$$1\,\text{u} = 1{,}66 \cdot 10^{-27}\,\text{kg} = 1{,}66 \cdot 10^{-24}\,\text{g}$$

APP La tavola periodica interattiva

I valori di tutte le masse atomiche sono multipli (o si avvicinano a multipli) di questa unità. La massa dell'atomo di fluoro, per esempio, risulta 19 volte più grande:

$$\text{massa atomica fluoro} = \frac{3{,}154 \cdot 10^{-26}\,\text{kg}}{1{,}66 \cdot 10^{-27}\,\text{kg}} = 19{,}00$$

Il valore così ottenuto (19,00) costituisce la massa atomica relativa del fluoro.

In generale:

La **massa atomica relativa** (simbolo A_r) è un numero che indica quante volte la massa atomica assoluta è maggiore dell'unità di massa atomica.

La massa atomica relativa è data quindi dal rapporto tra la massa atomica assoluta e l'unità di massa atomica:

$$A_r = \frac{m_a\,(\text{kg})}{\text{u}\,(\text{kg})}$$

Proprio perché deriva da un rapporto tra due masse espresse con la stessa unità di misura (kg), la massa atomica relativa è priva di dimensioni, cioè è un **numero puro**.

Il valore della massa atomica relativa di ciascun elemento è riportato sulla tavola periodica nella casella dell'elemento, insieme al numero atomico e ad altri dati significativi (figura 2).

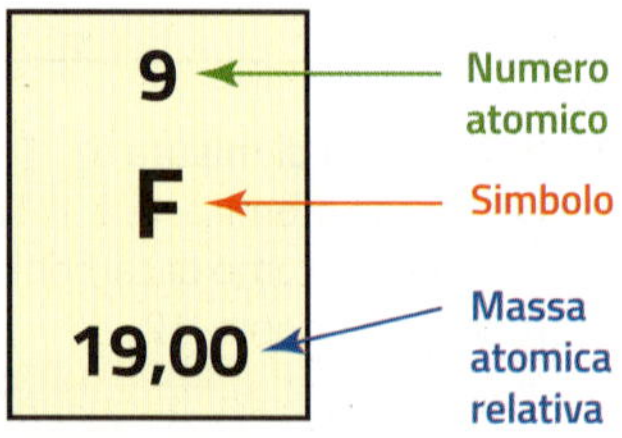

Figura 2 La massa atomica relativa Per ciascun elemento, la tavola periodica riporta il valore della massa atomica relativa accanto al simbolo dell'elemento e al suo numero atomico.

A partire dal valore della massa atomica relativa e dalla sua definizione, si può calcolare la massa atomica assoluta di qualsiasi atomo (tabella **1**):

$$m_a = A_r \cdot u\,(kg) = A_r \cdot 1{,}66 \cdot 10^{-27}\ kg$$

Per esempio, la massa atomica relativa del sodio, Na, è 22,99; se si moltiplica questo valore per $1{,}66 \cdot 10^{-27}$ kg si ottiene la sua massa atomica assoluta:

$$m_{a\,Na} = 3{,}82 \cdot 10^{-26}\ kg = 3{,}82 \cdot 10^{-23}\ g$$

Tabella 1 Massa atomica assoluta e relativa Confronto tra i valori di massa atomica assoluta e relativa di alcuni elementi chimici.

Elemento	Massa atomica assoluta (g)	Massa atomica relativa	Elemento	Massa atomica assoluta (g)	Massa atomica relativa
alluminio	$4{,}48 \cdot 10^{-23}$	26,98	calcio	$6{,}66 \cdot 10^{-23}$	40,1
azoto	$2{,}33 \cdot 10^{-23}$	14,01	ossigeno	$2{,}66 \cdot 10^{-23}$	16,00

3 LA MASSA MOLECOLARE RELATIVA SI PUÒ CALCOLARE

Quando si conosce la formula di una sostanza, è possibile calcolare la massa relativa delle sue molecole o della sua unità formula; nel caso delle molecole parliamo di *massa molecolare relativa*, nel caso dell'unità formula parliamo di *massa formula relativa*; in entrambi i casi il simbolo è M_r. Il suo valore dipende dalla massa atomica relativa degli atomi della molecola o dell'unità formula.

La **massa molecolare** (o *massa formula*) **relativa** è uguale alla somma delle masse relative degli atomi che costituiscono la molecola (o l'unità formula).

La massa relativa è pertanto un numero puro, cioè privo di dimensioni (figura **3**).

TI RICORDI?

I **composti molecolari** (come l'acqua) sono costituiti da molecole (H_2O), mentre i **composti ionici** (come il cloruro di sodio) sono costituiti da ioni e si rappresentano con l'unità formula (NaCl).

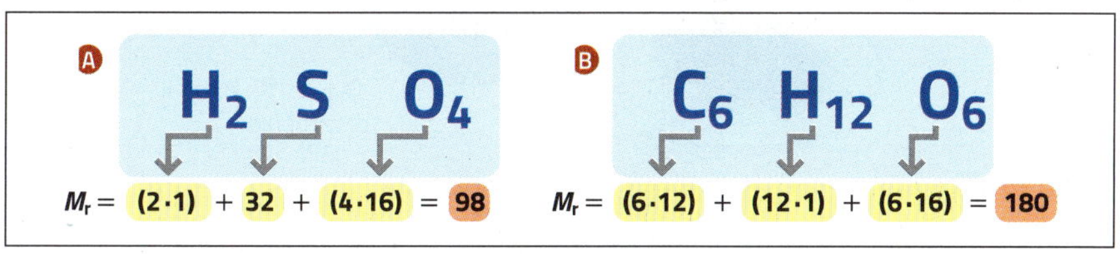

Figura 3 Calcolo della massa molecolare relativa delle molecole Gli esempi riportano il calcolo per le molecole di H_2SO_4 (A) e $C_6H_{12}O_6$ (B). Le masse atomiche relative sono approssimate all'unità.

La massa molecolare relativa dell'acqua, $M_{r(H_2O)}$, è il risultato della somma delle masse atomiche relative di due atomi di idrogeno e uno di ossigeno:

$$M_{r(H_2O)} = 2 \cdot A_{r(H)} + A_{r(O)} = 2 \cdot 1{,}008 + 16{,}00 = 18{,}016$$

per cui il suo valore, approssimato alla seconda cifra decimale, è 18,02.

Se nella formula chimica dei composti sono presenti gruppi poliatomici raccolti tra parentesi, nel calcolo della massa relativa occorre tener conto anche degli indici posti fuori dalla parentesi (figura **4**).

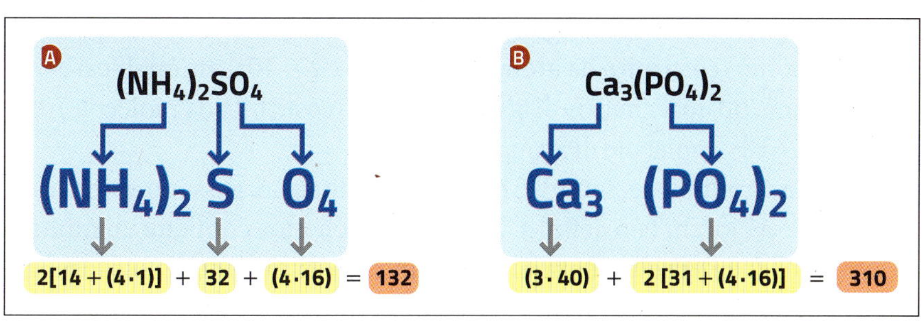

Figura 4 Calcolo della massa formula relativa per composti con gruppi poliatomici Gli esempi mostrano il calcolo per composti che nella formula contengono gruppi poliatomici tra parentesi, come nel caso del solfato di ammonio (A) e del fosfato di calcio (B).

4 ATOMI E MOLECOLE SI CONTANO A «PACCHETTI»

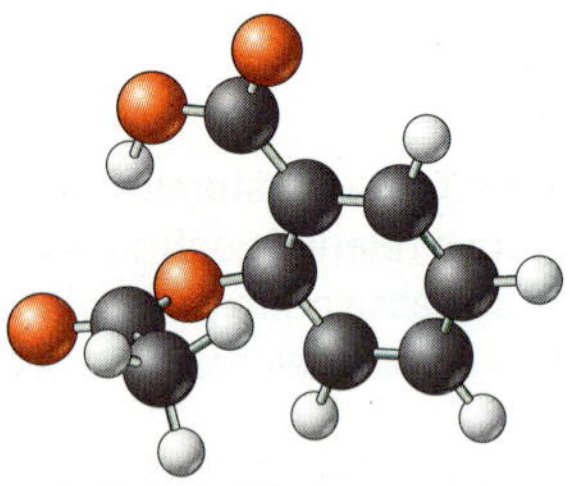

Figura 5 Modello della molecola di acido acetilsalicilico Ogni molecola è costituita da 9 atomi C, 8 atomi H e 4 atomi O, per cui la sua formula molecolare è $C_9H_8O_4$.

La massa di una sola molecola di acido acetilsalicilico (figura 5), il principio attivo di alcuni farmaci antifebbrili e antinfiammatori, è $2{,}99 \cdot 10^{-22}$ g. In una sola pastiglia di farmaco, che contiene circa 400 mg di acido acetilsalicilico, è quindi presente un numero enorme di molecole. Oggi i chimici costruiscono la molecola del principio attivo a partire da sostanze più semplici, e per farlo senza sprechi hanno bisogno di contare gli atomi necessari a produrla. Ma come si può contare ciò che non si vede? E se anche gli atomi si vedessero, quanto tempo occorrerebbe per contarne un numero enorme?

Gli oggetti che acquistiamo sono spesso raggruppati in confezioni, per esempio sei uova, dieci merendine o cinquecento fogli di carta; per acquistarne un grande numero non perdiamo tempo a contarli uno a uno, ma contiamo le confezioni sufficienti a contenerli. Anche atomi e molecole possono essere prelevati a «pacchetti»: il numero di atomi o molecole in ciascun «pacchetto» è però estremamente grande, tanto che la loro massa complessiva è superiore a un grammo. Il loro numero è dell'ordine di 10^{23} e si chiama numero di Avogadro (figura 6).

Il **numero di Avogadro** (simbolo N_A) è il numero di atomi di carbonio contenuti in 12 grammi di carbonio-12.

Figura 6 Il numero di Avogadro 12 g di carbonio-12 contengono un numero di atomi di carbonio esattamente uguale al numero di Avogadro.

Per determinarne il valore, basta ricordare che la massa atomica assoluta (m_a) di un atomo di carbonio è $1{,}9926 \cdot 10^{-23}$ g; il numero di atomi contenuti in 12 g di carbonio, pertanto, è:

$$N_A = \frac{12\ \text{g}}{1{,}9926 \cdot 10^{-23}\ \text{g}} = 6{,}022 \cdot 10^{23}$$

Questo valore è estremamente grande: $6{,}022 \cdot 10^{23}$ bottiglie di acqua da 1,5 L occuperebbero un volume circa uguale a quello della Terra.

Mentre una confezione acquistata al supermercato, per esempio un sacchetto di patatine, può contenere un numero variabile di oggetti, i «pacchetti» di atomi e molecole ne contengono sempre uno stesso numero. Un «pacchetto» di carbonio (costituito da atomi) contiene $6{,}022 \cdot 10^{23}$ atomi di carbonio (C), così come un «pacchetto» di acqua distillata (costituito da molecole) contiene $6{,}022 \cdot 10^{23}$ molecole di acqua (H_2O).

Le sostanze chimiche, semplici o composte che siano, possono quindi essere prelevate a blocchi ben definiti. Ciascun «pacchetto» contiene un numero di Avogadro di **entità elementari**, cioè di unità costitutive delle sostanze che, come sappiamo, possono essere atomi, molecole o unità formula.

TI RICORDI?

Le **sostanze semplici** sono costituite da atomi (come il ferro, Fe) o da molecole (come l'ossigeno dell'aria, O_2); le **sostanze composte** sono costituite da molecole (come l'acqua, H_2O) o da ioni (come il sale da cucina, contenente ioni Na^+ e Cl^-) rappresentati con l'unità formula (NaCl).

5 UNA MOLE CONTIENE UN DATO NUMERO (N_A) DI ENTITÀ ELEMENTARI

Un «pacchetto» di sostanza contenente un numero di Avogadro di entità elementari costituisce l'unità di misura della *quantità di sostanza*. La quantità di sostanza è una delle 7 grandezze fondamentali del Sistema Internazionale.

La **quantità di sostanza** (simbolo ***n***) esprime quante entità elementari vi sono in un corpo.

Il nome dell'unità di misura è *mole*, il suo simbolo è **mol** (figura **7**) e la sua definizione «storica» è: *la mole è la quantità di sostanza che contiene tante entità elementari quanti sono gli atomi contenuti in 0,012 kg di carbonio-12.*

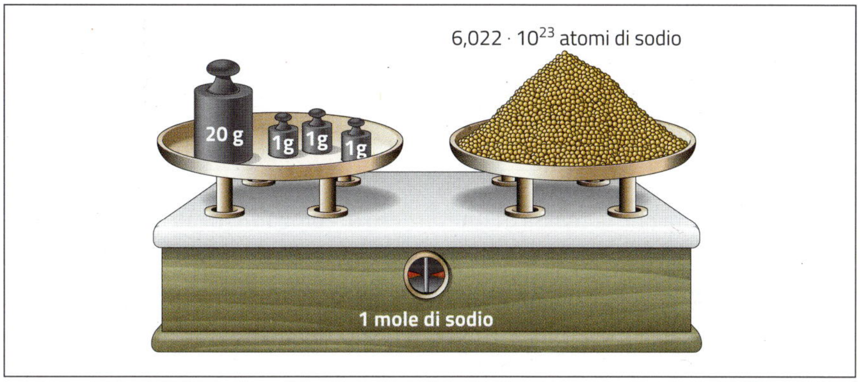

Figura 7 La relazione tra mole e numero di Avogadro Un numero di Avogadro di atomi di sodio è $6{,}022 \cdot 10^{23}$ atomi, ovvero una mole, e corrisponde a una massa di 23 g.

PER CAPIRE MEGLIO
Lezione interattiva
La mole

Tenendo presente che il numero di atomi contenuti in 0,012 kg (12 g) di carbonio-12 è il numero di Avogadro, si arriva alla definizione ufficiale, riformulata nel novembre 2017:

La **mole** è la quantità di sostanza che contiene un numero di Avogadro di entità elementari (atomi, molecole o unità formula).

Poiché le entità elementari possono essere di natura diversa, ogni volta che si utilizza il termine *mole* è necessario specificare a quale entità ci si sta riferendo. Nel caso di un cubetto di rame si dovrà scrivere *mole di atomi di rame*, nel caso di un cubetto di ghiaccio si dovrà scrivere *mole di molecole di acqua*.

Poiché N_A è il numero di entità elementari in una mole, si esprime in:

$$\frac{\textbf{atomi (o molecole o unità formula)}}{\textbf{mol}}$$

e ha quindi unità di misura mol^{-1}. Non essendo un numero puro, è più corretto indicare N_A come **costante di Avogadro:**

$$\text{costante di Avogadro, } N_A = 6{,}022 \cdot 10^{23}\ mol^{-1}$$

Attraverso le definizioni di mole e di costante di Avogadro possiamo ora «contare» gli atomi di carbonio. Se, per esempio, abbiamo bisogno di $6{,}022 \cdot 10^{23}$ atomi di carbonio-12, ci basta misurarne con la bilancia 12 g, mentre ne misuriamo 24 g se ci serve un numero di atomi due volte più grande o soltanto 1,2 g se il numero di atomi è dieci volte più piccolo.

Questo ragionamento è immediato nel caso del carbonio-12, ma come possiamo fare con sostanze diverse?

LE PAROLE

Quantità di sostanza e massa non sono grandezze equivalenti; la **quantità di sostanza** indica quante entità elementari ci sono in un corpo, la **massa** è la grandezza che si misura con la bilancia. La massa di due corpi può essere uguale, pur essendo diverso il numero di unità che li costituisce.

6 UNA MOLE DI SOSTANZE DIVERSE HA MASSA DIVERSA

Consideriamo un *atomo* di carbonio-12 (C), una *molecola* di azoto (N_2) e un'*unità formula* di cloruro di sodio (NaCl). La loro massa relativa è espressa da numeri adimensionali che, approssimati all'unità, sono rispettivamente 12, 28 e 58. Se li moltiplichiamo per il valore dell'unità di massa atomica u, otteniamo le corrispondenti masse assolute; moltiplicando queste per la costante di Avogadro N_A, possiamo determinare la massa di un «pacchetto» di ciascuna delle tre sostanze, cioè di una mole (tabella **2**).

Tabella 2 Calcoli a partire dalla massa relativa Calcolo della massa di N_A atomi di carbonio, di N_A molecole di azoto e di N_A unità formula di cloruro di sodio a partire dalla loro massa relativa.

Sostanza	Massa relativa (A_r, M_r)	Massa assoluta di 1 entità ($A_r \cdot$ u, $M_r \cdot$ u)	Massa in kilogrammi di N_A ($6{,}022 \cdot 10^{23}$) entità	Massa in grammi di N_A ($6{,}022 \cdot 10^{23}$) entità
C	12	$12 \cdot 1{,}66 \cdot 10^{-27}$ kg	$12 \cdot 1{,}66 \cdot 10^{-27}$ kg $\cdot N_A = 0{,}012$ kg	12 g
N_2	28	$28 \cdot 1{,}66 \cdot 10^{-27}$ kg	$28 \cdot 1{,}66 \cdot 10^{-27}$ kg $\cdot N_A = 0{,}028$ kg	28 g
NaCl	58	$58 \cdot 1{,}66 \cdot 10^{-27}$ kg	$58 \cdot 1{,}66 \cdot 10^{-27}$ kg $\cdot N_A = 0{,}058$ kg	58 g

A COLPO D'OCCHIO

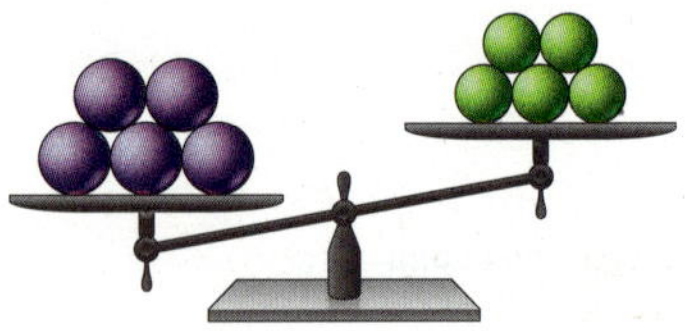

Dai calcoli risulta che la massa di un numero di Avogadro di atomi di carbonio (com'era prevedibile) è 12 g, quella di un numero di Avogadro di molecole di azoto è 28 g e quella di un numero di Avogadro di unità formula NaCl è 58 g. La massa di una mole di atomi, oppure di molecole o di unità formula, cambia quindi da sostanza a sostanza, proprio come la massa di una decina di frutti, anche se dello stesso tipo, cambia da frutto a frutto.

La tabella **3** evidenzia un'altra regolarità: la massa, espressa in grammi, di un numero di Avogadro di atomi C, di molecole N_2 e di unità formula NaCl è pari al valore della massa relativa di C, N_2 e NaCl.

Tabella 3 Atomi, molecole e unità formula Massa relativa di un ugual numero di atomi di carbonio, di molecole di azoto e di unità formula di cloruro di sodio.

Numero di atomi o molecole o unità formula	Massa C	Massa N_2	Massa NaCl
1	12	28	58
10	$10 \cdot (12)$	$10 \cdot (28)$	$10 \cdot (58)$
1000	$1000 \cdot (12)$	$1000 \cdot (28)$	$1000 \cdot (58)$
N_A	$N_A \cdot (12)$	$N_A \cdot (28)$	$N_A \cdot (58)$

Tale relazione si può sintetizzare con la rappresentazione grafica illustrata nella figura **8**.

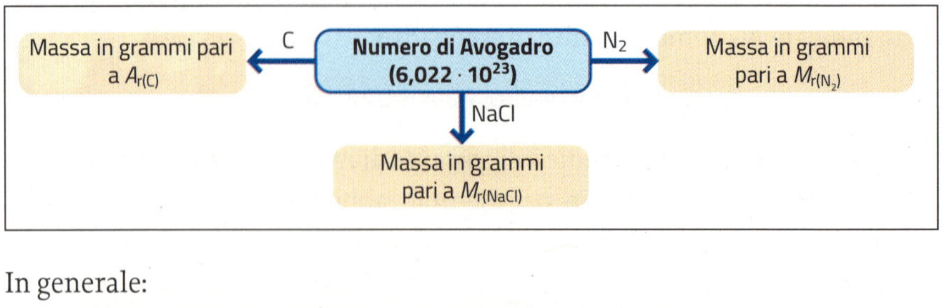

Figura 8 Il numero di Avogadro e le altre grandezze Una massa in grammi di un elemento (o di un composto) corrispondente alla massa relativa (atomica o molecolare o formula) contiene un numero di Avogadro di atomi, molecole o unità formula.

In generale:

La **massa**, espressa in grammi, **di una mole** di sostanza è pari alla massa relativa (atomica, molecolare o formula) della sostanza.

Per prelevare un numero di Avogadro di entità elementari di una certa sostanza, cioè *una mole di sostanza*, si può allora misurare con la *bilancia* una *massa in grammi pari* alla *massa atomica relativa*, alla *massa molecolare relativa* o alla *massa formula relativa* della sostanza.

In altre parole, per prelevare:

- $6{,}022 \cdot 10^{23}$ atomi di rame Cu ($A_r = 63{,}55$), cioè 1 mol Cu, si misurano 63,55 g di rame;
- $6{,}022 \cdot 10^{23}$ molecole di acqua H_2O ($M_r = 18{,}02$), cioè 1 mol H_2O, si misurano 18,02 g di acqua;
- $6{,}022 \cdot 10^{23}$ unità formula di cloruro di sodio ($M_r = 58{,}44$), cioè 1 mol NaCl, si misurano 58,44 g di cloruro di sodio (figura **9**).

Figura 9 Una mole di diverse sostanze La massa di una mole di sostanza (approssimata all'unità) varia al variare della sostanza, ma contiene lo stesso numero N_A di entità elementari. In 18 g di acqua ci sono $6{,}022 \cdot 10^{23}$ molecole di acqua (A), in 64 g di rame ci sono $6{,}022 \cdot 10^{23}$ atomi di rame (B), in 58 g di cloruro di sodio ci sono $6{,}022 \cdot 10^{23}$ unità formula (C).

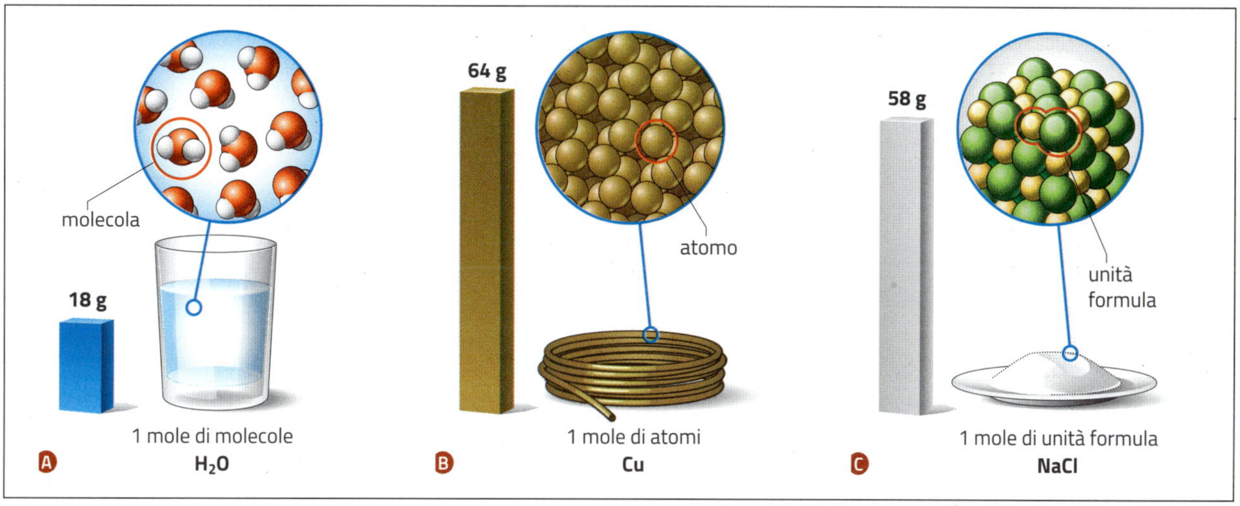

La **costante di Avogadro** permette quindi di passare dai valori di massa degli atomi (~10^{-23} g) a valori di massa in grammi e ci consente di «contare» con la bilancia gli atomi, le molecole o le unità formula di una sostanza (figura **10**).

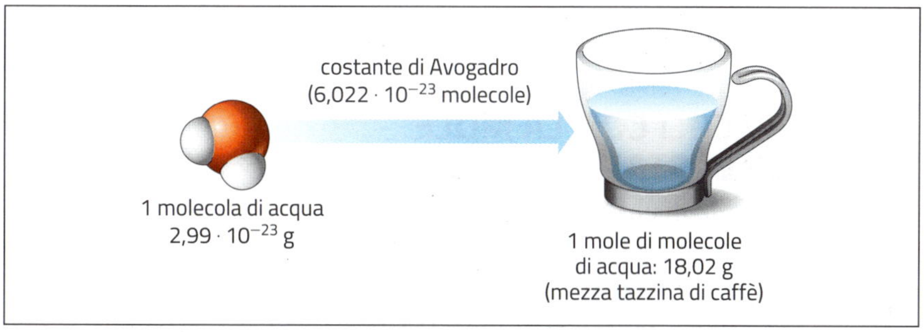

Figura 10 Dal micro al macro La costante di Avogadro permette di passare da masse «microscopiche» ($2{,}99 \cdot 10^{-23}$ g di acqua) a masse «macroscopiche» (18,02 g di acqua).

7 LA MASSA MOLARE SI ESPRIME IN g/mol

Il valore della massa di una mole si chiama massa molare:

La **massa molare** (simbolo M) è la massa in grammi di una mole di un elemento o di un composto e si esprime in grammi su mole (g/mol).

Per stabilire qual è la massa molare di una sostanza di cui si conosce il simbolo o la formula basta quindi reperire il valore della massa atomica relativa dei

A COLPO D'OCCHIO

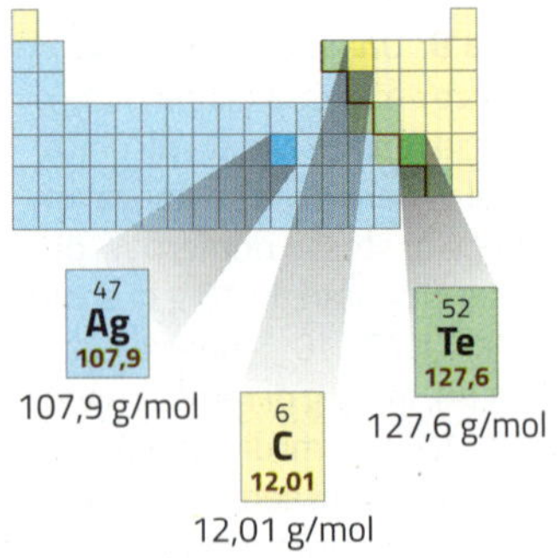

APP
La tavola periodica interattiva

corrispondenti atomi sulla tavola periodica, calcolare se necessario la massa molecolare (o formula) della sostanza, e aggiungere l'unità di misura g/mol. Vediamo alcuni esempi.

- La massa molare di un *elemento* (carbonio) costituito da *atomi* è uguale al valore numerico della sua massa atomica relativa:

$$A_{r(C)} = 12{,}01 \qquad M_{(C)} = 12{,}01 \text{ g/mol}$$

- La massa molare di un *elemento* (azoto) costituito da *molecole* (N_2), o di un *composto molecolare* (diossido di carbonio) costituito da *molecole* (CO_2), è uguale al valore numerico della sua massa molecolare relativa:

$$A_{r(N)} = 14{,}00 \qquad M_{r(N_2)} = 28{,}00 \qquad M_{(N_2)} = 28{,}00 \text{ g/mol}$$

$$A_{r(C)} = 12{,}01 \qquad A_{r(O)} = 16{,}00 \qquad M_{r(CO_2)} = 44{,}01 \qquad M_{(CO_2)} = 44{,}01 \text{ g/mol}$$

- La massa molare di un *composto ionico* (cloruro di sodio) di formula NaCl è uguale al valore numerico della massa formula relativa:

$$A_{r(Na)} = 22{,}99 \qquad A_{r(Cl)} = 35{,}45 \qquad M_{r(NaCl)} = 58{,}44 \qquad M_{(NaCl)} = 58{,}44 \text{ g/mol}$$

La relazione tra la massa molare di un elemento o di un composto e la costante di Avogadro si può sintetizzare nella rappresentazione grafica illustrata nella figura **11**.

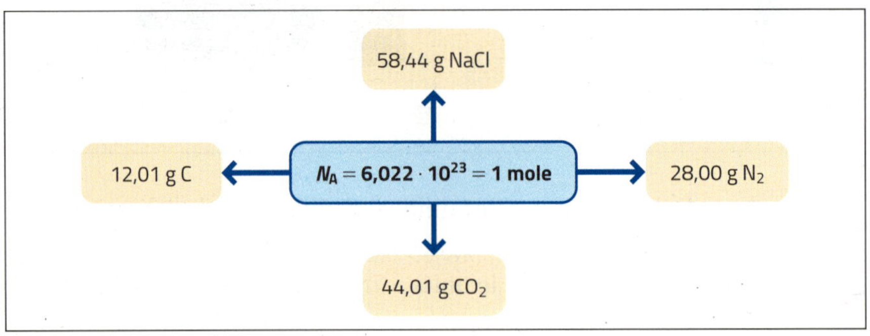

Figura 11 La relazione tra massa molare e costante di Avogadro La massa molare di un elemento o di un composto contiene un numero di Avogadro di atomi o di molecole o di unità formula.

8 I CALCOLI CON LA MOLE E LA COSTANTE DI AVOGADRO

Una mole di atomi di elio pesa 4 g. Con questa informazione siamo in grado di stabilire che 8 g di elio corrispondono a due moli; il risultato si ottiene dividendo la massa dell'elio, 8 g, per la massa di una mole di elio, 4 g.

In modo analogo, possiamo dedurre che 10 moli di elio pesano 40 g; questo risultato si ottiene moltiplicando la massa di una mole di elio, 4 g, per la quantità in moli di elio, 10 mol.

Una mole di atomi di elio è un «pacchetto» che pesa 4 g. Trovare quante moli di elio ci sono in 8 g equivale a trovare quanti «pacchetti» da 4 g ci sono in 8 g di elio.

La massa di una mole, cioè la *massa molare* (*M*, espressa in g/mol), è il fattore di conversione che permette di trasformare la grandezza *massa* (*m*, espressa in g) nella grandezza *quantità di sostanza* (*n*, espressa in mol), e viceversa (figura **12**).

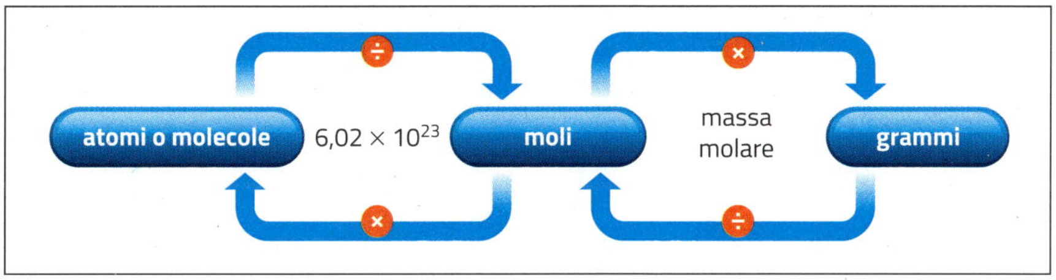

Figura 12 Le relazioni che legano numero di entità elementari, moli e quantità di sostanza Lo schema mostra le operazioni da effettuare per convertire i grammi di sostanza in moli (e viceversa) e le moli in numero di entità elementari (e viceversa).

La relazione che lega queste tre grandezze permette, a partire da due di esse, di calcolare la terza.

- Per determinare la **quantità *n*** presente in una determinata massa di un elemento o di un composto, si divide la massa m per la massa molare M dell'elemento o del composto:

quantità di sostanza — massa — massa molare

$$n\,(\text{mol}) = \frac{m\,(\text{g})}{M\,(\text{g/mol})}$$

- Per determinare la **massa *m*** di un elemento o di un composto a partire dalla sua quantità in moli, si moltiplica la quantità n per la massa molare M dell'elemento o del composto:

$$m\,(\text{g}) = n\,(\text{mol}) \cdot M\,(\text{g/mol})$$

- Per determinare la **massa molare *M*** di una sostanza incognita, se si conoscono la sua massa e la corrispondente quantità in moli, si divide la massa m per la quantità in moli n:

$$M\,(\text{g/mol}) = \frac{m\,(\text{g})}{n\,(\text{mol})}$$

PROBLEMA MODELLO

Convertire in moli la massa di un composto

Il serbatoio di un'auto a metano contiene 10,5 kg di metano, CH_4. Quante moli di metano ci sono nel serbatoio?

L'IDEA

La quantità in moli, n, di un composto si calcola dividendo la sua massa m, espressa in grammi, per la sua massa molare M: $n = m/M$. La massa molare del metano, in g/mol, è pari alla sua massa molecolare relativa; per calcolarla, reperiamo sulla tavola periodica le masse atomiche relative del carbonio e dell'idrogeno. Prima di effettuare i calcoli, esprimiamo la massa del metano in grammi ricordando che 1 kg = 1000 g.

LA SOLUZIONE

Convertiamo in grammi la massa di metano:

$$10{,}5\ \text{kg} = 10{,}5\ \text{kg} \cdot 1000\ \text{g/kg} = 10\,500\ \text{g} = 1{,}05 \cdot 10^4\ \text{g}$$

Calcoliamo la massa molecolare relativa del metano:

$$A_{r(C)} = 12{,}01 \qquad A_{r(H)} = 1{,}008 \qquad M_{r(CH_4)} = A_{r(C)} + 4 \cdot A_{r(H)} = 16{,}04$$

La massa molare del metano pertanto è:

$$M_{(CH_4)} = 16{,}04\ \text{g/mol}$$

Calcoliamo la quantità in moli di metano:

$$n_{(CH_4)} = \frac{m}{M_{(CH_4)}} = \frac{1{,}05 \cdot 10^4\ \text{g}}{16{,}04\ \text{g/mol}} = 655\ \text{mol}\ CH_4$$

LA CONCLUSIONE

Nel serbatoio dell'auto ci sono 655 mol di metano, cioè 655 «pacchetti» di metano ciascuno dei quali contiene N_A molecole di metano. Il valore del risultato è stato approssimato tenendo conto delle cifre significative (3).

PROBLEMA SIMILE

La formula del carbonato di sodio è Na_2CO_3. Calcola quante moli di unità formula Na_2CO_3 sono contenute in 360 g di questa sostanza.

PROBLEMA MODELLO

Convertire in massa le moli di una sostanza

Oggi è possibile investire i propri risparmi in lingotti d'oro. Questi possono avere dimensioni diverse, ma quelli più diffusi contengono 63,5 mol di oro. Qual è la loro massa in kilogrammi?

L'IDEA

Per determinare la massa m di un elemento o di un composto a partire dalla sua quantità in moli, si moltiplica la quantità n per la massa molare M dell'elemento o del composto: $m = n \cdot M$. L'oro è un elemento costituito da atomi; la sua massa molare, espressa in g/mol, corrisponde alla sua massa atomica relativa, che è riportata sulla tavola periodica. Il risultato del calcolo è espresso in grammi e va quindi convertito in kg ricordando che 1000 g = 1 kg.

LA SOLUZIONE

Determiniamo la massa molare dell'oro:

$$A_{r(Au)} = 196{,}97 \qquad M_{(Au)} = 196{,}97\ \text{g/mol}$$

Calcoliamo la massa in grammi di un lingotto d'oro:

$$m_{(Au)} = n_{(Au)} \cdot M_{(Au)} = 63{,}5\ \text{mol} \cdot 196{,}97\ \text{g/mol} = 12\,508\ \text{g} = 1{,}25 \cdot 10^4\ \text{g}$$

Convertiamo la massa in kilogrammi:

$$1{,}25 \cdot 10^4\ \text{g} \cdot 10^{-3}\ \text{kg/g} = 1{,}25 \cdot 10\ \text{kg} = 12{,}5\ \text{kg}$$

LA CONCLUSIONE

La massa di un lingotto d'oro che contiene 63,5 mol di oro è pari a 12,5 kg. Il valore del risultato è stato approssimato tenendo conto delle cifre significative (3).

PROBLEMA SIMILE

Per preparare una soluzione zuccherata servono 0,50 mol di saccarosio, la cui formula molecolare è $C_{12}H_{22}O_{11}$. Quale massa di saccarosio bisogna pesare?

La *costante di Avogadro* (N_A, espressa in mol^{-1}) è invece il fattore di conversione che permette di trasformare un dato *numero di entità elementari* (atomi, molecole o unità formula) nella grandezza *quantità di sostanza* (*n*, espressa in mol), e viceversa (*vedi* figura 12).

- Se si conosce il numero di entità elementari, si può calcolare a quante moli di sostanza corrispondono facendo il rapporto tra il numero di entità elementari e la costante di Avogadro:

$$n\,(\text{mol}) = \frac{\text{numero di entità elementari}}{N_A\,(\text{mol}^{-1})}$$

- Se si conosce la quantità di sostanza *n* (espressa in mol), si può calcolare il numero complessivo di entità elementari facendo il prodotto tra la quantità *n* e la costante di Avogadro:

$$\text{numero di entità elementari} = n\,(\text{mol}) \cdot N_A\,(\text{mol}^{-1})$$

PROBLEMA MODELLO

Convertire la massa di una sostanza in numero di entità elementari

In una lattina di birra ci sono 13,0 g di alcol etilico; la sua formula molecolare è C_2H_6O. Quante molecole di alcol etilico introduciamo nell'organismo bevendo tutto il contenuto della lattina?

L'IDEA

Il numero di molecole contenute in una sostanza si calcola facendo il prodotto tra la quantità *n* (in moli) di sostanza e la costante di Avogadro: numero di molecole $= n \cdot N_A$. Poiché dell'alcol etilico è nota soltanto la massa, è necessario convertirla in moli. Per farlo, è necessario conoscere il valore della massa molare dell'alcol etilico, che corrisponde al valore della sua massa molecolare relativa.

LA SOLUZIONE

Calcoliamo la massa molecolare relativa dell'alcol etilico, C_2H_6O:

$$A_{r(C)} = 12{,}01 \qquad A_{r(H)} = 1{,}008 \qquad A_{r(O)} = 16{,}00$$

$$M_{r(C_2H_6O)} = 2 \cdot A_{r(C)} + 6 \cdot A_{r(H)} + A_{r(O)} = 46{,}07$$

La massa molare dell'alcol etilico è $M_{(C_2H_6O)} = 46{,}07$ g/mol.

Calcoliamo la quantità in moli di alcol:

$$n_{(C_2H_6O)} = \frac{m}{M} = \frac{13{,}0\text{ g}}{46{,}07\text{ g/mol}} = 0{,}282\text{ mol } C_2H_6O$$

Con la costante di Avogadro, che vale $6{,}022 \cdot 10^{23}$ mol^{-1}, calcoliamo il numero di molecole di alcol:

$$\text{numero di molecole}_{(C_2H_6O)} = n_{(C_2H_6O)} \cdot N_A = 0{,}282\text{ mol} \cdot 6{,}022 \cdot 10^{23}\text{ mol}^{-1} = 1{,}70 \cdot 10^{23}\text{ molecole } C_2H_6O$$

LA CONCLUSIONE

Bevendo una lattina di birra, assumiamo $1{,}70 \cdot 10^{23}$ molecole di alcol etilico.

PROBLEMA SIMILE

In un biscotto ci sono 3,5 g di saccarosio (zucchero), la cui formula molecolare è $C_{12}H_{22}O_{11}$. Quante molecole di saccarosio introduciamo nell'organismo mangiando un solo biscotto?

9 DALLE MOLI ALLA COMPOSIZIONE PERCENTUALE DI UN COMPOSTO

Per costruire i microchip di un qualsiasi strumento elettronico serve silicio purissimo; in natura, però, esso si trova soltanto combinato con altri elementi, e spesso in forma di diossido di silicio, SiO_2. Determinare quanto silicio si può ricavare da 100 g di SiO_2 equivale a determinare la composizione percentuale del composto:

La **composizione percentuale** di un composto rappresenta la massa in grammi dei singoli elementi in 100 grammi di composto.

Per determinarla a partire dalla formula del composto è necessario utilizzare i concetti di *mole* e *massa molare;* vediamo in che modo.

La formula SiO_2 ci informa che il diossido di silicio è una sostanza costituita dagli elementi silicio e ossigeno e che il rapporto tra gli atomi Si e O è di 1 : 2. In una mole di unità formula SiO_2 c'è quindi una mole di atomi di silicio combinata con due moli di atomi di ossigeno (figura **13**).

Figura 13 La composizione di un'unità formula Il rapporto di combinazione tra gli elementi che costituiscono il diossido di silicio è fisso e costante.

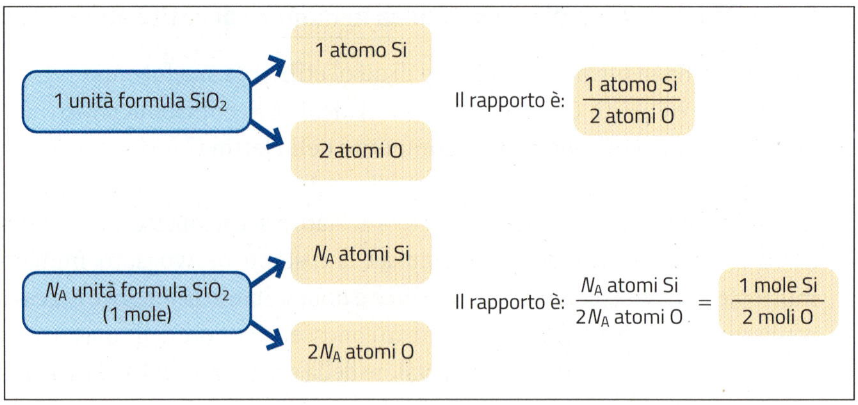

Poiché la massa molare del silicio è 28 g/mol, quella dell'ossigeno è 16 g/mol e quella del composto SiO_2 è 60 g/mol, possiamo rapidamente stabilire che in 60 g di SiO_2 ci sono 28 g di silicio; in 100 g di SiO_2, pertanto, ci sono quasi 47 g di silicio:

$$\frac{28}{60} \cdot 100 = 46{,}7$$

La percentuale in massa di silicio nel composto SiO_2 è quindi del 47% circa. Da 100 g di SiO_2 si possono ricavare meno di 47 g di silicio puro; la massa restante (53 g) è ossigeno.

In generale, il calcolo della percentuale in massa di ciascun elemento in un composto si effettua a partire dalla relazione:

$$m_{(\text{elemento})} : m_{(\text{composto})} = x : 100$$

per cui il valore di x (percentuale di un elemento in 100 g di un composto) è dato dalla seguente equazione:

$$\%_{(\text{elemento})} = \frac{m_{(\text{elemento})}}{m_{(\text{composto})}} \cdot 100$$

massa in grammi di un certo elemento contenuta in una mole di composto

massa in grammi di una mole di composto

PROBLEMA MODELLO

Determinare la composizione percentuale di un composto a partire dalla sua formula

Quando il diossido di carbonio CO_2 presente in atmosfera si discioglie nell'acqua piovana, si forma acido carbonico H_2CO_3. Calcola la composizione percentuale degli elementi nell'acido carbonico.

L'IDEA

Dalla formula H_2CO_3 sappiamo che in una mole di acido carbonico vi sono 2 moli di atomi di idrogeno, 1 mole di atomi di carbonio e 3 moli di atomi di ossigeno. Poiché la percentuale di ciascun elemento si calcola con la relazione $\%_{(\text{elemento})} = (m_{(\text{elemento})} / m_{(\text{composto})}) \cdot 100$, è necessario determinare il valore della massa molare M dell'acido carbonico e convertire in massa le quantità in moli di ciascun elemento utilizzando la relazione $m = n \cdot M$. Per individuare le masse molari si devono recuperare dalla tavola periodica i valori delle masse atomiche relative di ciascun elemento e calcolare la massa molecolare relativa dell'acido carbonico.

LA SOLUZIONE

Determiniamo le masse molari degli elementi e del composto:

$$A_{r(C)} = 12{,}01 \qquad A_{r(H)} = 1{,}008 \qquad A_{r(O)} = 16{,}00$$

$$M_{(C)} = 12{,}01 \text{ g/mol} \qquad M_{(H)} = 1{,}008 \text{ g/mol} \qquad M_{(O)} = 16{,}00 \text{ g/mol}$$

$$M_{r(H_2CO_3)} = 2 \cdot A_{r(H)} + A_{r(C)} + 3 \cdot A_{r(O)} = 62{,}03 \qquad M_{(H_2CO_3)} = 62{,}03 \text{ g/mol}$$

Calcoliamo le masse (in g) di H, C e O con la relazione $m = n \cdot M$.

$$m_{(H)} = 2 \text{ mol} \cdot 1{,}008 \text{ g/mol} = 2{,}016 \text{ g} \qquad m_{(C)} = 12{,}01 \text{ g}$$
$$m_{(O)} = 3 \text{ mol} \cdot 16{,}00 \text{ g/mol} = 48{,}00 \text{ g}$$

Calcoliamo le percentuali in massa di ciascun elemento (senza riportare le unità di misura dato che si semplificano, essendo le stesse al numeratore e al denominatore) e approssimiamo il risultato alla seconda cifra decimale:

$$\%_{(H)} = \frac{m_{(H)}}{M_{(H_2CO_3)}} \cdot 100 = \frac{2{,}016}{62{,}03} \cdot 100 = 3{,}25\%$$

$$\%_{(C)} = \frac{m_{(C)}}{M_{(H_2CO_3)}} \cdot 100 = \frac{12{,}01}{62{,}03} \cdot 100 = 19{,}36\%$$

$$\%_{(O)} = \frac{m_{(O)}}{M_{(H_2CO_3)}} \cdot 100 = \frac{48{,}00}{62{,}03} \cdot 100 = 77{,}38\%$$

LA CONCLUSIONE

Le percentuali di H, C e O nell'H_2CO_3 sono rispettivamente 3,25%, 19,36% e 77,38%. La loro somma è 99,99, ma visto che le percentuali sono arrotondate alla seconda cifra decimale, possiamo considerarla pari a 100.

PROBLEMA SIMILE

Qual è la composizione percentuale della vitamina C, la cui formula molecolare è $C_6H_8O_6$?

10 DALLA COMPOSIZIONE PERCENTUALE DI UN COMPOSTO ALLA SUA FORMULA

La composizione percentuale degli elementi che costituiscono una sostanza è un dettaglio indispensabile, ma non sufficiente a descrivere con esattezza le caratteristiche di un composto. Per farlo, è necessario determinare la formula della sostanza.

Nel tempo, con l'evolversi delle conoscenze, sono stati messi a punto numerosi procedimenti per studiare un composto:

- le **analisi qualitative** permettono di scoprire *quali* elementi costituiscono un composto;
- le **analisi quantitative** forniscono invece informazioni precise sulle *quantità* di ciascun elemento nel composto.

Oggi le informazioni più accurate si ottengono con lo spettrometro di massa; esso ci fornisce non soltanto i valori delle masse atomiche e molecolari, ma anche la composizione percentuale delle sostanze sottoposte all'analisi.

A COLPO D'OCCHIO

ANALISI
- QUALITATIVA
- QUANTITATIVA

Determinare la formula minima

Per determinare la formula di un composto è necessario stabilire il rapporto reciproco tra gli atomi (o le moli di atomi) degli elementi che lo compongono. Le percentuali in massa dei vari elementi vanno quindi trasformate in moli di atomi, e poi rapportate tra loro.

Più in dettaglio, il procedimento può essere suddiviso nelle seguenti quattro tappe.

1. Si esprime in *grammi* il valore percentuale di ciascun elemento.
2. Si determina la *quantità in moli* (n) di ciascun elemento dividendo il valore della massa (espresso in grammi) per il valore della massa molare M (in g/mol).
3. Si identifica il *più piccolo* tra i valori di n e si *dividono* tutti gli altri per tale valore. I numeri che si ottengono rappresentano gli *indici* della formula minima. Se uno degli indici è un *numero decimale* si individua il fattore moltiplicativo che lo rende intero (per esempio, se il numero decimale è 2,5 il fattore è 2, se è 1,33 il fattore è 3) e si moltiplicano per esso tutti gli indici della formula.
4. Si scrive la formula riportando gli indici alla destra dei *simboli* dei rispettivi elementi.

La formula che si ottiene con questo procedimento è la **formula minima** del composto.

TI RICORDI?

La **formula minima** indica quali elementi costituiscono il composto e in quale rapporto minimo i loro atomi (o ioni) sono combinati.

Determinare la formula molecolare

Per stabilire se la **formula molecolare** corrisponde alla formula minima o se è un suo multiplo, deve essere nota la *massa molecolare relativa* (M_r) del composto. Si procede pertanto nel modo seguente:

1. si calcola la *massa relativa* della formula minima;
2. si esegue il rapporto tra la massa molecolare relativa del composto e la massa relativa della formula minima;
3. se il rapporto è diverso da 1, si *moltiplicano* gli indici della formula minima per il valore del rapporto.

TI RICORDI?

La **formula molecolare** indica da quali e quanti atomi è costituita una molecola e può essere un multiplo intero della formula minima.

PROBLEMA MODELLO

Determinare la formula minima e molecolare di un composto a partire dalla composizione percentuale

Calcolare: **a.** la formula minima e **b.** molecolare di un composto che all'analisi risulta costituito per il 5,9% di idrogeno e per il 94,1% di ossigeno. La massa molecolare relativa del composto è 34.

L'IDEA

La percentuale di ciascun elemento rappresenta la massa in grammi di quell'elemento in 100 g di composto. Poiché la formula esprime il rapporto tra le moli di atomi che costituiscono il composto, è necessario convertire in moli la massa di ciascun elemento e determinare in quale rapporto esse stanno. I numeri che si ottengono dai rapporti (resi interi, se necessario, con un opportuno fattore moltiplicativo) costituiscono gli indici dei vari elementi nella *formula minima*. Per determinare la *formula molecolare* del composto, si deve dividere la sua massa molecolare relativa per la massa relativa della formula minima; con il numero risultante, approssimato all'unità, si moltiplicano poi tutti gli indici della formula minima.

LA SOLUZIONE

a. Determinazione della formula minima

Esprimiamo in grammi le percentuali di ciascun elemento:

$$m_{(\mathrm{H})} = 5{,}9\ \mathrm{g} \qquad m_{(\mathrm{O})} = 94{,}1\ \mathrm{g}$$

Dai valori delle masse atomiche relative dell'idrogeno e dell'ossigeno ricaviamo le rispettive masse molari; poiché le masse sono note con un solo decimale, arrotondiamo anche le masse atomiche relative:

$$M_{(\mathrm{H})} = 1{,}0\ \mathrm{g/mol} \qquad M_{(\mathrm{O})} = 16{,}0\ \mathrm{g/mol}$$

Calcoliamo la quantità in moli (n) di atomi di ciascun elemento nel composto con la relazione $n = m/M$:

$$n_{(\mathrm{H})} = \frac{m_{(\mathrm{H})}}{M_{(\mathrm{H})}} = \frac{5{,}9\ \mathrm{g}}{1{,}0\ \mathrm{g/mol}} = 5{,}9\ \mathrm{mol\ H}$$

$$n_{(\mathrm{O})} = \frac{m_{(\mathrm{O})}}{M_{(\mathrm{O})}} = \frac{94{,}1\ \mathrm{g}}{16{,}00\ \mathrm{g/mol}} = 5{,}9\ \mathrm{mol\ O}$$

Otteniamo gli indici della formula minima calcolando il rapporto tra le due quantità in moli:

$$\frac{n_{(\mathrm{O})}}{n_{(\mathrm{H})}} = \frac{5{,}9}{5{,}9} = 1$$

Poiché il rapporto tra le moli di atomi di ossigeno e di idrogeno è 1, la formula minima è HO.

b. Determinazione della formula molecolare

Dai valori delle masse atomiche relative (approssimate all'unità) calcoliamo la massa relativa corrispondente alla formula minima HO:

$$M_{\mathrm{r(HO)}} = 1 + 16 = 17$$

Eseguiamo il rapporto tra la massa molecolare relativa (34) del composto e la massa molecolare relativa della formula minima (17):

$$\frac{M_{r(H_2O)}}{M_{r(HO)}} = \frac{34}{17} = 2$$

Moltiplicando il risultato del rapporto (2) per gli indici della formula minima si ottiene la formula molecolare H_2O_2.

LA CONCLUSIONE

La formula minima del composto è HO, mentre la formula molecolare è H_2O_2.

PROBLEMA SIMILE

Un composto ($M_r = 230$), all'analisi, risulta costituito da: C = 62,58%; H = 9,63%; O = 27,79%.
Qual è la sua formula molecolare?

11 UNA MOLE DI GAS DIVERSI, A PARITÀ DI TEMPERATURA E PRESSIONE, OCCUPA LO STESSO VOLUME

Oltre alla massa molare, è utile considerare un'altra grandezza collegata all'unità di misura mole, il volume molare.

Il **volume molare** (simbolo V_m) è il volume occupato da una mole di sostanza.

TI RICORDI?

La **densità** è il rapporto tra la massa *m* di un corpo e il volume *V* che esso occupa: $d = m/V$. Il volume di un corpo varia se varia il suo stato fisico (solido, liquido o gassoso), per cui varia anche la sua densità.

Il suo valore dipende dal tipo di sostanza e dal suo stato fisico. Ogni sostanza ha infatti una propria densità e questa varia quando la sostanza si trasforma da solida a liquida o da liquida a gas. Per esempio, il volume molare del ghiaccio è 19,7 cm^3/mol, mentre il volume molare del rame è 7,14 cm^3/mol e il volume molare dell'acqua a 4 °C è 18 cm^3/mol. Una mole di ghiaccio sta quindi in un cubetto di circa 3 cm di lato, una mole di acqua in uno appena più piccolo e una mole di rame in un cubetto di neanche 2 cm di lato (figura **14**).

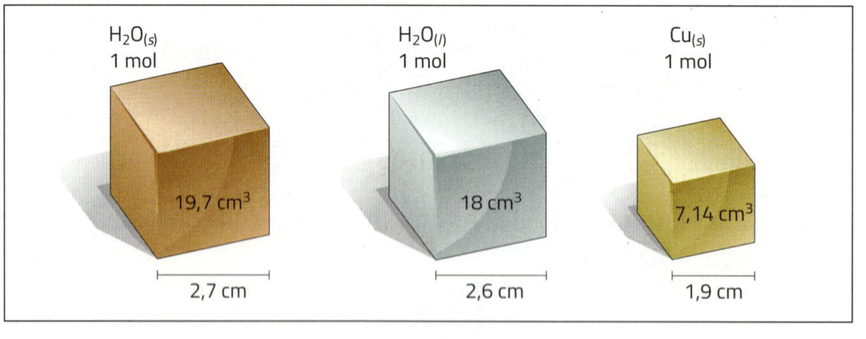

Figura 14 Una mole di ghiaccio, una di acqua e una di rame
Per tutte queste sostanze, una mole sta in un cubetto di pochi centimetri di lato.

TI RICORDI

Il **volume** occupato da un gas dipende dalla pressione e dalla temperatura a cui esso si trova ed è quindi necessario specificare a quali condizioni lo si misura.

Il volume molare delle sostanze gassose è invece molto più grande e il suo valore non cambia apprezzabilmente al variare del tipo di gas. Alla temperatura di 0 °C e alla pressione di 1 atm (condizioni di riferimento spesso utilizzate per i gas e indicate come *condizioni normali* o c.n.), il volume molare di un gas ideale equivale a 22,4 L/mol (figura **15**).

A condizioni normali, il volume occupato da **una mole di gas ideale** è pari a 22,4 L.

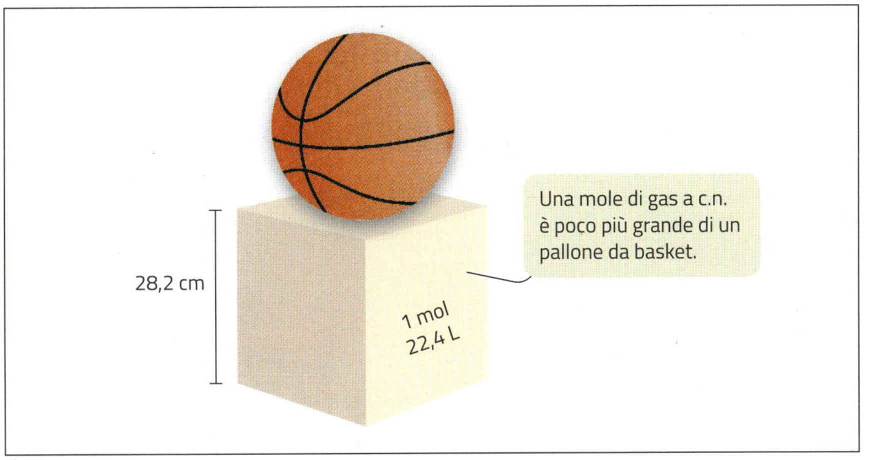

Figura 15 Il volume molare di un gas A c.n., una mole di gas occupa un volume di 22,4 L, che corrisponde a un cubo di 28,2 cm di lato.

Come si spiega il fatto che il volume molare di un gas a comportamento ideale sia lo stesso per tutti i gas? Supponiamo di avere tre cilindri identici e di introdurre nel primo una mole di atomi di neon Ne (20 g), nel secondo una mole di molecole di cloro Cl_2 (71 g) e nel terzo una mole di molecole di diossido di carbonio CO_2 (44 g; figura **16**).

Figura 16 Una mole di gas Nei tre cilindri di uguale volume, tre gas diversi (Ne, Cl_2, CO_2), nelle stesse condizioni di temperatura e pressione, presentano lo stesso numero di moli.

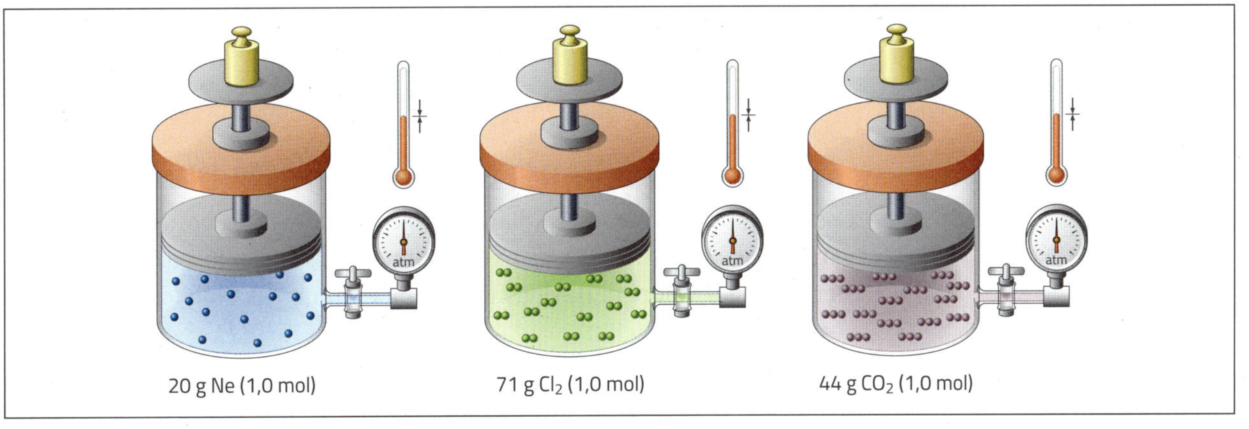

Poiché in una mole di qualsiasi sostanza c'è sempre un numero di Avogadro di entità elementari, i tre cilindri contengono, rispettivamente, $6{,}022 \cdot 10^{23}$ atomi Ne, $6{,}022 \cdot 10^{23}$ molecole Cl_2 e $6{,}022 \cdot 10^{23}$ molecole CO_2. Gli atomi di neon e le molecole di cloro e diossido di carbonio, pur essendo particelle diverse l'una dall'altra, si comportano allo stato gassoso in modo pressoché identico. Alla *stessa temperatura* esercitano quindi *uguale pressione* e occupano un *identico volume*, essendo del tutto trascurabile il volume delle particelle di gas rispetto al volume in cui esse si muovono.

Il volume di una mole di gas è lo stesso per tutti i gas e contiene lo stesso numero, N_A, di entità elementari, ma ha una massa che varia al variare della massa molare del gas (figura **17**).

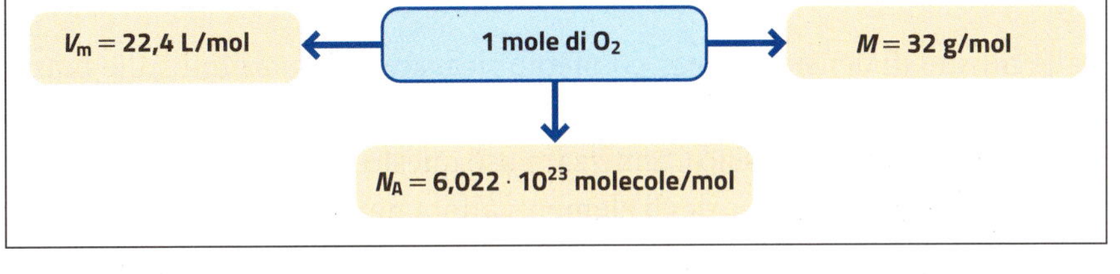

Figura 17 Una mole di ossigeno in condizioni normali Una mole di un qualunque gas a c.n. occupa sempre lo stesso volume (22,4 L) e contiene lo stesso numero di atomi o molecole ($6{,}022 \cdot 10^{23}$).

All'aumentare della quantità in moli (n) di gas aumenta in proporzione anche il suo volume; il volume che occupano due moli di gas a c.n. è il doppio di 22,4 L e quello che occupano tre moli di gas è il triplo (figura **18**). Quindi:

$$V\,(\mathrm{L}) = n\,(\mathrm{mol}) \cdot V_m\,(\mathrm{L/mol})$$

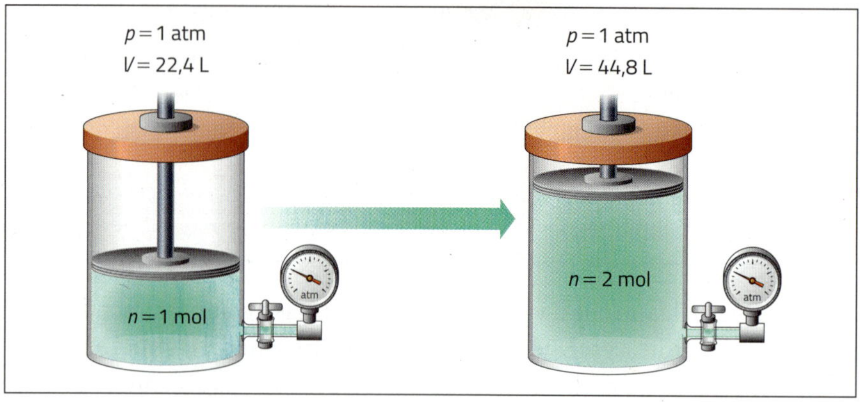

Figura 18 Il volume di due moli di gas a c.n. è il doppio del volume molare: $V = n \cdot V_m = 2\ \mathrm{mol} \cdot 22{,}4\ \mathrm{L/mol} = 44{,}8\ \mathrm{L}$.

Da questa relazione si può anche determinare la quantità in moli (n) di gas presente in un volume (V) misurato a c.n.:

$$n\,(\mathrm{mol}) = \frac{V\,(\mathrm{L})}{V_m\,(\mathrm{L/mol})}$$

12 GAS DIVERSI HANNO DENSITÀ DIVERSE

Gas diversi hanno masse molari diverse ma occupano volumi identici (a parità di temperatura e pressione) e contengono lo stesso numero di entità elementari; il valore della densità ($d = m/V$) di un gas dipende quindi dalla sua natura.

La densità dei gas a 0 °C può essere calcolata dividendo la massa molare M per il valore del volume molare V_m a c.n., cioè per 22,4 L/mol:

$$d\,(\mathrm{g/L}) = \frac{M\,(\mathrm{g/mol})}{V_m\,(\mathrm{L/mol})}$$

Per esempio, la densità dell'elio risulta $d_{(\mathrm{He})} = 4{,}0\ \mathrm{g/mol} / 22{,}4\ \mathrm{L/mol} = 0{,}18\ \mathrm{g/L}$ (figura **19**); quella dell'idrogeno, H_2, è invece inferiore ed è pari a 0,09 g/L. La densità dell'elio è quindi il doppio di quella dell'idrogeno ($d_{(\mathrm{He})} / d_{(\mathrm{H_2})} = 2$), così come la massa atomica relativa dell'elio è il doppio della massa molecolare relativa dell'idrogeno ($A_{r(\mathrm{He})} / M_{r(\mathrm{H_2})} = 4{,}0/2{,}0 = 2$).

In generale, se consideriamo due gas diversi X e Y, il rapporto tra le loro densità (misurate alle stesse condizioni di T e p) è uguale al rapporto tra le masse relative delle particelle (atomi o molecole) che li costituiscono:

$$\frac{d_{(gas\ X)}}{d_{(gas\ Y)}} = \frac{M_{r(gas\ X)}}{M_{r(gas\ Y)}}$$

Dalle misure di densità dei gas possiamo ricavare informazioni sulle masse relative di atomi e molecole. Quasi cento anni prima dell'ideazione dello spettrometro di massa, Stanislao Cannizzaro usò questo metodo per determinare le masse atomiche relative degli elementi allora noti.

I palloncini tendono a salire verso l'alto perché l'elio è meno denso dell'aria circostante.

Figura 19 I gas hanno densità diverse In condizioni standard, la densità dell'elio è pari a 0,18 g/L, mentre quella dell'aria secca (priva di umidità) è di 1,29 g/L.

PROBLEMA MODELLO

Determinare la massa atomica relativa di un gas per confronto con la densità di un altro gas

Un campione di idrogeno gassoso occupa un dato volume e ha una massa di 0,012 g. Un campione di un gas incognito, *X*, occupa lo stesso volume nelle stesse condizioni di temperatura e di pressione e ha una massa di 0,240 g. Se il gas *X* è costituito da atomi, qual è la sua massa atomica relativa? Di quale gas si tratta?

L'IDEA

Il campione di gas idrogeno è costituito da molecole biatomiche, H_2. Poiché i due campioni di gas occupano lo stesso volume (*V*) nelle stesse condizioni di *p* e *T*, il rapporto tra le loro densità corrisponde al rapporto tra le loro masse:

$$d_{(gas\,X)} = \frac{m_{(X)}}{V} \qquad d_{(H_2)} = \frac{m_{(H_2)}}{V}$$

$$\frac{d_{(gas\,X)}}{d_{(H_2)}} = \frac{\frac{m_{(X)}}{V}}{\frac{m_{(H_2)}}{V}} = \frac{m_{(X)}}{m_{(H_2)}}$$

Sappiamo che il rapporto tra le densità di due gas diversi è uguale al rapporto tra le masse relative delle loro particelle. Possiamo quindi concludere che il rapporto tra le masse dei due gas corrisponde al rapporto tra la massa relativa dell'atomo *X* e la massa relativa della molecola H_2:

$$\frac{m_{(X)}}{m_{(H_2)}} = \frac{A_{r(X)}}{M_{r(H_2)}}$$

Questa conclusione si spiega considerando che in uguali volumi di gas (nelle stesse condizioni di *p* e *T*) c'è un uguale numero di particelle (principio di Avogadro): il rapporto tra le masse dei due gas deve quindi coincidere con il rapporto tra la massa di una particella *X* e la massa di una particella H_2. Per trovare il valore di $A_{r(X)}$ basta quindi calcolare la massa molecolare relativa dell'idrogeno e sostituire tutti i valori numerici nella relazione precedente. Infine, per stabilire di che gas si tratta, si cerca sulla tavola periodica l'elemento la cui massa atomica relativa è pari ad $A_{r(X)}$.

LA SOLUZIONE

Calcoliamo la massa molecolare relativa dell'idrogeno (approssimata al primo decimale):

$$M_{r(H_2)} = 2 \cdot A_{r(H)} = 2{,}0$$

Sostituiamo i valori numerici e calcoliamo $A_{r(X)}$:

$$\frac{m_{(X)}}{m_{(H_2)}} = \frac{A_{r(X)}}{M_{r(H_2)}} \qquad \frac{0{,}240\ g}{0{,}012\ g} = \frac{A_{r(X)}}{2{,}0}$$

$$A_{r(X)} = 20 \cdot 2{,}0 = 40$$

LA CONCLUSIONE

La massa atomica relativa del gas *X* è 40. Consultando la tavola periodica, deduciamo che l'elemento con massa atomica relativa 40 è l'argon (Ar).

13 DAL VOLUME MOLARE ALLA COSTANTE UNIVERSALE *R* DEI GAS IDEALI

Le tre leggi dei gas (Boyle, Charles e Gay-Lussac) illustrate nel capitolo 5 sono state ottenute considerando una quantità costante di gas e modificando di volta in volta una sola delle tre variabili di stato (temperatura, pressione o volume). La costante ***k*** che compare nell'equazione generale dei gas ideali si riferisce quindi a una quantità costante di gas; il valore di tale quantità può essere però qualsiasi e al suo variare varia anche il valore della costante ***k***.

TI RICORDI?

L'equazione generale dei gas ideali è l'equazione che riassume tutte e tre le leggi in un'unica legge: $p \cdot V/T = k$.

Se fissiamo una quantità di gas pari a 1,00 mol, possiamo calcolare quanto vale *k* a partire dalla conoscenza del valore del volume molare a c.n.: $V_m = 22{,}4$ L/mol, $T = 273$ K (0 °C) e $p = 1{,}00$ atm.

$$k = \frac{p \cdot V}{T} = \frac{1{,}00\,\text{atm} \cdot 22{,}4\,\text{L/mol}}{273\,\text{K}} = 0{,}0821\,\text{atm} \cdot \text{L} \cdot \text{mol}^{-1} \cdot \text{K}^{-1}$$

A queste condizioni, la costante ***k*** è indicata con la lettera ***R*** ed è chiamata **costante universale dei gas ideali**. Il valore numerico della costante *R* è riferito a *una* mole di gas a c.n., ma non dipende dalla natura chimica del gas. Il volume molare è infatti identico per tutti i gas ideali nelle stesse condizioni di pressione e temperatura, per cui *R* assume un carattere «universale».

Tuttavia, il valore di *R* varia al variare delle unità di misura scelte per esprimere la pressione e il volume:

- se la pressione è espressa in atm e il volume in L:

$$R = 0{,}0821\ \text{atm} \cdot \text{L} \cdot \text{mol}^{-1} \cdot \text{K}^{-1}$$

- se la pressione è espressa in kPa e il volume in L:

$$R = 8{,}31\ \text{kPa} \cdot \text{L} \cdot \text{mol}^{-1} \cdot \text{K}^{-1}$$

Per *una* mole di gas vale quindi la relazione:

$$\frac{p \cdot V}{T} = R$$

Per *due* moli di gas la relazione diventa $p \cdot V/T = 2\,R$, per *tre* moli $p \cdot V/T = 3 \cdot R$, per *n* moli di gas $p \cdot V/T = nR$. L'equazione riferita a *n* moli di gas può essere scritta come:

$$p \cdot V = n \cdot R \cdot T$$

ed è chiamata **legge universale dei gas ideali**.

PROBLEMA MODELLO

Applicare la legge universale dei gas ideali

Un campione di ossigeno ha una massa di 3,78 g alla temperatura di 18 °C e occupa il volume di 8,0 L. Calcola la pressione (in kPa) esercitata dal gas.

L'IDEA

La legge universale dei gas mette in relazione il volume, la pressione e la temperatura di un gas con la sua quantità in moli. Per applicarla è quindi necessario convertire in moli la massa di ossigeno utilizzando la relazione $n = m/M$; per determinare la massa molare dell'ossigeno si deve tenere presente che l'ossigeno gassoso è costituito da molecole O_2. Inoltre, la temperatura va espressa in kelvin e la costante R, per essere conforme alla pressione espressa in kPa, deve valere 8,31 $kPa \cdot L \cdot mol^{-1} \cdot K^{-1}$.

LA SOLUZIONE

Esprimiamo il valore della temperatura in kelvin:

$$T = (18 + 273)K = 291\ K$$

Calcoliamo la massa molare e la quantità in moli (n) di ossigeno:

$$M_{r(O_2)} = 2 \cdot A_{r(O)} = 32{,}00 \qquad M_{(O_2)} = 32{,}00\ g/mol$$

$$n_{(O_2)} = \frac{m}{M} = \frac{3{,}78\ g}{32{,}00\ g/mol} = 0{,}118\ mol\ O_2$$

Sostituiamo i valori numerici nella legge universale dei gas, $p \cdot V = n \cdot R \cdot T$, e calcoliamo la pressione:

$$p = \frac{n \cdot R \cdot T}{V} = \frac{0{,}118\ mol \cdot 8{,}31\ kPa \cdot L \cdot mol^{-1} \cdot K^{-1} \cdot 291\ K}{8{,}0\ L} = 35{,}7\ kPa$$

LA CONCLUSIONE

La pressione dell'ossigeno, se si esprime il risultato tenendo conto delle cifre significative (2), è pari a 36 kPa.

PROBLEMA SIMILE

Una bombola vuota ha una massa di 22,4 kg. Dopo il riempimento con ossigeno la massa è di 23,6 kg. Se la temperatura è di 15 °C e il volume della bombola è 15,4 L, quale sarà la pressione (in atm) esercitata dal gas?

LABORATORIO

Preparare campioni contenenti definite quantità di sostanza

L'obiettivo

Determinare tramite misure sperimentali e rielaborazione di dati numerici il numero di atomi (o molecole o unità formula) contenuto in una data massa (espressa in moli) di alcune sostanze prese in esame.

I concetti

La massa atomica (o molecolare o formula) relativa è espressa da numeri adimensionali.
Tuttavia nelle operazioni di laboratorio non è possibile utilizzare numeri adimensionali in quanto si opera con masse di un elemento o di un composto ben definite determinate con la bilancia. Si è allora convenuto di assumere il numero di Avogadro per definire una unità di misura della quantità di sostanza chiamata mole.

I materiali

Bilancia, cilindro graduato da 100 mL, 3 vetrini da orologio, spatolina;
acqua distillata, zolfo in polvere, cloruro di sodio, carbonato di calcio.

L'esperimento

1. Dai valori delle masse atomiche (molecolari o formula) relative calcola la massa molare di:
   a. 0,1 moli di zolfo;
   b. 0,1 moli di acqua;
   c. 0,1 moli di cloruro di sodio;
   d. 0,1 moli di carbonato di calcio.

   e determina la massa in grammi mediante la relazione

   $$m = n\,(mol) \cdot M\,(g/mol)$$
2. Misura con la bilancia le masse prima calcolate (figura).
3. Calcola il numero di atomi (o molecole o unità formula) contenuto nella massa degli elementi (o composti) presi in esame mediante la relazione:

   $$\text{numero atomi (o molecole o unità formula)} = n \cdot N_A$$

Le competenze

Come giustifichi il numero elevatissimo di atomi, molecole e unità formula presenti nei campioni che hai preparato?

FACCIAMO IL PUNTO

LO SAI? RIPASSA CON LO SMARTPHONE

Come è definita la massa atomica assoluta?

La **massa atomica assoluta** (simbolo m_a) è la massa di un atomo espressa in kg.

Come è definita la massa atomica relativa?

La **massa atomica relativa**, A_r, è un numero puro che indica quante volte la massa atomica assoluta è maggiore dell'unità di massa atomica.

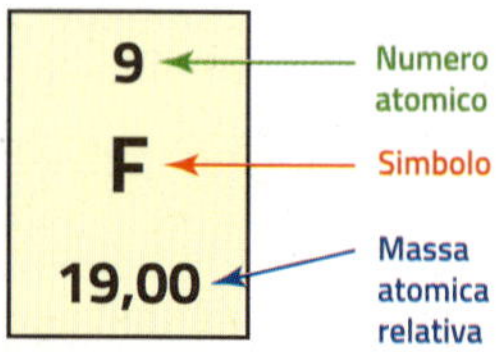

Che cos'è la costante di Avogadro?

La **costante di Avogadro** (simbolo N_A) indica il numero di atomi di carbonio contenuti in 12 grammi dell'isotopo di carbonio-12:

$$N_A = 6{,}022 \cdot 10^{23}$$

La costante di Avogadro indica anche il numero di atomi (molecole o unità formula) di una sostanza qualsiasi presente in una quantità in grammi di sostanza, corrispondente al valore della massa atomica (molecolare o formula) relativa.

Che cos'è la mole?

La **mole** (simbolo **mol**) è l'unità di misura della grandezza *quantità di sostanza*. Una mole di sostanza contiene un numero pari alla costante di Avogadro di atomi (molecole o unità formula) e ha una massa in grammi che corrisponde alla massa atomica (massa molecolare relativa o alla massa formula) relativa della sostanza.

Per esempio:

- 1 mole di atomi di carbonio C ($A_r = 12$) equivale a 12 g di carbonio;
- 1 mole di molecole di azoto N_2 ($M_r = 28$) equivale a 28 g di azoto;
- 1 mole di unità formula di cloruro di sodio NaCl ($M_r = 58$) equivale a 58 g di cloruro di sodio.

Come si calcola la quantità in moli?

La **quantità in moli** (n) di un elemento o di un composto corrisponde al rapporto tra il numero di atomi (molecole o unità formula) presenti nell'elemento o nel composto e la costante di Avogadro:

$$n = \frac{\text{numero atomi (o molecole o unità formula)}}{N_A}$$

Il **numero di atomi** (o **molecole** o **unità formula**) di un elemento o composto corrisponde al prodotto tra il numero di moli n e la costante di Avogadro:

$$\text{numero atomi (o molecole o unità formula)} = n \cdot N_A$$

Che cos'è la massa molare?

La **massa molare** (simbolo M) è la massa in grammi di una mole di un elemento o di un composto.

La massa molare si esprime in grammi per mole (simbolo **g/mol**) e permette di trasformare la massa di sostanza (in g) in quantità di sostanza (in moli) e viceversa:

$$M\,(\text{g/mol}) = \frac{m\,(\text{g})}{n\,(\text{mol})}$$

La **quantità in moli** presente in una determinata massa (m) in grammi di un elemento o di un composto si ottiene dividendo la massa per la massa molare (M):

$$n = \frac{m\,(\text{g})}{M\,(\text{g/mol})}$$

La **massa** di un elemento o di un composto si ottiene moltiplicando la quantità in moli (n) di un elemento o di un composto per la massa molare (M):

$$m = n\,(\text{mol}) \cdot M\,(\text{g/mol})$$

Che cos'è la composizione percentuale di un composto?

La composizione percentuale di un composto rappresenta la massa in grammi dei singoli elementi in 100 g del composto.

Come si determina la formula empirica di un composto?

Nota la composizione percentuale degli elementi di un composto si può determinare la **formula minima** calcolando il numero di moli (n) di ciascun elemento e dividendo per il valore più piccolo tutti gli altri.

Che cos'è il volume molare?

Il volume molare (simbolo V_m) è il volume occupato da una mole di sostanza. Il suo valore dipende dal tipo di sostanza e dal suo stato fisico. Per esempio, il volume molare del ghiaccio è 19,7 cm^3/mol, mentre il volume molare dell'acqua a 4 °C è 18 cm^3/mol.

Il volume molare delle sostanze gassose non cambia apprezzabilmente al variare del tipo di gas. A condizioni normali, il volume occupato da una mole di gas ideale è pari a 22,4 L. Il volume di una mole di gas è lo stesso per tutti i gas e contiene lo stesso numero, N_A, di entità elementari; la sua massa, invece, varia al variare della massa molare del gas.

All'aumentare della quantità in moli (n) di gas aumenta in proporzione anche il suo volume, come riassunto dalla relazione:

$$\mathbf{V}\,(\text{L}) = \mathbf{n}\,(\text{mol}) \cdot \mathbf{V_m}\,(\text{L/mol})$$

Che cos'è la legge universale dei gas ideali?

Le leggi dei gas ideali possono essere espresse da un'unica equazione, rappresentata dalla relazione:

$$p \cdot V = n \cdot R \cdot T$$

dove p è la pressione in atm, V, è il volume in L, n è la quantità in moli, T è la temperatura assoluta in kelvin e R è la costante universale dei gas.

ESERCIZI

ZTE ONLINE
Mettiti alla prova
con 20 esercizi interattivi

VERIFICA LE TUE CONOSCENZE

LA MASSA ATOMICA ASSOLUTA E RELATIVA

1 **Che cos'è la massa atomica assoluta e qual è il suo simbolo?**

2 **Quale affermazione relativa all'unità di massa atomica è *falsa*?**
Ⓐ Si indica con u.
Ⓑ Corrisponde a 1/12 della massa di 12 atomi di carbonio.
Ⓒ Vale $1{,}66 \cdot 10^{-27}$ kg.
Ⓓ Corrisponde a 1/12 della massa dell'atomo di carbonio più comune.

3 **Che cosa indica la notazione A_r?**

4 **Che cos'è la massa atomica relativa di un atomo?**

5 **La massa atomica relativa**
Ⓐ si esprime in unità di massa atomica (u).
Ⓑ si esprime in kg.
Ⓒ è un numero adimensionale e non si può esprimere in u né in kg.
Ⓓ è un numero adimensionale e si esprime in u.

6 **Che differenza c'è tra massa atomica assoluta e massa atomica relativa di un atomo?**

7 **Dove puoi reperire il valore di massa atomica relativa di un atomo?**

8 **Osserva la casella dello iodio sulla tavola periodica: qual è la sua massa atomica relativa? E la sua massa atomica assoluta?**

9 **Relativamente alla massa di un atomo trovi i seguenti dati: $3{,}154 \cdot 10^{-26}$ kg e 19,00.**
a. Che cosa indicano i due numeri?
b. Di che atomo si tratta?

LA MASSA MOLECOLARE RELATIVA

10 **Che cos'è la massa molecolare relativa e qual è il suo simbolo?**

11 **Che cosa è necessario conoscere se si vuole determinare la massa molecolare relativa di una sostanza?**

12 **Che differenza c'è tra massa molecolare relativa e massa formula relativa?**

13 **Come si calcola la massa assoluta di una molecola?**

IL NUMERO DI AVOGADRO E LA MOLE

14 **Che cosa indica il numero di Avogadro e qual è il suo simbolo?**

15 **Quanto vale il numero di Avogadro? Perché è così grande?**

16 **Quale tra le seguenti affermazioni è *errata*?**
La quantità di sostanza
Ⓐ è una delle sette grandezze fondamentali.
Ⓑ ha la mole come unità di misura.
Ⓒ il suo simbolo è *n*.
Ⓓ indica la massa di una sostanza.

17 **Nel seguente testo cancella le alternative errate.**
Una mole è la **quantità / massa** di sostanza che contiene tante particelle quanti sono **gli atomi / i grammi** di carbonio contenuti in 0,012 kg di C-12. Una mole contiene sempre lo stesso numero di **atomi / entità** elementari, ha come simbolo **n / mol** ed è l'unità di misura della grandezza **quantità di sostanza / numero di entità elementari**.

18 **Una mole di atomi di magnesio e una mole di atomi di carbonio**
Ⓐ hanno uguale massa.
Ⓑ hanno uguale quantità di sostanza.
Ⓒ contengono un diverso numero di atomi.
Ⓓ non hanno nulla in comune.

19 **Che cosa indica la costante di Avogadro e qual è la sua unità di misura?**

LA MASSA MOLARE

20 **Perché una mole di carbonio e una mole di elio hanno massa diversa?**

21 **Qual è la massa in grammi di $6{,}022 \cdot 10^{23}$ atomi di ferro?**

22 **Qual è la massa in grammi di $6{,}022 \cdot 10^{23}$ unità formula di ossido ferrico, Fe_2O_3?**

23 **Qual è la massa in grammi di una mole di molecole di alcol etilico, C_2H_6O?**

24 **Una massa di calcio, espressa in grammi, è pari alla massa atomica relativa del calcio. Il numero di atomi che contiene è uguale**

Ⓐ al numero di Avogadro diviso 40.
Ⓑ al numero di Avogadro.
Ⓒ all'unità di massa atomica per il numero di Avogadro.
Ⓓ al numero di Avogadro moltiplicato per 20.

25 **Che cos'è la massa molare e qual è la sua unità di misura?**

26 **La massa molare di un composto molecolare è uguale al valore numerico della**

Ⓐ massa molecolare assoluta espressa in grammi di una molecola del composto.
Ⓑ massa in grammi del composto corrispondente alla sua massa molecolare relativa.
Ⓒ massa in grammi del composto uguale al numero di Avogadro.
Ⓓ somma delle masse atomiche relative degli atomi che costituiscono il composto.

27 **La massa molecolare relativa del glucosio è $M_r = 180$. Qual è la sua massa molare?**

28 **La massa molare di un composto è 60 g/mol. Qual è la sua massa molecolare relativa?**

LA COMPOSIZIONE PERCENTUALE E LA FORMULA DI UN COMPOSTO

29 **Che cosa indica la composizione percentuale di un composto?**

30 **In quale delle seguenti sostanze è maggiore la percentuale di calcio?**

Ⓐ CaF_2
Ⓑ $CaCl_2$
Ⓒ $CaBr_2$
Ⓓ CaI_2

31 **La percentuale di zolfo è più elevata nel sale $Na_2S_2O_3$ o nel sale Na_2SO_3? Perché?**

32 **Un composto è costituito da 4,0 g di calcio e da 1,6 g di ossigeno. Qual è la sua composizione percentuale?**

33 **Un composto è costituito da 6,5 g di zinco e da 3,2 g di zolfo. Calcola la sua composizione percentuale.**

34 **Quale tipo di formula si può determinare se si conosce la composizione percentuale di un composto?**

35 **Un campione puro di un composto contiene 4 g di carbonio e 1 g di idrogeno. È possibile che la sua formula sia C_4H? Motiva la tua risposta.**

36 **Un idrocarburo è costituito da 3,6 g di carbonio e 0,92 g di idrogeno.**

a. Quali calcoli devi effettuare per determinare la sua formula empirica?
b. Che cosa devi conoscere per determinare la sua formula molecolare?

37 **Qual è la formula minima di un composto costituito per il 74,8% da carbonio e per il 25,2% da idrogeno?**

Ⓐ C_2H_4
Ⓑ C_3H_6
Ⓒ CH_4
Ⓓ C_2H_6

38 **Qual è la formula molecolare di un composto ($M_r = 180$) se la sua formula minima è CH_2O?**

39 **Qual è la formula molecolare di un composto ($M_r = 28$) se il rapporto tra il numero di atomi di carbonio e di idrogeno è di 1 : 2?**

IL VOLUME MOLARE

40 **Che cos'è il volume molare e da che cosa dipende il suo valore?**

41 **È maggiore il volume molare dell'acqua liquida o del ghiaccio? Perché?**

42 **Qual è il volume molare dei gas a c.n.? Perché ha lo stesso valore per tutti i tipi di gas a comportamento ideale?**

43 **L'ammoniaca ha $M = 17$ g/mol, il fluoro ha $M = 38$ g/mol; a c.n. entrambe le sostanze sono gassose. È corretto concludere che 17 g di ammoniaca occupano a c.n. circa la metà del volume occupato da 38 g di fluoro a c.n.? Perché?**

44 **Quale dei seguenti campioni di azoto $N_{2(g)}$ ha massa maggiore?**

Ⓐ 22,4 L in c.n.
Ⓑ $6{,}022 \cdot 10^{23}$ molecole
Ⓒ 10,5 g
Ⓓ 1,2 mol

45 **Qual è il numero di atomi di ossigeno presenti in 22,4 L di diossido di zolfo SO_2, misurati a c.n.?**

46 **Calcola il volume occupato a c.n. da:**
a. 3,00 mol di ossigeno;
b. $1{,}81 \cdot 10^{24}$ molecole di azoto.

LA DENSITÀ DI UN GAS

47 **Perché i gas, a parità di *T* e *P*, hanno lo stesso volume molare ma densità diverse?**

48 **Come si calcola la densità di un gas a c.n., se è nota la sua massa molare?**

49 **Qual è la densità del diossido di zolfo a c.n.?**

50 **Quale dei seguenti gas ha densità maggiore?**
Ⓐ NH_3
Ⓑ CO_2
Ⓒ Kr
Ⓓ F_2

51 **Perché il rapporto tra le densità di due gas diversi, misurate alla stessa *T* e *P*, è uguale al rapporto tra le masse relative delle particelle (atomi o molecole) che li costituiscono?**

LA COSTANTE UNIVERSALE DEI GAS IDEALI

52 **Che cosa indica la costante universale dei gas ideali? Qual è il suo simbolo?**

53 **Quanto vale la costante *R* se la pressione è espressa in atmosfere? E se è espressa in kilopascal?**

54 **Se il volume e la pressione di un gas ideale sono espressi con le unità di misura SI, la costante *R* è**
Ⓐ $1{,}2 \cdot 10^{-1}\ Pa^{-1} \cdot m^3 \cdot K \cdot mol$
Ⓑ $1{,}2 \cdot 10^{-4}\ Pa^{-1} \cdot L^{-3} \cdot K \cdot mol$
Ⓒ $8{,}31 \cdot 10^3\ Pa \cdot L \cdot K \cdot mol$
Ⓓ $8{,}31\ Pa \cdot m^3 \cdot K^{-1} \cdot mol^{-1}$

55 **Quali grandezze compaiono nella legge universale dei gas ideali? Com'è solitamente scritta tale legge?**

56 **Qual è il volume occupato da 1,40 mol di azoto gassoso a 20,0 °C e 1,10 atm?**

57 **A quale temperatura un campione contenente 0,600 mol di gas occupa un volume di 22,6 L alla pressione di 101 kPa?**

58 **Quale quantità in moli di idrogeno vi è in una bombola da 3,0 L se la pressione del gas è di 506,5 kPa e la temperatura di 303 K?**

VERIFICA LE TUE ABILITÀ

59 **La massa atomica relativa dell'atomo di stagno è 118,69. Qual è la sua massa atomica assoluta?**

60 **La massa atomica assoluta del potassio è $6{,}49 \cdot 10^{-26}$ kg. Calcola la massa (in g) di $2 \cdot 10^{20}$ atomi di potassio.**

61 **La massa atomica relativa dello iodio è 126,905. Calcola la massa atomica assoluta (in kg).**

62 **La massa atomica assoluta dell'ossigeno è $2{,}66 \cdot 10^{-26}$ kg. Calcola la massa atomica relativa.**

63 **La massa atomica relativa del nichel è 58,71. Calcola la massa atomica assoluta (in kg).**

64 **Un atomo di uranio ha una massa atomica assoluta di $3{,}953 \cdot 10^{-25}$ kg. Calcola la massa atomica relativa e il numero di atomi presenti in 700 g.**

65 **La massa atomica relativa dell'idrogeno è 1,008. Calcola il numero di atomi di idrogeno in 2,15 g di idrogeno.**

66 **La massa atomica relativa dell'ossigeno è 16,00. Calcola il numero di atomi di ossigeno in 17,1 g di ossigeno.**

67 **Calcola la massa formula relativa dei seguenti composti ionici:**
a. CaO, $Fe_2(SO_4)_3$
b. $LiHS$, $Al(OH)_3$

68 **Calcola la massa molecolare relativa delle seguenti molecole:**
a. O_2, Cl_2O_7, $H_4P_2O_7$
b. I_2, HCN, H_2SO_2

69 **La massa molecolare relativa dello zolfo è 256. Qual è la sua formula molecolare?**

70 **Calcola la massa assoluta delle molecole dell'esercizio 68.**

71 **La massa di un atomo di silicio è circa 28 u e quella di un atomo di ferro è circa 56 u.**
a. Ci sono più atomi in 2 g di silicio o in 2 g di ferro? Perché?
b. Se gli atomi di silicio sono $4{,}3 \cdot 10^{22}$, quanti sono quelli di ferro?

72 **Calcola la massa assoluta (in g) di una molecola di diossido di zolfo, SO_2.**

73 **Quante sono le molecole di azoto presenti in una mole di azoto, N_2? E quanti sono gli atomi di azoto?**

74 **Se la massa atomica assoluta del ferro è $9{,}277 \cdot 10^{-23}$ g, qual è la massa in grammi di una mole di atomi di ferro?**

75 **Calcola il numero di molecole in 2 moli di metano.**

76 **Quante molecole ci sono in 0,10 mol di acqua? Quanti sono in totale gli atomi di idrogeno? E quelli di ossigeno?**

77 **Se un campione di oro contiene $1{,}2 \cdot 10^{24}$ atomi, a quante moli di oro corrisponde?**

78 **In una bombola ci sono $1{,}8 \cdot 10^{25}$ molecole di diossido di carbonio, CO_2; quante moli contiene?**

79 **Calcola il numero di moli presenti in:**
a. $3{,}5 \cdot 10^{23}$ molecole di acido solforico, H_2SO_4
b. $4{,}30 \cdot 10^{24}$ atomi di sodio
c. $3{,}2 \cdot 10^{21}$ unità formula di cromato di litio, Li_2CrO_4

80 **Una soluzione costituita da 20 g di acqua e 40 g di alcol etilico (C_2H_5OH), contiene più molecole di acqua o di alcol etilico? Perché?**

81 **È presente un maggior numero di atomi in 3 g di idrogeno (H_2) o in 30 g di rame?**

82 **In quale delle seguenti quantità di sostanza sono contenute $6{,}022 \cdot 10^{23}$ molecole?**
Ⓐ 17 g di CH_4
Ⓑ 17 g di NH_3
Ⓒ 17 g di PH_3
Ⓓ 17 g di AsH_3

83 **Qual è la massa in grammi di 2,3 mol di ammoniaca, NH_3?**

84 **Qual è la massa in grammi di 0,60 mol di $AlCl_3$?**

85 **Calcola la massa in grammi di:**
a. $1{,}8 \cdot 10^{24}$ molecole di ossigeno (O_2)
b. $5{,}0 \cdot 10^{25}$ molecole di diossido di zolfo (SO_2)

86 **Calcola la massa in grammi di**
a. 20 moli di potassio;
b. 3,0 moli di $Ca_3(PO_4)_2$

87 **La quantità in moli di atomi presente in 1 kg di argento è quattro volte più piccola della quantità in moli di atomi presente in**
Ⓐ 1 kg di oro
Ⓑ 1 kg di alluminio
Ⓒ 1 kg di piombo
Ⓓ 1 kg di zinco

88 **Calcola la quantità in moli di atomi o di unità formula contenuta in:**
a. 100 g di zinco
b. 0,50 kg di cloruro di sodio
c. 1,20 kg di ferro

89 **Un campione di 45,9 g di un elemento chimico è costituito da 1,7 mol. Calcola la massa atomica relativa dell'elemento.**

90 **Calcola il volume occupato da 1,50 mol di zinco ($d = 7{,}14$ g/cm^3).**

91 **Calcola il volume occupato da 2,0 mol di carbonato di calcio ($d = 2{,}7$ g/cm^3).**

92 **Calcola il numero di atomi di:**
a. boro presenti in 75 g;
b. cloro presenti in 200 g di Cl_2;
c. magnesio in un nastro di magnesio di 30 g;
d. alluminio in un foglio di alluminio di 5,0 g;
e. sodio in 0,23 g di un campione puro di sodio.

93 **Calcola la massa in grammi di:**
a. una lamina di rame costituita da $2{,}8 \cdot 10^{24}$ atomi;
b. una moneta d'argento costituita da $1{,}5 \cdot 10^{23}$ atomi.

94 **Il boro ha $M = 10{,}811$ g/mol; calcola la sua massa atomica assoluta.**

95 **Un cubetto costituito da carbonato di calcio, $CaCO_3$, ($d = 2{,}7$ g/cm^3) ha un lato di 2,6 cm. Calcola la quantità in moli di $CaCO_3$ presente nel cubetto.**

96 **Date 20 moli di acqua, calcola**
a. la loro massa in grammi;
b. quante molecole di acqua contengono;
c. quanti atomi di idrogeno e di ossigeno vi sono;
d. quante moli di idrogeno e di ossigeno vi sono;
e. quanti grammi di idrogeno e di ossigeno vi sono.

97 **Calcola la quantità in moli presente in 95,3 g di cloruro di berillio $BeCl_2$.**

98 **Qual è la massa in grammi di carbonio contenuta in 71 g di metano, CH_4?**

99 **Calcola la massa in grammi di fosforo presente in 250 g di acido fosforico, H_3PO_4.**

100 **Calcola la massa in grammi di:**
a. calcio in 30,0 g di CaF_2;
b. sodio in 47,0 g di Na_2O;
c. ferro e ossigeno in 16,5 g di Fe_2O_3;
d. cloro in 1,00 kg di $AlCl_3$;
e. idrogeno, boro e ossigeno in 250 g di H_3BO_3.

101 **È maggiore la massa di ossigeno in 20 g di solfato di sodio, Na_2SO_4, o in 30 g di ossido di alluminio, Al_2O_3?**

102 **In quale massa di acido carbonico, H_2CO_3, sono contenuti 35 g di carbonio?**

103 **Qual è Il numero di atomi di idrogeno in 40 g di acido fosforico, H_3PO_4?**

104 **Quale massa in grammi di ossido ferrico, Fe_2O_3, si può ottenere da 10,00 mol di ferro?**

105 **Quanti atomi di ossigeno vi sono in 33 g di diossido di carbonio, CO_2?**

106 **Calcola il numero di atomi di ossigeno contenuti in 50 g di solfato di sodio, Na_2SO_4.**

107 **Una zolletta di saccarosio, $C_{12}H_{22}O_{11}$, contiene $9{,}03 \cdot 10^{21}$ molecole. Calcola la sua massa in grammi.**

108 **Un campione di pirite è costituito da disolfuro di ferro, FeS_2, al 90%. Calcola la massa in grammi di ferro presente in 0,500 kg di pirite.**

109 **Un cubetto ha un lato di 50 mm ed è costituito dal 90% di ferro ($d = 7{,}8$ g/cm^3). Calcola la quantità in moli di ferro presente nel cubetto.**

110 **Calcola la composizione percentuale degli elementi nei seguenti composti:**
a. fluoruro di bario, BaF_2;
b. fosfato di calcio, $Ca_3(PO_4)_2$.

111 **Calcola la percentuale del:**
a. carbonio nella vitamina C ($C_6H_8O_6$);
b. cloro nel cloroformio ($CHCl_3$).

112 **In quale dei seguenti composti la percentuale di cloro è più vicina a quella dell'ossigeno?**
Ⓐ $HClO$
Ⓑ $HClO_2$
Ⓒ $HClO_3$
Ⓓ $HClO_4$

113 **Qual è la percentuale degli elementi nel solfato di potassio, K_2SO_4?**

114 **La formula di un composto costituito da rame e zolfo è CuS. Qual è la sua composizione percentuale?**

115 **Un minerale è costituito da solfuro rameico, CuS, al 78%. Quanti grammi di rame sono presenti in 1,00 kg di minerale?**

116 **Indica la formula empirica di un composto che contiene il 30,43% di azoto e il 69,57% di ossigeno:**
Ⓐ NO_2
Ⓑ NO
Ⓒ N_2O
Ⓓ N_2O_3

117 **Calcola la formula minima dei composti che hanno la seguente composizione percentuale:**
a. K = 38,67%, N = 13,85%, O = 47,48%
b. C = 40%, H = 6,7%, O = 53,3%
c. Fe = 28%, S = 24%, O = 48%
d. N = 25,9%, O = 74,1%
e. P = 43,67%, O = 56,33%
f. H = 3,1%, P = 31,5%, O = 65,4%
g. Fe = 63,60%, S = 36,40%

118 **Qual è la formula minima di un composto costituito da 4,8 g carbonio, 1,2 g di idrogeno e 2,8 g di azoto?**

119 **La composizione percentuale di un composto ($M_r = 78$) è la seguente: C = 92,3%, H = 7,7%. Calcola la formula molecolare.**

120 **Calcola la formula molecolare di un composto ($M_r = 28$) sapendo che è costituito dall'85,63% di carbonio e dal 14,37% di idrogeno.**

121 **Calcola la formula molecolare di un composto ($M_r = 44$) sapendo che è costituito dall'81,7% di carbonio e dal 18,3% di idrogeno.**

122 Calcola la formula molecolare di un composto ($M_r = 98{,}96$) sapendo che è costituito dal 24,7% di carbonio, dal 4,07% di idrogeno e dal 71,23% di cloro.

123 Calcola la massa in grammi di ossigeno presente in un volume di 0,300 m^3 del gas a c.n.

124 Calcola quante molecole di ammoniaca sono presenti in un volume di 8,00 L del gas a c.n.

125 Calcola quanti atomi di idrogeno sono presenti in un volume di 4,00 L del gas a c.n.

126 A c.n. 2 g di un gas *X* occupano un volume di 1,6 L. Calcola la massa molecolare relativa del gas e stabilisci di quale gas potrebbe trattarsi.

127 A c.n. 1,25 g di un gas occupano un volume di 7,0 L. Calcola la massa molecolare relativa del gas e stabilisci di quale gas potrebbe trattarsi.

128 Un campione di neon ($A_r = 20$) e uno di azoto ($M_r = 28$) contengono lo stesso numero di moli. Sapendo che la massa del campione di azoto è 7 kg, calcola la massa (in kg) del campione di neon.

129 Nelle stesse condizioni di temperatura e pressione, 7,0 L di un gas non noto (*X*) hanno la stessa massa di 1,0 L di azoto (N_2). Calcola la massa molecolare relativa del gas *X* e stabilisci di quale gas potrebbe trattarsi.

130 Un campione di ossigeno ha una massa di 64 g. Un campione di un gas non noto (*X*) ha una massa di 8,0 g, occupa lo stesso volume e si trova nelle stesse condizioni di temperatura e di pressione. Calcola la massa molecolare relativa del gas *X* e stabilisci di quale gas si tratta.

131 Calcola la massa molare di un gas che a c.n. ha una densità di 1,25 g/L. Di quale gas potrebbe trattarsi?

132 Calcola la densità dell'ossigeno alla pressione di 760 mmHg e alla temperatura di −73 °C.

133 Calcola la densità del diossido di carbonio alla pressione di 220 mbar e alla temperatura di −20 °C.

134 Calcola la massa molecolare relativa di un gas che ha una massa di 112,7 g e che alla temperatura di 35 °C e alla pressione di 115 kPa occupa un volume di 35,28 L. Di quale gas potrebbe trattarsi?

135 Calcola la massa atomica relativa di un gas che alla temperatura di −15 °C e alla pressione di 798 Torr ha densità 1,0 g/L.

136 Un campione di ossigeno ha una massa di 0,32 kg e occupa un volume di 10 L. Calcola la pressione del gas alla temperatura di 25 °C.

137 Calcola il volume occupato da 8,52 g di ammoniaca alla pressione di 250 mbar e alla temperatura di 80 °C.

138 Calcola quanti kg di azoto sono contenuti in una bombola di 40 L se la pressione è di 150 atm e la temperatura è di 20 °C.

139 Una bombola da 20 L contiene azoto alla pressione di 100 atm e alla temperatura di 10 °C. Calcola la pressione esercitata dal gas che resta nella bombola dopo che questa ha erogato 1,5 kg di azoto, se la temperatura non varia.

140 Calcola la massa in grammi di ossigeno che occupa un volume di 0,020 m^3 alla pressione di 6078 mbar e alla temperatura di 20 °C.

141 Calcola la massa molecolare relativa di un gas che a 60 °C e alla pressione di 121,6 kPa ha la massa di 4,1 g e occupa il volume di 1300 cm^3.

142 Alla pressione di 760 Torr e alla temperatura di 27 °C, una massa di 0,90 g di gas occupa un volume di 280 mL. Calcola la massa molare del gas.

143 Un campione di 10 g di diossido di carbonio, CO_2, occupa un volume di 1500 mL; calcola a quale temperatura (in °C) occorre portarlo perché la sua pressione diventi 10 atm.

144 Un campione di 2 g di ammoniaca occupa un volume di 500 mL; a quale temperatura (in °C) occorre portarlo perché la sua pressione diventi 2280 mmHg?

TEST YOURSELF

145 The relative atomic mass of an atom of silver is 107.870. Calculate its absolute atomic mass (in kg).

146 Calculate how many grams correspond to $1.205 \cdot 10^{24}$ hydrogen chloride (HCl) molecules.

147 Calculate the number of oxygen atoms in 150 g of calcium chlorate.

148 Calculate the percentage composition of the elements in magnesium nitrate, $Mg(NO_3)_2$.

149 Calculate the grams of zinc in 70 g of zinc fluoride, ZnF_2.

150 Calculate the empirical formula of a compound knowing that it is made up of 43% of sodium, 11.3% of carbon and 45.7% of oxygen.

151 At a pressure of 1.0 atm and at a temperature of 273 K, 6.0 g of a gas have a volume of a 4.8 L flask. Calculate the molecular mass and say which gas it is.

152 Calculate the volume occupied by 0.003 kg of hydrogen at a pressure of 500 mbar and at a temperature of 36 °C.

153 Calculate the density of a sample of dihydrogen sulphide, H_2S, at a pressure of 1900 mmHg and at a temperature of 5 °C.

154 A nitrogen sample has a mass of 22 g. A sample of an unknown gas (*X*) has a mass of 56 g, occupies the same volume and is in the same temperature and pressure conditions. State what gas it is.

155 Calculate how many moles of carbondioxide, CO_2, are contained in a 10 L flask at a pressure of 1.0 atm and at a temperature of 273 K.

VERSO I GIOCHI DELLA CHIMICA

156 Durante un'autopsia sotto la lingua del paziente viene trovata una polvere bianca. L'analisi rivela una percentuale in peso di Na del 33,18%. Quale delle seguenti sostanze può essere la polvere bianca?

Ⓐ $Na_2P_2O_7$
Ⓑ Na_3AsO_3
Ⓒ Na_3PO_4
Ⓓ Na_3AsO_4

[Fase nazionale 2016]

157 Una bombola contenente 40,0 L di CO, misurati alla pressione di $60{,}78 \cdot 10^5$ Pa e alla temperatura di 20 °C, viene svuotata in un locale di dimensioni 10,0 m × 6,0 m × 3,0 m. Calcolare la concentrazione di CO nella stanza (in g/m^3).

Ⓐ 28,7 Ⓑ 11,2 Ⓒ 15,5 Ⓓ 34,7

[Fase regionale 2015]

158 Sono costituiti da più atomi

Ⓐ 26,0 grammi di cromo.
Ⓑ 24,0 grammi di carbonio.
Ⓒ 40,0 grammi di calcio.
Ⓓ il numero di atomi è lo stesso nei tre casi.

[Fase regionale 2015]

VERSO L'UNIVERSITÀ

159 Quanti atomi di idrogeno sono presenti in una molecola di solfato d'ammonio?

Ⓐ 10
Ⓑ 8
Ⓒ 9
Ⓓ 12
Ⓔ 6

[dalla prova di ammissione a Medicina e Chirurgia, 2012]

160 A quante moli corrispondono 9,0 ml di un composto avente P.M. 153, e densità 1,7 g/ml?

Ⓐ 0,10
Ⓑ 0,050
Ⓒ 1,0
Ⓓ 0,29
Ⓔ 10,0

[dalla prova di ammissione a Medicina e Chirurgia, 2011]

161 Qual è il volume di idrogeno prodotto quando 2,5 g di calcio reagiscono con un eccesso di acqua? [Il volume molare del gas, nelle condizioni dell'esperimento, è di 24 litri per mole e la massa atomica relativa del calcio è 40].

Ⓐ 1500 ml
Ⓑ 1000 ml
Ⓒ 1200 ml
Ⓓ 1800 ml
Ⓔ 2000 ml

[dalla prova di ammissione a Veterinaria, 2013]

VERSO L'ESAME: VERIFICA LE TUE COMPETENZE

CONFRONTA

162 **La caffeina ($C_8H_{10}N_4O_2$) è una sostanza presente in alcune piante – quali il caffè, il cacao, il tè o la cola – da cui si ottengono numerose bevande. Una tazza di espresso contiene 80 mg di caffeina, una tazza di tè circa 60 mg (quantità variabile a seconda del tè) e una lattina di cola da 330 mL ne contiene 35 mg.**

a. Qual è la massa assoluta di una molecola di caffeina?

b. Quante molecole di caffeina ci sono in una tazza di espresso o di tè e in una lattina di cola?

DEDUCI E RICERCA

163 **Quando tocchiamo un telefono cellulare, trasferiamo su di esso i residui dei prodotti che usiamo, come medicinali, prodotti igienici e alimenti. Da uno studio è emerso che alcune sostanze sono particolarmente resistenti e possono essere trovate anche dopo mesi dall'ultimo utilizzo: una di queste molecole è l'*icaridina* (il principio attivo di un antizanzare). Dall'analisi risulta la seguente composizione percentuale:**
C = 62,85%, H = 10,11%, N = 6,11%, O = 20,93%.

a. Qual è la formula empirica dell'icaridina?

b. Come puoi stabilire se la formula empirica corrisponde alla sua formula molecolare?

c. Ricerca in rete informazioni sulla molecola di icaridina e sulle sue proprietà repellenti.

ANALIZZA

164 **La mina delle matite è fatta di grafite, la forma più comune del carbonio in natura. La sua struttura, caratterizzata dalla sovrapposizione di piani di atomi di carbonio uniti a formare maglie esagonali, rende la grafite molto friabile e adatta a lasciare tracce su un foglio di carta quando si fa pressione sulla matita. Supponi di tracciare un quadrato di 5,0 mm di lato con una matita che lascia sul foglio uno strato di grafite dello spessore di 315 nm.**

a. Calcola il volume di grafite lasciato sul foglio.

b. Tenendo presente che la densità della grafite è 2,27 $g \cdot cm^{-3}$, stima il numero di moli.

c. Calcola il numero di atomi di carbonio depositati.

RIFLETTI

165 **L'ottano, C_8H_{18}, è un tipico rappresentante delle molecole presenti nelle benzine. Quando l'ottano brucia completamente, ogni atomo di carbonio delle sue molecole si combina con l'ossigeno dell'aria per formare una molecola di diossido di carbonio, CO_2.**

a. Quante molecole di CO_2 si formano dalla combustione di una molecola di ottano?

b. Quante moli di CO_2 si formano dalla combustione di una mole di ottano?

c. Supponi che tutta la benzina sia costituita da ottano e che la capacità del serbatoio della tua auto sia 35,0 L. Se la densità dell'ottano è 0,820 g/mL, quante moli di CO_2 immetti in atmosfera bruciando tutta la benzina del serbatoio?

d. Qual è la massa di CO_2 scaricata in atmosfera?

ANALIZZA E IPOTIZZA

166 **Il CO_2 prodotto dalla combustione degli idrocarburi presenti nei carburanti delle autovetture contribuisce al riscaldamento globale. Supponi che il gas naturale, il GPL, la benzina e il gasolio usati come carburanti siano costituiti, rispettivamente, solo da metano (CH_4), propano (C_3H_8), ottano (C_8H_{18}) e cetano ($C_{16}H_{34}$).**

a. Calcola la percentuale in massa di carbonio di ciascun carburante: quale carburante, a parità di massa che brucia, libera in atmosfera la maggior quantità di CO_2?

b. La tabella riporta i dati relativi alle emissioni di CO_2 di auto alimentate con i diversi tipi di carburante. A quale carburante corrispondono le minori emissioni di CO_2?

Alimentazione	Emissioni CO_2 (g/km)
benzina	84
gasolio	79
GPL-benzina	85 e 96
metano-benzina	85 e 106

c. Come spieghi le differenze tra i risultati dei calcoli (a) e i dati della tabella (b)?

CONFRONTA

167 **È stato recentemente scoperto un nuovo antibiotico, attivo sui batteri Gram positivi. L'antibiotico è stato chiamato *teixobactin* e ha formula molecolare $C_{58}H_{95}N_{15}O_{15}$. Un antibiotico simile, ma già presente sul mercato, è la *daptomicina*: la sua formula molecolare è $C_{72}H_{101}N_{17}O_{26}$. Dimostra che i due antibiotici, pur essendo costituiti dagli stessi elementi, hanno una diversa composizione percentuale.**

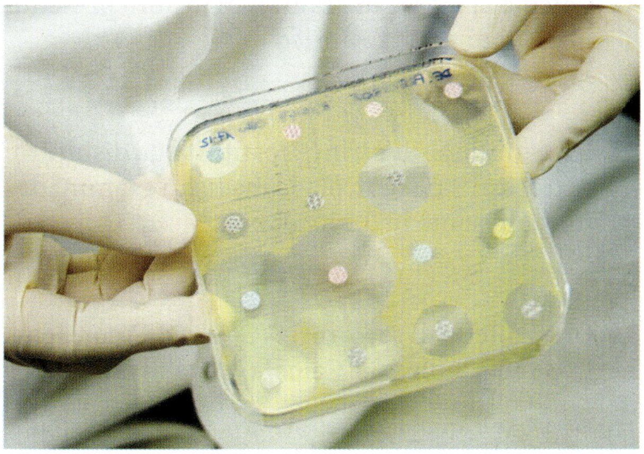

RIFLETTI E ARGOMENTA

168 **Specifici sensori possono rilevare nelle abitazioni la presenza di gas e vapori, come il monossido di carbonio, il GPL e il gas metano. Per rilevare una concentrazione anomala di gas nell'aria il sensore deve essere posizionato correttamente. Per farlo, bisogna conoscere la densità relativa del gas da monitorare: essa, infatti, fornisce informazioni sul comportamento dei gas o vapori dopo l'emissione accidentale. La densità relativa è il rapporto tra la densità del gas e la densità dell'aria, entrambe misurate a 20 °C e 1 atm. La tabella riporta i valori di densità di alcune sostanze aeriformi.**

Sostanza (allo stato aeriforme)	Densità (relativa all'aria)
Acetone (C_3H_6O)	2,00
Idrogeno (H_2)	0,07
Metano (CH_4)	0,55
GPL ($C_3H_8 + C_4H_{10}$)	1,90
Monossido di carbonio (CO)	0,97

a. Quali dei gas o vapori tendono a stratificarsi in basso nella stanza? Perché?

b. Quali dei gas o vapori tendono a salire in alto?

c. Quale sensore posizioneresti a circa 30 cm dal soffitto, quale a circa 30 cm dal pavimento e quale a circa 1,50 m dal pavimento? Perché?

d. Senza conoscere i valori di densità relativa, saresti in grado di prevedere il comportamento di un gas fuoriuscito accidentalmente? Tieni presente che la massa molare dell'aria (che si calcola a partire dalla sua composizione percentuale) è pari a 28,96 g/mol.

COLLEGA

169 **A causa della bassa gravità del pianeta, l'atmosfera di Marte è molto rarefatta e contiene un numero di molecole per unità di volume pari a $3{,}01 \cdot 10^{23}$ molecole/m^3. La pressione atmosferica media rilevata dalle sonde inviate sul pianeta è di 699 Pa.**

a. Quante moli di gas vi sono in 1 m^3?

b. Supponendo che l'atmosfera di Marte si comporti come un gas ideale, qual è la sua temperatura media (in °C)?

c. La temperatura media dell'atmosfera terrestre è 15 °C; considerando una pressione media a livello del suolo di $1{,}01 \cdot 10^5$ Pa, quante molecole di gas sono contenute in 1 m^3 di aria?

SEI PRONTO PER LA VERIFICA?

IN 1 ORA

Dopo aver studiato i contenuti del **capitolo 8**, svolgi la prova nel **tempo massimo di un'ora**.

VERIFICA LE TUE CONOSCENZE

1 **Una massa (in g) di calcio, pari alla sua massa atomica relativa, contiene un numero di atomi corrispondente:**

Ⓐ al numero di Avogadro diviso 40.
Ⓑ al numero di Avogadro.
Ⓒ all'unità di massa atomica per il numero di Avogadro.
Ⓓ al numero di Avogadro moltiplicato per 20.

(4 punti se hai risposto correttamente) ...../4

2 **In quale delle seguenti masse sono contenute $6,022 \cdot 10^{23}$ molecole?**

Ⓐ 44 g di Cl_2O
Ⓑ 44 g di SO_2
Ⓒ 44 g di N_2O_3
Ⓓ 44 g di CO_2

(6 punti se hai risposto correttamente) ...../6

3 **Un campione di sodio che ha la massa di 0,23 grammi contiene**

Ⓐ $6,02 \cdot 10^{23}$ atomi di Na.
Ⓑ $6,02 \cdot 10^{23}$ ioni Na^+ e altrettanti elettroni.
Ⓒ $6,02 \cdot 10^{22}$ atomi di Na.
Ⓓ $6,02 \cdot 10^{21}$ ioni Na^+ e altrettanti elettroni.

(10 punti se hai risposto correttamente) ...../10

4 **Tra i seguenti sali quale contiene la percentuale di zolfo più elevata?**

Ⓐ $Na_2S_2O_3$ ($M_r = 158$)
Ⓑ Na_2SO_3 ($M_r = 126$)
Ⓒ Na_2SO_4 ($M_r = 142$)
Ⓓ $Na_2S_2O_8$ ($M_r = 238$)

(6 punti se hai risposto correttamente) ...../6

5 **Un composto ha la formula minima CH_2O e la massa molecolare relativa uguale a 180. La formula molecolare del composto è:**

Ⓐ $C_6H_{12}O_6$
Ⓑ $C_3H_6O_3$
Ⓒ $C_6H_3O_6$
Ⓓ $C_5H_{10}O_5$

(10 punti se hai risposto correttamente) ...../10

6 **Sapendo che la massa atomica assoluta del ferro è $9,277 \cdot 10^{-23}$ g, qual è la massa in grammi di $6,02 \cdot 10^{23}$ atomi di ferro?**

Ⓐ 26
Ⓑ 1,54
Ⓒ 55,85
Ⓓ 81

(14 punti se hai risposto correttamente) ...../14

7 **Un composto è costituito da 6,5 g di zinco e da 3,2 g di zolfo. Calcola la composizione percentuale.**

(10 punti se hai risposto correttamente) ...../10

I primi 60 punti valgono per il raggiungimento degli obiettivi minimi. Per fare di più, rispondi alle seguenti domande.

VERIFICA LE TUE COMPETENZE

8 **Calcola la formula molecolare di un composto ($M_r = 28$) sapendo che è costituito da 85,63% di carbonio e da 14,37% di idrogeno.**

(5 punti se hai risposto correttamente) ...../5

9 **Calcola il numero di atomi di ossigeno contenuti in 50 g di solfato di sodio (Na_2SO_4).**

(5 punti se hai risposto correttamente) ...../5

10 **Calcola il volume occupato da 1,5 moli di zinco ($d = 7,14$ g/mL).**

(4 punti se hai risposto correttamente) ...../4

11 **Un cubetto ha un lato di 50 mm ed è costituito dal 90% di ferro ($d = 7,8$ g/cm^3). Calcola quante moli di ferro sono presenti nel cubetto.**

(5 punti se hai risposto correttamente) ...../5

12 **Calcola la massa in grammi di fosforo presente in 250 g di acido fosforico.**

(7 punti se hai risposto correttamente) ...../7

13 **Un campione di pirite è costituito da disolfuro di ferro al 90%. Calcola la massa in grammi di ferro presente in 0,5 kg di pirite.**

(6 punti se hai risposto correttamente) ...../6

14 **Una zolletta di saccarosio ($C_{12}H_{22}O_{11}$) contiene $9,03 \cdot 10^{21}$ molecole. Calcola la sua massa.**

(8 punti se hai risposto correttamente) ...../8

PUNTEGGIO TOTALE ...../100

CAPITOLO 9

DAGLI ATOMI AI LEGAMI

1 TRA GLI ATOMI AGISCONO FORZE DI NATURA ELETTRICA

Gli atomi di argon, indipendenti e veloci, sfrecciano in atmosfera dispersi tra molecole di ossigeno e azoto. Gli atomi di calcio, legati ad atomi di altri elementi, sono bloccati nelle rigide strutture della crosta terrestre. L'argon ha massa atomica relativa 39,95, il calcio 40,08. Dalton pensava che fosse la massa a differenziare gli atomi, ma è possibile che una così esigua differenza di massa produca proprietà tanto diverse? E ancora, come possono gli atomi di silicio dei pannelli fotovoltaici trasformare l'energia del Sole in energia elettrica? Che relazione c'è tra gli atomi e i fenomeni elettrici?

Forse gli atomi non sono simili a piccole biglie come immaginava Dalton, ma hanno una loro struttura interna. Per rispondere a queste domande dobbiamo individuare un modello atomico più articolato. La teoria atomica di Dalton fornisce un modello plausibile della materia ma non spiega le **forze** che trattengono gli atomi in una molecola o gli ioni in un cristallo.

A fornire le prime indicazioni sulla natura delle forze che agiscono tra gli atomi fu la *pila*, ideata nel 1799 da Alessandro Volta. La *corrente elettrica* che essa genera è il risultato di una *reazione chimica* che avviene al suo interno ed evidenzia il legame tra *fenomeni elettrici* e *fenomeni chimici*. Con la pila di Volta si fa strada l'idea che le forze responsabili delle interazioni fra atomi siano di natura **elettrica** e che gli atomi possano assumere **stati elettrici opposti**.

Lo studio sistematico dei fenomeni elettrici si è protratto per più di tre secoli e ha prodotto l'attuale concezione di **carica elettrica**:

- la carica elettrica può assumere valori *positivi* e *negativi*;
- cariche di segno uguale *si respingono*, cariche opposte *si attraggono* (figura 1);

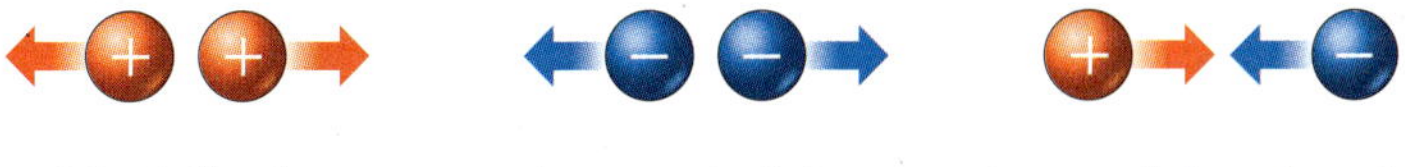

- l'intensità della *forza* attrattiva o repulsiva tra due cariche elettriche è direttamente proporzionale al loro prodotto e inversamente proporzionale al quadrato della loro distanza (*legge di Coulomb*);
- un corpo è *neutro* se ha un ugual numero di cariche positive e negative.

Figura 1 La repulsione tra cariche In alcuni musei interattivi è possibile toccare un generatore elettrostatico carico; così facendo, i capelli assumono cariche elettriche dello stesso segno e si allontanano l'uno dall'altro a causa delle intense forze repulsive.

PER CAPIRE MEGLIO
Animazione
La legge di Coulomb

TI RICORDI?

La **legge di Coulomb** descrive l'intensità della forza F che agisce tra due cariche elettriche, Q_1 e Q_2.

$$F = k\frac{Q_1 \cdot Q_2}{d^2}$$

- carica in coulomb (C)
- forza in newton (N)
- distanza in metri (m)

2 GLI ATOMI CONTENGONO CARICHE ELETTRICHE POSITIVE E NEGATIVE

Per definire la natura delle cariche elettriche presenti nell'atomo e individuare la sua struttura interna ci sono voluti circa settanta anni di ricerche, effettuate tra la seconda metà dell'Ottocento e gli inizi del Novecento. Oggi sappiamo che gli atomi non sono indivisibili, ma sono costituiti da tre tipi di *particelle subatomiche*: gli **elettroni** che hanno carica elettrica negativa, i **protoni** che hanno carica elettrica positiva, e i **neutroni** privi di carica elettrica.

Alla scoperta di elettroni e protoni si è giunti con una serie di *esperimenti* sul comportamento di *gas rarefatti* attraversati da una *corrente elettrica* (figura 2). Queste prime ricerche non solo hanno definito le proprietà di elettroni e protoni, ma hanno gettato le basi per nuovi modelli di atomo. Alla scoperta del neutrone si è invece giunti molti anni dopo (1932), grazie allo spettrometro di massa. Come vedremo, tra gli scienziati protagonisti di queste ricerche vi sono i fisici inglesi Crookes, Thomson e Chadwick, i tedeschi Goldstein e Wien, e il neozelandese Rutherford.

Figura 2 La conduzione di elettricità in gas rarefatti I gas non sono buoni conduttori, ma lo diventano quando sono rarefatti e sottoposti ad alte differenze di potenziale.

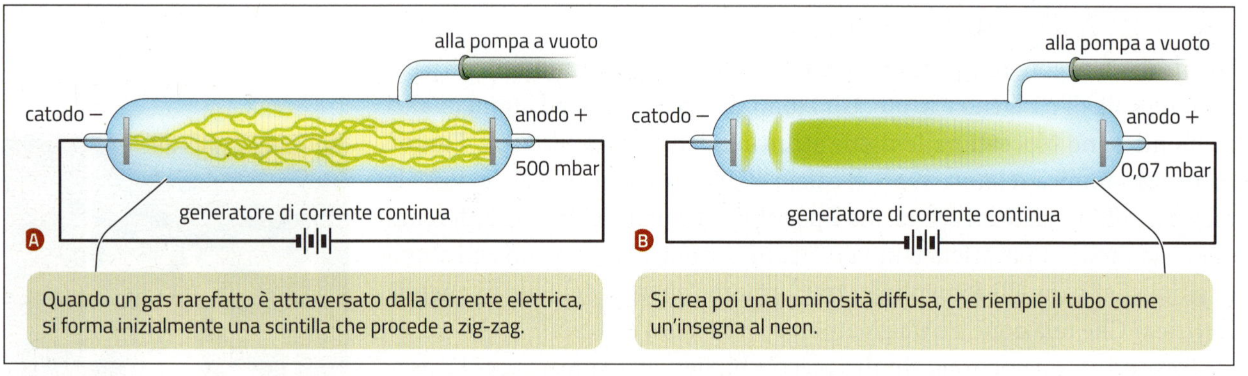

3 CROOKES SCOPRE CHE I RAGGI CATODICI SONO PARTICELLE CON CARICA ELETTRICA NEGATIVA

Tra il 1860 e il 1888, William Crookes usò per i suoi esperimenti un tubo di vetro con due elettrodi metallici, il *catodo* e l'*anodo*. Dopo aver tolto l'aria mediante una pompa, Crookes introdusse nel tubo un gas e poi unì il catodo e l'anodo con i poli negativo e positivo di un generatore di corrente continua, per stabilire fra i due elettrodi una forte differenza di potenziale.

Riducendo poi la pressione del gas, Crookes vide comparire sull'anodo una *fluorescenza di colore verde* che ipotizzò derivare dall'impatto sull'anodo di raggi emessi dal catodo: i *raggi catodici* (figura 3).

LE PAROLE

La **fluorescenza** è la proprietà di alcuni materiali di emettere luce quando vengono colpiti da raggi ultravioletti o da altri tipi di radiazioni.

Figura 3 Il tubo di Crookes La fluorescenza verde sulla parete di vetro opposta al catodo è generata dall'impatto dei raggi emessi dal catodo. Per i suoi esperimenti Crookes usò idrogeno, elio, ossigeno o azoto.

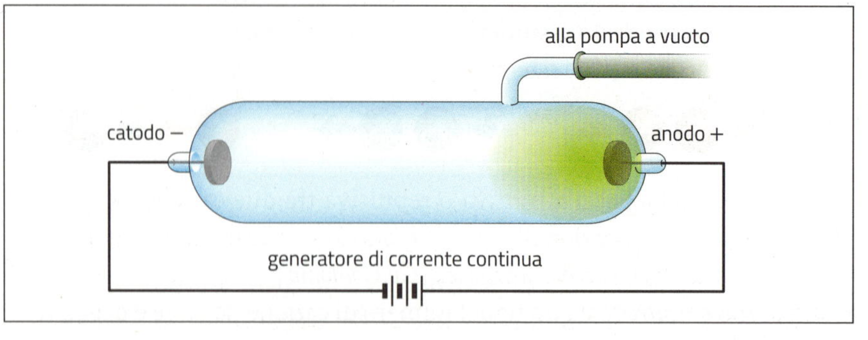

Grazie a successivi esperimenti, Crookes osservò che i raggi catodici:

- proiettano l'ombra di un piccolo oggetto interposto sul loro cammino, come nell'esperimento con la croce di Malta (figura **4A**);
- mettono in movimento un mulinello a pale presente all'interno del tubo (figura **4B**);
- sono deviati dalla loro traiettoria verso la parte positiva di un campo elettrico (generato da due lamine metalliche introdotte nel tubo e caricate positivamente o negativamente) o magnetico (generato da un magnete posto all'estremità del tubo) (figura **4C**);
- hanno proprietà indipendenti dalla natura del materiale di cui è fatto il catodo e del gas contenuto nel tubo.

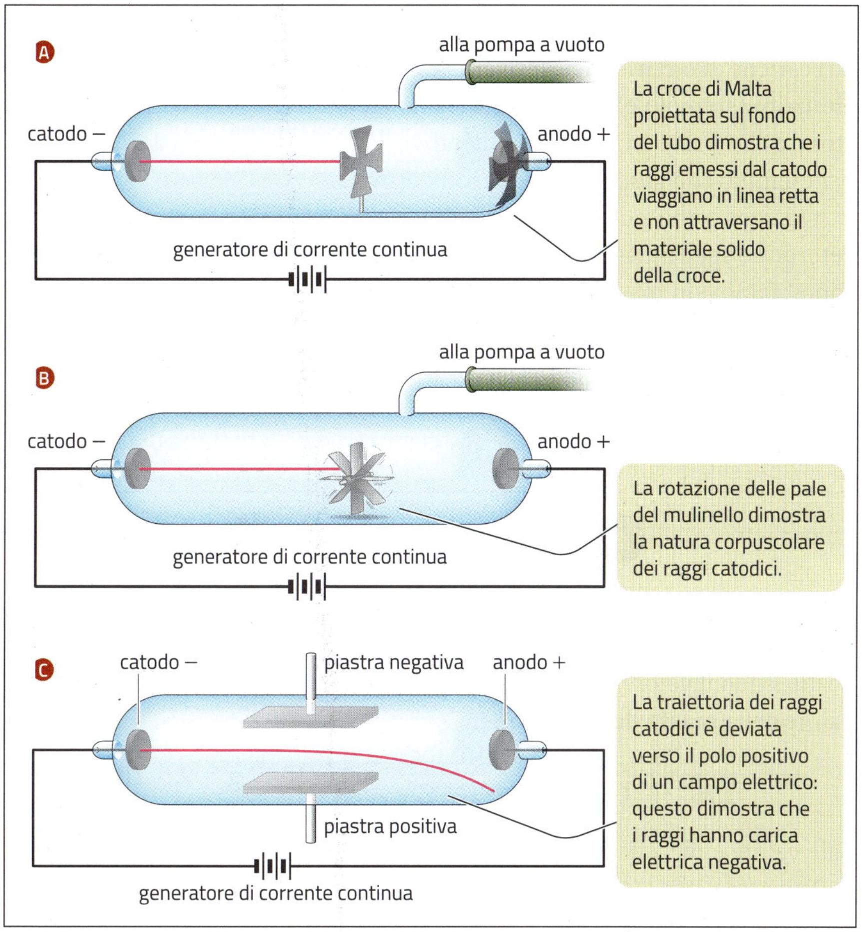

Figura 4 Le proprietà dei raggi catodici I raggi emessi dal catodo viaggiano in linea retta (A), hanno natura corpuscolare (B) e sono carichi negativamente (C).

Gli esperimenti di Crookes sul passaggio della corrente elettrica nei gas rarefatti permisero di trarre un'importante conclusione sulla natura dei raggi catodici.

I **raggi catodici** sono costituiti da particelle dotate di *massa* e *carica elettrica negativa* presenti in tutta la materia.

Non tutti i contemporanei di Crookes condivisero immediatamente queste conclusioni, ma gli esperimenti con gas rarefatti in tubi a vuoto aprirono la strada ad altre ricerche e permisero di trasferire le conoscenze sulla natura elettrica della materia a un nuovo modello di atomo.

4 THOMSON E MILLIKAN DETERMINANO CARICA E MASSA DELL'ELETTRONE

A COLPO D'OCCHIO

ELETTRONE
- CARICA $-1{,}6 \cdot 10^{-19}$ C
- MASSA $9{,}1 \cdot 10^{-31}$ kg

Joseph Thomson proseguì le esperienze sui raggi catodici: in un tubo di Crookes sottopose i raggi all'azione simultanea di un campo elettrico e magnetico e nel 1897 determinò il valore del rapporto tra la **carica** e la **massa** delle particelle costituenti i raggi catodici. Poiché la carica elettrica di tali particelle ha simbolo ***e*** e si esprime in **coulomb** (simbolo C) e la loro massa ha simbolo $\boldsymbol{m_e}$ e si esprime in grammi, il rapporto tra la carica e la massa è:

$$\frac{e}{m_e} = 1{,}76 \cdot 10^{8}\ \text{C/g}$$

Questo valore è indipendente dalla natura del *metallo* che costituisce il catodo e dal tipo di *gas* contenuto nel tubo. Thomson concluse quindi che *tutta la materia*, pur essendo elettricamente neutra, deve contenere particelle elementari cariche di elettricità negativa; a tali particelle si darà più tardi il nome di **elettroni** (simbolo $\mathbf{e^-}$). La conferma che gli elettroni sono costituenti degli atomi e che gli atomi non sono più indivisibili arrivò all'inizio del Novecento, per esempio con la scoperta della radioattività.

Qualche anno più tardi (1909) il fisico statunitense Robert A. Millikan determinò sperimentalmente la **carica dell'elettrone**. Il suo valore, che oggi conosciamo con maggior precisione, è $-1{,}6 \cdot 10^{-19}$ C (il segno meno indica che si tratta di carica negativa) ed è la minima quantità di carica elettrica esistente; per questo è detta *carica elementare*. Per convenzione si assegna alla carica elementare valore -1 e si utilizza come unità di misura per esprimere la carica elettrica delle particelle che costituiscono la materia (figura **5**).

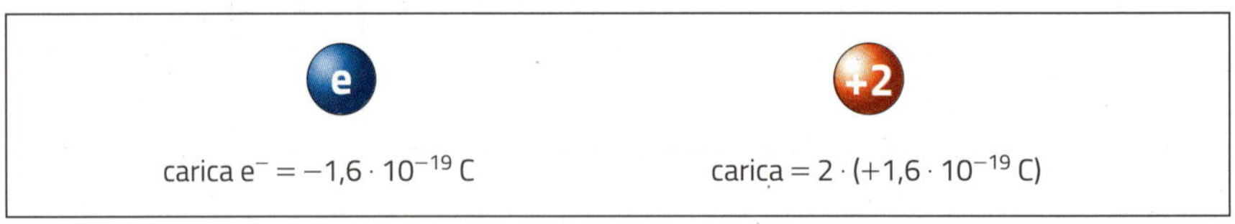

Figura 5 La carica elettrica delle particelle Una particella di carica elettrica +2 ha una carica elettrica di valore doppio di quella dell'elettrone e di segno opposto.

Sostituendo il valore della carica dell'elettrone nel rapporto e/m_e, si ricava il valore della **massa dell'elettrone**:

$$m_e = \frac{e}{1{,}76 \cdot 10^{8}\ \text{C/g}} = \frac{1{,}6 \cdot 10^{-19}\ \text{C}}{1{,}76 \cdot 10^{8}\ \text{C/g}} = 9{,}1 \cdot 10^{-28}\ \text{g} = 9{,}1 \cdot 10^{-31}\ \text{kg}$$

Tale valore è piccolissimo, dato che è quasi duemila volte inferiore a quello della massa di un atomo di idrogeno.

L'**elettrone** è la particella subatomica stabile che possiede la più piccola massa e la più piccola quantità di carica elettrica esistente.

5 I RAGGI CANALE SONO PARTICELLE CON CARICA ELETTRICA POSITIVA

Nel 1886 il fisico tedesco Eugen Goldstein proseguì gli studi sui raggi catodici usando un tubo simile a quello di Crookes il cui catodo era munito di piccoli fori. Collegando i due elettrodi al generatore di corrente e riducendo la pressione del gas fino a 10^{-6} atm, Goldstein osservò dei raggi luminosi che uscivano dai fori del catodo. Questi raggi procedevano in linea retta verso il fondo del tubo, ovvero la parte opposta all'anodo, generando una debole fluorescenza (figura **6**). Il meccanismo alla base di questo fenomeno non era chiaro e verrà compreso solo in seguito (*vedi* paragrafo 6), ma, poiché i raggi sembravano provenire dall'anodo e fuoriuscire dai fori (canali) del catodo, Goldstein li chiamò **raggi anodici** o **raggi canale**.

In seguito, il fisico tedesco Wilhelm Wien e lo stesso Thomson approfondirono lo studio sulla natura dei raggi canale e nel giro di circa vent'anni riuscirono a dimostrare che:

- i raggi canale sono costituiti da *particelle con carica elettrica positiva*;
- il *rapporto tra la carica e la massa* di ogni particella dipende dal tipo di gas presente nel tubo;
- la massa delle particelle è *molto maggiore di quella degli elettroni* e *assume il valore più piccolo* se il gas nel tubo è *idrogeno*;
- se nel tubo vi sono altri gas, la massa delle particelle è sempre un *multiplo* della massa misurata per l'*idrogeno*.

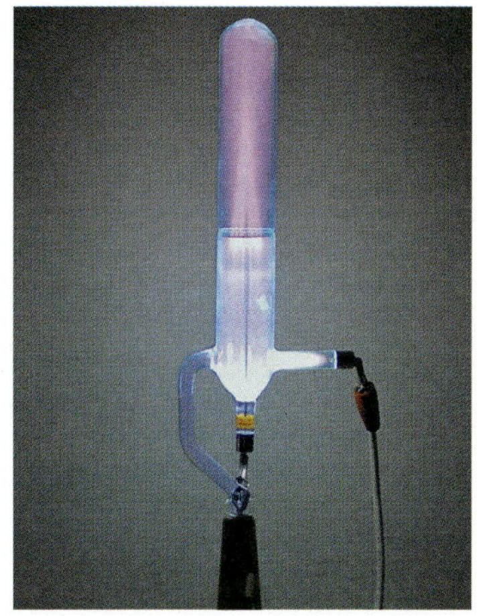

Figura 6 **Tubo a raggi canale**
I raggi canale sono formati da particelle cariche positivamente, che vengono attratte dal catodo; quando colpiscono il fondo del tubo emettono fluorescenza.

6 IL PROTONE È LA PIÙ PICCOLA CARICA ELETTRICA POSITIVA

Nei primi anni del Novecento, quando molti eminenti scienziati ancora non erano convinti dell'esistenza degli atomi, l'interpretazione dei risultati sperimentali di Wien e Thomson rimaneva controversa. Solo dopo il 1911 (anno dell'esperimento di Rutherford) fu compresa la vera natura dei raggi canale e fu confermata l'idea che gli atomi contengono cariche elettriche positive e negative. In certe condizioni esse possono essere separate in forma di particelle positive, caratteristiche di ciascuna sostanza, e di elettroni, identici per tutte le sostanze.

Il meccanismo con cui si formano i raggi canale è dunque questo: gli elettroni veloci che formano i raggi catodici urtano i pochi atomi di gas rimasti nel tubo (idrogeno, ossigeno, elio) e allontanano dagli atomi uno (o più di uno) dei loro elettroni. Gli atomi diventano particelle con carica elettrica positiva, cioè *ioni positivi* che, attratti dal catodo carico negativamente, si muovono in direzione opposta a quella dell'anodo (figura **7**).

Quando un atomo (elettricamente neutro) perde elettroni (negativi) si trasforma in uno **ione positivo (catione)**.

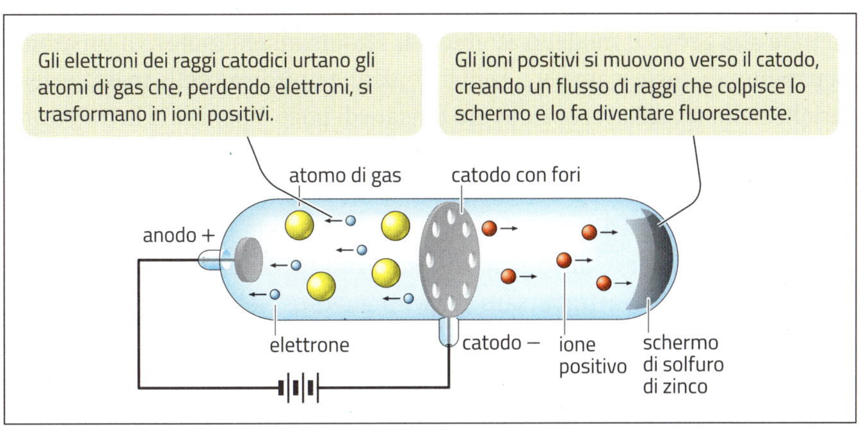

Figura 7 **Il tubo a raggi catodici con catodo forato** Questo dispositivo permise di verificare che i raggi canale o anodici sono costituiti da particelle con carica elettrica positiva.

A COLPO D'OCCHIO

PROTONE

CARICA
$+1{,}6 \cdot 10^{-19}$ C

MASSA
$1{,}6723 \cdot 10^{-27}$ kg

TI RICORDI?

u è il simbolo dell'unità di massa atomica, che corrisponde a 1/12 della massa dell'atomo di carbonio-12.

La più piccola particella con carica positiva, individuata nel 1914, ha una massa uguale a quella dell'atomo di idrogeno e una carica elettrica uguale (ma di segno opposto) a quella dell'elettrone. È quindi un atomo di idrogeno privo di un elettrone: si tratta dello ione idrogeno, H^+, a cui più tardi verrà dato il nome di **protone** (simbolo $\mathbf{p^+}$).

La carica elettrica del protone vale quindi $1{,}6 \cdot 10^{-19}$ C e per convenzione la si pone uguale a +1. La massa del protone, che vale circa 1 u, è pari a $1{,}6723 \cdot 10^{-24}$ g = $1{,}6723 \cdot 10^{-27}$ kg, ed è 1836 *volte più grande della massa dell'elettrone*:

$$\frac{\text{massa protone}}{\text{massa elettrone}} = \frac{1{,}6723 \cdot 10^{-24}\ \text{g}}{9{,}1096 \cdot 10^{-28}\ \text{g}} = 1836$$

7 THOMSON PROPONE IL PRIMO MODELLO DI ATOMO STRUTTURATO

I risultati degli studi sui raggi catodici e anodici portarono Thomson a formulare nel 1904 il primo modello di atomo. Secondo la sua ipotesi, l'atomo è una piccola **sfera omogenea** (di dimensioni dell'ordine di 10^{-10} m) in cui *massa e carica elettrica positiva sono distribuite uniformemente*; al suo interno è dispersa la carica elettrica negativa, in forma di elettroni. L'atomo nel suo complesso risulta quindi neutro e stabile, dato che le forze repulsive fra gli elettroni sono bilanciate dalla carica positiva.

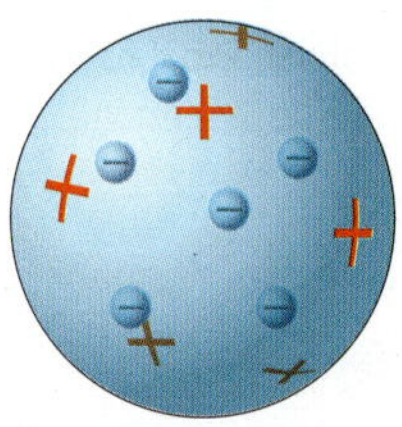

Figura 8 **Il modello a panettone** Nel modello di Thomson l'atomo è una sfera carica positivamente in cui si trovano diffusi gli elettroni con carica negativa, proprio come i canditi all'interno di un panettone.

Questo modello, spesso chiamato *modello a panettone* (figura **8**), fu però rapidamente archiviato perché in aperto contrasto con i risultati di un altro esperimento, compiuto da Rutherford dopo la scoperta della radioattività naturale, ovvero la proprietà che gli atomi di alcuni elementi hanno di emettere spontaneamente radiazioni.

8 RUTHERFORD BOMBARDA GLI ATOMI DI ORO CON PARTICELLE ALFA

LE PAROLE

Una **radiazione** è un'emissione di energia sotto forma di particelle o di onde elettromagnetiche (come la luce del Sole) che si propagano lungo traiettorie rettilinee.

Le scoperte di Thomson furono sviluppate ulteriormente dal suo ex assistente, il fisico neozelandese Ernest Rutherford, esperto nello studio delle radiazioni **alfa** (simbolo α). Rutherford sapeva che queste radiazioni sono fasci di particelle dotate di una doppia carica positiva e circa quattro volte più pesanti di un atomo di idrogeno.

Rutherford pensò quindi di utilizzare le particelle α come proiettili per mettere alla prova il modello atomico di Thomson: se l'ipotesi di un atomo «a panettone» fosse stata vera, la distribuzione uniforme della massa e delle cariche nello spazio avrebbe dovuto deviare di poco o per nulla la traiettoria di simili «proiettili».

Nel 1911 Rutherford realizzò un esperimento chiave bombardando con radiazioni α una sottilissima lamina d'oro. Dietro la lamina sistemò uno schermo fluorescente di solfuro di zinco in grado di intercettare le particelle che avessero attraversato la lamina d'oro. Nel punto colpito dalle particelle lo schermo fluorescente avrebbe emesso un segnale luminoso, permettendo di dedurre anche la traiettoria seguita dalle particelle α, altrimenti invisibili (figura **9**).

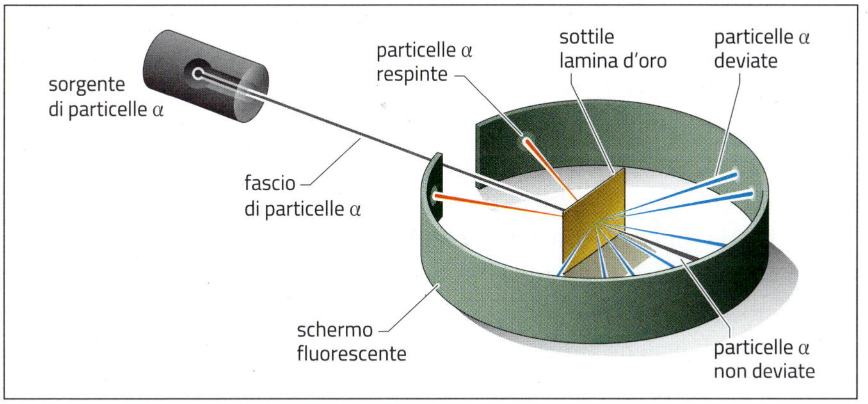

Figura 9 L'esperimento di Rutherford Le radiazioni α emesse da un elemento radioattivo e dirette verso una lamina d'oro passano in gran parte attraverso la lamina, mentre alcune sono deviate e altre ancora respinte.

Con viva sorpresa egli constatò che la maggioranza delle particelle α *attraversava* la lamina, ma una piccolissima parte *subiva deviazioni* considerevoli; alcune particelle venivano addirittura *respinte*.

Com'era possibile che una particella pesante, e con forte carica positiva, che viaggia a circa ventimila kilometri al secondo potesse rimbalzare su una sottilissima lamina d'oro?

9 GLI ATOMI HANNO UN NUCLEO POSITIVO

Se gli atomi fossero *sferette con la carica positiva distribuita uniformemente*, come previsto dal modello atomico di Thomson, non potrebbero generare forze repulsive tanto intense da respingere le particelle α (figura **10A**); perché si verifichino le deviazioni osservate da Rutherford è necessario che le particelle α si scontrino con una massa e una carica positiva concentrate in uno spazio molto piccolo.

Questa zona è il **nucleo atomico**: il suo volume è circa mille miliardi di volte più piccolo del volume totale dell'atomo. Gli elettroni, che neutralizzano la carica positiva del nucleo, occupano tutto lo spazio intorno a esso; la maggior parte dell'atomo, pertanto, risulta quasi vuota.

Le pochissime particelle α che rimbalzano all'indietro sono quelle dirette esattamente sui nuclei, mentre le poche che li sfiorano subiscono forti deviazioni. Le particelle α che passano lontano dai nuclei non sono deviate né da questi né dagli elettroni che incontrano, dato che essi hanno una massa troppo piccola per poter alterare la traiettoria delle particelle (figura **10B**). Sono invece gli elettroni che si spostano, proprio come fanno le molecole d'aria quando sono attraversate da un proiettile.

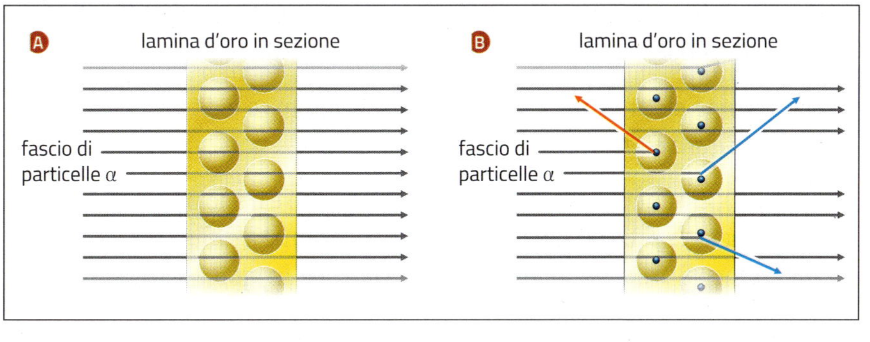

Figura 10 Modelli atomici messi alla prova A Secondo il modello di Thomson tutte le radiazioni α avrebbero dovuto attraversare la lamina d'oro. B Nell'esperimento di Rutherford alcune particelle α vengono invece respinte o deviate perché incontrano o sfiorano una massa di carica positiva (nucleo) dal volume molto piccolo in confronto a quello dell'atomo.

Sulla base di quanto osservato, Rutherford ipotizzò che l'atomo avesse un nucleo positivo immerso in un'atmosfera rarefatta di elettroni negativi. Gli elettroni ruoterebbero intorno al nucleo di segno opposto, che li attrae, così come i pianeti ruotano intorno al Sole per effetto dell'attrazione gravitazionale. In questo modello, chiamato per analogia **modello planetario**, la forza centrifuga che agisce sugli elettroni mentre ruotano intorno al nucleo bilancerebbe la forza di attrazione del nucleo e impedirebbe agli elettroni di precipitare su di esso (figura **11**).

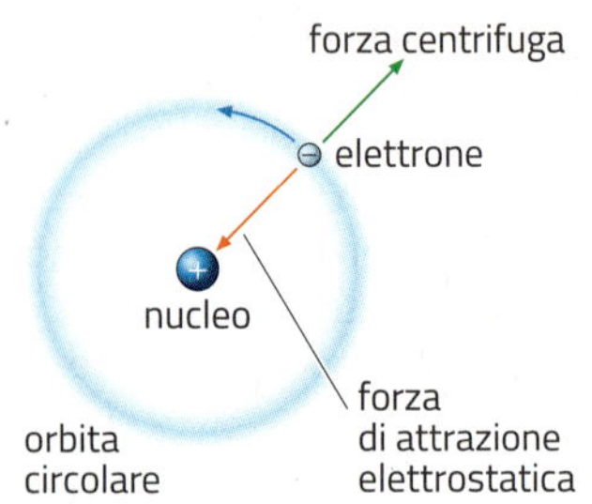

Figura 11 Il modello planetario L'elettrone è attratto dal nucleo da una forza elettrostatica. A questa si oppone la forza centrifuga che agisce sull'elettrone in conseguenza del suo moto circolare.

Questo modello planetario dell'atomo, seppur geniale per certi aspetti, sopravvisse solo qualche anno: infatti, i risultati delle molte ricerche effettuate in quel periodo lo invalidarono rapidamente. Ciò che oggi ne resta, e che per il momento ci basta, è il *modello nucleare* (figura **12**).

Gli atomi hanno un **nucleo** molto piccolo in cui è concentrata la carica elettrica positiva e quasi tutta la loro massa.

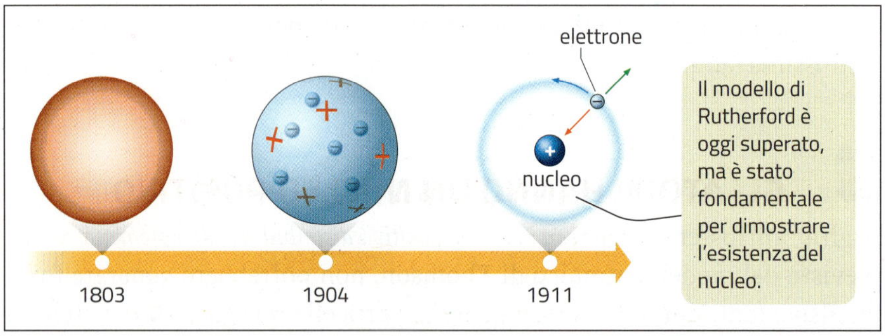

Figura 12 L'evoluzione del modello atomico In poco più di un secolo si è passati dall'atomo visto come una biglia compatta (modello di Dalton, A) al modello a panettone di Thomson (B) e, da questo, al modello planetario di Rutherford (C).

10 IL NUMERO DI PROTONI DISTINGUE GLI ATOMI DI ELEMENTI DIVERSI

Nei suoi esperimenti Rutherford colse un'altra regolarità: le radiazioni α che attraversano una lamina metallica subiscono *differenti deviazioni* a seconda del tipo di metallo. Più ampio è l'angolo di deviazione delle particelle α dalla loro traiettoria, più alto è il valore della **carica positiva** del nucleo.

TI RICORDI?

Nella **tavola periodica** gli **elementi** si susseguono in ordine di numero atomico crescente.

Grazie a successive ricerche si arrivò a concludere che:

- atomi di uno stesso elemento, che hanno lo *stesso valore di carica positiva*, contengono lo stesso numero di protoni nel nucleo;
- atomi di elementi diversi hanno un diverso numero di protoni nel nucleo.

Il numero di protoni contenuti nel nucleo di un atomo si chiama **numero atomico** ed è diverso per ogni elemento.

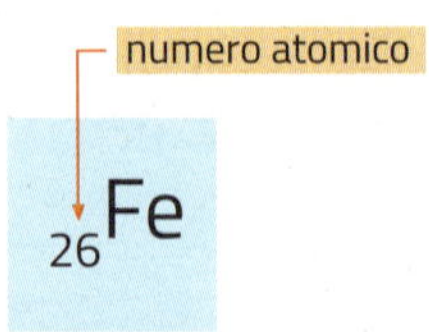

Figura 13 Simbolo e numero atomico dell'atomo di ferro.

Il simbolo del numero atomico è *Z*; spesso si riporta il suo valore in *basso* a *sinistra* del simbolo dell'elemento chimico (figura **13**).

In un atomo elettricamente **neutro** il numero atomico indica anche il *numero degli elettroni*.

LE PAROLE

Il simbolo *Z* assegnato al numero atomico proviene dal termine tedesco *Zahl*, che significa «numero».

In definitiva, ciò che contraddistingue un elemento è il suo numero atomico, cioè il numero di protoni nel nucleo dei suoi atomi. La differenza essenziale tra un atomo di argon e un atomo di calcio è che l'argon ha 18 protoni nel nucleo mentre il calcio ne ha 20. Il valore del numero atomico ci consente di riconoscere il tipo di atomo: se un atomo incognito ha 20 protoni nel nucleo, è certamente un atomo di calcio.

Non è quindi il valore della massa atomica, come pensava Dalton, a contraddistinguere gli atomi dei vari elementi; in natura esistono infatti atomi di uno stesso elemento che non hanno la stessa massa (*vedi* paragrafo 12).

Il numero atomico di un elemento corrisponde al suo numero d'ordine nella tavola periodica ed è sempre un numero intero; esso compare nella casella di ciascun elemento ed è facile distinguerlo dal valore della massa atomica, che è invece un numero decimale.

11 NEL NUCLEO ATOMICO CI SONO ANCHE I NEUTRONI

Per molti elementi, il numero atomico (cioè il numero di protoni nel nucleo) è all'incirca la metà della massa atomica relativa. Per esempio, l'atomo di ossigeno ha $Z = 8$ e $A_r = 16$. Espressa in unità di massa atomica, la massa dell'intero atomo è 16 u. La massa degli 8 protoni nel nucleo è circa 8 u, mentre la massa degli 8 elettroni è trascurabile: a che cosa si deve quindi l'altra metà della massa atomica?

TI RICORDI?

A_r è il simbolo della **massa atomica relativa**. I valori di tutte le masse atomiche sono multipli (o si avvicinano a multipli) dell'unità di massa atomica u.

Già dai suoi esperimenti Rutherford si accorse di questa particolarità e formulò l'ipotesi che nel nucleo atomico fossero presenti altre particelle oltre ai protoni, ma fu solo molti anni dopo che fu possibile dimostrarne l'esistenza.

Nel 1932, il fisico inglese James Chadwick bombardò con particelle α emesse da un elemento radioattivo una sottile lamina di berillio e registrò l'emissione di particelle che non venivano deviate da campi elettrici o magnetici. Queste particelle dovevano essere quindi prive di carica elettrica e, per questo motivo, Chadwick le battezzò **neutroni** (simbolo **n**).

Poiché protoni e neutroni costituiscono il nucleo dell'atomo, entrambi sono anche chiamati **nucleoni**.

A COLPO D'OCCHIO

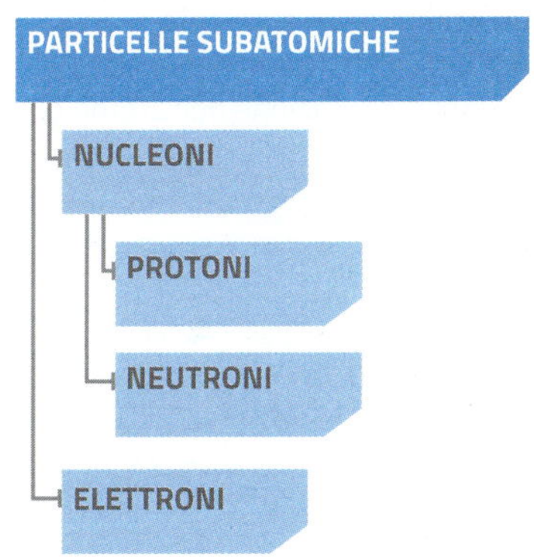

La massa del neutrone è pressappoco uguale a quella del protone e vale circa 1 u:

$$\text{massa neutrone} = 1{,}6745 \cdot 10^{-24}\ \text{g} = 1{,}6745 \cdot 10^{-27}\ \text{kg}$$

Con la scoperta del neutrone l'atomo risulta quindi costituito da:

1. un nucleo formato da protoni (particelle di carica positiva) e neutroni (particelle prive di carica), le cui masse sono circa uguali;
2. elettroni (particelle di carica negativa), con una massa trascurabile rispetto a quella dei protoni.

TI RICORDI?

$1\ \text{u} = 1{,}66 \cdot 10^{-24}\ \text{g} = 1{,}66 \cdot 10^{-27}\ \text{kg}$

Il numero dei protoni (numero atomico) è uguale al numero di elettroni; infatti, l'atomo è elettricamente neutro ed elettroni e protoni hanno lo stesso valore di carica elettrica ma di segno opposto (tabella **1**).

Nome	Simbolo	Carica elettrica assoluta (C)	Carica elettrica convenzionale	Massa (kg)
protone	p^+	$1{,}6 \cdot 10^{-19}$	+1	$1{,}6723 \cdot 10^{-27}$
neutrone	n	0	0	$1{,}6745 \cdot 10^{-27}$
elettrone	e^-	$1{,}6 \cdot 10^{-19}$	−1	$9{,}1096 \cdot 10^{-31}$

Tabella 1 Caratteristiche delle particelle subatomiche Gli atomi di tutti gli elementi contengono tre tipi di particelle subatomiche con specifici valori di carica e massa.

In seguito alla scoperta del neutrone, per definire l'atomo di ciascun elemento si è quindi reso necessario precisare anche il numero totale dei protoni e dei neutroni.

Si chiama **numero di massa** (simbolo ***A***) la somma del numero dei protoni (*Z*) e del numero dei neutroni (*N*) contenuti nel nucleo di un atomo di un elemento:

$$A = Z + N$$

Questa relazione permette di calcolare il numero dei neutroni presenti nel nucleo di un atomo se sono noti il suo numero di massa e il suo numero atomico (tabella **2**).

Tabella 2 **Valori del numero di massa, del numero atomico e del numero di neutroni di alcuni atomi** I tre valori sono legati dalla relazione $A = Z + N$.

Atomo	Simbolo	Numero di massa (*A*)	Numero atomico (*Z*)	Numero di neutroni (*A* − *Z*)
calcio	Ca	40	20	20
argento	Ag	108	47	61
uranio	U	238	92	146

Un atomo è quindi descritto da due numeri: il numero atomico ***Z*** e il numero di massa ***A***, che vengono posizionati rispettivamente in *basso* a sinistra e in *alto* a sinistra del simbolo chimico di un atomo (figura **14A**).

Figura 14 **Rappresentazione di un atomo di un elemento**
A X indica un atomo generico.
B Rappresentazione dell'atomo di rame.

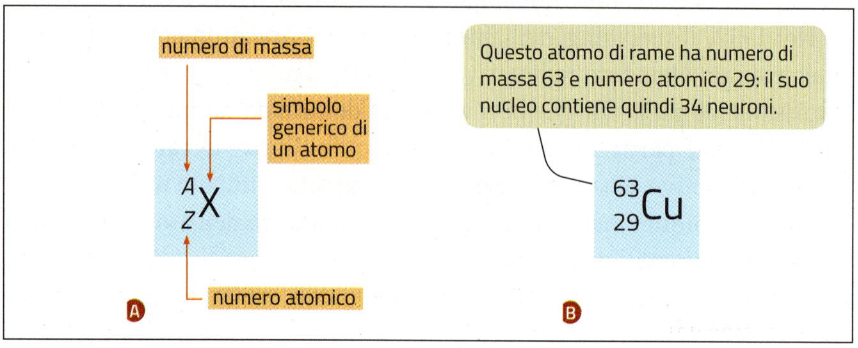

Il nucleo di un atomo di cui si conoscono *Z* e *A* è detto **nuclide**. La notazione $^{63}_{29}Cu$ indica un nuclide di rame (Cu) che ha numero atomico 29 e numero di massa 63, ovvero è costituito da 29 protoni e da 34 neutroni ($N = 63 - 29$); se l'atomo è elettricamente neutro, il numero di elettroni (29) è uguale a quello dei protoni (figura **14B**).

PROBLEMA MODELLO

Calcolare il numero di particelle subatomiche presenti in un atomo

Un atomo di zinco ha $Z = 30$ e possiede 65 nucleoni. Calcola il numero di protoni, neutroni ed elettroni.

L'IDEA

Z è il numero atomico, cioè il numero di protoni; il numero di nucleoni è il numero di massa, *A*, dato da: $A = Z + N$. Da cui: $N = A - Z$.
Poiché l'atomo è elettricamente neutro, il numero di elettroni è uguale a quello dei protoni.

LA SOLUZIONE

Il numero di protoni equivale al numero atomico, cioè:

$$\text{numero di protoni} = Z = 30$$

Per calcolare N, sostituiamo i valori di A e Z nella relazione $N = A - Z$:

$$\text{numero di neutroni} = N = A - Z = 65 - 30 = 35$$

Il numero degli elettroni è uguale al numero di protoni, da cui:

$$\text{numero di elettroni} = 30$$

LA CONCLUSIONE

L'atomo di zinco contiene 30 protoni e 35 neutroni nel nucleo e 30 elettroni nello spazio intorno al nucleo.

PROBLEMA SIMILE

Un atomo ha 14 neutroni e $A = 27$. Calcola Z e determina il numero di elettroni e protoni.

12 GLI ATOMI DI UNO STESSO ELEMENTO NON SONO TUTTI UGUALI

Nello studio della radioattività, Rutherford fu affiancato dal giovane scienziato inglese Frederick Soddy. Insieme scoprirono che la radioattività consiste nella «disintegrazione» degli atomi e, nel caso specifico dell'uranio, questo fenomeno può portare alla formazione di atomi di elio e altri elementi, fino al piombo. Il piombo prodotto dalla disintegrazione dell'uranio ha però una massa atomica diversa da quella del piombo estratto dai minerali: il piombo esiste, quindi, in due forme differenti. A questi atomi diversi dello stesso elemento Soddy diede il nome di **isotopi**. Le *proprietà chimiche* degli isotopi di uno stesso elemento sono però identiche, dato che esse dipendono dal numero atomico, cioè dal numero di protoni nel nucleo.

Oggi sappiamo che la diversa massa degli isotopi deriva dal diverso numero di neutroni nel nucleo, cioè dal diverso numero di massa:

Gli **isotopi** sono atomi di uno stesso elemento (uguale valore di Z) che differiscono per il numero di neutroni (diverso valore di A).

Esistono circa duemila isotopi degli elementi oggi noti: alcuni presenti in natura, altri ottenuti artificialmente. Alcuni elementi, come l'idrogeno, hanno due o tre isotopi; altri, come il calcio e lo stagno, oltre dieci. Degli isotopi presenti in natura, alcuni sono rari mentre altri sono abbondanti.

La maggior parte degli elementi chimici è costituita da due o più isotopi naturali che formano quindi una *miscela isotopica*.

Per rappresentare un isotopo si usa la notazione isotopica mostrata nella figura 14. Un isotopo si indica con il nome dell'elemento seguito dal numero di massa; per esempio, i simboli e i nomi usati per gli isotopi del carbonio (figura **15**) sono i seguenti:

$^{12}_{6}C$ (carbonio-12) $^{13}_{6}C$ (carbonio-13) $^{14}_{6}C$ (carbonio-14)

LE PAROLE

Il termine **isotopo** deriva da due parole greche che significano «uguale» e «posto»; gli isotopi sono infatti atomi che occupano lo stesso posto (casella) nella tavola periodica degli elementi.

Figura 15 Il metodo del carbonio-14 La datazione di fossili e reperti antichi si basa sul calcolo dell'abbondanza relativa di carbonio-14 rispetto agli altri isotopi del carbonio.

Soltanto gli isotopi dell'idrogeno hanno nomi e simboli specifici. L'isotopo dell'idrogeno con un solo protone si chiama **idrogeno** o **pròzio** (simbolo H) ed è presente in natura per il 99,985%. L'isotopo dell'idrogeno con un nucleo costituito da un protone e da un neutrone si chiama **deuterio** (simbolo D) ed è presente in natura per lo 0,015%. Esiste infine un isotopo radioattivo dell'idrogeno (non presente in natura) che ha un nucleo formato da un protone e due neutroni e si chiama **trizio** (simbolo T) (figura **16**).

I tre isotopi dell'idrogeno sono rappresentati con la seguente notazione:

^1_1H	^2_1H	^3_1H
idrogeno-1	idrogeno-2	idrogeno-3
(prozio)	(deuterio)	(trizio)

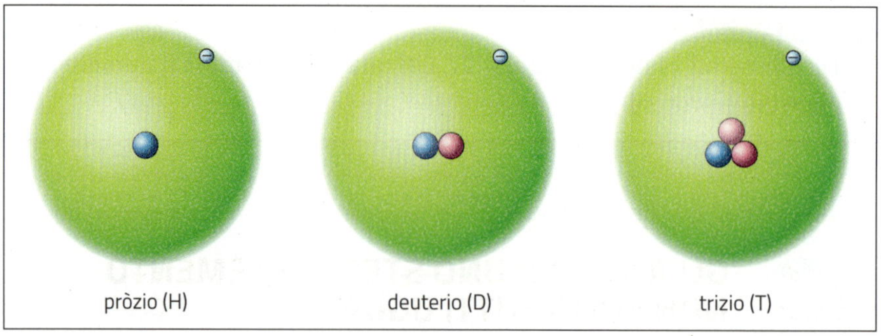

Figura 16 I tre isotopi dell'idrogeno Il pròzio non ha neutroni, il deuterio ne ha uno, il trizio ne possiede due.

LE PAROLE

La **media pesata** si calcola sommando il prodotto di ogni valore per un coefficiente, detto *peso*, che nel caso della massa atomica relativa corrisponde all'*abbondanza isotopica*.

Il fatto che molti elementi in natura siano costituiti da due o più isotopi con masse atomiche diverse influisce sul valore della loro massa atomica relativa. Essa, infatti, deve essere una media pesata che tiene conto sia della massa atomica relativa dei singoli isotopi sia della loro abbondanza in natura, cioè dell'*abbondanza isotopica* (tabella **3**).

L'**abbondanza isotopica** è la percentuale di un isotopo presente in un campione di un elemento chimico.

Tabella 3 Abbondanza isotopica degli isotopi del carbonio e del cloro Per ciascun isotopo sono indicati anche i valori della massa atomica relativa media.

Isotopi	Massa atomica relativa A_r	Abbondanza isotopica (%)	Massa atomica relativa media A_r
^{12}C ^{13}C	12,00 13,004	98,89 1,11	12,011
^{35}Cl ^{37}Cl	34,97 36,97	75,7 24,3	35,45

Nel caso del cloro, per esempio, gli isotopi presenti in natura sono il cloro-35 e il cloro-37, le cui masse atomiche relative valgono, rispettivamente, 34,97 e 36,97. L'abbondanza del cloro-35 è del 75,7%: questo significa che, su 100 atomi di cloro, 75,7 possiedono massa 34,97, mentre i restanti 24,3 hanno massa 36,97.

In media, pertanto, la *massa atomica relativa* del cloro risulta:

$$A_{r(Cl)} = \frac{(75{,}7 \cdot 34{,}97) + (24{,}3 \cdot 36{,}97)}{100} = 35{,}45$$

Il numero ottenuto corrisponde al valore di massa atomica relativa che è riportato sulla tavola periodica nella casella del cloro.

APP
La tavola periodica interattiva

PROBLEMA MODELLO

Calcolare la massa atomica relativa di una miscela isotopica

Il boro in natura è costituito dal 19,8% di boro-10 e dall'80,2% di boro-11, con una massa atomica relativa rispettivamente di 10,012 e 11,009. Calcola la massa atomica relativa della miscela isotopica di boro.

L'IDEA

Le percentuali indicano l'abbondanza isotopica di ciascun nuclide del boro, cioè quanti nuclidi di boro-10 e di boro-11 sono presenti in 100 nuclidi totali. Per calcolare la massa atomica relativa della miscela isotopica dobbiamo calcolare le masse complessive di ciascuno dei due nuclidi, sommarle e dividere la somma per 100.

LA SOLUZIONE

Su 100 nuclidi della miscela isotopica, 19,8 sono di boro-10 e 80,2 di boro-11. La massa di ciascuno dei due gruppi di nuclidi è

$$A_{r(^{10}B)} = 19{,}8 \cdot 10{,}012 = 198{,}23 \qquad A_{r(^{11}B)} = 80{,}2 \cdot 11{,}009 = 882{,}92$$

La massa complessiva dei due gruppi di nuclidi risulta:

$$198{,}23 + 882{,}92 = 1081{,}15$$

La massa atomica relativa del boro è:

$$A_{r(B)} = \frac{1081{,}15}{100} = 10{,}81$$

LA CONCLUSIONE

La massa atomica relativa della miscela isotopica del boro è 10,81. Come suggerito dai dati di partenza, il valore è più vicino a 11 che a 10, dato che la percentuale di ^{11}B (più pesante) è più grande di quella di ^{10}B.

PROBLEMA SIMILE

Calcola la massa atomica relativa del magnesio sapendo che l'elemento presente in natura ha tre isotopi: uno ha massa 23,98 e abbondanza isotopica 78,99%, il secondo ha massa 24,98 e abbondanza isotopica 10%, il terzo ha massa 25,98 e abbondanza isotopica 11,01%.

13 GLI ELETTRONI SONO DISPOSTI A STRATI INTORNO AL NUCLEO ATOMICO

Il numero di protoni contenuti nel nucleo determina la *natura di un atomo*; essa si manifesta con proprietà chimiche particolari che rendono quell'atomo diverso dagli atomi di tutti gli altri elementi. Tra le proprietà chimiche, la più importante è la capacità di un atomo di «combinarsi», cioè di legarsi ad altri atomi per formare molecole o aggregati di ioni.

Per unirsi, due atomi devono essere vicini nello spazio, tanto da far incontrare le loro nuvole elettroniche. La capacità di un atomo di combinarsi con altri dipende dalla sua nuvola elettronica, cioè dal numero di elettroni (pari al numero atomico Z) che contiene e dalla loro disposizione intorno al nucleo.

Secondo il modello nucleare dell'atomo, gli elettroni – leggerissimi e carichi negativamente – occupano uno spazio milioni di volte più grande del nucleo

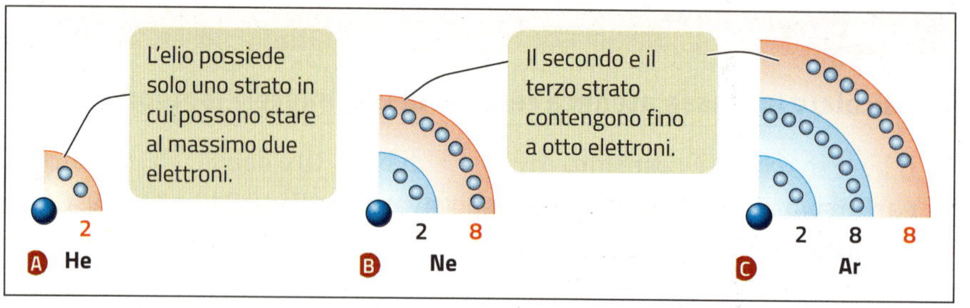

Figura 17 Disposizione a strati degli elettroni Ogni strato può contenere un numero massimo di elettroni.

attorno al quale gravitano. Non conosciamo le caratteristiche del loro moto, ma per il momento ci basta sapere che gli elettroni si trovano a distanze diverse dal nucleo e che sono disposti a strati intorno a esso. Ogni strato contiene un *numero massimo di elettroni*. Per esempio, il primo strato a partire dal nucleo ne contiene al massimo *due*, il secondo *otto* e il terzo ancora *otto* (figura **17**).

All'aumentare del numero di elettroni di un atomo, aumenta il numero di strati intorno al suo nucleo. Per esempio, gli atomi di idrogeno e di elio, che hanno rispettivamente uno e due elettroni, hanno un solo strato di elettroni; gli atomi degli elementi compresi tra il litio (3 elettroni) e il neon (10 elettroni) hanno invece due strati: nel primo sono presenti due elettroni, mentre il secondo accoglie gli elettroni residui, fino a un massimo di otto.

La figura **18** mostra, in sequenza, le distribuzioni elettroniche dei primi venti elementi della tavola periodica. I numeri in rosso indicano il numero di elettroni che gli atomi hanno nello strato più esterno; tali elettroni sono detti *elettroni di valenza* e lo strato che li contiene è lo **strato di valenza**.

Figura 18 Lo strato di valenza nei primi venti elementi Il numero di elettroni di valenza, che occupano l'ultimo strato, è uguale per gli atomi di uno stesso gruppo della tavola periodica e coincide con il numero romano del gruppo.

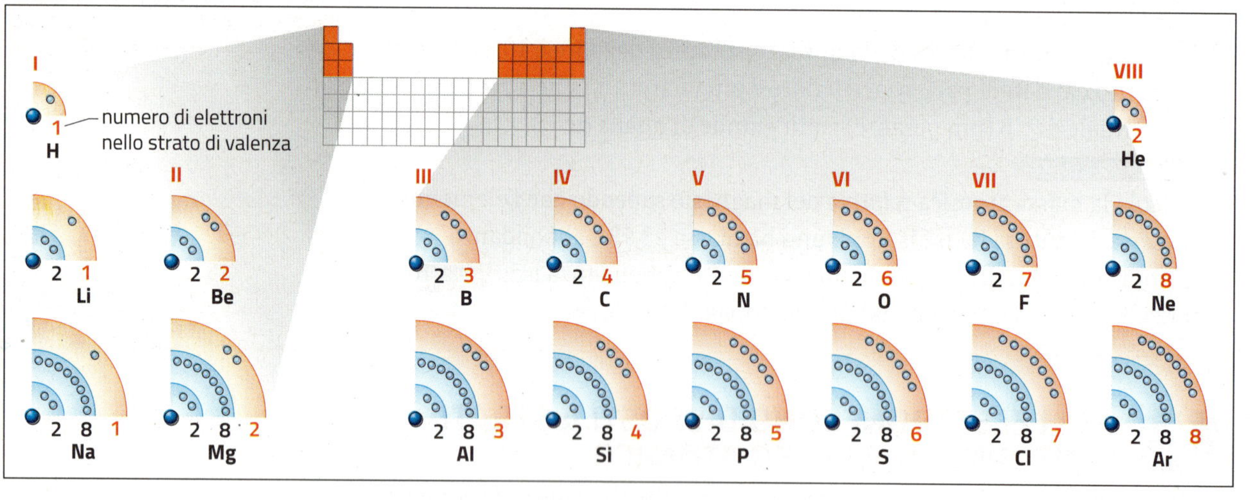

Il numero di elettroni di valenza è uguale per tutti gli atomi di uno stesso gruppo e coincide con il numero romano che lo contraddistingue. Il magnesio (Mg), per esempio, appartiene al gruppo II e ha due elettroni di valenza, così come il berillio (Be), che appartiene allo stesso gruppo.

Gli **elettroni di valenza** sono gli elettroni più esterni di un atomo; il loro numero coincide con il numero romano che contraddistingue il gruppo cui appartiene l'atomo.

Un'eccezione è data dall'elio, He: pur facendo parte del gruppo VIII, l'elio possiede solo due elettroni di valenza.

TI RICORDI?

Nella tavola periodica i **gruppi** sono le colonne, le righe sono i **periodi**. I gruppi sono numerati da 1 a 18; alcuni gruppi, detti *gruppi principali*, sono numerati anche con numeri romani (da I a VIII).

14 GLI ATOMI PIÙ STABILI HANNO LO STRATO DI VALENZA COMPLETO

Nella tavola periodica, il numero di elettroni nello strato di valenza aumenta progressivamente se si procede da sinistra a destra lungo una riga (periodo).

Lo **strato di valenza** risulta *completo* negli atomi dei gas nobili (gruppo VIII o 18 della tavola periodica).

I due elettroni dell'elio saturano quindi il primo strato, mentre gli otto elettroni di valenza del neon e dell'argon saturano rispettivamente il secondo e il terzo strato.

Il fatto che i gas nobili siano costituiti da atomi isolati e non reagiscano quasi mai con altri elementi dimostra che non hanno alcuna attitudine a unirsi con altri atomi e tendono a mantenere inalterata la loro struttura. Al contrario, tutti gli altri elementi reagiscono facilmente tra loro formando composti: questo dimostra che i loro atomi tendono a unirsi gli uni agli altri per formare un aggregato *più stabile*, cioè *a più bassa energia.*

La configurazione elettronica dei gas nobili è quindi molto stabile. Questa caratteristica è confermata anche dai valori di altre grandezze fisiche che li caratterizzano, come l'energia di ionizzazione e l'affinità elettronica di cui parleremo più avanti. Per esempio, la configurazione elettronica del neon (Ne) è più stabile sia di quella del fluoro (F), che lo precede nella tavola periodica, sia di quella del sodio (Na), che lo segue. Questa differenza di stabilità fa sì che gli atomi di fluoro e di sodio tendano a modificare la propria configurazione. Ma in che modo?

Secondo il chimico statunitense Gilbert Lewis, tutti gli atomi tendono verso la configurazione elettronica esterna dei gas nobili, così da raggiungere uno stato di bassa energia, bassa reattività ed elevata stabilità. Questo concetto, che risale al 1916, è noto come *regola dell'ottetto.*

TI RICORDI?

Un corpo è **stabile** se tende a mantenere inalterato il proprio stato. Un corpo è tanto più stabile quanto più piccolo è il valore della sua energia potenziale.
Un pallone appoggiato a terra tende a restarvi ed è più stabile di quando si trova a tre metri di altezza (dove ha maggiore energia potenziale), posizione che tende ad abbandonare per tornare a terra.

In base alla **regola dell'ottetto**, ogni atomo, quando si combina con altri, tende a raggiungere la configurazione elettronica esterna del gas nobile più vicino nella tavola periodica.

15 GLI ATOMI SI UNISCONO PER TRASFERIMENTO O CONDIVISIONE DI ELETTRONI

Rispetto al gas nobile più vicino, tutti gli atomi mancano di un certo numero di elettroni oppure ne hanno in esubero.

Quindi, la configurazione elettronica esterna è fondamentale per capire come gli atomi si combinano. Data la sua importanza, possiamo evidenziarla attraverso la *notazione di Lewis*: intorno al simbolo chimico dell'elemento si dispongono tanti puntini (•) quanti sono gli elettroni di valenza (figura **19**).

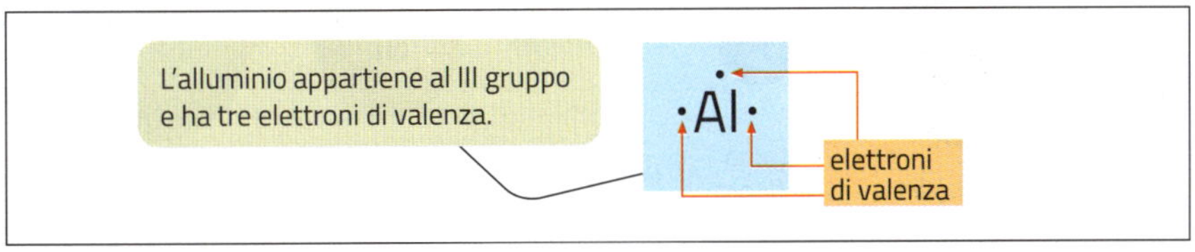

Figura 19 La notazione di Lewis dell'alluminio I tre puntini indicano gli elettroni di valenza.

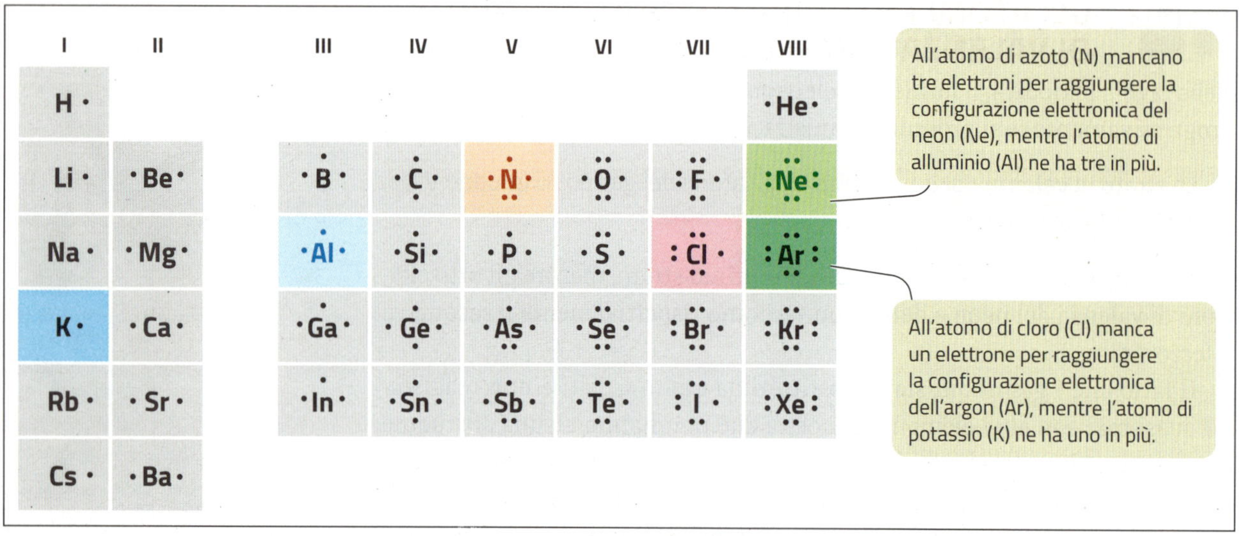

Figura 20 Notazione di Lewis degli atomi dei gruppi 1 (I), 2 (II) e 13 (III)-18 (VIII) Gli atomi tendono a raggiungere la configurazione del gas nobile più vicino, rispetto al quale possono avere alcuni elettroni in più o in meno.

I primi quattro puntini vanno disposti a uguale distanza tra loro, i successivi vanno invece accoppiati ai precedenti (figura **20**).

Quando gli atomi si combinano tra loro, possono raggiungere una configurazione elettronica più stabile in due modi:

- per *trasferimento* degli elettroni esterni da un atomo all'altro;
- per *condivisione* di una o più coppie di elettroni tra gli atomi.

Nel primo caso si originano ioni di segno opposto fra i quali agisce una forza attrattiva che dà luogo al *legame ionico*; nel secondo caso si ha formazione di un *legame covalente* che tiene assieme gli atomi di una molecola.

16 IL LEGAME IONICO UNISCE ATOMI CON STRATI DI VALENZA MOLTO DIVERSI

Fra gli atomi di un *metallo* situato nei gruppi più a sinistra della tavola periodica e gli atomi di un *non metallo* situato nei gruppi più a destra (con esclusione del gruppo 18 dei gas nobili) si forma quasi sempre un **legame ionico.**

Consideriamo per esempio gli atomi di sodio e fluoro (figura **21**). Il sodio appartiene al primo gruppo e i suoi atomi hanno *un solo elettrone di valenza*: se lo perdono si trasformano in ioni positivi, cioè in cationi Na^+, e raggiungono la configurazione elettronica stabile del neon (il gas nobile che precede il sodio). Il fluoro, invece, appartiene al gruppo VII e i suoi atomi hanno *sette elettroni di valenza*: se ne acquistano uno, raggiungono l'ottetto e completano il loro strato di valenza. In questo modo il fluoro acquisisce la configurazione elettronica del neon e si trasforma in ioni negativi, cioè in anioni F^-.

TI RICORDI?

Nella tavola periodica i **metalli** si trovano a sinistra della linea spezzata nera che dal boro (B) scende fino all'astato (At); i **non metalli** sono invece a destra di questa diagonale.

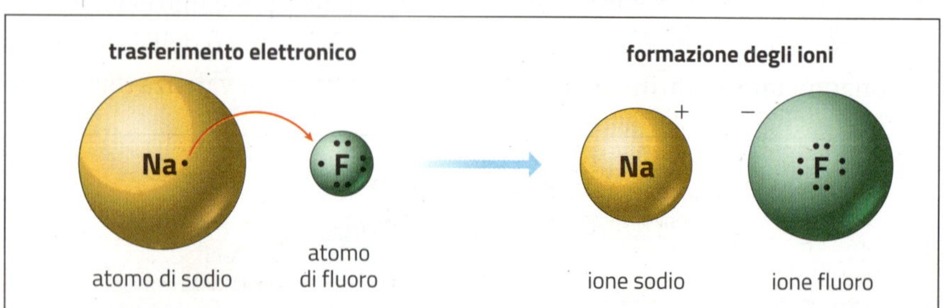

Figura 21 L'atomo di sodio trasferisce il proprio elettrone esterno all'atomo di fluoro Gli ioni Na^+ e F^- hanno entrambi lo strato elettronico esterno completo.

Se ciascun atomo di sodio cede il proprio elettrone di valenza a un atomo di fluoro, si formano tanti ioni Na^+ e F^- che, avendo carica elettrica opposta, si attirano intensamente. La forza attrattiva che agisce tra di essi porta alla formazione dei cristalli di fluoruro di sodio e alla liberazione di una grande quantità di energia (figura **22**).

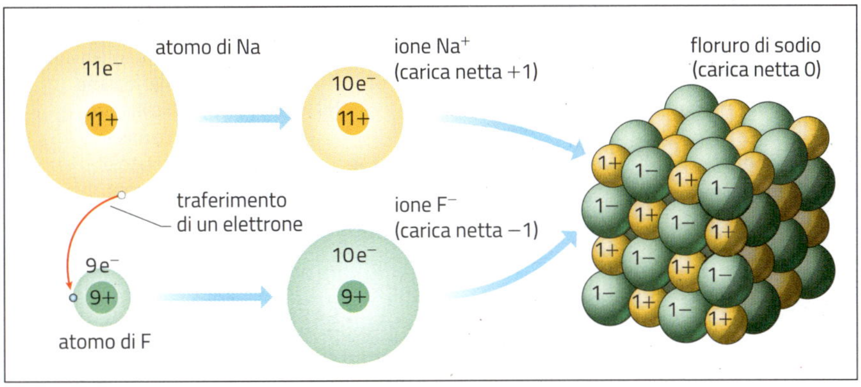

Figura 22 Le forze attrattive nel fluoruro di sodio Gli ioni Na^+ e F^- che si formano per trasferimento di un elettrone dall'atomo di sodio a quello di fluoro si attraggono intensamente e formano i cristalli di fuoruro di sodio.

Il **legame ionico** è dovuto alla forza di attrazione elettrostatica che tiene uniti ioni di carica opposta; gli ioni si formano per trasferimento di uno o più elettroni dagli atomi di un elemento con pochi elettroni di valenza, agli atomi di un altro elemento, cui mancano pochi elettroni per completare l'ottetto.

Nei cristalli di fluoruro di sodio gli ioni Na^+ e F^- sono presenti in ugual numero, in rapporto di 1:1. Per questo motivo, la formula del fluoruro di sodio è NaF. Non sempre, però, i legami ionici si formano in questo modo. Per esempio, quando il magnesio (gruppo II) si combina con il fluoro, ogni atomo di magnesio deve trasferire due elettroni di valenza per raggiungere la configurazione del neon; servono quindi due atomi di fluoro per riceverli, dato che ciascuno di essi può acquistare un solo elettrone. A ogni ione Mg^{2+} corrispondono due ioni F^-, e la formula del composto è MgF_2.

17 IL LEGAME COVALENTE PUÒ ESSERE SEMPLICE O MULTIPLO, PURO O POLARE

Il legame covalente si stabilisce prevalentemente tra atomi (uguali o diversi) di *non metalli*, che hanno quindi molti elettroni di valenza. Per esempio, fra due atomi di fluoro – ciascuno con sette elettroni di valenza – si stabilisce un legame covalente che trattiene gli atomi nella molecola F_2. Dal punto di vista energetico, il modo più conveniente di completare lo strato di valenza di atomi come questi consiste nella *condivisione* di una o più coppie di elettroni (chiamate anche *doppietti elettronici*).

Anche fra due atomi di idrogeno si forma un legame covalente; l'idrogeno, infatti, pur trovandosi incolonnato nella tavola periodica con i metalli alcalini (gruppo 1), è un non metallo e ai suoi atomi bastano due elettroni per completare lo strato di valenza. Pertanto, se due atomi di idrogeno mettono in comune il proprio elettrone, cioè condividono un doppietto elettronico, il loro strato di valenza risulta completo e la loro configurazione elettronica è uguale a quella del gas nobile più vicino, l'elio (figura **23A**). In modo analogo, se due atomi di fluoro mettono in comune uno dei sette elettroni esterni si satura il loro strato di valenza, che diventa uguale a quello del gas nobile vicino, il neon (figura **23B**).

Figura 23 **Le molecole di idrogeno H_2 e di fluoro F_2 si formano mediante legami covalenti** (A) Quando due atomi di idrogeno si uniscono e *condividono* un *doppietto elettronico*, si forma un *legame covalente* che trattiene i due atomi nella molecola. (B) Lo stesso accade nella molecola di F_2, in cui ciascun atomo di fluoro mette in comune uno dei sette elettroni di valenza.

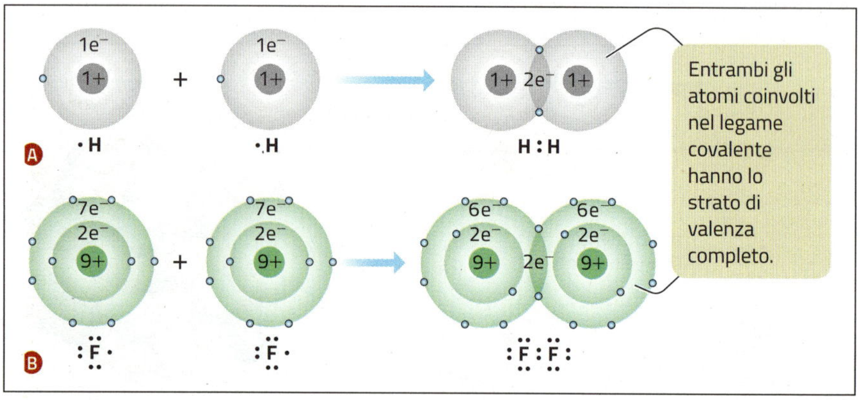

I doppietti elettronici condivisi risentono dell'attrazione di entrambi i nuclei atomici e sono prevalentemente confinati nello spazio compreso tra i due nuclei. I simboli utilizzati per rappresentare un legame covalente sono un trattino (–) o una coppia di puntini (:) sistemati tra i simboli degli atomi che sono coinvolti nel legame.

Quando è sufficiente la condivisione di una sola coppia di elettroni per completare l'ottetto, il legame è **covalente semplice**. Quando, invece, i due atomi condividono due o tre coppie di elettroni, il legame è detto **covalente multiplo**. Per esempio, nelle molecole di ossigeno c'è un *legame covalente doppio* perché vengono condivise due coppie di elettroni, mentre in quelle di azoto c'è un *legame covalente triplo* perché sono tre le coppie condivise.

$$:\ddot{\underset{\cdot}{O}}\cdot \; + \; \cdot\ddot{\underset{\cdot}{O}}: \longrightarrow \; :\ddot{O}::\ddot{O}: \qquad O{=}O$$

$$:\dot{\underset{\cdot}{N}}\cdot \; + \; \cdot\dot{\underset{\cdot}{N}}: \longrightarrow \; :N:::N: \qquad N{\equiv}N$$

Il **legame covalente** consiste nella condivisione tra due atomi di uno o più doppietti elettronici.

A COLPO D'OCCHIO

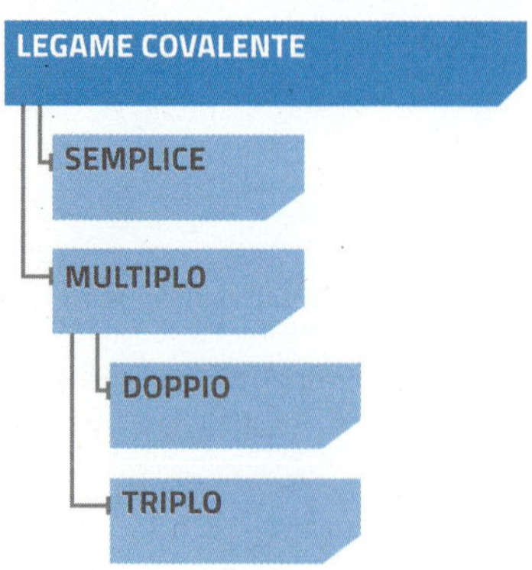

La tendenza a mettere in comune elettroni si manifesta anche fra atomi di natura diversa. Per esempio, quando l'idrogeno reagisce con il cloro si formano molecole di cloruro di idrogeno, HCl, mentre si formano molecole di acqua, H_2O, quando reagisce con l'ossigeno. Anche in queste molecole la natura del legame varia in base al numero di doppietti elettronici condivisi tra gli atomi. Per esempio, nella molecola HCl, la condivisione di un doppietto elettronico porta alla saturazione dello strato di valenza di entrambi gli atomi; nella molecola H_2O, invece, l'atomo di ossigeno satura il suo strato di valenza solo se condivide due doppietti elettronici con due atomi di idrogeno (figura **24**).

Il legame covalente che unisce atomi uguali è un legame **covalente puro**: i doppietti elettronici di legame sono infatti attratti con la stessa forza da entrambi i nuclei e vengono condivisi esattamente tra i due atomi. Atomi diversi esercitano invece una diversa forza di attrazione sugli elettroni di legame.

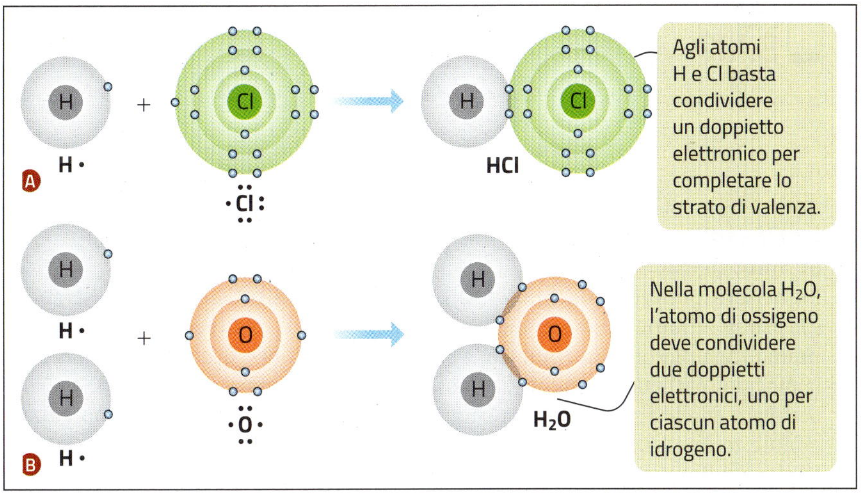

Figura 24 L'idrogeno può formare legami covalenti anche con atomi diversi Gli atomi di idrogeno e cloro che formano la molecola HCl (A) e gli atomi di idrogeno e ossigeno che formano la molecola H_2O (B). In entrambe le molecole, gli atomi sono uniti da legami covalenti.

Nella molecola HCl, per esempio, il doppietto elettronico condiviso è spostato verso l'atomo di cloro (figura **25**), mentre nella molecola H_2O è spostato verso l'atomo di ossigeno. Diciamo per questo che gli atomi di cloro e di ossigeno sono più *elettronegativi* dell'idrogeno.

L'**elettronegatività** è la grandezza che esprime la forza con cui un atomo attira a sé gli elettroni di legame.

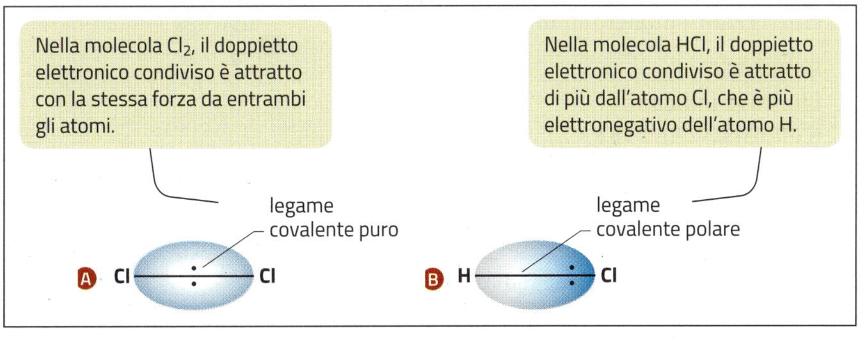

Figura 25 Un legame covalente può essere puro o polare Il legame che unisce due atomi uguali di cloro è covalente puro (A), mentre il legame che unisce gli atomi H e Cl è covalente polare (B).

Come vedremo, il valore di elettronegatività degli atomi è riportato sulla tavola periodica nella casella di ciascun elemento; l'idrogeno, per esempio, ha elettronegatività 2,2, l'ossigeno 3,5 e il cloro 3,0.

Il legame covalente che unisce atomi con diversa elettronegatività è un legame **covalente polare**; i legami H—Cl e H—O sono quindi covalenti polari. Per indicare la polarità di un legame covalente polare si utilizzano i simboli $\delta+$ (delta più) e $\delta-$ (delta meno). Il simbolo $\delta+$ va posizionato sull'atomo *meno elettronegativo* tra i due: questo atomo è quello che risulta più distante dal doppietto condiviso e presenta quindi una *frazione di carica elettrica positiva*. Il simbolo $\delta-$ va invece posto sull'atomo *più elettronegativo*, che concentra su di sé una *frazione di carica elettrica negativa*. Per esempio, il legame covalente polare nella molecola HCl si rappresenta così:

$$\overset{\delta+}{\mathrm{H}}-\overset{\delta-}{\mathrm{Cl}}$$

La polarità dei legami, come vedremo in seguito, ha una forte influenza sul comportamento delle molecole.

LE PAROLE

I **simboli** $\delta+$ e $\delta-$ indicano *frazioni di carica elettrica* presenti in una molecola, i cui atomi sono uniti da un legame covalente; non vanno confusi con i **segni + e – degli ioni** di un composto ionico, che hanno invece *cariche elettriche intere*.

FACCIAMO IL PUNTO

LO SAI? RIPASSA CON LO SMARTPHONE

Come si spiega la natura elettrica della materia?

I fenomeni elettrici si giustificano con l'esistenza della **carica elettrica** che si presenta in due forme, **positiva** e **negativa**.
Cariche elettriche di segno uguale si respingono, mentre cariche di segno opposto si attraggono.

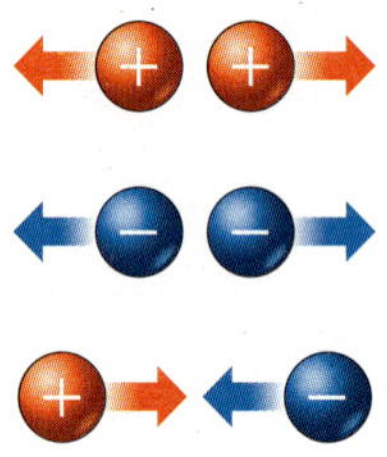

Quali sono le particelle subatomiche?

Grazie a esperimenti in tubi a vuoto contenenti gas rarefatti (chiamati tubi di Crookes) e sottoposti al passaggio di corrente elettrica, è stata identificata la prima particella subatomica, ovvero l'**elettrone**.
In seguito, utilizzando tubi di vetro con catodo forato, si arrivò alla scoperta degli ioni positivi e del **protone**.
Solo nel 1932 si giunse anche alla scoperta del **neutrone**, una particella priva di carica elettrica presente nel nucleo di un atomo.

Com'è strutturato il modello atomico di Thomson?

Thomson concepì l'atomo come una piccola sfera omogenea carica positivamente in cui erano diffusi gli elettroni negativi (**modello a panettone**).

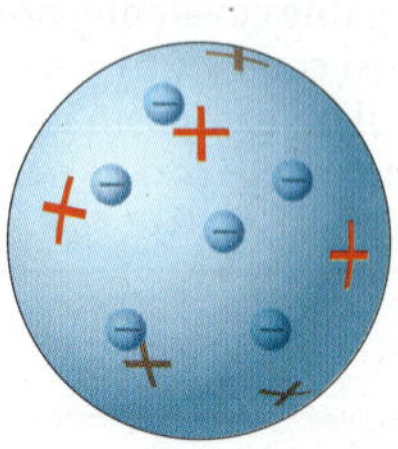

Com'è strutturato il modello atomico di Rutherford?

Rutherford ipotizzò che la carica positiva e la massa dell'atomo fossero concentrate in una zona piccolissima (**nucleo**) e che la maggior parte dell'atomo fosse vuoto, occupato da elettroni che ruotavano su orbite circolari intorno al nucleo (**modello planetario**).

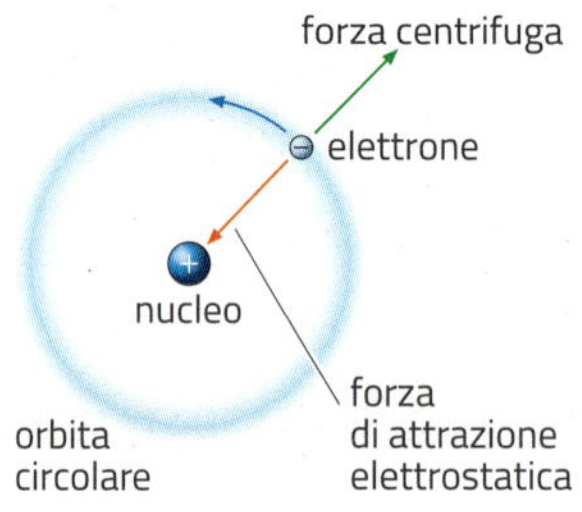

Il numero di protoni contenuti nel nucleo si chiama **numero atomico** (Z).

Che cosa indicano il numero di massa e la massa atomica relativa?

La somma del numero dei protoni e dei neutroni costituisce il **numero di massa (*A*)** di un atomo.
Il numero di massa A viene indicato accanto al simbolo dell'atomo, in alto a sinistra. Il numero in basso a sinistra indica invece il numero atomico.

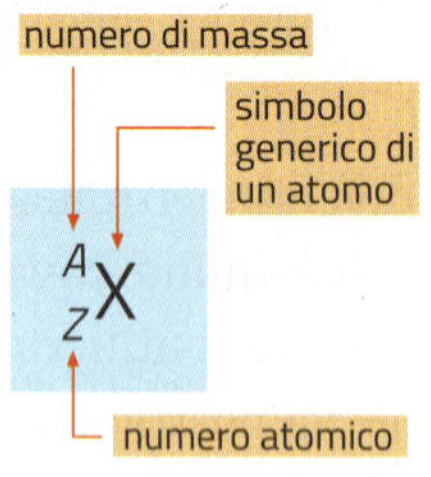

Atomi di uno stesso elemento che differiscono per il numero di massa si chiamano **isotopi**.
La **massa atomica relativa (A_r)** indica quante volte la massa atomica assoluta è maggiore dell'unità di massa atomica.
Poiché la maggior parte degli elementi in natura è costituita da diversi isotopi, la massa atomica relativa corrisponde alla *media pesata* delle masse atomiche relative dei diversi isotopi.

Che cosa sono gli elettroni di valenza?

Gli elettroni si dispongono a **strati** attorno al nucleo. Gli **elettroni di valenza** sono quelli che occupano lo strato più esterno; il loro numero coincide a quello del numero romano del gruppo cui appartiene l'atomo.
Gli atomi più **stabili** sono quelli che hanno lo strato di valenza completo, come i *gas nobili*.
Ogni atomo, quando si combina con altri atomi, tende a raggiungere la configurazione del gas nobile più vicino nella tavola periodica (**regola dell'ottetto**).

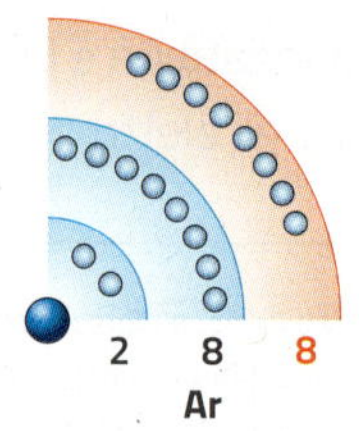

Come si combinano gli atomi?

Gli atomi si possono legare in due modi:
- il **trasferimento** degli elettroni più esterni da un atomo all'altro porta alla formazione di ioni (*legame ionico*);
- la **condivisione** di elettroni porta alla formazione di un *legame covalente*.

Quali tipi di legami covalenti esistono?

I legami covalenti possono essere **semplici** o **multipli**, in base al numero di doppietti elettronici condivisi, e **puri** o **polari**, in base all'elettronegatività degli atomi coinvolti.

Che cos'è l'elettronegatività?

L'**elettronegatività** esprime la forza con cui un atomo attira a sé gli elettroni di legame.
Se gli atomi hanno lo stesso valore di elettronegatività si forma un *legame covalente puro*. Quando invece gli atomi hanno elettronegatività diverse si forma un *legame covalente polare*.

ESERCIZI

ZTE ONLINE
Mettiti alla prova
con 20 esercizi interattivi

VERIFICA LE TUE CONOSCENZE

LA NATURA ELETTRICA DELLA MATERIA

1 **Quali tipi di carica elettrica devono possedere due particelle per respingersi?**

2 Come varia la forza di attrazione fra due particelle elettricamente cariche all'aumentare della distanza?

3 Se la distanza tra due cariche elettriche dimezza, l'intensità della forza elettrica diventa
- Ⓐ due volte più grande.
- Ⓑ due volte più piccola.
- Ⓒ quattro volte più grande.
- Ⓓ quattro volte più piccola.

4 **Quali particelle costituiscono gli atomi di tutti gli elementi? Quali sono elettricamente cariche?**

5 **Con quali tipi di esperimenti sono stati individuati elettroni e protoni?**

GLI ESPERIMENTI DI CROOKES, THOMSON E MILLIKAN

6 **Con quale dispositivo sono stati scoperti i raggi catodici?**

7 **I raggi catodici sono fasci di**
- Ⓐ neutroni che si dirigono verso il catodo.
- Ⓑ elettroni che si muovono verso l'anodo.
- Ⓒ protoni che partono dal catodo.
- Ⓓ atomi che si ionizzano.

8 **Perché i raggi catodici sono deviati dalla loro traiettoria verso la parte positiva di un campo elettrico?**

9 **Com'è la traiettoria dei raggi catodici in assenza di campi magnetici ed elettrici?**

10 Che cosa indica il rapporto e/m_e e qual è il suo valore?

11 **Quale delle seguenti affermazioni relative all'elettrone è *errata*?**
- Ⓐ Ha carica elettrica relativa −1
- Ⓑ La sua massa assoluta è $9{,}1 \cdot 10^{-28}$ g
- Ⓒ Ha massa relativa di circa 1 u
- Ⓓ Possiede la minima quantità di carica elettrica esistente, pari a $-1{,}6 \cdot 10^{-19}$ C

12 **Quale delle tre particelle subatomiche ha carica elettrica e massa minori?**

I RAGGI CANALE E I PROTONI

13 **Che cosa sono i raggi canale e con quale dispositivo sono stati studiati?**

14 **Le particelle presenti nei raggi anodici hanno**
- Ⓐ massa simile a quella degli elettroni.
- Ⓑ un rapporto carica/massa indipendente dal gas contenuto nel tubo.
- Ⓒ massa sempre multipla della massa misurata per l'idrogeno.
- Ⓓ carica uguale a quella degli elettroni.

15 **Come si spiega la formazione dei raggi canale?**

16 **Quale affermazione relativa al protone è *errata*?**
- Ⓐ È il più piccolo ione positivo.
- Ⓑ Ha simbolo p^+.
- Ⓒ La sua massa è 1836 volte più grande della massa dell'elettrone.
- Ⓓ Ha carica elettrica uguale a $-1{,}6 \cdot 10^{-19}$ C.

GLI ESPERIMENTI DI THOMSON E RUTHERFORD

17 **Descrivi il modello di atomo proposto da Thomson.**

18 **Quale particella subatomica non era contemplata dal modello atomico di Thomson?**

19 **In quale ordine cronologico sono stati proposti i modelli atomici di Rutherford, Dalton e Thomson?**

20 **Quale esperimento ha consentito di formulare il modello nucleare dell'atomo?**
- Ⓐ L'esperimento della goccia d'olio.
- Ⓑ L'esperimento della lamina d'oro.
- Ⓒ L'esperimento dei raggi catodici.
- Ⓓ L'esperimento dell'atomo di Dalton.

21 **Che cosa sono le radiazioni alfa utilizzate da Rutherford per bombardare una sottilissima lamina d'oro?**

22 **Qual è il risultato più sorprendente dell'esperimento di Rutherford?**

IL NUCLEO

23 **L'esperimento di Rutherford permise di stabilire che**
- Ⓐ gran parte del volume atomico è occupato da protoni.
- Ⓑ il numero atomico è la grandezza che identifica un elemento.
- Ⓒ all'interno del nucleo sono presenti neutroni.
- Ⓓ il volume del nucleo è mille miliardi di volte più piccolo del volume totale dell'atomo.

24 **Che cos'è il nucleo atomico e quali sono le sue caratteristiche?**

25 **Che cos'è il numero atomico e qual è il suo simbolo?**

26 **Qual è l'elemento con numero atomico 27?**

27 **L'atomo di magnesio ha numero atomico pari a 12. Ciò vuol dire che ogni atomo di magnesio**
- Ⓐ ha una carica elettrica totale pari a 12 *e*.
- Ⓑ ha una carica elettrica totale pari a 24 *e*.
- Ⓒ possiede un nucleo con 12 cariche positive.
- Ⓓ possiede 12 protoni e 12 neutroni.

28 **Un elemento è costituito da atomi**
- Ⓐ tutti uguali.
- Ⓑ con lo stesso numero di massa.
- Ⓒ con lo stesso numero di protoni.
- Ⓓ con lo stesso numero di neutroni.

I NEUTRONI E GLI ISOTOPI

29 **Che cos'è un nucleone? Quali tipi di nucleoni conosci?**

30 **Quali caratteristiche possiede il neutrone?**

31 **Come sono disposte nell'atomo le tre particelle subatomiche fondamentali?**

32 **Che cos'è il numero di massa e qual è il suo simbolo?**

33 **Nella notazione isotopica, dove va riportato il numero di massa?**

34 **Che cosa indica la notazione $^{63}_{29}Cu$?**

35 **Gli isotopi sono atomi dello stesso elemento con**
- Ⓐ un diverso numero di protoni.
- Ⓑ lo stesso numero di neutroni.
- Ⓒ un diverso numero di massa.
- Ⓓ un numero di protoni uguale al numero di neutroni.

36 **Se *N* rappresenta il numero di neutroni di un atomo, quale delle seguenti equazioni è corretta?**
- Ⓐ $A + Z = N$
- Ⓑ $A + N = Z$
- Ⓒ $N = A - Z$
- Ⓓ $A = N - Z$

37 **Quali particelle subatomiche determinano la massa di un atomo?**

38 **Qual è la notazione isotopica del nuclide del germanio (Ge) se l'atomo ha 32 elettroni e 40 neutroni?**

39 **Qual è il numero di massa dell'atomo che contiene 23 protoni, 23 elettroni e 28 neutroni?**

40 **Come si chiama l'isotopo che contiene un protone e due neutroni?**

41 **La massa atomica di un elemento**
- Ⓐ è la massa del suo isotopo più abbondante.
- Ⓑ dipende dall'abbondanza in natura dei suoi isotopi.
- Ⓒ corrisponde alla media aritmetica delle masse dei suoi isotopi.
- Ⓓ è il numero d'ordine dell'elemento sulla tavola periodica.

42 **Quale affermazione relativa agli atomi C-12 e C-14 è *errata*?**
- Ⓐ Sono isotopi.
- Ⓑ Hanno lo stesso numero di protoni.
- Ⓒ Hanno lo stesso numero di neutroni.
- Ⓓ Hanno diversa massa atomica.

43 **Per che cosa differiscono gli isotopi del calcio-40 e del calcio-43?**

CONFIGURAZIONE ELETTRONICA E LEGAMI CHIMICI

44 **Come sono disposti gli elettroni intorno al nucleo atomico e che cosa sono gli elettroni di valenza?**

45 **La regola dell'ottetto stabilisce che**
Ⓐ gli elettroni sono disposti a gruppi di otto intorno al nucleo.
Ⓑ sono stabili gli atomi con otto elettroni.
Ⓒ gli atomi tendono a raggiungere la configurazione del gas nobile più vicino.
Ⓓ le molecole più stabili sono formate da otto atomi.

46 **Qual è il nome della notazione utilizzata per rappresentare i seguenti elementi? Spiega il significato delle seguenti formule:**
a. Na·
b. ·N̈·

47 **Come si chiama il legame che unisce gli atomi di sodio e di cloro nel cloruro di sodio? Perché, quando essi si uniscono, si formano ioni Cl^- e Na^+?**

48 **Quale tipo di legame unisce gli atomi di ossigeno nella molecola O_2? In che cosa consiste?**

49 **Che differenza c'è tra il legame covalente che unisce due atomi di cloro e il legame covalente che unisce un atomo di cloro e uno di idrogeno?**

VERIFICA LE TUE ABILITÀ

50 **Considera le seguenti coppie di oggetti elettricamente carichi e le distanze che li separano: in quale caso si ha la maggior forza repulsiva? Argomenta la risposta.**
Ⓐ ⊕←—— 1 cm ——→⊕
Ⓑ ⊕←—— 1 cm ——→⊖
Ⓒ ⊕←—— 2 cm ——→⊖
Ⓓ ⊕←—— 2 cm ——→⊕

51 **Indica similitudini e differenze delle tre principali particelle subatomiche in termini di massa, carica elettrica e posizione all'interno dell'atomo.**

52 **Le radiazioni alfa sono fasci di particelle che hanno carica elettrica relativa +2 e massa 4 u. Quale nucleo atomico presenta le stesse caratteristiche di una particella α?**

53 **Il disegno rappresenta i risultati di un esperimento effettuato con un tubo di Crookes. Completalo inserendo i termini appropriati in ciascuna casella e spiega quale conclusione si può trarre.**

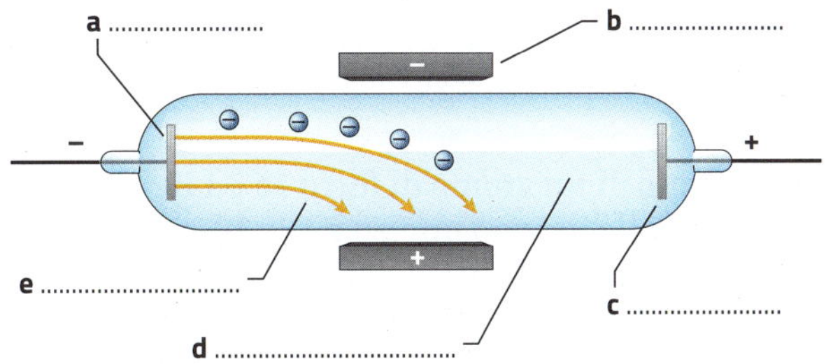

54 **Osserva attentamente l'immagine e rispondi alle domande.**

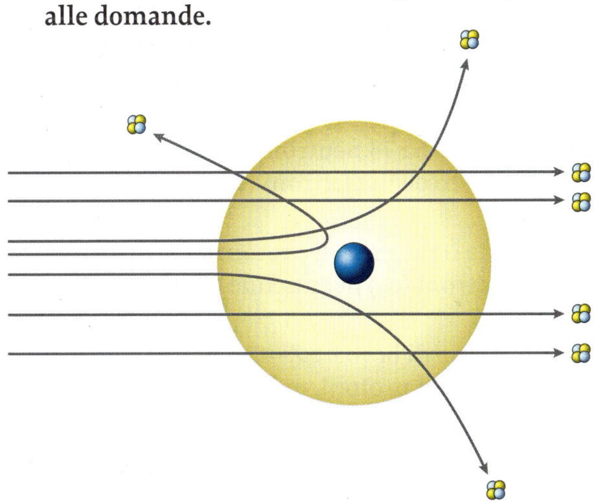

a. A quale celebre esperimento si riferisce?
b. Che cosa rappresenta il simbolo e qual è la sua struttura?
c. Che cosa rappresentano le frecce?
d. Che cosa rappresenta la sfera centrale e cosa contiene?
e. Perché le frecce hanno direzioni diverse?
f. Quali particelle (non rappresentate) si trovano all'interno della sfera più grande?
g. In quale zona si registra la maggiore densità e perché?

55 **Una specie chimica possiede 8 protoni, 8 neutroni e 10 elettroni. Si tratta di un atomo o di un ione? Con quale formula lo si rappresenta?**

56 **Un catione X^+ e un anione Y^- si formano da un atomo, rispettivamente, per**
Ⓐ perdita di un elettrone e acquisto di un elettrone.
Ⓑ perdita di un elettrone e perdita di un protone.
Ⓒ acquisto di un protone e acquisto di un elettrone.
Ⓓ acquisto di un protone e perdita di un protone.

57 **Qual è la carica elettrica totale (in coulomb) del nucleo dell'atomo di calcio ($Z = 20$)?**

58 **L'atomo di alluminio ha $Z = 13$ e $A = 27$. Calcola la massa del nucleo (in kg) e la massa degli elettroni (in kg).**

59 **Il raggio di un atomo di ferro-56 è 140 pm, quello del suo nucleo è $4{,}6 \cdot 10^{-15}$ m. Ammettendo che il nucleo e l'atomo abbiano forma sferica e sapendo che il volume di una sfera può essere calcolato con la formula $V = 4/3\,\pi\, r^3$, calcola:**
a. il volume di un nucleo di ferro-56;
b. il volume di un atomo di ferro-56;
c. di quante volte il volume di un atomo di ferro-56 è maggiore di quello del suo nucleo.

60 **Un atomo ha 73 neutroni e $A = 123$. Calcola Z e il numero degli elettroni (e^-).**

61 **Calcola il numero di protoni (p^+), neutroni (n) ed elettroni (e^-) nel nuclide $^{85}_{37}Rb$.**

62 **Un atomo di boro ha $Z = 5$ e $A = 10$. Calcola il numero dei protoni, neutroni, elettroni e la massa (in kg) del nucleo.**

63 **Un atomo di magnesio ha 12 neutroni e 12 elettroni. Determina il valore di Z e A e la massa (in g) dell'atomo.**

64 **Calcola il numero di protoni, elettroni e neutroni nell'isotopo fosforo-31 ($Z = 15$).**

65 **Calcola il numero di massa di un isotopo del rame ($Z = 29$) che ha 34 neutroni.**

66 **Calcola il numero di neutroni in un atomo di iodio ($Z = 53$) con numero di massa 127.**

67 **Il sodio ha numero atomico 11. Calcola il numero di protoni, di elettroni, la carica convenzionale e la carica elettrica (q) totale (in coulomb) del nucleo.**

68 **Considera un atomo dell'isotopo ^{56}Fe.**
a. Qual è il suo numero atomico?
b. Qual è il suo numero di massa?
c. Quanti protoni, neutroni ed elettroni contiene?
d. Qual è la carica elettrica convenzionale del nucleo atomico?
e. Qual è la carica complessiva dell'atomo?

69 **Qual è il numero di neutroni presente nel nuclide U-238?**

70 **Considera le specie $^{14}_{6}C$ e $^{14}_{7}N$.**
a. Che cosa hanno in comune?
b. Per che cosa differiscono?
c. Sono isotopi di uno stesso elemento? Perché?

71 **Tenendo presente che il protone e il neutrone hanno massa pari a una unità di massa atomica, perché la massa atomica del ferro è 55,85?**

72 **Calcola la massa atomica relativa del bromo sapendo che l'elemento presente in natura ha due isotopi: uno di massa 78,918 e con un'abbondanza isotopica del 50,69%, l'altro di massa 80,916 e con un'abbondanza isotopica del 49,31%.**

73 **Calcola la massa atomica relativa del carbonio sapendo che l'elemento presente in natura consiste dell'isotopo di carbonio-12 ($A_r = 12{,}00$; abbondanza isotopica = 98,89%) e dell'isotopo di carbonio-13 ($A_r = 13{,}004$; abbondanza isotopica = 1,11%).**

74 **Gli isotopi naturali dell'uranio sono U-235 e U-238. Sapendo che la massa atomica relativa dell'uranio naturale è 238,04, che l'uranio-238 ha massa atomica relativa 238,15 e abbondanza isotopica del 95%, calcola la massa atomica relativa dell'uranio-235.**

75 **Il cloro naturale risulta costituito da due isotopi, cloro-35 e cloro-37. Sapendo che la massa atomica relativa del cloro è 35,45, calcola la percentuale dei due isotopi.**

76 **Il boro naturale risulta costituito da due isotopi, il boro-10 e il boro-11. Sapendo che la massa atomica relativa del boro è 10,8, calcola la percentuale dei due isotopi.**

77 **Calcola la massa atomica assoluta del boro sapendo che la massa dei suoi isotopi naturali boro-10 e boro-11 è rispettivamente $1{,}663 \cdot 10^{-26}$ kg e $1{,}828 \cdot 10^{-26}$ kg e che la loro abbondanza isotopica è rispettivamente 19,8% e 80,2%.**

78 **Un atomo possiede 15 elettroni: in quanti strati sono alloggiati? Specifica il numero di elettroni per strato, riconosci a quale gruppo della tavola periodica appartiene l'elemento e di quale elemento si tratta.**

79 **Quali dei seguenti ioni hanno lo strato elettronico esterno completo? Schematizza la loro struttura evidenziando il nucleo e gli strati di elettroni.**

a. Ne^{+}
b. O^{-}
c. S^{2-}
d. Mg^{2+}
e. Ba^{+}
f. N^{3-}

80 **Fra quali dei seguenti elementi potrebbe formarsi un legame ionico? Motiva la scelta.**

a. Mg e Cl
b. Si e F
c. Se e O
d. O e N
e. Na e O
f. H e Cl

81 **Fra quali dei seguenti atomi si forma un legame covalente puro? Specifica se si tratta di un legame covalente semplice o multiplo.**

a. K e Cl
b. H e F
c. N e N
d. Na e I
e. Na e Na
f. I e I

82 **Indica se le seguenti affermazioni sono vere o false. Correggi le affermazioni errate.**

a. L'elettronegatività è la forza di attrazione che l'atomo di un elemento esercita nei confronti degli elettroni di valenza.
b. Atomi di elementi differenti hanno diversa elettronegatività.
c. Gli atomi C e O possono condividere una o più coppie di elettroni e formare un legame covalente polare.
d. La formula del composto ionico formato da calcio e cloro è CaCl.

TEST YOURSELF

83 **What particles are found in the nucleus of an atom? Describe the properties associated with each particle.**

84 **An atom of barium has got $Z = 56$ and 138 nucleons. Calculate the number of protons, neutrons, electrons and the mass (in grams) of the atom.**

85 **Calculate the relative average mass of silicon knowing that the element (present in nature) consists of 92.2% silicon-28, of 4.7% silicon-29 and of 3.1% silicon-30.**

86 **Determine the fraction of the total mass of a ^{58}Fe atom that is due to**

a. neutrons;
b. protons;
c. electrons.

VERSO I GIOCHI DELLA CHIMICA

87 **In natura sono presenti due isotopi del cloro. Tenendo conto che la massa atomica media del cloro è 35,45 u, si può affermare che**

Ⓐ gli isotopi sono ^{34}Cl e ^{35}Cl e il primo è più abbondante del secondo.
Ⓑ gli isotopi sono ^{34}Cl e ^{35}Cl e il primo è meno abbondante del secondo.
Ⓒ gli isotopi sono ^{35}Cl e ^{37}Cl e sono di pari abbondanza.
Ⓓ gli isotopi sono ^{35}Cl e ^{37}Cl e il primo è più abbondante del secondo.

[Fase regionale 2015]

88 **Gli ioni F^{-} e O^{2-} hanno**

Ⓐ stesso numero di protoni.
Ⓑ stesso numero di elettroni.
Ⓒ stessa carica.
Ⓓ stessa massa.

[Fase regionale 2015]

VERSO L'UNIVERSITÀ

89 **Supponendo che l'abbondanza relativa dei diversi isotopi del cloro sia: 75% cloro-35 (34,96 u.m.a.) e 25% cloro-37 (36,96 u.m.a.), la massa del cloro risulterebbe:**

Ⓐ 34,96 u.m.a.
Ⓑ 35,46 u.m.a.
Ⓒ 35,96 u.m.a.
Ⓓ 39,96 u.m.a.
Ⓔ 71,92 u.m.a.

[dalla prova di ammissione a Medicina e Chirurgia, 2012]

VERSO L'ESAME: LE TUE COMPETENZE

ANALIZZA E RIFLETTI

90 **Nelle tv al plasma le immagini sono generate da piccole celle contenenti gas nobili, di norma neon e xenon, mantenuti a bassa pressione. Ogni cella è collegata a due elettrodi: quando si applica una tensione elevata, la corrente elettrica fluisce nel gas e lo trasforma in plasma. Il plasma è un gas ionizzato costituito da ioni positivi, elettroni liberi e atomi neutri, dotati tutti di elevata energia: dalle loro complesse interazioni si liberano raggi ultravioletti che stimolano il materiale fluorescente (che riveste le pareti della cella) a emettere luce visibile.**

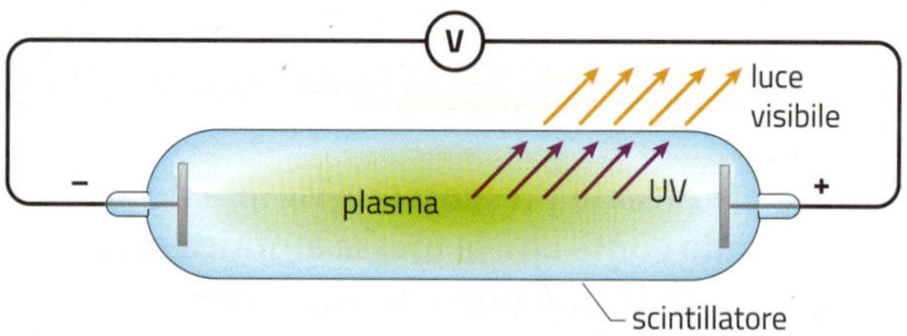

Scrivi la formula di almeno due ioni positivi che possono trovarsi nel plasma e stabilisci da quali e quante particelle subatomiche sono costituiti.

CONFRONTA

91 **Considera una molecola di acqua costituita dagli isotopi più comuni dell'idrogeno e dell'ossigeno, cioè ^{1}H e ^{16}O.**

a. Calcola la massa in grammi di tutti i protoni, tutti i neutroni e tutti gli elettroni presenti nella molecola di acqua.

b. Quale percentuale della massa della molecola è dovuta agli elettroni?

c. Qual è la massa in grammi degli elettroni presenti in 2,00 L di acqua costituita soltanto di queste molecole? Considera la densità dell'acqua 1,00 g/mL.

CALCOLA E RIFLETTI

92 **Supponi che la massa della tua automobile sia 1000 kg e che sia costituita esclusivamente da atomi di ferro.**

a. Quante moli di atomi di ferro sono presenti in 1000 kg?

b. In quale zona dell'atomo si concentrata quasi tutta la sua massa?

c. Il volume del nucleo atomico del ferro vale circa $4{,}1 \cdot 10^{-37}$ cm^3: in quale volume si concentra quasi tutta la massa della tua automobile?

d. Che cosa puoi concludere riguardo allo spazio occupato dai 1000 kg di ferro della tua automobile?

CONFRONTA E DEDUCI

93 **L'acqua pesante è acqua in cui gli atomi di idrogeno sono atomi di deuterio: la sua formula è $^{2}H_2O$ oppure D_2O. È utilizzata soprattutto per rallentare i neutroni veloci in alcuni tipi di centrali nucleari. L'acqua pesante si trova anche in natura, nella quantità di circa 1 parte su 20 milioni di molecole di acqua normale. Nonostante idrogeno e deuterio siano isotopi di uno stesso elemento chimico, le caratteristiche fisiche (*vedi* tabella), chimiche e biologiche dell'acqua pesante sono diverse da quelle dell'acqua normale.**

Proprietà	D_2O	H_2O
punto di fusione (°C)	3,82	0,0
punto di ebollizione (°C)	101,4	100,0
densità (20 °C, g/mL)	1,1056	0,9982
tensione di vapore (20 °C, Pa)	2186,48	2338,54

a. Ammettendo che le forze attrattive tra molecole D_2O e H_2O abbiano la stessa intensità, come spieghi i diversi valori di tensione di vapore?

b. Perché il punto di ebollizione dell'acqua pesante è più elevato di quello dell'acqua ordinaria?

c. Supponendo che il numero di molecole in 1 mL di H_2O e in 1 mL di D_2O sia uguale, calcola densità dell'acqua pesante a partire da quello dell'acqua normale e confrontalo con il valore in tabella. [*Suggerimento*: calcola le moli di acqua presenti in 0,9982 g di H_2O (cioè in 1 mL) e la massa di un'uguale quantità in moli di D_2O; considera $M_{r\,(D_2O)} = 20{,}0267$ e $M_{r\,(H_2O)} = 18{,}0153$]

IPOTIZZA

94 **Non tutti gli isotopi sono stabili; alcuni, per diventarlo, emettono radiazioni e sono per questo chiamati *radioisotopi*. Uno di questi, l'americio-241, è utilizzato nei rilevatori di fumo a ionizzazione. L'americio-241 emette radiazioni α che, essendo dotate di carica elettrica, rendono conduttrice l'aria in prossimità del rilevatore; in presenza di fumo le radiazioni α vengono assorbite dalle particelle solide in sospensione, l'aria non è più in grado di condurre la corrente elettrica e il segnale di allarme entra in funzione.**

a. Scrivi la notazione isotopica dell'americio-241; l'americio è un elemento naturale o artificiale?

b. Supponi che durante l'emissione di radiazioni α il numero di protoni e di neutroni si conservi, così come si conservano gli atomi durante una trasformazione chimica: quanti neutroni e protoni restano nel nucleo atomico dell'americio dopo l'emissione di una radiazione α?

SEI PRONTO PER LA VERIFICA?

IN 1 ORA

Dopo aver studiato i contenuti del **capitolo 9**, svolgi la prova nel **tempo massimo di un'ora**.

VERIFICA LE TUE CONOSCENZE

1 Le radiazioni alfa sono radiazioni

Ⓐ con una doppia carica positiva.
Ⓑ con una carica negativa.
Ⓒ prive di carica.
Ⓓ con una carica positiva.

(6 punti se hai risposto correttamente) ...../6

2 Gli isotopi sono atomi dello stesso elemento con

Ⓐ un diverso numero di protoni.
Ⓑ lo stesso numero di neutroni.
Ⓒ un diverso numero di massa.
Ⓓ un numero di protoni uguale al numero di neutroni.

(8 punti se hai risposto correttamente) ...../8

3 Gli isotopi del calcio-40 e del calcio-43 differiscono per

Ⓐ tre protoni.
Ⓑ tre neutroni.
Ⓒ un protone e due neutroni.
Ⓓ due protoni e un neutrone.

(10 punti se hai risposto correttamente) ...../10

4 Il numero di neutroni presente nel nucleo dell'isotopo dell'uranio $^{238}_{92}U$ è:

Ⓐ 238
Ⓑ 146
Ⓒ 92
Ⓓ 330

(10 punti se hai risposto correttamente) ...../10

5 La carica elettrica totale (in coulomb) dell'atomo di calcio (Z = 20) è:

Ⓐ $3{,}2 \cdot 10^{-18}$ C
Ⓑ $1{,}25 \cdot 10^{-18}$ C
Ⓒ $6{,}4 \cdot 10^{-18}$ C
Ⓓ $7{,}8 \cdot 10^{-19}$ C

(12 punti se hai risposto correttamente) ...../12

6 La massa atomica relativa dell'atomo di stagno è 118,69. La sua massa atomica assoluta è:

Ⓐ $1{,}970 \cdot 10^{-25}$ kg
Ⓑ $7{,}15 \cdot 10^{-26}$ kg
Ⓒ $2{,}373 \cdot 10^{-27}$ kg
Ⓓ $2{,}967 \cdot 10^{-26}$ kg

(14 punti se hai risposto correttamente) ...../14

I primi 60 punti valgono per il raggiungimento degli obiettivi minimi. Per fare di più, rispondi alle seguenti domande.

VERIFICA LE TUE COMPETENZE

7 Un atomo di uranio ha una massa atomica assoluta di $3{,}953 \cdot 10^{-25}$ kg. Calcola:

a. la massa atomica relativa;
b. il numero di atomi in 700 g.

(10 punti se hai risposto correttamente) ...../10

8 Calcola la massa atomica relativa del magnesio sapendo che l'elemento presente in natura ha tre isotopi: uno di massa 23,98 e con una abbondanza isotopica del 78,99%, il secondo di massa 24,98 con una abbondanza isotopica del 10%, il terzo con una massa di 25,98 e una abbondanza isotopica dell'11,01%.

(12 punti se hai risposto correttamente) ...../12

9 I radioisotopi possono essere usati nelle ricerche scientifiche come *traccianti* radioattivi: emettendo radiazioni rilevabili da appositi *detector*, i radioisotopi consentono di localizzare le sostanze che li contengono. Un tracciante molto usato per le diagnosi mediche è il tecnezio-99 metastabile (^{99m}Tc): è un isotopo instabile che, emettendo radiazioni γ, si converte in tecnezio-99 stabile. Per studiare le ossa, il ^{99m}Tc viene unito a molecole contenenti il gruppo fosfato (PO_4), necessario alla formazione delle ossa. Questo composto viene iniettato nel corpo del paziente: le molecole si fissano alle ossa, emettono radiazioni e appaiono sullo schermo di un computer come punti scintillanti. Una concentrazione anomala di questi punti su un osso evidenzia un'iperattività, e spesso è sinonimo di malattia.
Il ^{99m}Tc viene prodotto artificialmente a partire dal molibdeno-99.

a. Che cosa accomuna e che cosa differenzia i due isotopi?
b. Quale cambiamento avviene nel nucleo del molibdeno-99 quando si trasforma in ^{99m}Tc?
c. Calcola la massa atomica relativa del molibdeno a partire dalle abbondanze isotopiche (considera la massa di ciascun isotopo pari al valore del suo numero di massa).

(18 punti se hai risposto correttamente) ...../18

PUNTEGGIO TOTALE ...../100

INIZIARE A NOMINARE I COMPOSTI CHIMICI

IL CONCETTO DI VALENZA È UTILE PER NOMINARE I COMPOSTI

Chimica e formule vanno a braccetto. Le formule sono preziose perché ci raccontano come sono costituite le sostanze, naturali o sintetiche. Molte hanno un **nome comune**, come l'acqua, l'ammoniaca e il metano, ma per scambiare informazioni chimiche senza equivoci serve un sistema di denominazione che raggruppi le sostanze in ragione del loro «grado di parentela» e delle loro principali proprietà. È quello che, agli inizi della Chimica, ha cercato di fare Lavoisier, e che oggi continua a fare l'organizzazione internazionale IUPAC.

Applicando regole precise è possibile assegnare un **nome sistematico** a ciascun composto, nome che lo distingue da tutti gli altri composti e che è adottato a livello internazionale. L'insieme di tutte le regole con cui si assegnano i nomi alle sostanze costituisce la *nomenclatura chimica*, che studieremo in modo più approfondito in seguito. Iniziamo però a nominare i composti più comuni.

Spesso i nomi sistematici sono molto articolati e ciò contribuisce a mantenere in uso i nomi tradizionali, meno rigorosi ma più semplici. Tali composti si distinguono in **binari** e **ternari** a seconda che siano formati, rispettivamente, da due e tre elementi diversi.

Prima di procedere nella descrizione, è necessario ricordare la distinzione tra metalli, non metalli, semimetalli (figura **1**), e definire il concetto di **valenza**.

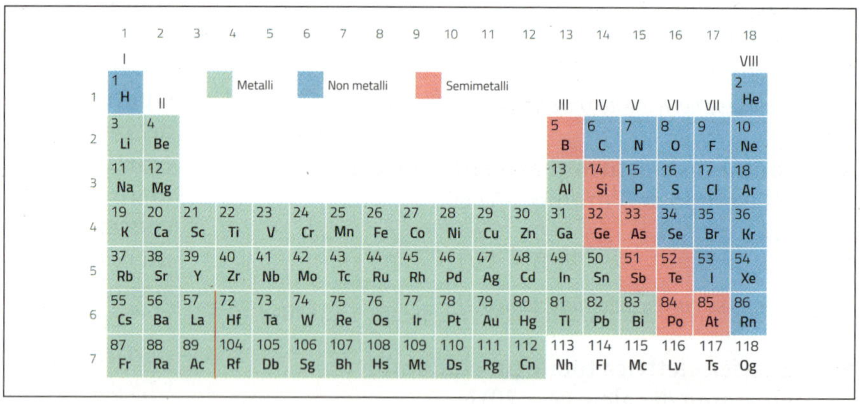

	1	2	3	4	5	6	7	8	9	10	11	12	13	14	15	16	17	18
	I	II											III	IV	V	VI	VII	VIII
1	1 H																	2 He
2	3 Li	4 Be											5 B	6 C	7 N	8 O	9 F	10 Ne
3	11 Na	12 Mg											13 Al	14 Si	15 P	16 S	17 Cl	18 Ar
4	19 K	20 Ca	21 Sc	22 Ti	23 V	24 Cr	25 Mn	26 Fe	27 Co	28 Ni	29 Cu	30 Zn	31 Ga	32 Ge	33 As	34 Se	35 Br	36 Kr
5	37 Rb	38 Sr	39 Y	40 Zr	41 Nb	42 Mo	43 Tc	44 Ru	45 Rh	46 Pd	47 Ag	48 Cd	49 In	50 Sn	51 Sb	52 Te	53 I	54 Xe
6	55 Cs	56 Ba	57 La	72 Hf	73 Ta	74 W	75 Re	76 Os	77 Ir	78 Pt	79 Au	80 Hg	81 Tl	82 Pb	83 Bi	84 Po	85 At	86 Rn
7	87 Fr	88 Ra	89 Ac	104 Rf	105 Db	106 Sg	107 Bh	108 Hs	109 Mt	110 Ds	111 Rg	112 Cn	113 Nh	114 Fl	115 Mc	116 Lv	117 Ts	118 Og

Figura 1 Gli elementi si dividono in metalli, non metalli e semimetalli La valenza massima degli elementi dei gruppi principali corrisponde al numero romano del gruppo a cui appartengono.

La **valenza** di un atomo coincide con il numero di elettroni che esso cede, acquista o condivide quando si lega ad altri atomi e corrisponde al numero di legami che esso instaura con altri atomi.

La valenza si indica con un numero romano. Uno stesso elemento può avere più di una valenza: in tal caso forma, in composti diversi, un diverso numero di legami. Per esempio, il carbonio ha valenza II e IV: nel composto CO il carbonio forma due legami con l'atomo di ossigeno e ha valenza II, mentre nel composto CO_2 forma quattro legami con l'ossigeno e ha valenza IV. In ogni caso, la *valenza massima* di un elemento corrisponde al numero romano che sulla tavola periodica contraddistingue il gruppo a cui appartiene l'elemento.

I NOMI TRADIZIONALI DEI COMPOSTI BINARI

Sali binari

I **sali binari** sono composti da un metallo e un non metallo.

La formula riporta prima il simbolo del metallo poi quello del non metallo.

SALE BINARIO = METALLO + NON METALLO

Gli indici della formula variano al variare della valenza degli elementi in modo che i due elementi formino lo stesso numero di legami, per esempio:

1 atomo di ferro con valenza 2 (2 legami totali) — (II) (I) $FeCl_2$ — si lega con 2 atomi di cloro, ognuno con valenza 1 (2 legami totali)

1 atomo di ferro con valenza 3 (3 legami totali) — (III) (I) $FeCl_3$ — si lega con 3 atomi di cloro, ognuno con valenza 1 (3 legami totali)

Il nome del composto si ricava dal nome del non metallo, che si fa terminare in **-uro.** Se il metallo ha più di una valenza il nome del metallo prende il suffisso **-oso** (valenza più bassa) o **-ico** (valenza più alta) (tabella **1**). $FeCl_2$ è quindi il cloruro ferr**oso** e $FeCl_3$ il cloruro ferr**ico**.

Tabella 1 Nomi di alcuni sali binari secondo la nomenclatura tradizionale $Mg_2(CN)_2$, pur essendo un composto ternario, lo si annovera tra i sali binari.

Formula	Nome tradizionale
CaF_2	fluoruro di calcio
CuCl	cloruro rameoso
$CuCl_2$	cloruro rameico
Al_2S_3	solfuro di alluminio
$Mg(CN)_2$	cianuro di magnesio
AgI	ioduro d'argento

Ossidi e anidridi

Gli **ossidi** sono composti dei metalli con l'ossigeno. I composti formati da un non metallo e dall'ossigeno sono invece chiamati **anidridi** (per esempio, CO_2 è l'anidride carbonica).

La formula riporta prima il simbolo dell'elemento poi quello dell'ossigeno, che ha valenza II ed è quindi in grado di formare due legami.

OSSIDO = METALLO + OSSIGENO

ANIDRIDE = NON METALLO + OSSIGENO

Gli indici della formula variano al variare della valenza dell'elemento:

(I) (II) Na_2O (II) (II) CaO (III) (II) Al_2O_3

Anche in questo caso si utilizzano suffissi **-oso**, valenza più bassa, e **-ico**, per la valenza più alta (tabella **2**), per esempio:

ossido rame**ico** — (II) (II) CuO (I) (II) Cu_2O — ossido rame**oso**

Esistono anche composti binari in cui l'ossigeno ha valenza I invece di II: a tali composti si dà il nome di **perossidi**. Per esempio:

(I) (I)
H_2O_2
acqua ossigenata o perossido di idrogeno

Le anidridi del cloro (così come quelle di Br e I) sono quattro e si distinguono utilizzando, oltre ai suffissi **-oso** e **-ico**, anche i prefissi **ipo-** e **per-** (tabella **3**).

Tabella 2 Nomi tradizionali di alcuni ossidi e anidridi L'ossigeno forma ossidi quando si lega a un metallo e anidridi quando si lega a un non metallo.

Formula	Nome tradizionale
FeO	ossido ferroso
Fe_2O_3	ossido ferrico
P_2O_3	anidride fosforosa
Cl_2O_7	anidride perclorica
Na_2O_2	perossido di sodio

Tabella 3 Nomi tradizionali delle anidridi del cloro La nomenclatura è la stessa anche per le anidridi del bromo e dello iodio.

Formula	Nome tradizionale
(I) (II) Cl_2O	anidride ipoclorosa
(III) (II) Cl_2O_3	anidride clorosa
(V) (II) Cl_2O_5	anidride clorica
(VII) (II) Cl_2O_7	anidride perclorica

Idruri

Sono composti di alcuni elementi con l'idrogeno. La formula riporta prima il simbolo dell'elemento, poi quello dell'idrogeno, che ha valenza I.

IDRURO = ELEMENTO + IDROGENO

Il nome del composto è «idruro di ...», per esempio:

NaH	CaH_2
idruro di sodio	idruro di calcio

Idracidi

Sono composti dell'idrogeno e un non metallo del VI o VII gruppo. I più importanti sono riportati in tabella **4**.

Come per gli altri acidi, la formula riporta prima il simbolo dell'idrogeno.

IDRACIDI = IDROGENO + NON METALLO (VI o VII gruppo)

Il nome deriva da quello del non metallo, che si fa terminare in **-idrico**.

Tra gli idracidi si annovera anche il composto ternario HCN.

Tabella 4 Nomi di alcuni idracidi binari secondo la nomenclatura tradizionale Alcuni idracidi sono alla base di sostanze di uso comune: per esempio, l'acido muriatico è una soluzione di HCl.

Formula	Nome tradizionale
HF	acido fluor**idrico**
HCl	acido clor**idrico**
HBr	acido brom**idrico**
HI	acido iod**idrico**
H_2S	acido solf**idrico**
HCN	acido cian**idrico**

I NOMI SISTEMATICI DEI COMPOSTI BINARI

Il criterio più semplice per assegnare il nome sistematico a un composto binario è di indicare il numero di atomi dei due elementi che lo formano utilizzando appositi suffissi numerici:

Prefisso	Numero di atomi		Prefisso	Numero di atomi
mono- (in genere si omette)	1		penta-	5
di- (o bi-)	2		esa-	6
tri-	3		epta-	7
tetra-	4			

Il nome sistematico di tutti i composti binari formati da un metallo o da un non metallo con l'ossigeno è «ossido»:

OSSIDO = METALLO O NON METALLO + OSSIGENO

Per esempio, il nome sistematico del composto CO_2, che è formato da due atomi di ossigeno e uno di carbonio (non metallo), è *diossido di carbonio* (tabella **5**).

Il nome di tutti gli altri composti binari che non contengono ossigeno si forma aggiungendo il suffisso **-uro** alla radice del nome del secondo elemento presente nella formula (tabella **6**). Per esempio:

$NaCl$	$FeBr_3$
cloruro di sodio	tribromuro di ferro

Fanno eccezione i composti binari H_2O, NH_3 e CH_4 che mantengono i loro nomi comuni, cioè acqua, ammoniaca e metano.

Tabella 5 Nomi di alcuni ossidi secondo la nomenclatura IUPAC I composti binari contenenti ossigeno sono detti ossidi.

Formula	Nome IUPAC
FeO	ossido di ferro
Fe_2O_3	triossido di diferro
Cu_2O	ossido di dirame
I_2O	ossido di diiodio
P_2O_3	triossido di difosforo
Cl_2O_7	eptaossido di dicloro
Na_2O_2	diossido di disodio

Tabella 6 Nomi di alcuni composti binari secondo la nomenclatura IUPAC Con l'eccezione degli ossidi, tutti i composti binari vengono identificati dal suffisso -uro.

Formula	Nome sistematico
CaF_2	difluoruro di calcio
$CuCl$	cloruro di rame
$CuCl_2$	dicloruro di rame
Al_2S_3	trisolfuro di dialluminio
AgI	ioduro d'argento

I COMPOSTI TERNARI HANNO NOMI TRADIZIONALI SEMPLICI

Il nome tradizionale della maggior parte dei composti ternari è più semplice del rispettivo nome sistematico e, secondo il regolamento europeo REACH, deve essere riportato sulle etichette dei prodotti chimici (REACH è un sistema integrato di registrazione, valutazione e autorizzazione delle sostanze chimiche che mira ad assicurare un maggiore livello di protezione della salute umana e dell'ambiente).

Idrossidi

Sono composti di un metallo, ossigeno e idrogeno. La formula si scrive riportando prima il simbolo del metallo, poi il gruppo —OH che ha valenza 1.

IDROSSIDO = METALLO + GRUPPO -OH

Il nome si ricava facendo seguire a «idrossido» il nome dell'elemento.

Se il metallo ha più di una valenza, si usano i suffissi -**oso** (valenza più bassa) e -**ico** (valenza più alta) (tabella **7**), per distinguere i due idrossidi:

$NaOH$
idrossido di sodio

$Al(OH)_3$
idrossido di alluminio

(II)
$Fe(OH)_2$
idrossido ferr**oso**

(III)
$Fe(OH)_3$
idrossido ferr**ico**

Tabella 7 Nomi di alcuni idrossidi tradizionali Questi composti contengono tutti un gruppo idrossile –OH (detto anche ossidrile).

Formula	Nome tradizionale
$LiOH$	idrossido di litio
$Ca(OH)_2$	idrossido di calcio
$Fe(OH)_2$	idrossido ferroso
$Fe(OH)_3$	idrossido ferrico
NH_4OH	idrossido di ammonio

Ossoacidi

Sono composti da idrogeno, non metallo e ossigeno. La loro formula comincia sempre con l'idrogeno, seguito dal non metallo e infine dall'ossigeno.

OSSOACIDO = IDROGENO + NON METALLO + OSSIGENO

I nomi degli ossoacidi più importanti sono riportati in tabella **8**.

Tabella 8 Nomi tradizionali di alcuni ossoacidi Come per i composti binari, anche gli ossoacidi sono denominati usando i suffissi -oso e -ico.

Formula	Nome tradizionale	Formula	Nome tradizionale
HNO_2	acido nitr**oso**	HNO_3	acido nitr**ico**
H_2SO_3	acido solfor**oso**	H_2SO_4	acido solfor**ico**
H_3PO_3	acido fosfor**oso**	H_3PO_4	acido fosfor**ico**
H_2CO_3	acido carbon**ico**	H_3BO_3	acido bor**ico**
H_2CrO_4	acido crom**ico**	H_4SIO_4	acido silic**ico**

Gli ossoacidi degli alogeni Cl, Br e I sono quattro e i loro nomi si distinguono utilizzando, oltre ai suffissi -**oso** e -**ico**, anche i prefissi **ipo**- e **per**- (tabella **9**).

Tabella 9 Nomi tradizionali degli ossoacidi degli alogeni In modo analogo si nominano gli ossoacidi del bromo e dello iodio.

Formula	Nome tradizionale
$HClO$	acido ipocloroso
$HClO_2$	acido cloroso
$HClO_3$	acido clorico
$HClO_4$	acido perclorico

Sali ternari

Sono composti da metallo, non metallo e ossigeno.

La formula di questi composti si scrive a partire da quella dell'acido corrispondente sostituendo agli atomi di idrogeno uno o più atomi di metallo e introducendo nella formula gli indici che consentono di uguagliare il numero di legami (l'idrogeno ha valenza I e ogni atomo può formare soltanto un solo legame).

SALE TERNARIO = METALLO + NON METALLO + OSSIGENO

Il loro nome si ricava da quello dell'acido corrispondente scambiando i suffissi nel seguente modo:

acido		**sale**
-oso	→	-ito
-ico		-ato

Per esempio, il nome del sale $CaSO_4$ deriva dal nome dell'acido H_2SO_4, *acido solf**orico***: sostituendo il suffisso –ico dell'acido con il suffisso –ato del sale si ottiene il nome *solf**ato** di calcio.*

Nelle schede di sicurezza dei prodotti chimici il nome dei sali viene talvolta indicato partendo dal nome del metallo: calcio solfato (invece di solfato di calcio).

Oltre ai sali derivati dagli acidi precedenti, ne esistono anche altri che contengono:

- il gruppo $Cr_2O_7^{2-}$, *dicromato*, capace di formare due legami con atomi metallici ($K_2Cr_2O_7$ è il dicromato di potassio);
- il gruppo MnO_4^-, *permanganato*, capace di formare un solo legame con atomi metallici ($KMnO_4$ è il permanganato di potassio);
- il gruppo NH_4, *ammonio*, che, come fosse un metallo, va a sostituire un atomo di idrogeno nella formula di un acido. Per esempio, se l'acido è HCl si forma NH_4Cl, *cloruro di ammonio*; se l'acido è HNO_3, si forma NH_4NO_3, *nitrato di ammonio.*

I sali acidi

Quando nella formula di un acido ci sono più atomi di idrogeno, è possibile sostituirli soltanto in parte con atomi di metallo; in tal caso nella formula del sale restano ancora atomi di idrogeno e il composto si definisce **sale acido** per distinguerlo dal corrispondente sale neutro.

Il nome del sale acido si ottiene aggiungendo l'aggettivo «acido» al nome del sale neutro. Per esempio, Na_2CO_3 e $NaHCO_3$ sono, rispettivamente, il sale neutro e il sale acido derivati dall'acido carbonico, H_2CO_3: mentre Na_2CO_3 si chiama carbonato di sodio, $NaHCO_3$ si chiama *carbonato acido di sodio* (comunemente detto *bi*carbonato di sodio).

Se nella formula di un sale sono presenti due atomi di idrogeno, il sale si dice «biacido»: NaH_2PO_4, un sale che deriva dall'acido fosforico H_3PO_4, si chiama *fosfato biacido di sodio* (tabella **10**).

Tabella 10 Nomi di alcuni sali ternari (neutri e acidi) secondo la nomenclatura tradizionale I sali ternari acidi vengono denominati indicando il numero di atomi di idrogeno con la dicitura mono-, bi- e tri-acido.

Formula	Nome tradizionale
$Cu(NO_2)_2$	nitrito rameico
$Sn(ClO_3)_4$	clorato stannico
LiH_2PO_3	fosfito biacido di litio
$Zn(H_3SiO_4)_2$	silicato triacido di zinco
$Al(HSO_3)_3$	solfito acido di alluminio
$Fe(HS)_2$	solfuro acido ferroso

Green Chemistry: la chimica sostenibile

Nell'immaginario collettivo la chimica è percepita come qualcosa di negativo, dannoso e pericoloso. In pochi riconoscono i vantaggi che ha portato alla nostra vita e al progresso per l'umanità, dai farmaci alle materie plastiche, ai fertilizzanti e ai detergenti. Questa visione distorta è dovuta all'eredità del passato, in cui la gestione politica della chimica, e non la chimica stessa, ha portato a un cattivo uso delle risorse e alla dispersione incontrollata di rifiuti. A distanza di anni stiamo pagando le conseguenze di questo atteggiamento irresponsabile dettato dagli interessi economici, a discapito dell'ambiente e della comunità.

I principi della *Green Chemistry*

La *Green Chemistry* non è una branca della chimica, ma è una nuova visione di questa disciplina basata su principi che hanno come scopo lo sviluppo responsabile e sostenibile. Si tratta di un approccio trasversale che coinvolge tutti i settori e che ha permesso di rimettere a fuoco gli obiettivi primari della ricerca e dell'industria chimica.

La *Green Chemistry* è stata teorizzata ufficialmente nel 1998 dai chimici Paul Anastas e John Warner, che hanno avuto il merito di stilarne i dodici principi fondanti.

1. **Prevenzione**: è meglio prevenire a monte la produzione di rifiuti e scarti, piuttosto che trattarli e bonificarli una volta creati. Queste procedure rappresentano un danno per l'ambiente e causano sprechi economici notevoli (figura **A**).

2. **Economia atomica:** le reazioni chimiche di sintesi devono essere progettate cercando di massimizzare l'incorporazione di tutti gli atomi dei reagenti iniziali nei prodotti finali di interesse.
   Ad esempio, se si deve sintetizzare una molecola a sei atomi di carbonio, l'economia atomica al 100% si ottiene partendo da un reagente a sei atomi di carbonio; nel casó il reagente ne avesse otto, due atomi sarebbero «persi» in un sottoprodotto di scarto, riducendo l'efficienza atomica del processo nel suo complesso (figura **B**).

3. **Sintesi chimiche meno pericolose:** dove possibile, i metodi di sintesi devono essere progettati utilizzando e generando sostanze poco o per nulla tossiche sia per l'uomo sia per l'ambiente (figura **C**).

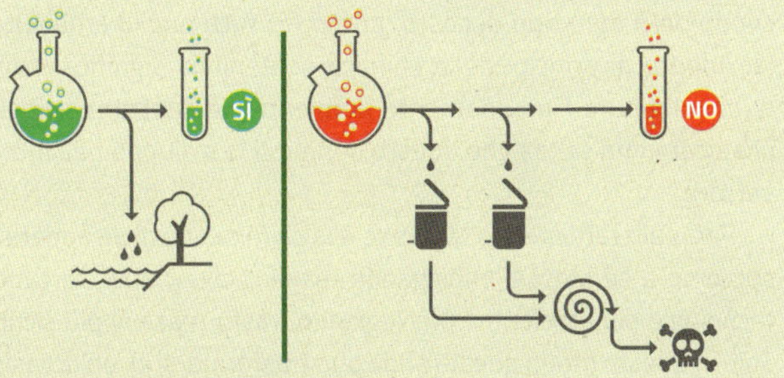

Figura A Prevenire rifiuti pericolosi.

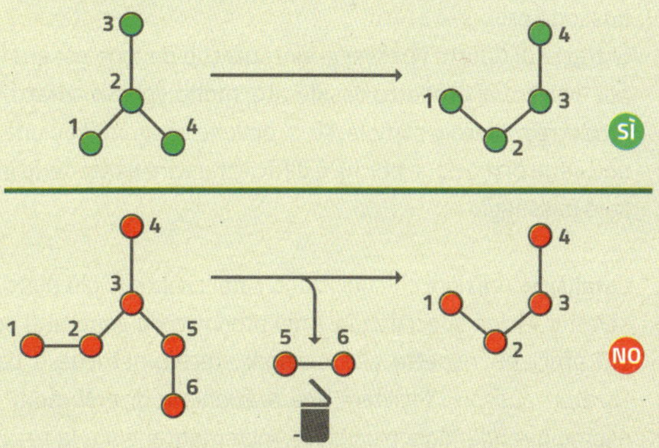

Figura B Fare economia di atomi.

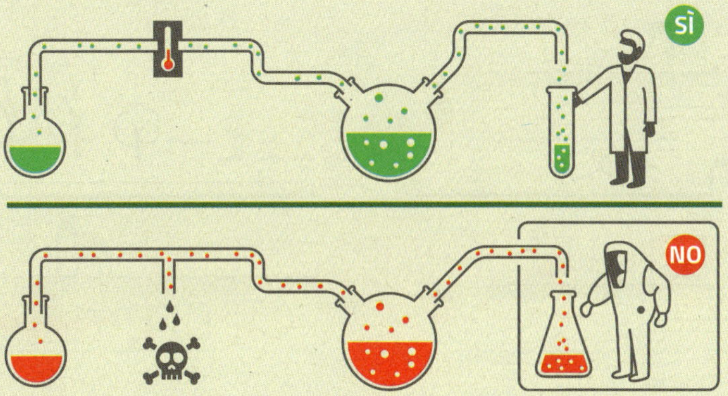

Figura C Usare sostanze non tossiche.

4. **Progettazione di prodotti chimici più sicuri**: si deve cercare di progettare prodotti chimici che siano funzionali al loro utilizzo, minimizzandone la tossicità.

5. **Solventi e additivi più sicuri:** quando possibile, l'uso di sostanze ausiliarie, come solventi e agenti di separazione, deve essere evitato o limitato il più possibile; se usati, devono essere innocui (figura **D**).

6. **Efficienza energetica:** la richiesta energetica per i processi chimici deve essere valutata tenendo conto del suo impatto ambientale ed economico e minimizzata. Per questo, dove possibile, le sintesi devono essere realizzate a temperatura e pressione ambiente.

7. **Utilizzo di materie prime rinnovabili:** le materie prime e i precursori (molecole di partenza per una sintesi) devono essere rinnovabili per quanto fattibile dal punto di vista tecnico ed economico (figura **E**).

8. **Ridurre i derivati**: si devono minimizzare o eliminare, se possibile, la produzione di derivati non necessari poiché richiedono ulteriori reagenti, aumentano i costi (solventi, energia) e possono produrre scarti.
   Si tratta di ridurre i passaggi sintetici che devono essere fatti per arrivare al prodotto desiderato: molto spesso, infatti, per produrre molecole complesse, si devono eseguire non una ma una serie di reazioni, poiché è difficile riuscire a ottenerle in un solo passaggio.

9. **Catalisi**: le reazioni che utilizzano catalizzatori (il più possibile selettivi - cioè specializzati - nel prodotto da generare) sono più efficienti rispetto alle reazioni stechiometriche. I catalizzatori possono facilitare una reazione in diversi modi, per esempio rendendola più veloce, incrementandone la resa, riducendo la temperatura o la pressione di esercizio.

10. **Degradazione:** i prodotti chimici che si progettano devono potersi decomporre facilmente alla fine del loro ciclo di vita, in modo da rimanere innocui e da non persistere nell'ambiente per lungo tempo.

11. **Analisi in tempo reale per prevenire l'inquinamento**: si devono sviluppare metodologie analitiche che consentano il monitoraggio e il controllo in tempo reale all'interno di un processo chimico. L'obiettivo è quello di prevenire la formazione di sostanze pericolose durante la lavorazione all'interno degli impianti chimici.

12. **Sicurezza:** la chimica deve essere più sicura per cercare il più possibile di prevenire gli incidenti, ovvero si devono scegliere sostanze e formulazioni che permettano di minimizzare il rischio (per esempio, privilegiando composti non infiammabili e non esplosivi).
    L'attenzione alla sicurezza non riguarda solo le sostanze chimiche in quanti tali, ma anche le loro gestione nella filiera di produzione: è infatti importante aumentare anche la sicurezza dei lavoratori e delle comunità che vivono in prossimità di impianti chimici.

Applicare i principi della chimica sostenibile non significa quindi chiudere impianti o limitarne l'attività. Lo scopo è quindi quello di garantire la crescita produttiva delle industrie chimiche riducendo però ogni tipo di costo, primo fra tutti quello ambientale. Aderire ai principi della chimica sostenibile significa senza dubbio limitare l'inquinamento ambientale e adottare pratiche più sicure, ma senza che questo penalizzi lo sviluppo dell'intero settore.

Per realizzare questo obiettivo è la chimica che deve andare in soccorso a sé stessa, impiegando reagenti alternativi, cercando tecnologie più efficienti e privilegiando trasformazioni più sicure. Solo in questo modo questa sfida può trasformarsi in un'occasione di rilancio per la ricerca e l'industria.

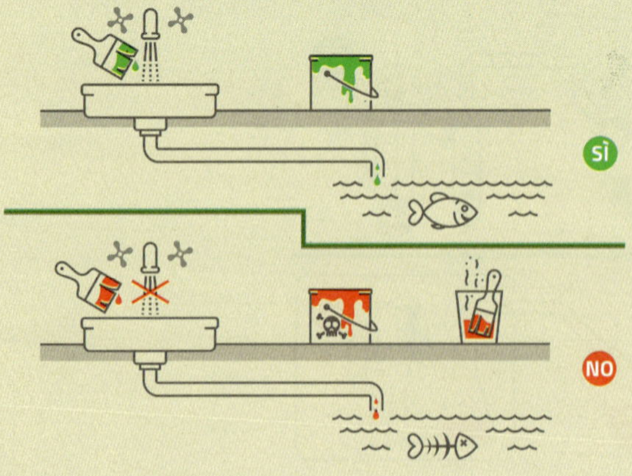

Figura D Usare solventi e additivi non tossici.

Figura E Privilegiare le materie prime rinnovabili.

Dall'amianto all'edilizia *green*

Con **amianto** (o asbesto) si intende l'insieme di minerali a struttura fibrosa della famiglia dei silicati, in particolare serpentini e anfiboli. Nel secolo scorso, questi minerali sono stati protagonisti di un'enorme diffusione, favorita dalle proprietà di resistenza termica e meccanica (in particolare all'usura e all'abrasione), dalla possibilità di trasformarli in fibre, e dalla spiccata resistenza al fuoco e agli agenti chimici e fisici.

Oltre a essere un buon isolante, l'amianto si lega facilmente ai materiali da costruzione (come la calce, il gesso, il cemento e alcune plastiche): tutto ciò, unito al basso costo, ha favorito l'ampia diffusione di questo materiale in tantissimi settori, in particolare quello edile. Il cemento-amianto, commercialmente chiamato *Eternit*, in passato era venduto in forma di lastre impiegate nella copertura dei tetti, nelle coibentazioni e insonorizzazioni degli edifici, come isolante termico negli impianti industriali e come protezione antincendio. Nel secolo scorso la produzione complessiva di amianto ha superato i 150 milioni di tonnellate, con un picco di circa 5 milioni alla fine degli anni Settanta.

Già negli anni Cinquanta emersero i primi dati sulla **cancerogenicità** dell'amianto; ma fu solo dopo il suo massiccio impiego nell'edilizia che si sollevò il problema delle malattie professionali nei lavoratori esposti. L'amianto può infatti provocare gravi patologie dell'apparato respiratorio, come l'*asbestosi* (una malattia cronica dei polmoni), il *carcinoma polmonare* e il *mesotelioma* (un particolare tipo di tumore associato all'inalazione di fibre di amianto).

In Italia, l'amianto e i suoi derivati sono stati messi al bando grazie alla legge 257 del marzo 1992; se necessario, le strutture in amianto già presenti nelle costruzioni devono essere rimosse mediante opportune opere di bonifica eseguite solo da personale specializzato.

L'edilizia *green*

Come ha dimostrato l'esempio dell'amianto, anche nel campo dell'edilizia è sempre più importante fare scelte sostenibili. Le politiche ecocompatibili e la priorità del risparmio energetico hanno portato alla nascita dell'edilizia *green* (figura).

Negli ultimi trent'anni il fabbisogno energetico delle abitazioni è cresciuto in modo inarrestabile, soprattutto per l'aumento dei consumi elettrici. Nel 2015, l'energia elettrica consumata in Italia per uso domestico è stata di quasi 70 000 GWh, circa il 25% del fabbisogno totale di energia elettrica del nostro Paese.

L'isolamento termico, le energie rinnovabili (in particolare il fotovoltaico) e l'utilizzo di impianti a risparmio energetico sono solo alcuni degli aspetti su cui si fonda la nuova concezione di edilizia sostenibile. Ma esistono anche altre strategie: oltre all'installazione di *cappotti termici*, si stanno cercando soluzioni di più ampio respiro, come l'utilizzo di *materiali da costruzione riciclati*, l'impiego di sistemi per il *risparmio idrico* e per la *razionalizzazione dell'energia*, la valutazione della *qualità dell'aria domestica* e l'adozione di criteri progettuali in grado di valorizzare e armonizzare l'edilizia in un contesto ecologico.

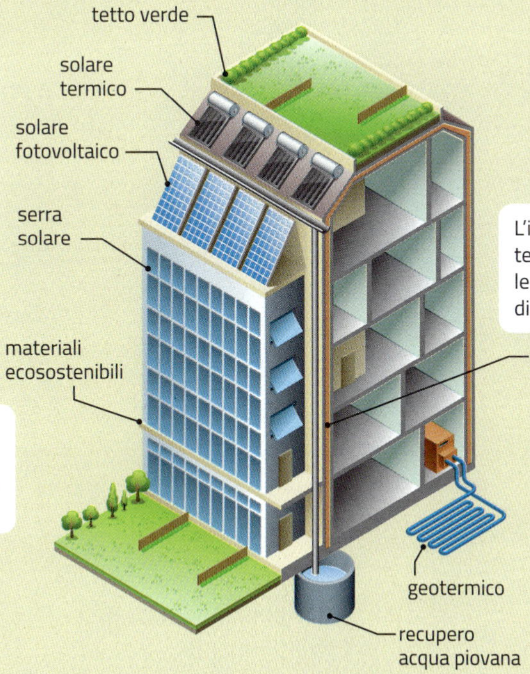

Un'abitazione ecosostenibile sfrutta fonti di energia alternativa e rinnovabile, come il fotovoltaico per produrre l'energia elettrica o l'energia geotermica per il riscaldamento

L'impiego di cappotti termici permette di isolare le abitazioni e ridurre il dispendio energetico.

Una forma di edilizia ecosostenibile consiste nell'impiego di materiali da costruzione riciclati.

Materiali edili innovativi

Per diminuire la dipendenza da fonti fossili, accanto agli isolanti tradizionali di derivazione petrolchimica (come il polistirene e il poliuretano) si stanno introducendo sul mercato anche **materiali compositi**.

Alcuni di questi materiali ecosostenibili sono fatti di una parte rinnovabile costituita da *fibre vegetali* (per esempio canapa, lino, carta riciclata, legno, e sughero) e da una parte non rinnovabile, a base di materie plastiche come il poliestere, che ne costituisce il sostegno. Questi pannelli offrono isolamento acustico e traspirabilità, favorendo la ventilazione negli ambienti isolati che rischierebbero altrimenti di essere eccessivamente «sigillati».

Se da un lato il contenimento energetico richiede di costruire involucri isolanti, è altrettanto vero che i nuovi materiali di rivestimento non devono ostacolare il ricambio di aria nelle abitazioni. Questo aspetto è importante per eliminare i **composti organici volatili** o **COV** (in inglese VOC, *Volatile Organic Compounds*) che nel tempo si sprigionano dai *diluenti per vernici* o dai *solventi* impiegati per la costruzione di abitazioni e di oggetti d'arredo.

Il vantaggio dei materiali innovativi risiede nella multifunzionalità: insieme alla tradizionale funzione strutturale o di rivestimento, i nuovi materiali hanno anche funzioni aggiuntive che ne valorizzano la sostenibilità. Riportiamo di seguito alcuni degli esempi più diffusi:

- i **materiali a cambiamento di fase** (PCM – *Phase Changing Materials*) sono accumulatori di calore latente in grado di assorbire energia termica e di rilasciarla in seguito, senza alterare la propria temperatura;
- i **materiali isolanti trasparenti** (TIM - *Transparent Insulation Materials*) uniscono un eccellente isolamento termico alla trasparenza, fattore che costituisce un vantaggio perché promuove l'utilizzo dell'illuminazione naturale;
- le **vernici fotocatalitiche** sfruttano la capacità dell'ossido di titanio di ossidare le sostanze organiche nell'aria in presenza di luce, garantendo così muri e facciate più pulite e una riduzione del consumo idrico destinato per la pulizia;
- il **cemento termico** è ottenuto da materiale vetrosi di riciclo, mantiene le caratteristiche del calcestruzzo tradizionale ma ha in più una bassa conducibilità, un'elevata permeabilità al vapore ed una buona inerzia chimica;
- gli **intonaci speciali** sono costituiti da argille, sabbie naturali e da grafite, sono contemporaneamente conduttori termici ed elettrici; per questo sono in grado di schermare le radiazioni elettromagnetiche emesse dai dispositivi elettronici.

INDICE ANALITICO

G

I

J-K

L

M

N

O-P

Q-R

S

T

U

V-Z

I PITTOGRAMMI DI PERICOLO

Le etichette dei reagenti chimici usati in laboratorio riportano **pittogrammi di pericolo** ai quali è importante prestare attenzione. Si tratta di simboli stabiliti nel 2008 dal regolamento CLP (*Classification Labelling and Packaging*) e riconosciuti a livello europeo. Questi simboli si possono trovare anche sulle confezioni di molti prodotti di largo consumo, come detergenti per la casa o disgorganti per lavandini e tubature: prima di utilizzarli è importante prendere tutte le precauzioni necessarie.

Pittogramma di pericolo	Significato	Esempi
	Pericolo di esplosione.	Fuochi d'artificio e munizioni.
	Sostanza altamente infiammabile.	Benzina, acetone, etanolo.
	Sostanza comburente, che può provocare un incendio o un'esplosione.	Ossigeno a scopi medici, perossido di idrogeno (acqua ossigenata).
	Contiene gas sotto pressione, che può esplodere se riscaldato; oppure, contiene un gas refrigerato che può provocare ustioni.	Bombole del gas e contenitori per azoto liquido.
	Può essere corrosivo per i metalli; causa gravi lesioni alla pelle e agli occhi.	Prodotti disgorganti, acido acetico, acido cloridrico, ammoniaca.
	Sostanza nociva per la salute (se ingerita, inalata o messa a contatto con la pelle) e per l'ambiente (danni all'ozono). Irritante per le vie respiratorie, per la pelle e per gli occhi. Può causare reazioni allergiche, sonnolenza o vertigini.	Detersivi, detergenti per bagno.
	Letale o tossico se ingerito, inalato o messo a contatto con la pelle.	Pesticidi, biocidi, metanolo.
	Tossico per gli organismi acquatici, con effetti a lungo termine.	Pesticidi, biocidi, benzina.
	Dannoso per la salute. Se ingerito o inalato può essere letale o danneggiare gli organi; può nuocere alla fertilità o al feto. Può essere cancerogeno o causare alterazioni genetiche.	Naftalene (naftalina), benzina.